中等职业教育国家规划教材
全国中等职业教育教材审定委员会审定

金属熔化焊基础

第二版

叶　琦　主编

化学工业出版社

·北京·

本书是根据中等职业教育课程改革和教材建设规划而编写的焊接专业国家规划教材。全书共分为六章，针对焊接专业的教学需要，本书在全面介绍了金属学及金属材料热处理知识的基础上，对金属材料在熔焊过程中成分、组织、性能及冶金化学变化规律、焊接材料、焊接缺陷的产生与防止作了系统的论述。本教材根据中等职业教育“理论够用为度”的原则，注重内容的实用性、新颖性、实践性、先进性、通俗性和广泛性。内容编排上每章开头均有本章要点，末尾有实验、思考练习题，便于学生学习和复习。安排上针对焊接专业的特点与需要选材，重点比较突出。

本书主要作为中等职业学校焊接专业的课程教材或职工培训教材，也可作为在职焊接工人和初级技术人员的参考书。

图书在版编目（CIP）数据

金属熔化焊基础/叶琦主编. —2 版. —北京：化学工业出版社，2008.12（2024.8 重印）
中等职业教育国家规划教材
全国中等职业教育教材审定委员会审定
ISBN 978-7-122-03771-8

Ⅰ. 金… Ⅱ. 叶… Ⅲ. 金属-熔焊-专业学校-教材
Ⅳ. TG442

中国版本图书馆 CIP 数据核字（2008）第 151644 号

责任编辑：高 钰　　文字编辑：李锦侠
责任校对：王素芹　　装帧设计：刘丽华

出版发行：化学工业出版社（北京市东城区青年湖南街 13 号 邮政编码 100011）
印 装：北京七彩京通数码快印有限公司
787mm×1092mm 1/16 印张 14¾ 字数 362 千字 2024 年 8 月北京第 2 版第 9 次印刷

购书咨询：010-64518888　　售后服务：010-64518899
网 址：http://www.cip.com.cn
凡购买本书，如有缺损质量问题，本社销售中心负责调换。

定 价：45.00 元

中等职业教育国家规划教材出版说明

为了贯彻《中共中央国务院关于深化教育改革全面推进素质教育的决定》精神，落实《面向21世纪教育振兴行动计划》中提出的职业教育课程改革和教材建设规划，根据教育部关于《中等职业教育国家规划教材申报、立项及管理意见》(教职成［2001］1号)的精神，我们组织力量对实现中等职业教育培养目标和保证基本教学规格起保障作用的德育课程、文化基础课程、专业技术基础课程和80个重点建设专业主干课程的教材进行了规划和编写，从2001年秋季开学起，国家规划教材将陆续提供给各类中等职业学校选用。

国家规划教材是根据教育部最新颁布的德育课程、文化基础课程、专业技术基础课程和80个重点建设专业主干课程的教学大纲(课程教学基本要求)编写，并经全国中等职业教育教材审定委员会审定。新教材全面贯彻素质教育思想，从社会发展对高素质劳动者和中初级专门人才需要的实际出发，注重对学生的创新精神和实践能力的培养。新教材在理论体系、组织结构和阐述方法等方面均作了一些新的尝试。新教材实行一纲多本，努力为教材选用提供比较和选择，满足不同学制、不同专业和不同办学条件的教学需要。

希望各地、各部门积极推广和选用国家规划教材，并在使用过程中，注意总结经验，及时提出修改意见和建议，使之不断完善和提高。

教育部职业教育与成人教育司

第二版前言

本书是根据教育部颁布的中等职业学校焊接专业《金属熔化焊基础》课程教学大纲和中等职业教育的培养目标要求编写的，是适用于三年制中等职业学校焊接专业使用的国家规划教材。第一版于2002年出版后，经多所中职学校和社会读者使用，取得了良好的社会效果。

此次修订，在编写过程中仍以突出学生能力培养为目标，完善学生的知识结构，全面提高学生的综合素质，体现职业教育的特色。在保持第一版实用性、新颖性、实践性、通俗性以及广泛性的基础上，根据几年来国家标准的变更情况，对教材中所涉及的标准及时地进行了更新。如在第二章中原《热处理工艺分类及代号》采用的是GB 12603—1990，新版更新为GB 12603—2005，第六章中《金属熔化焊焊缝缺陷分类及说明》GB 6417.1—1986，新版更新为GB 6417.1—2005等，保持了教材的先进性。考虑中职学生的知识层次和结构，在绪论中对焊接的类型、焊接的发展等作了简要的概述，在第一章中除了介绍金属的力学性能以外，补充了金属的物理性能等基础知识。

参加本次教材编写工作的有：叶琦（绪论、第二章、第四章），李海娟（第一章），陈梅春（第三章、第五章），叶青（第六章），李凤银（第四章）。全书由叶琦担任主编，安徽理工大学吴传彬担任主审。

此次修订工作得到化工职业教育行业指导委员会及有关院校的大力支持和协助。对武汉重冶集团陈先生在教材编写过程中提供的帮助，以及教材中所有参考资料的作者，在此一并表示衷心感谢。

限于作者水平，对此次修订中可能出现的疏漏及欠妥之处，恳请广大读者批评指正。

编者

2008年8月

第一版前言

本书是根据教育部颁布的中等职业学校焊接专业《金属熔化焊基础》课程教学大纲和中等职业教育的培养目标要求编写的，是适用于三年制中等职业学校焊接专业使用的国家规划教材。教学总时数为140学时，分理论知识基础模块和实践教学模块两部分，其中基础模块120学时，实践模块20学时。

本教材在编写过程中，突出以能力为本，全面提高学生综合素质的指导思想，体现职教特色，与其他教材相比具有如下特点。

(1) 实用性　根据中等职业教育的特点，突出知识的实用性。结合初级、中级电焊工职业技能的要求及目前焊接生产的实际情况，在内容编写上做到以实用、够用为原则。

(2) 新颖性　本教材是将金属学基础、金属材料与热处理、焊接材料及熔焊原理融为一体的焊接专业新教材，使之更体现出职业教育的特色，在内容安排上做到循序渐进，前后联系合理紧凑，每章开头有本章要点，末尾有实验、思考练习题，以便于指导教学和学生自学。

(3) 先进性　本教材采用了最新的国家标准，如合金工具钢GB/T 1299—2000、优质碳素结构钢GB/T 699—1999、熔敷金属中扩散氢测定方法GB/T 3965—1995等，增加了新技术、新工艺、新材料、新标准、新方法的介绍，如计算机在热处理工艺中的应用、塑料模具钢、药芯焊丝、双层药皮焊条等。

(4) 实践性　教材中编入了实验内容，指导学生实验，提高实践操作应用能力。

(5) 通俗性　降低理论深度，删除了三元合金相图，减少有关冷裂纹形成机理和冷裂纹敏感性判断及晶面、晶向表示方法等理论性强、理解难度大的内容，语言上浅显易懂，理论上深入浅出。

(6) 广泛性　教材内容上从金属学与热处理基础、金属材料与焊接材料、焊接冶金与焊接缺陷及实验等方面都进行了广泛的论述，知识面较广，注意到了学生综合素质的提高，故也可作为机械类其他专业选修教材或作为职业培训教材使用，并供焊接、机械工程等工作人员参考，适用范围较广。

本教材由湖南岳阳工业技术学院陈梅春（绪论、第三章、第五章），安徽理工大学叶琦（第二章、第六章），河南省化工学校李凤银（第一章、第四章）等编写。陈梅春任主编，叶琦任副主编，广西石化高级技校雷俊担任主审。

编写中得到了化工职业教育行业指导委员会和兄弟院校有关同志的大力支持和协助，并引用了一些专家所编著的教材和著作中的大量资料，在此表示衷心感谢。

由于编者水平有限，编写时间仓促，书中缺点或错误难免，恳请广大读者批评指正。

编者

2002年2月

目　录

绪 论

焊接技术在工业生产中应用的历史并不长，但它的发展却非常迅速。在短短的几十年中，焊接技术已广泛地应用于许多工业部门，如机械制造、石油化工、电力、建筑、交通运输、航空航天、原子能、海洋开发、电子技术等，成为现代工业的共性技术和加工方法。目前，焊接已发展成为一门独立的学科，成为工业生产中不可缺少的加工工艺，并将发挥越来越大的作用。

焊接技术的广泛应用得益于焊接技术的不断发展进步。新方法、新技术的开发应用，设备机械化和自动化程度的不断提高等，大大地提高了焊接质量、焊接效率，拓宽了焊接的应用领域。同时随着科学技术的发展，新能源的开发与应用，为焊接新方法提供了理论与物质基础，而高、新、精产品的开发，又对焊接技术提出了更高的要求，促进了焊接技术的进步。

我国的焊接技术基本上是新中国成立后才开始起步的，但在较短的时间内就取得了惊人的进步和可喜的成就。早在建国初期，我国就掌握了桥式起重机和客货轮的焊接技术。在20世纪60年代，成功地设计与制造了全焊接结构的1.2×10^5N水压机，解决了当时缺乏大型加工及冶金设备的困难。

改革开放以来，随着国家重点开发材料、能源、交通、石油化工等基础工业战略的实施，焊接技术的应用与进步取得了举世瞩目的成就。焊接技术不仅成功地应用于大型水力火力发电成套设备、大型化工生产设备、国内容积最大的高炉、跨度最大的大吨位桥式起重机的制造中，还成功地用于核电站，以及过去完全依赖进口的热壁加氢反应器等建造中。与此同时，在引进国外先进技术的基础上，还对大中型骨干企业进行了设备更新与改造。先进的焊接技术与控制系统，已在较大范围内得到应用。

近年来，在三峡电站、西气东输以及奥运场馆等国家重点工程项目建设中，焊接技术发挥着举足轻重的作用。随着我国经济的快速发展，在国家建设的诸多领域对焊接人才的需求越来越多，不仅需要较多的高层次专门人才，更需要大量的在生产第一线工作的高素质的劳动者及中、初级技术人才。

一、金属焊接的本质与熔化焊的分类

在机械制造工业中，将两个或两个以上金属零件连接在一起的方法有螺栓连接、铆钉连接、焊接和粘接等，如图0-1所示。前两种属于可拆卸的连接，而焊接是一种不可拆卸的永久性连接。可见金属焊接与其他连接方法不同。根据GB/T 3375—94《焊接术语》中的定义，“焊接是通过加热或加压，或两者并用，并且用或不用填充材料，使工件达到结合的一种方法”。与粘接不同，焊接是使两个分离的金属工件达到原子结合而形成整体的一种方法。

根据上述定义，焊接时必须加热或加压（或两者并用）。按照加热的程度以及是否加压，可将焊接划分为熔焊、压焊与钎焊三大类。焊接时，将待焊处的母材金属熔化以形成焊缝的焊接方法叫做金属熔化焊，简称熔焊。焊接过程中，必须对焊件施加压力（加热或不加热）以完成焊接的方法叫做压力焊，简称压焊。采用熔点比母材熔点低的金属材料作钎料，将焊

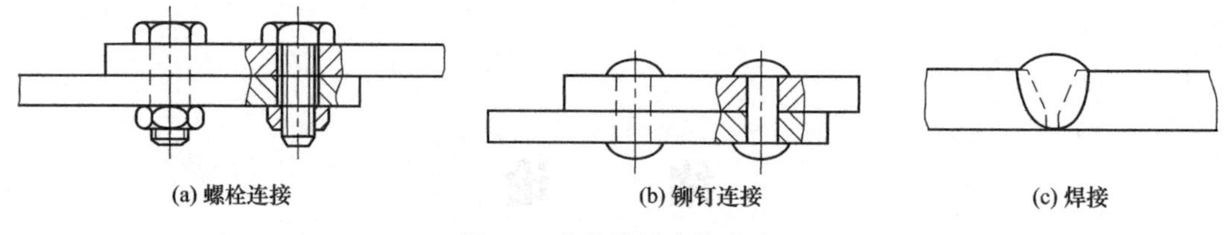

图 0-1 几种常用连接形式

件与钎料加热到高于钎料熔点，低于母材熔化温度，利用液体钎料润湿母材，填充接头间隙，并与母材相互扩散实现连接的焊接方法叫做钎焊。

金属熔焊是机械制造业应用最多的一类焊接方法。在大型、高参数（高温、高压下运行）设备，如大吨位船舶、舰艇、发电设备、核能装置、化工机械的制造中，几乎全部采用熔焊。熔焊时，焊接热源将焊接处的母材及填充金属熔化形成熔池，如图 0-2（a）中的细实线部分所示。熔池金属与周围的高温母材金属紧密接触，且充分浸润，待焊接热源离开后，温度降低，液态的熔池金属冷却凝固，形成同母材金属长合在一起的联生结晶，成为原子结合的接头，如图 0-2（b）所示。

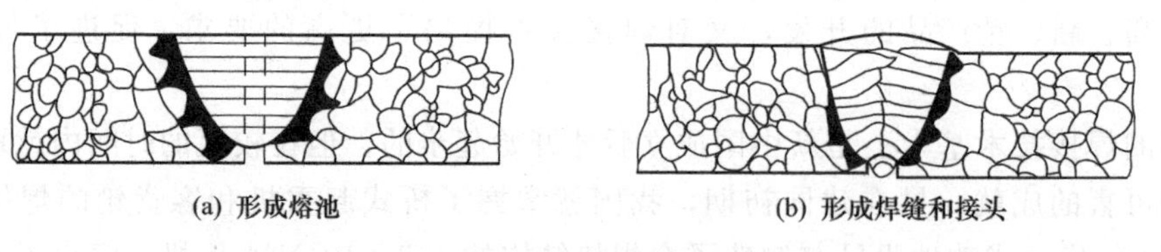

图 0-2 熔焊接头示意图

金属熔化焊的方法很多，生产中常见的熔焊方法如图 0-3 所示。

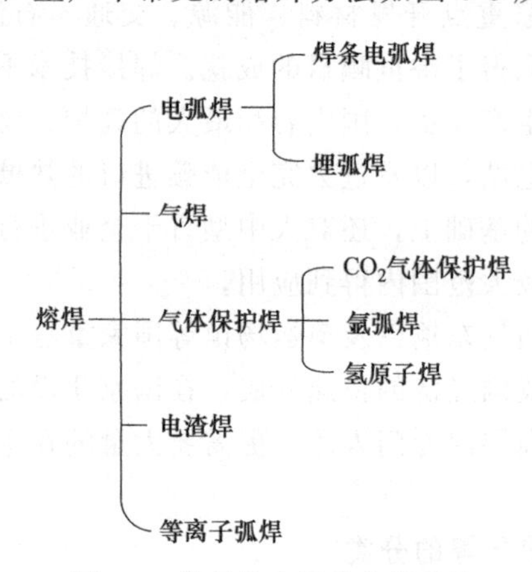

图 0-3 常见的金属熔化焊方法

二、学习本课程的目的与意义

在熔焊过程中，被焊金属（即“母材”）和填充金属发生加热熔化，必然会产生一系列的冶金和热应力作用，从而可能产生裂纹、气孔、夹杂等焊接缺陷，使焊接接头的力学性能和理化性能等达不到使用要求。焊接接头的性能质量不仅与母材和填充金属有关，而且与熔焊中的物理化学反应或冶金反应有关。如焊条电弧焊时，对于不同的母材，例如钢和铜，因材料不同，所用焊条不同，焊接接头的性能不同。如果母材相同，但所选用的焊条药皮类型不同，得到的焊接接头性能也不相同。即使母材和焊条完全相同，如果焊接工艺条件不同，所获得的焊接接头的性能质量也不相同。因此，要掌握和应用金属的焊接技术，必须了解金属材料和热处理的基本知识，掌握焊接材料的特点与选用方法，懂得熔焊过程中的冶金基本规律，理解焊接缺陷产生的原因及防止的措施。

金属熔化焊基础是融金属材料和热处理、熔焊原理等于一体的焊接专业必修课程，学习本课程，对焊接专业后续课程的学习以及将来从事焊接技术工作都有着非常重要的意义。

三、学习本课程的目标要求

本课程是根据教育部中等职业学校三年制焊接专业《金属熔化焊基础》教学大纲编写的，是中等职业学校焊接专业的一门主干课程，通过学习要求达到以下目的。

1. 知识目标

① 了解金属与合金结晶的基本理论，金属晶体结构的塑性变形与再结晶的基本知识。

② 了解金属材料的成分、组织结构与性能之间的关系。

③ 理解金属热处理原理与方法。

④ 理解焊缝形成过程中成分、组织变化的规律。

⑤ 理解热影响区金属组织和性能变化的基本规律。

⑥ 了解熔化焊过程的基本规律、焊接冶金特点。

⑦ 理解金属熔化焊过程中常见缺陷产生的原因及控制方法。

⑧ 掌握焊接材料的特点、选用原则及焊条制造过程。

2. 能力目标

① 初步具备金相显微分析，鉴别钢和铸铁金相组织的能力。

② 能借助手册等工具正确选用、合理使用金属材料及热处理方法。

③ 初步具备根据生产实际条件分析常见焊接缺陷产生的原因及提出防止措施的能力。

④ 能正确选用和使用焊条，能借助焊接手册正确选用和使用焊丝、焊剂等焊接材料。

⑤ 具有一定的实验操作技能和正确分析实验结果的能力。

四、学习本课程的方法

本课程内容与生产实际紧密相连，学习中应掌握以下方法。

① 注意理论联系实际，培养分析问题和解决问题的能力。

② 注意前后知识的融会贯通和相关知识的运用。

③ 学习中要学会分析、归纳、总结的方法，提高自学能力。

④ 积极参加各种实习和生产实践活动，仔细观察，积极思考。

⑤ 重在知识的应用，防止过多过深的理论探讨和追求理论完整性。

第一章　金属学基础

【本章要点】 金属材料物理性能、力学性能的定义、计算及测定，金属晶体结构与缺陷的类型及同素异构转变，合金组织结构与结晶。铁碳合金的组织与相图分析、应用，金属受力时组织与性能的变化。

第一节　金属材料的物理性能

一、金属材料的物理性能

材料受到自然界中光、重力、温度场、电场和磁场等作用所反映的性能，称为物理性能。金属及合金的主要物理性能有密度、熔点、膨胀系数、导电性、导热性和电磁性。由于机械零件的用途不同，对其物理性能的要求也就完全不一样。

二、密度

某种物质单位体积的质量，叫做这种物质的密度。密度是物质的一种特性，每一种物质都有一定的密度，不同种类的物质密度不同，与颜色、形态、软硬等物质特性相同，密度反映了物质的一种性质。金属的密度用金属的质量除以金属的体积来计算，即 $\rho=P/V$，其中 ρ 为密度，P 为质量，V 为体积，密度的单位为克/立方厘米（g/cm^3）或千克/立方米（kg/m^3）。在实际应用中，除了根据密度计算金属零件的质量外，很重要的一点是考虑金属的比强度（强度 σ_b 与密度 ρ 之比）来帮助选材。

三、熔点

金属由固态转变为液态时的温度称为熔点。与沸点不同的是，熔点受压力的影响很小。纯金属都有固定的熔点，金属可分为低熔点（低于 700℃）金属和难熔金属两大类。如锡、铅、锌等属低熔点金属，钨、钼、铬、钒等则属难熔金属。熔点是制订热加工（冶炼、铸造、焊接等）工艺规范的重要依据之一，常用低熔点金属制造熔断器和防火安全阀等；难熔金属可制造耐高温零件，在火箭、导弹、燃气轮机等方面获得了广泛的应用。

四、热膨胀性

物体因温度改变而发生的膨胀现象叫“热膨胀”。通常在外压强不变的情况下，大多数物质在温度升高时，其体积增大，温度降低时，体积缩小。金属受热时，它的体积会增大，冷却时则收缩，金属的这种性能称为热膨胀性。热膨胀性的大小用线胀系数或体胀系数来表示。

五、导热性

金属传导热量的能力称为导热性。热导率说明维持单位温度梯度（即温度差）时，在单位时间内，流经物体单位横截面的热量。金属材料的热导率越大，说明导热性越好，一般来说，金属越纯，其导热性越好。导热性好的金属散热也好，在制造散热器、热交换器等零件时，就要注意选用导热性好的金属。

六、导电性

金属能够传导电流的性能称为导电性。长 1m，截面面积为 $1mm^2$ 的物体在一定温度下所具有的电阻，叫做电阻率。电阻率越小，导电性就越好。电导率是电阻率的倒数，显然，电导率大的金属，电阻值小，则导电性好。

导电性和导热性一样，随合金成分的复杂化而降低，因而纯金属导电性总比合金好。为此，工业上常用纯铜、纯铝作导电材料；而用电阻大的铜合金（例如康铜-铜、镍、锰合金）作电阻材料。

第二节 金属材料的力学性能

在焊接结构的设计、制造中选用金属材料时，常以力学性能为主要依据，因此熟悉和掌握金属材料的力学性能是十分重要的。

力学性能是指金属材料受外力作用时表现出来的性能。力学性能通常包括强度、塑性、硬度、冲击韧性、疲劳强度等。

金属材料在加工及使用过程中所受的外力称为载荷。根据载荷作用性质的不同，它可以分为静载荷、冲击载荷及疲劳载荷三种。

静载荷是指外力大小和方向不变或变动很慢的载荷。

冲击载荷是在短时间内以较高速度作用于零件上的载荷。

疲劳载荷是指所经受的周期性或非周期性的动载荷（也称循环载荷）。

金属材料受不同载荷作用而发生的几何形状和尺寸的变化称为变形。变形一般分为弹性变形和塑性变形。弹性变形是指在外力作用下产生变形，当外力去除后，变形也随之消失；其变形大小与外力成正比。塑性变形是指在外力去除后仍能保留下来的永久变形。

金属受外力作用后，为保持其不变形，在材料内部作用着与外力相对抗的力称为内力。单位截面积上的内力称为应力。金属受拉伸载荷或压缩载荷作用时其横截面积上的应力 σ 按下式计算

$$\sigma=\frac{F}{S} \tag{1-1}$$

式中 σ——应力，Pa❶；

F——外力，N；

S——横截面积，m^2。

一、强度

强度是材料抵抗外力产生塑性变形或断裂的能力。材料的强度可用它承受载荷时的应力值来表示。

根据载荷作用方式不同，强度可分为抗拉强度 σ_b、抗压强度 σ_{bc}、抗弯强度 σ_{bb}、抗剪强度 τ_b 和抗扭强度 τ_t 五种。一般情况下多以抗拉强度作为判别材料强度高低的指标。

金属材料的强度和塑性指标可以通过拉伸实验来测定。拉伸实验的方法是将拉伸试样装夹在拉伸试验机上，缓慢加载，试样受力后，开始变形伸长，并随拉力的增加，变形量增大，直至拉断为止。然后根据测得的数据，即可求出有关的力学性能。

❶ 应力单位为 Pa，$1Pa=1N/m^2$。当面积用 mm^2 时，则应力可用 MPa 为单位。$1MPa=1N/mm^2=10^6Pa$。

1. 拉伸试样

国家标准（GB 228—87）对拉伸试样的形状、尺寸及加工要求均有明确的规定。图 1-1 所示为圆形拉伸试样。图中 d_0 为试样直径，l_0 为试样标距长度。根据标距长度与直径之间的关系，试样可分为长试样（$l_0=10d_0$）和短试样（$l_0=5d_0$）两种。

2. 力-伸长曲线

在拉伸实验过程中，实验机自动记录载荷与伸长量之间的关系，并得出以载荷为纵坐标、伸长量为横坐标的图形曲线，叫做力-伸长曲线，也称拉伸图。图 1-2 所示为低碳钢的力-伸长曲线。由该图可见，低碳钢试样在拉伸过程中，其载荷与伸长量的关系明显地表现出以下几个变形阶段。

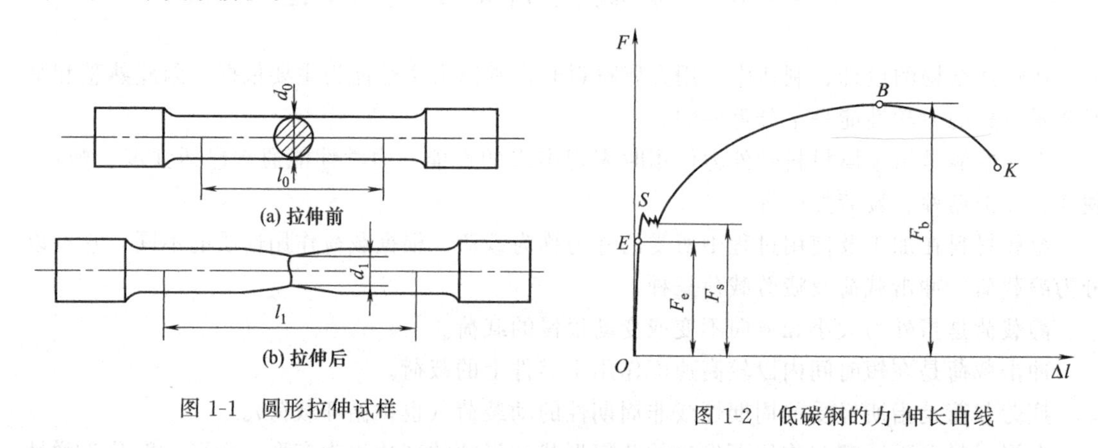

图 1-1 圆形拉伸试样

图 1-2 低碳钢的力-伸长曲线

OE——弹性变形阶段，这时由于载荷 F 不超过 F_e，外力与变形成正比，试样只产生弹性变形。当外力去除后，试样恢复到原来的长度。F_e 为能恢复原始形状和尺寸的最大拉伸力。

ES——屈服阶段，当载荷超过 F_e 时，试样除发生弹性变形外，还产生部分塑性变形。此时若卸载的话，试样不能恢复到原有的长度，而保留一部分残余变形。当外力达到 F_s 值时，图上出现一个平台（或锯齿状），这种在载荷不增加或略有减少的情况下，试样继续发生变形的现象叫做屈服。F_s 称为屈服载荷。

SB——强化阶段，当载荷超过 F_s 后，试样的伸长量与载荷又将呈曲线关系上升，但曲线的斜率比 *OE* 段小。即载荷的增加量不大，而试样的伸长量却很大，表明当载荷超过 F_s 后，试样开始产生大量的塑性变形。在此阶段，由于变形抗力增加，欲继续变形，必须不断增加载荷，这种现象称为“形变强化”。F_b 为试样拉伸实验时的最大载荷。

BK——缩颈阶段（局部塑性变形阶段），当载荷达到最大值 F_b 时，试样的局部截面缩小，这种现象称为“缩颈”。由于试样局部截面的逐渐减小，故载荷也逐渐降低，当达到曲线上的 *K* 点时，试样被拉断。

3. 强度指标

工程上最常用的强度指标是屈服强度和抗拉强度。

(1) 屈服强度（屈服点） 材料产生屈服时的最小应力值叫屈服点（屈服强度），用符号 σ_s 表示。

$$\sigma_s=\frac{F_s}{S_0} \tag{1-2}$$

式中 σ_s——屈服强度，MPa；

F_s——试样产生屈服现象时的最小载荷，N；

S_0——试样原始横截面积，mm^2。

在金属材料中，除低碳钢和中碳钢等少数合金有屈服现象外；大多数金属材料，如高碳钢、合金钢、铸铁等，在拉伸过程中，是没有明显屈服现象的。国家标准（GB 228—87）规定，以试样塑性伸长量为试样标距长度 0.2% 时，材料承受的应力称为“屈服强度”，并以符号 $\sigma_{0.2}$ 表示，其测定如图 1-3 所示。

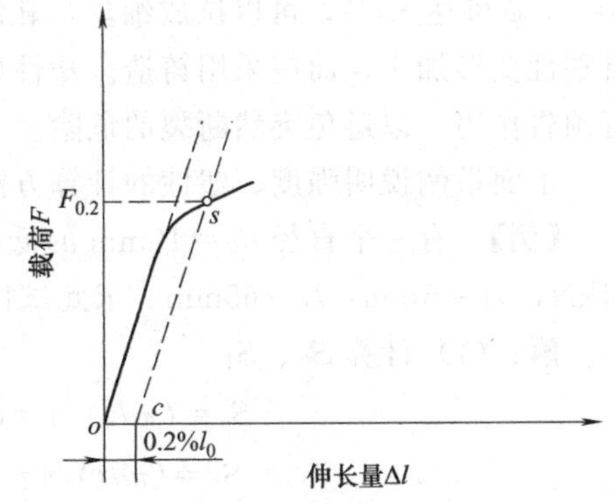

图 1-3　$\sigma_{0.2}$ 的测定示意图

（2）抗拉强度　材料在断裂前所能承受的最大应力称为抗拉强度，用符号 σ_b 表示。

$$\sigma_b=\frac{F_b}{S_0} \tag{1-3}$$

式中　σ_b——抗拉强度，MPa；

F_b——试样断裂前所承受的最大载荷，N；

S_0——试样原始横截面积，mm^2。

屈服强度和抗拉强度都是设计和选材的依据，也是材料的主要力学性能指标。如果零件在工作时只要发生少量的塑性变形，就会引起传动精度降低或影响其他零件的相对运动，则必须以 σ_s 或 $\sigma_{0.2}$ 来计算；如果只要求零件在工作时不发生断裂，就以 σ_b 来计算。

二、塑性

材料在载荷作用下，产生永久变形而不断裂的能力叫塑性。工程上常用伸长率和断面收缩率作为材料的塑性指标。

1. 伸长率

试样拉断后，标距的伸长量与原始标距的百分比称为伸长率，用符号 δ 表示。其计算方法如下

$$\delta=\frac{l_1-l_0}{l_0}\times 100\% \tag{1-4}$$

式中　δ——伸长率，%；

l_1——试样拉断后的标距，mm；

l_0——试样的原始标距，mm。

应当指出，同一材料的试样长短不同，测得的伸长率是不同的。长短试样的伸长率分别用符号 δ_{10} 和 δ_5 表示。对于同一种材料，用短试样测得的伸长率大于长试样的伸长率，即 $\delta_5>\delta_{10}$。因此，在比较不同材料的伸长率时，应采用同样尺寸规格的试样。习惯上 δ_{10} 也常写成 δ。

2. 断面收缩率

试样拉断后，缩颈处横截面积的最大缩减量与原始横截面积的百分比称为断面收缩率，用符号 ψ 表示。其计算方法如下

$$\psi=\frac{S_0-S_1}{S_0}\times 100\% \tag{1-5}$$

式中　ψ——断面收缩率，%；

S_0——试样的原始横截面积，mm^2；

S_1——试样拉断处的最小横截面积，mm^2。

伸长率和断面收缩率数值越大，表示材料的塑性越好。塑性好的材料可以产生大量的塑性变形而不被破坏，便于通过塑性变形加工成形状复杂的零件。例如，工业纯铁的 δ 可达 50%，ψ 可达 80%，可以拉成细丝，轧制薄板等。而铸铁的 δ 和 ψ 几乎为零，所以不适合进行塑性变形加工，而应采用铸造。塑性好的材料制成构件或零件，一旦超载产生塑性变形，有预告作用，以避免突然断裂的危险。

下面举例说明强度、塑性的计算方法。

【例】 有一个直径 $d_0=10$mm 的低碳钢圆形短试样，拉伸实验时测得 $F_s=21$kN，$F_b=34$kN，$d_1=6$mm，$l_1=65$mm。求此试样的 σ_s、σ_b、δ_5、ψ。

解：（1）计算 S_0、S_1

$$S_0=(\pi d_0^2)/4=(3.14\times10^2)/4=78.5(mm^2)$$

$$S_1=(\pi d_1^2)/4=(3.14\times6^2)/4=28.3(mm^2)$$

（2）计算 σ_s、σ_b

$$\sigma_s=F_s/S_0=21000/78.5=267.5(MPa)$$

$$\sigma_b=F_b/S_0=34000/78.5=433.1(MPa)$$

（3）计算 δ_5、ψ

短试样 $l_0=5d_0=5\times10=50$（mm）

$$\delta_5=\frac{l_1-l_0}{l_0}\times100\%=\frac{65-50}{50}\times100\%=30\%$$

$$\psi=\frac{S_0-S_1}{S_0}\times100\%=\frac{78.5-28.3}{78.5}\times100\%=64\%$$

三、硬度

硬度是指材料抵抗局部变形（特别是塑性变形）、压痕或划痕的能力。通常，材料的硬度越高，耐磨性能越好，故常将硬度值作为衡量材料耐磨性能的重要指标之一。

硬度的测定常用压入法。把规定的压头压入金属材料的表面层，然后根据压痕的面积或深度确定其硬度值。常用的硬度测定方法有布氏硬度（主要用于原材料检验）、洛氏硬度（主要用于热处理后的产品检验）和维氏硬度（主要用于薄板材料及材料表层的硬度测定）。

（一）布氏硬度

1. 测试原理

图 1-4 所示为布氏硬度测试原理。它是用直径为 D 的淬火钢球或硬质合金球，以相应的实验力压入试样表面，保持规定的时间后，卸除载荷，用读数放大镜测量其球面压痕直径 d。根据压痕直径 d 计算出压痕凹印表面积。单位凹印表面积上所承受的平均压力即为布氏硬度值。用淬火钢球作压头时，布氏硬度用符号 HBS 表示；用硬质合金球作压头时，布氏硬度用符号 HBW 表示。

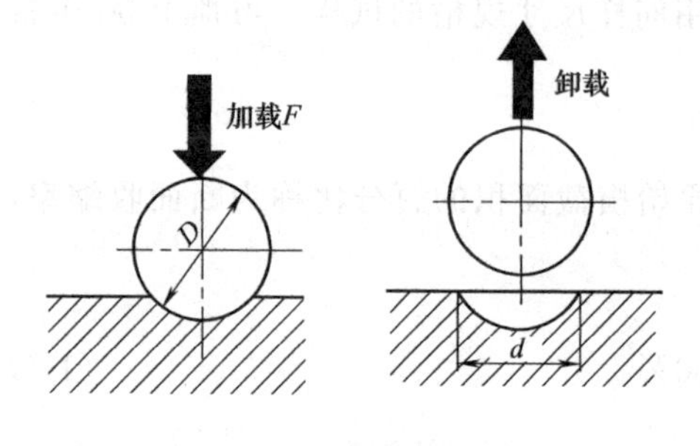

图 1-4 布氏硬度测试原理

$$\text{HBS(或 HBW)}=\frac{F}{S_{凹}}=0.102\frac{2F}{\pi(D-\sqrt{D^2-d^2})} \quad (1-6)$$

式中　HBS（或 HBW）——用淬火钢球（或硬质合金球）实验时的布氏硬度值；

F——实验力，N；

$S_{凹}$——压痕凹印表面积，mm^2；

D——球体直径，mm；

d——压痕平均直径，mm。

布氏硬度值的单位为 N/mm^2，但习惯上只写明硬度值而不标出单位。

从式（1-6）中可以看出，当外载荷 F、压头球体直径 D 一定时，布氏硬度值仅与压痕直径 d 的大小有关。d 越小，布氏硬度值越大，表明材料越硬，反之，d 越大，布氏硬度值越小，表明材料越软。在实际测试时，硬度值不必用上述公式计算，而是用专用的刻度放大镜量出压痕直径，然后根据压痕直径的大小，再从专门的硬度表中查出相应的布氏硬度值。

2. 实验条件的选择

在进行布氏硬度实验时，压头球体的直径 D、实验力 F 及实验力保持的时间 t，应根据被测金属材料的种类、硬度值的范围及金属的厚度进行选择。

常用的压头球体直径 D 有 1mm、2mm、2.5mm、5mm 和 10mm 五种。实验力 F 可在 9.807～29.421kN（1～3000kgf[1]）范围内，二者之间的关系见表 1-1。实验力保持时间，一般黑色金属为 10～15s；有色金属为 30s；布氏硬度值小于 35 时为 60s。

表 1-1　根据材料和布氏硬度范围选择 $\frac{F}{D^2}$ 值

材　料	布氏硬度	$\frac{F}{D^2}$/MPa	材　料	布氏硬度	$\frac{F}{D^2}$/MPa
钢及铸铁	<140 ≥140	98 294	轻金属及其合金	<35 35～80 >80	24.5(12.25) 98(49 或 147) 98(147)
铜及其合金	<35 35～130 >130	49 98 294	铅、锡		12.25(9.8)

注：1. 当实验条件允许时，应尽量选用直径为 10mm 的球。

2. 当有关标准中没有明确规定时，应使用无括号的 $\frac{F}{D^2}$ 值。

3. 布氏硬度表示方法

布氏硬度表示方法规定为：布氏硬度值用数字写在符号 HBS（或 HBW）之前，符号后面按顺序用数字表示压头球体直径、实验力大小和实验力保持时间。当采用压头球体直径 D 为 10mm，实验力 F 为 3000kgf（29421N），保持时间 t 为 10～15s 的实验条件时，可省略标注。

例如 120HBS10/1000/30 表示用直径为 10mm 的钢球，在 1000kgf（9807N）的实验力作用下，保持时间为 30s 后测得的布氏硬度值为 120。

555HBW5/750 表示用直径为 5mm 的硬质合金球，在 750kgf（7355N）的实验力作用下，保持时间为 10～15s 时测得的布氏硬度值为 555。

4. 应用范围及优缺点

布氏硬度适用于铸铁、有色金属及其合金材料及经退火、正火和调质处理的钢材等，特

[1] 1kgf=9.80665N。

别对于软金属，如铝、铅、锡等更为适宜。

布氏硬度与材料的抗拉强度之间存在一定关系：$\sigma_b \approx K\text{HB}$，$K$ 为系数，例如对于低碳钢有 $K\approx 0.36$，对于高碳钢有 $K\approx 0.34$，对于调质合金钢有 $K\approx 0.325$ 等。

布氏硬度的优点是具有很高的测量精度，它采用的实验力大，球体直径也大，因而压痕直径也大，它能较真实地反映出金属材料的平均性能，实验结果比较准确。缺点是操作时间较长，对不同材料需要更换压头和实验力，压痕测量也较费时。在进行高硬度材料实验时，由于球体本身的变形会使测量结果不准确。因此，不能用于测定高于 450HBS（钢球压头）和高于 650HBW（硬质合金球压头）的材料，否则压头会发生变形及损坏；又因压痕较大，不宜测量成品及薄件。

（二）洛氏硬度

1. 测试原理

洛氏硬度是以顶角为 120°的金刚石圆锥体或直径为 1/16in（1.588mm）的淬火钢球作压头，以规定的载荷使其压入试样表面。试验时，先加初载荷，然后再加主载荷，压入试样表面之后，卸除主载荷。在保持初载荷的情况下，测出试样由主载荷引起的残余压入深度 h，再由 h 确定被测金属材料的洛氏硬度值 HR。

洛氏硬度试验原理如图 1-5 所示。图中 0—0 位置为未加载荷时的压头位置。1—1 位置为加上 10kgf 初载荷后压头所处的位置，此时压入深度为 ab，目的是消除由于试样表面不光洁对试验结果精确性造成的不良影响。2—2 位置为在总载荷（初载荷＋主载荷）作用下压头所处的位置，此时压入深度为 ac，ac 包括由加载所引起的弹性变形和塑性变形。卸除主载荷后，由于弹性变形恢复而稍提高到 3—3 位置。此时压头的实际压入深度为 ad。洛氏硬度就是以主载荷所引起的残余压入深度 $h(h=ad-ab=bd)$ 来表示。但是这样直接以压入深度的大小表示硬度，将会出现硬的金属硬度值小而软的金属硬度值大的现象。为了与习惯上数值越大、硬度值越高的概念一致，采用一常数 K 减去主载荷所引起的残余压入深度 h 的差值来表示硬度值。为简便起见，又规定每 0.002mm 压入深度作为一个硬度单位。

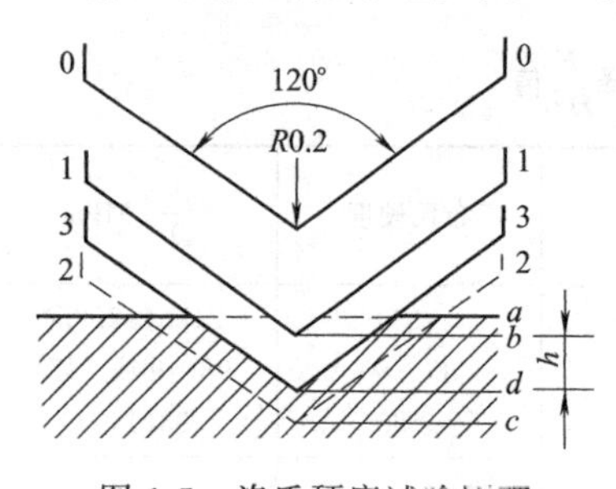

图 1-5 洛氏硬度试验原理

洛氏硬度值的计算公式如下

$$\text{HR}=\frac{K-h}{0.002}=\frac{K-(ad-ab)}{0.002} \tag{1-7}$$

式中 HR——洛氏硬度值；

K——常数，采用金刚石圆锥压头进行试验时 $K=0.2$（用于 HRA、HRC），采用钢球压头进行试验时 $K=0.26$（用于 HRB）；

h——受主载荷作用引起的残余压入深度，mm；

ad——卸除主载荷后试样压入深度，mm；

ab——初载荷作用后试样压入深度，mm。

2. 常用洛氏硬度标尺及适用范围

为了能用一种硬度计测定较大范围的硬度，洛氏硬度采用了常用的三种硬度标尺，分别以 HRA、HRB、HRC 表示。其实验条件及应用范围见表 1-2。

表 1-2 常用洛氏硬度标尺的试验条件和应用范围

标尺	压头类型	总载荷/kgf(N)	硬度值有效范围	应用举例
HRA	120°金刚石圆锥体	60(588.4)	60～85HRA	测量硬质合金、表面淬火层或渗碳层
HRB	1.588mm(1/16in)淬火钢球	100(980.7)	25～100HRB	测量有色金属、退火及正火钢
HRC	120°金刚石圆锥体	150(1471)	20～67HRC	测量淬火钢、调质钢

上述洛氏硬度的三种标尺中，以 HRC 应用最多，一般经淬火处理的钢或工具都采用 HRC 测量。

洛氏硬度表示方法为：符号 HR 前面的数字表示硬度值，HR 后面的字母是表示不同洛氏硬度的标尺。例如 60HRC，表示用 C 标尺测定的洛氏硬度值为 60。

3. 试验优缺点

洛氏硬度的优点是操作简单迅速，效率高，能直接从刻度盘上读出硬度值；压痕较小，可直接测量成品或较薄工件的硬度；对于 HRA 和 HRC 采用金刚石压头，可测量高硬度薄层和深层的材料。其缺点是压痕较小，当材料的内部组织不均匀时，硬度数据波动比较大，使测量值的代表性不足，通常要在试样不同部位测定四次以上，取其平均值为该材料的硬度值。

（三）维氏硬度

1. 测试原理

维氏硬度的测试原理基本上和布氏硬度相同，其试验原理如图 1-6 所示。将相对面夹角为 136°的金刚石正四棱锥体压头，以选定的试验力压入试样表面，按规定保持一定时间后卸除实验力，然后测量压痕两对角线的长度来计算硬度。维氏硬度值用正四棱锥压痕单位表面积上所承受的平均压力来表示，符号为 HV。其计算公式如下

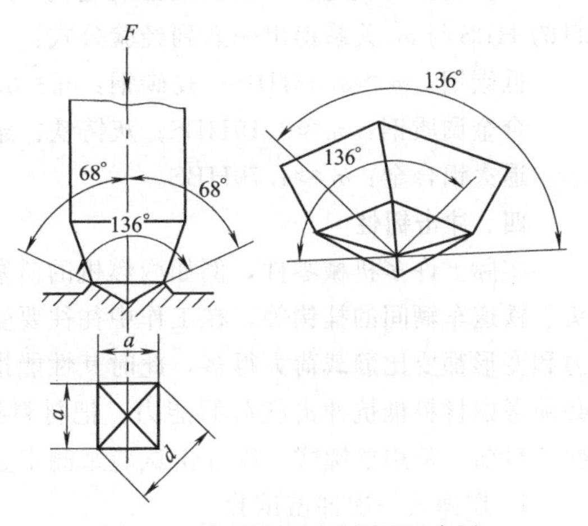

图 1-6 维氏硬度试验原理示意图

$$HV=0.1891\frac{F}{d^2} \tag{1-8}$$

式中 HV——维氏硬度值；

F——作用在压头上的实验力，N；

d——压痕两对角线长度的算术平均值，mm。

HV 值的单位为 N/mm^2，但习惯上只写出硬度值而不标出单位。在实际工作中，维氏硬度值同布氏硬度一样，不用计算，而是根据压痕对角线长度，从专门的硬度表中直接查出。

2. 常用试验力及其表示方法

维氏硬度试验所用试验力视其试件大小、厚薄及其他条件，可在 49.03～980.7N 的范围内选择试验力。常用的试验力有 49.03N、98.07N、196.1N、294.2N、490.3N、980.7N。试验力的保持时间，黑色金属为 10～15s；有色金属为（30±2）s。

维氏硬度符号前面的数字为硬度值，后面依次用相应数字注明试验力和试验力保持时间

（10～15s不标注）。例如640HV30/20，表示用30kgf（294.2N）试验力，保持时间为20s测得的维氏硬度值为640。

3. 应用范围及优缺点

维氏硬度适用范围广，尤其适用于测定金属镀层、薄板材料及经化学热处理（如渗碳、氮化等）后的表层硬度。当试验力小于0.2kgf（1.961N）时，可用于测量金相组织中不同相的硬度。

维氏硬度的优点是由于采用对角线长度计量，故结果精确可靠，硬度值误差小。缺点是试验时需要测量对角线的长度，测试手续较烦琐，然后经计算或查表确定，故效率不如洛氏硬度高；压痕小，对试件表面质量要求较高。

在上述三种硬度试验方法中最常用的是洛氏硬度HRC与布氏硬度HB，除此以外还有肖氏硬度（HS）、显微硬度以及里氏硬度（HL）。各硬度试验法测得的硬度值不能直接进行比较，必须通过硬度换算表换算成同一硬度后，方可比较其大小。

金属材料的硬度与强度之间有着近似的对应关系。因为硬度是由起始塑性变形抗力和继续变形塑性抗力决定的，材料的强度越高，塑性变形抗力越高，硬度值也就越高。由不同材料的HBS与σ_b关系得出一系列经验公式：

低碳钢：$\sigma_b \approx 3.53$HBS；高碳钢：$\sigma_b \approx 3.33$HBS；

合金调质钢：$\sigma_b \approx 3.19$HBS；灰铸铁：$\sigma_b \approx 0.98$HBS；

退火铝合金：$\sigma_b \approx 4.70$HBS。

四、冲击韧性

实际上许多机械零件，例如内燃机的活塞连杆、发动机的曲轴、锻锤的锤杆、冲床的冲头、铁道车辆间的挂钩等，在工作中往往要受到冲击载荷的作用。由于瞬时冲击所引起的应力和变形都要比静载荷大得多，此时其性能指标不能单纯用静载荷作用下的指标来衡量，而必须考虑材料抵抗冲击载荷的能力。把材料抵抗冲击载荷作用而不破坏的能力称为冲击韧性。目前，常用摆锤式一次冲击试验来测定金属材料的冲击韧性。

1. 摆锤式一次冲击试验

摆锤式一次冲击试验是将待测的金属材料按国标加工成一定形状和尺寸的标准试样，然后将试样放在专门的摆锤式冲击试验机的支座上，放置时，试样的缺口应背向摆锤的冲击方向，如图1-7（a）所示。再将具有一定重力G的摆锤举至一定的高度H_1［见图1-7（b）］，使其获得一定的势能GH_1，然后摆锤自由落下，将试样冲断。试样被冲断后，摆锤继续向左升高到H_2的高度，摆锤的剩余势能为GH_2。根据能量守恒原理：试样被冲断过程中吸收的能量等于摆锤冲击试样前后的势能差。试样被冲断所吸收的能量即是摆锤冲击试样所做的功，称为冲击吸收功，用符号A_k表示，单位为J。其计算公式如下

$$A_k = GH_1 - GH_2 = G(H_1 - H_2) \tag{1-9}$$

式中 A_k——冲击吸收功，J；

G——摆锤的重力，N；

H_1——摆锤举起的高度，m；

H_2——试样被冲断后，摆锤回升的高度，m。

在摆锤一次冲击试验的实际操作中，冲击吸收功A_k的值可在冲击试验机的刻度盘上直接读出。

冲击吸收功A_k除以试样缺口处原始横截面积S_0，即可得材料的冲击韧度，用符号a_k

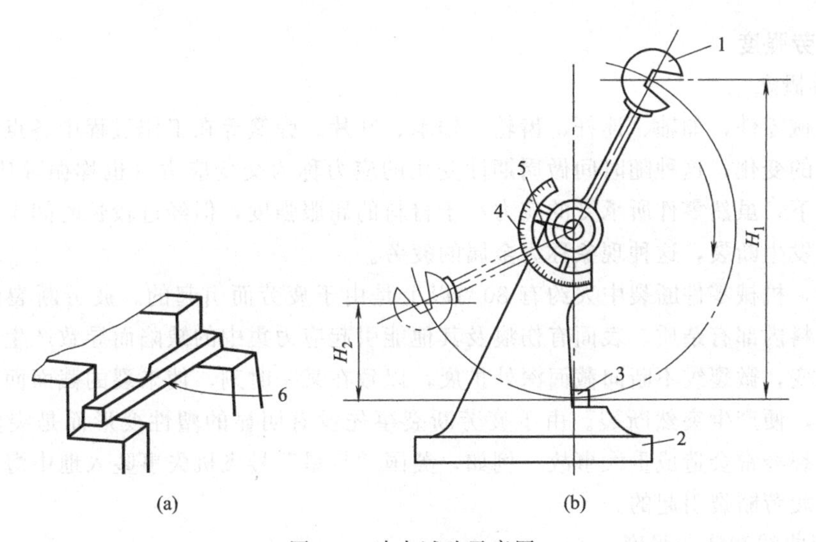

图 1-7 冲击试验示意图

1—摆锤；2—机架；3—试样；4—刻度盘；5—指针；6—冲击方向

表示。其计算公式如下

$$a_k = \frac{A_k}{S_0} \tag{1-10}$$

式中 a_k——冲击韧度，J/cm^2；

A_k——冲击吸收功，J；

S_0——试样缺口处原始横截面积，cm^2。

冲击韧度是冲击试样缺口处单位横截面积上的冲击吸收功。冲击韧性的大小用冲击韧度来衡量。冲击韧度越大，表示材料的冲击韧性越好。必须说明的是，使用不同类型的试样（U 形缺口或 V 形缺口）进行试验时，其冲击吸收功应分别标为 A_{kU} 或 A_{kV}，冲击韧度则标为 a_{kU} 或 a_{kV}。

冲击韧度的大小和试验温度有关。冲击韧度的值随着试验温度的下降而减小。在低于某一温度时，冲击韧度急剧下降。材料由韧性状态向脆性状态转变的温度称为韧脆转变温度。材料的韧脆转变温度越低，说明低温抗冲击性能越好。普通碳素钢的韧脆转变温度约为 −20℃，因此，普通碳钢制造的车轴、桥梁、输油管道等在我国东北地区易发生脆断。

2. 小能量多次冲击试验

实际上，在冲击载荷工作下的零件或构件，很少因受一次大能量冲击载荷作用而破坏，绝大多数是经受多次小能量冲击而破坏，这时用冲击韧度值 a_k 来衡量材料性能是不适宜的。对于这种零件，需要采用小能量多次冲击试验来检验这类金属的多次冲击寿命。

小能量多次冲击试验的原理如图 1-8 所示。试验时将试样装夹在试验机上，使试样受到试验机冲头的小能量多次冲击。测定试样在一定冲击能量下，开始出现裂纹或最后断裂的冲击次数 N，代表金属的多次冲击寿命。

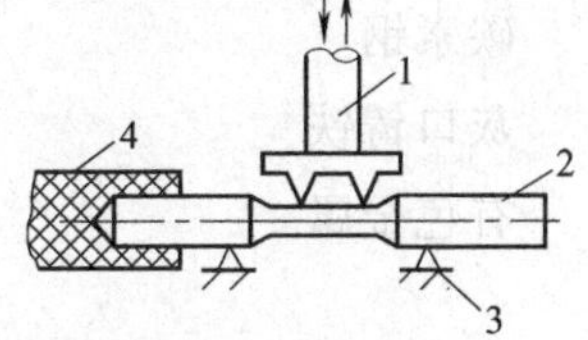

图 1-8 小能量多次冲击试验原理

1—冲头；2—试样；3—支承；4—橡胶夹头

研究结果表明，多次冲击寿命取决于强度和塑性的综合性能指标。在大能量多次冲击时，材料的寿命主要取决于塑性；在小能量多次冲击时，材料的寿命则主要取决于强度。

五、疲劳强度

1. 疲劳概念

许多机械零件，如轴、连杆、齿轮、轴承、叶片、弹簧等在工作过程中各点的应力随时间做周期性的变化，这种随时间做周期性变化的应力称为交变应力（也称循环应力）。在交变应力作用下，虽然零件所承受的应力小于材料的屈服强度，但经过较长时间工作后会产生裂纹或突然发生断裂，这种现象称为金属的疲劳。

据统计，机械零件断裂中大约有80%以上是由于疲劳而引起的。疲劳断裂的过程，往往是由于材料内部有杂质、表面有伤痕及其他能引起应力集中的缺陷而导致产生微裂纹。随着应力的交变，微裂纹不断向截面深处扩展，以致在某一时刻，使未裂的截面面积承受不了所受的应力，便产生突然断裂。由于疲劳断裂事先没有明显的塑性变形而是突然断裂，所以，疲劳断裂经常会造成重大事故。例如，英国“彗星”号飞机失事坠入地中海，就是由于飞机充气舱疲劳断裂引起的。

2. 疲劳曲线和疲劳强度

为了防止疲劳断裂，零件设计时不能以σ_s、$\sigma_{0.2}$、σ_b为依据，必须制定出相应的疲劳强度指标。疲劳强度指标可由疲劳实验获得。通过疲劳试验测得的有关材料所受的交变应力σ与其断裂时应力循环次数N之间的关系曲线称为疲劳曲线，如图1-9所示。从曲线可以看出，材料承受的交变应力σ越大，则断裂时应力循环次数N越少，反之，则N越大。当应力σ降低到某一数值时，疲劳曲线与横坐标平行，表明材料可经受无数次应力循环而不发生疲劳断裂。工程上规定，材料经受相当应力循环次数N（对钢铁材料$N=10^7$次，对有色金属$N=10^8$次）而不发生断裂的最大应力称为材料的疲劳强度，用σ_r表示，r表示应力循环对称系数。对于对称循环交变应力（见图1-10），$r=-1$，故其疲劳强度用σ_{-1}表示。

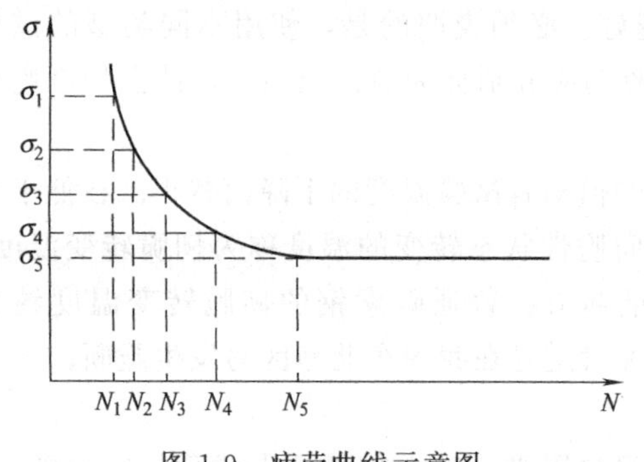

图1-9 疲劳曲线示意图

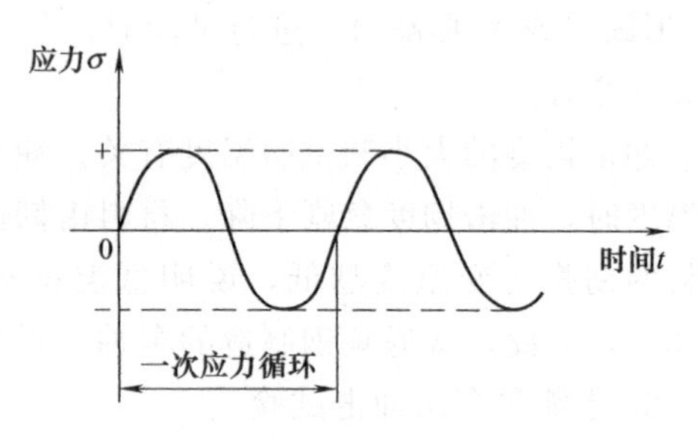

图1-10 对称循环交变应力示意图

金属材料的疲劳强度与抗拉强度之间通常存在如下的近似比例关系：

碳素钢 $\sigma_{-1}\approx(0.4\sim0.55)\sigma_b$

灰口铸铁 $\sigma_{-1}\approx0.4\sigma_b$

有色金属 $\sigma_{-1}\approx(0.3\sim0.4)\sigma_b$

第三节 金属的晶体结构

不同的金属材料具有不同的力学性能。即使是同一种金属材料，若在不同的热处理条件下也可具有不同的力学性能。金属力学性能的这些差异，从本质上来说，是由其内部结构所决定的。因此，掌握金属的内部结构及其对金属性能的影响，对于选用和加工金属材料，具有非常重要的意义。

一、金属的晶格与晶胞

一切物质都是由原子组成的，自然界的固体物质按其原子排列特征，可分为晶体和非晶体两大类。原子杂乱无序，作无规则排列的物质称为非晶体，如普通玻璃、松香、塑料等。原子按一定几何形式作有规则排列的物质称为晶体，如金刚石、石墨、各种金属及合金等。晶体中原子排列的情况如图 1-11（a）所示。

为了形象地表示晶体中原子排列的规律，人们把晶体中的每个原子设想为近似静态的小球体，人为地将原子看成是一个几何质点，用假想的线条将这些点连接起来，便形成一个在三维空间里具有一定几何形式的空间格子。这种表示晶体中原子排列规律的空间格子称为晶格，如图 1-11（b）所示。晶格中的每个点叫做节点。

在晶体中原子的排列具有重复性，人们把晶格中能代表原子排列规律的最小几何单元称为晶胞，如图 1-11（c）所示。晶胞中各棱边的长度 a、b、c 称为晶格常数，用来表示晶胞的大小，以埃（Å）为单位（1Å$=1\times10^{-8}$cm）。

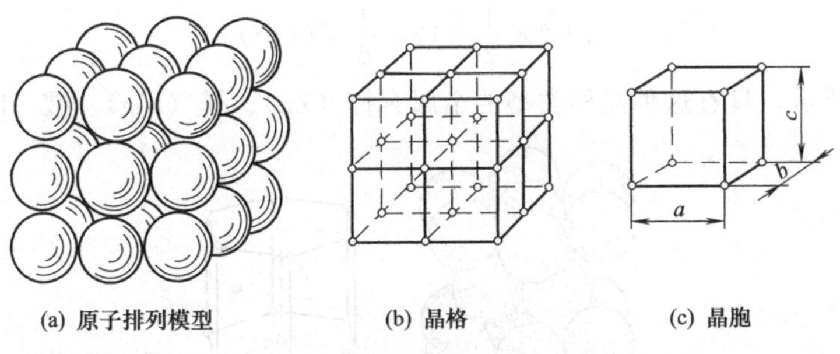

(a) 原子排列模型 (b) 晶格 (c) 晶胞

图 1-11 简单立方晶体结构示意图

二、常见的晶体结构类型

不同的金属具有不同的晶格类型。常见的金属晶格类型主要有体心立方晶格、面心立方晶格和密排六方晶格三种。

1. 体心立方晶格

体心立方晶格的晶胞是一个立方体，其晶格常数 $a=b=c$，在立方体 8 个顶角和其中心各分布一个金属原子，在晶胞中，每个顶角上的原子是同时属于相邻 8 个晶胞的，而中心原子才为该晶胞所独有，所以体心立方晶胞中实际含有的原子数为：

$$8\times\frac{1}{8}+1=2(\text{个})$$

如图 1-12 所示，具有这种晶格类型的金属有 α-Fe（温度在 912℃以下的纯铁）、铬(Cr)、钨（W）、钼（Mo）、钒（V）等。

2. 面心立方晶格

面心立方晶格的晶胞也是一个立方体，其晶格常数 $a=b=c$，在立方体的 8 个顶角和立方体的 6 个面的中心各分布一个金属原子，在晶胞中，位于每一个面上的原子属于相邻两个晶胞所共有，故面心立方晶胞中实际含有的原子数为：

$$8\times\frac{1}{8}+6\times\frac{1}{2}=4(\text{个})$$

如图 1-13 所示，具有这种晶格类型的金属有 γ-Fe（温度在 912～1394℃的纯铁）、铝

(Al)、镍(Ni)、铜(Cu)、铅(Pb)等。

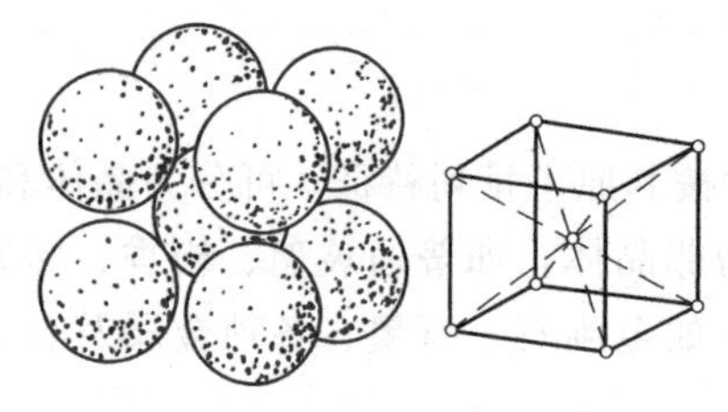

图 1-12　体心立方晶格示意图

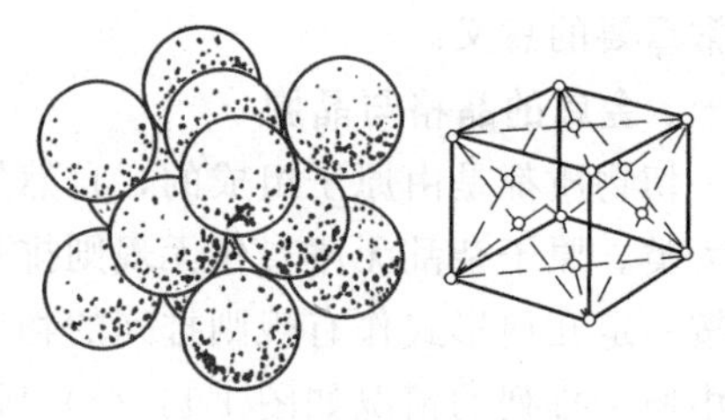

图 1-13　面心立方晶格示意图

3. 密排六方晶格

密排六方晶格的晶胞是一个正六方柱体，其晶格常数用六方底面边长 a 和上、下两底面间距离 c 来表示。在正六方柱体的 12 个顶角和上、下底面的中心各分布一个金属原子，另外还有 3 个原子排列在柱体内。在晶胞中，六方体的 12 个角上有 12 个金属原子，在上、下底面的中心各分布 1 个原子，上、下底面之间均匀分布 3 个原子，故密排六方晶胞中实际含有的原子数为：

$$3+2\times\frac{1}{2}+12\times\frac{1}{6}=6(\text{个})$$

如图 1-14 所示，具有这种晶格类型的金属有锌(Zn)、镁(Mg)、铍(Be)、α-Ti 等。

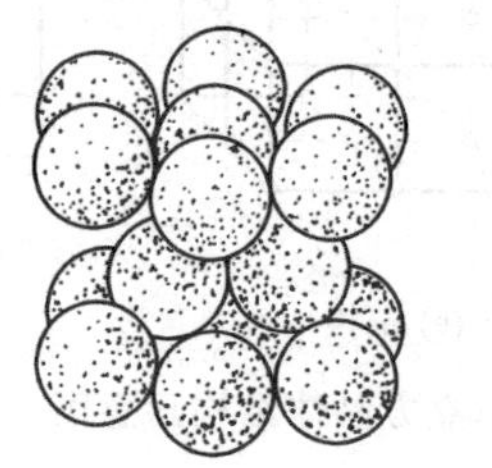

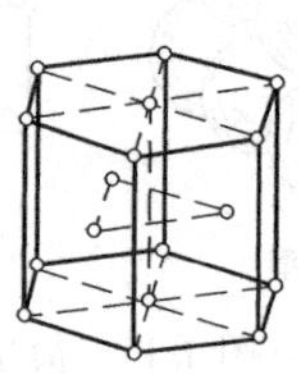

图 1-14　密排六方晶格示意图

在金属元素中，绝大多数金属的晶格类型属于上述三种晶格形式，只有少数金属还具有其他形式的晶格。各种晶体物质由于其晶格形式不同，或晶格常数不同，常表现出不同的性能特征。

三、金属的实际晶体结构与晶体缺陷

晶体中原子完全为规则排列时，称为理想晶体。在实际使用的金属材料中，由于加进了其他种类的外来原子以及材料在冶炼后的凝固过程中受到各种因素的影响，本来该有规律的原子排列方式受到干扰，不像理想晶体那样规则。晶体中出现的各种原子不规则排列现象称为晶体缺陷。根据晶体缺陷存在形式的几何特点，通常分为点缺陷、线缺陷和面缺陷三种类型。

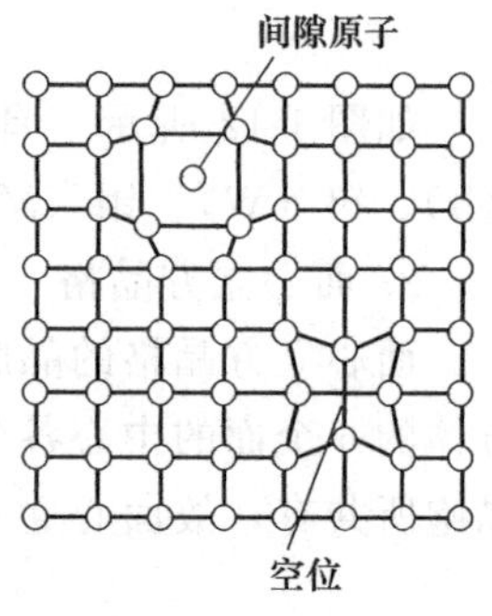

图 1-15　空位和间隙原子示意图

1. 点缺陷

常见的点缺陷是空位和间隙原子，如图 1-15 所示。空位是指晶体的晶格中的节点位置未被原子所占有。间隙原子是指晶体的晶格间隙中出现了多余的原子或挤入外来原子。在晶体中由于点缺陷的出现，将引起其周围原子间的作用力失去平衡，使其周围的原子向缺陷处靠拢或被撑开，从而发生晶格歪扭(晶格畸变)。空位和间隙原子的运动是金属中原子扩散的主要方式，对金属材料的热处理过程极为重要。晶格畸变能使金属的强度提高，电阻增大，体积膨胀。

2. 线缺陷

晶体中的线缺陷通常是指各种类型的位错。位错是指在晶体中某处有一列或若干列原子发生了某种有规律的错排现象。位错可认为是晶体中一部分晶格相对于另一部分晶格的局部滑移而造成的。滑移部分与未滑移部分的交界线即为位错线。位错有刃型位错、螺型位错等，其中最简单而常见的是刃型位错，如图 1-16（a）所示。在这个晶体的某一水平面（*ABCD*）的上方，多出一个原子面（*EFGH*），它中断于 *ABCD* 面上的 *EF* 处，这个原子面如同刀刃一样插入晶体，因而称为刃型位错。*EF* 线称为位错线。在位错线附近，晶格发生了畸变。通常把晶体上半部多出一排原子面的位错称为正刃型位错，以符号“⊥”表示；把晶体下半部多出一排原子面的位错称为负刃型位错，以符号“⊤”表示，如图 1-16（b）所示。

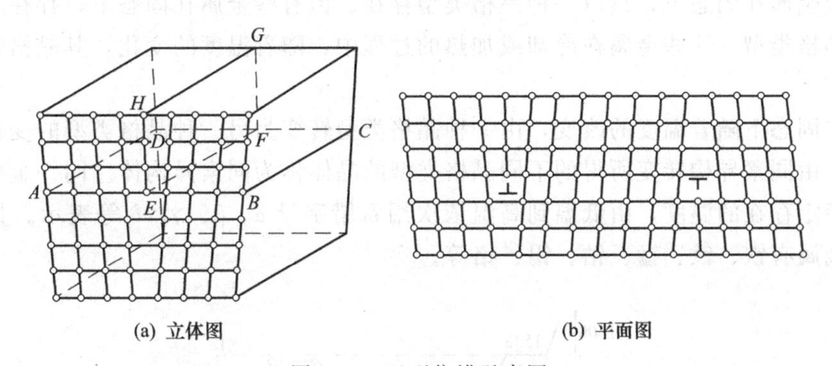

图 1-16　刃型位错示意图

当晶体中位错密度增加到一定量时，就增大了位错运动的阻力，使金属变形抗力增大，金属的强度和硬度升高。

3. 面缺陷

面缺陷是指原子排列的不规则区在空间一个方向上的尺寸很小，而在其余两个方向上的尺寸很大的缺陷。晶体中的面缺陷主要有两种：晶界和亚晶界。

（1）晶界　在通常情况下，实际金属多为多晶体，都是由许多外形不规则的小晶体即晶粒组成的。所有晶粒的结构完全相同，但彼此之间的位向不同，位向差为几度或几十度。晶粒与晶粒之间的界面称为晶界。由于相邻两个晶粒之间的位向不同，所以晶界处的原子排列实际上是逐渐从一种位向过渡到另一种位向，该过渡层的原子排列是不规则的，如图 1-17 所示。由于过渡层原子排列不规则，晶格处于歪扭畸变状态，对金属的塑性变形起阻碍作用，因而晶界处表现出较高的强度和硬度。晶粒越细小，晶界越多，它对塑性变形的阻碍作用就越大，金属的强度、硬度也就越高。

（2）亚晶界　实验证明，即使在一个晶粒内部，其晶格位向也并不像理想晶体那样完全一致，而是分隔成许多尺寸很小、位向差也很小（通常小于 1°）的小晶块，它们相互镶嵌成一个晶粒，这些小晶块称为亚晶粒（或镶嵌块）。亚晶粒之间的界面称为亚晶界。图 1-18 为亚晶界示意图。亚晶界处原子排列也是不规则的，使晶格产生畸变，因此，亚晶界作用和晶界相似，对金属强度也有着重要影响，亚晶界越多，强度也越高。

金属中由于存在空位、间隙原子、位错、亚晶界及晶界等晶体结构缺陷，都会造成晶格畸变，引起塑性变形抗力的增大，从而使金属的强度提高。

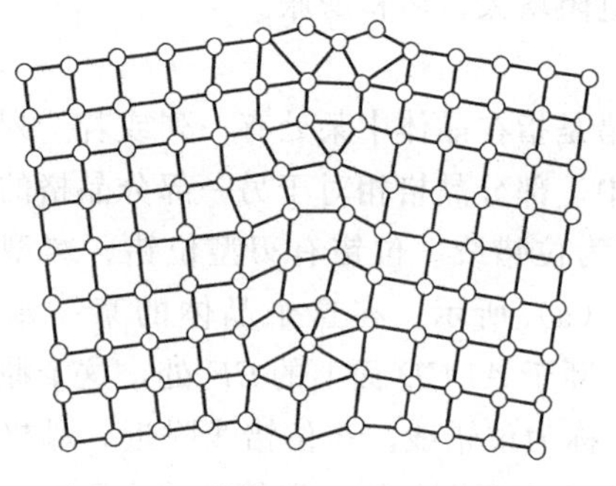
图 1-17 晶界的过渡结构示意图

图 1-18 亚晶界示意图

四、金属的同素异构转变

大多数金属在固态下，只以一种晶格类型存在。但有些金属在固态下，存在着两种或两种以上的晶格类型。这些金属在冷却或加热的过程中，随着温度的变化，其晶格形式也要发生变化。

金属在固态下随着温度的改变，由一种晶格类型转变为另一种晶格类型的变化称为同素异构转变。由同素异构转变所得的不同晶格类型的晶体称为同素异构体。同一金属的同素异构体按其稳定存在的温度，由低温到高温依次用希腊字母 α、β、γ、δ 等表示。具有同素异构转变的金属有铁、钛、锰、钴、锡、铬等。

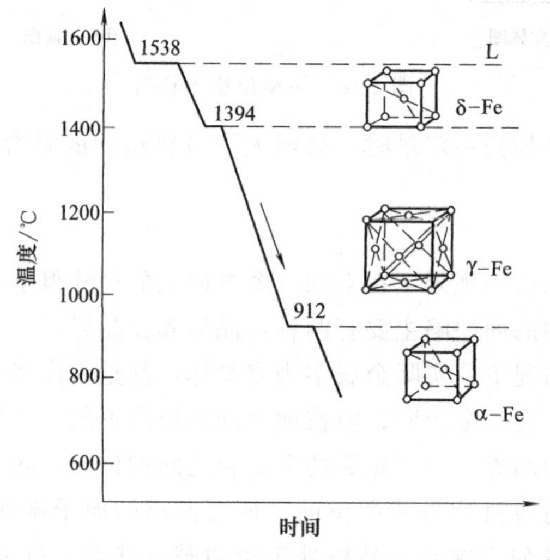

图 1-19 纯铁的冷却曲线

铁是典型的具有同素异构转变特性的金属。图 1-19 所示为纯铁的冷却曲线。由图可见，液态纯铁在 1538℃进行结晶，得到具有体心立方晶格的 δ-Fe，继续冷却到 1394℃时，发生同素异构转变，体心立方晶格的 δ-Fe 转变为面心立方晶格的 γ-Fe，再继续冷却到 912℃时又发生同素异构转变，面心立方晶格的 γ-Fe 转变为体心立方晶格的 α-Fe。如再继续冷却到室温，晶格的类型不再发生变化。这些转变可以用下式表示

$$\underset{(\text{体心立方晶格})}{\delta\text{-Fe}} \xrightleftharpoons{1394℃} \underset{(\text{面心立方晶格})}{\gamma\text{-Fe}} \xrightleftharpoons{912℃} \underset{(\text{体心立方晶格})}{\alpha\text{-Fe}}$$

在同素异构转变的过程中，金属晶格的变化通常伴随着金属体积的变化，转变时会产生较大的内应力。这是由于金属的晶格不同，其原子排列密度也不相同。例如 γ-Fe 转变为 α-

Fe 时，铁的体积会膨胀约 1%，这是钢在淬火时易引起内应力，导致工件变形和开裂的重要因素。

同素异构转变不仅存在于纯铁中，而且存在于以铁为基础的钢铁材料中。由于铁具有这一特性，使得钢铁材料能够通过各种热处理方法来改变其内部组织，以改善其力学性能。

第四节　金属的结晶过程

金属材料通常都需要经过冶炼和铸造，都要经历由液态变成固态的凝固（结晶）过程，也就是由原子不规则排列的液体逐步过渡到原子规则排列的晶体的过程。因此了解金属结晶的过程及规律，对于控制材料内部组织和性能是十分重要的。

一、金属结晶的概念

一切物质从液态到固态的转变过程称为凝固，若凝固后的物质为晶体，则称为结晶。金属在固态下通常都是晶体，所以金属从液态冷却转变为固态的过程，称为金属的结晶。

从广义上讲，金属的结晶过程应理解为金属从一种原子排列状态（晶态或非晶态）过渡到另一种原子规则排列状态（晶态）的转变。它包括两种结晶：金属从液态过渡到固态晶体的转变称为一次结晶。而金属从一种固态过渡为另一种固态晶体的转变称为二次结晶。

二、金属结晶的过冷现象

金属的结晶过程可以通过热分析法进行研究。利用图 1-20 所示的热分析法装置，将纯金属加热熔化成液体，然后将其冷却。在冷却过程中，每隔一定时间测量一次温度，这样可得到一系列时间与温度相对应的数据，将记录下来的数据描绘在时间-温度坐标图中，便获得纯金属的冷却曲线。图 1-21 所示为纯金属冷却曲线的绘制过程。

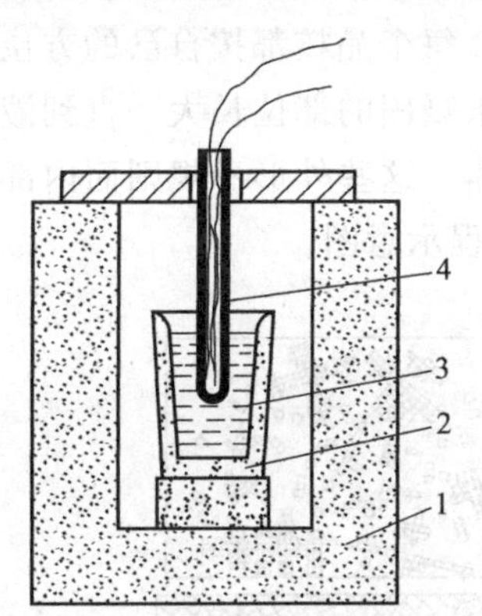

图 1-20　热分析法装置示意图

1—电炉；2—坩埚；3—液态金属；4—热电偶

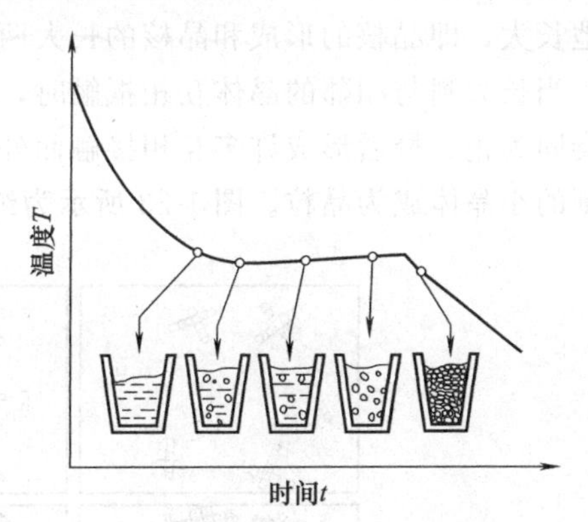

图 1-21　纯金属冷却曲线的绘制

由冷却曲线可见，液体金属随着冷却时间的延长，它所含的热量不断向外散失，温度也不断下降。但当冷却到某一温度时，冷却时间虽然延长但其温度并不下降，在冷却曲线上出现了一个水平线段，这个水平线段所对应的温度就是纯金属的实际结晶温度。出现水平线段的原因是由于在结晶过程中释放出来的结晶潜热补偿了向外界散失的热量。结晶完成后，由于金属继续向外界散失热量，故温度又重新下降。

纯金属的结晶，都是在一个恒定的温度下进行的。通常把纯金属在极缓慢冷却条件下（即平衡条件下）所测得的结晶温度称为理论结晶温度，用 T_m 表示。但在生产实际中，金

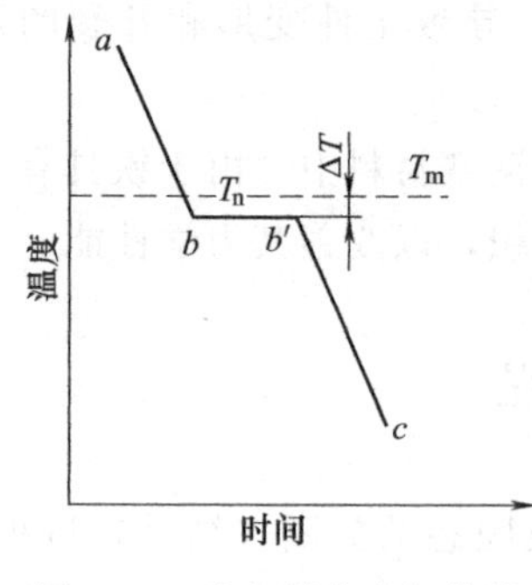

图 1-22 纯金属的冷却曲线

属的结晶冷却速度都是相当快的，金属总是要在理论结晶温度 T_m 以下的某一温度 T_n 才开始进行结晶，此时的结晶温度 T_n 称为实际结晶温度。

由图 1-22 可以看到，金属总是冷却到实际结晶温度 T_n 时才开始结晶的。金属的实际结晶温度 T_n 低于理论结晶温度 T_m 的现象，称为过冷现象。而 T_m 与 T_n 之差称为过冷度，用 ΔT 表示，即 $\Delta T = T_m - T_n$。对同一金属而言，过冷度 ΔT 并不是恒定值，它与冷却速度有关。冷却速度越快，则实际结晶温度 T_n 就越低，过冷度 ΔT 就越大；冷却速度越慢，则实际结晶温度 T_n 就越接近理论结晶温度，过冷度 ΔT 就越小。实验表明，金属的实际结晶温度一定低于理论结晶温度，过冷是结晶的必要条件。

三、金属的结晶过程

从图 1-22 中的冷却曲线可以看到，液态金属结晶是需要一定时间的。在这段时间内，液态金属转变为晶体，此过程称为结晶过程。结晶过程是由晶核的形成和晶核的长大两个基本过程组成的。

(1) 晶核的形成　当液态金属温度下降到理论结晶温度以下的实际结晶温度时，孕育一段时间，在液态金属内部，有一些原子自发地聚集在一起，并按金属晶体的固有排列规律形成规则排列的原子集团而成为结晶的核心，称为自发晶核。此时液态金属中若存有外来的微细固态质点，也可成为结晶的核心，称为外来晶核。

(2) 晶核的长大　晶核形成后，其周围液态金属原子按一定几何形式不断向它聚集，即晶核按一定方位不断长大。在原有晶核长大的同时，又不断有许多新的晶核产生，而且也不断地长大，即晶核的形成和晶核的长大两过程同时进行。每个晶核都按自己的方位自由地长大，当长大到与相邻的晶体互相抵触时，晶体就向着尚未凝固的部位长大，直到液态金属全部凝固为止。最后形成许多互相接触而外形不规则的晶体。这些外形不规则而内部原子排列规则的小晶体成为晶粒。图 1-23 所示为纯金属的结晶过程示意图。

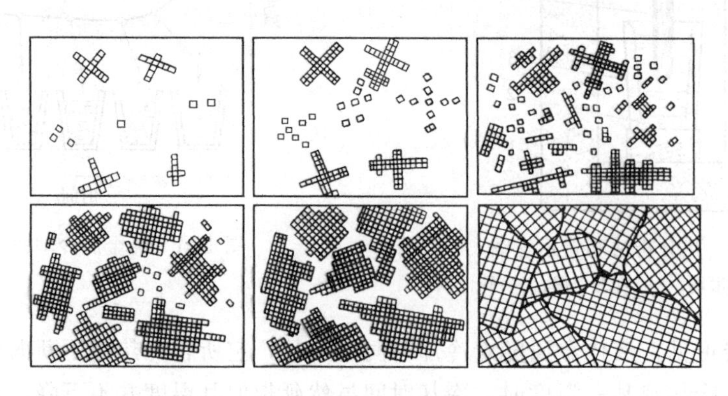

图 1-23 纯金属的结晶过程示意图

四、晶粒大小对金属力学性能的影响

金属的晶粒大小对金属的力学性能有重要的影响。一般来说，晶粒越细小，金属的强度和硬度越高，塑性和韧性也越好。这是因为，晶粒越细，塑性变形就可分散在更多的晶粒内进行，使塑性变形越均匀，应力集中减小，故塑性越好。晶粒越细，晶界越多且越曲折，对位错运动过程中的阻碍就越大，而且晶粒与晶粒间犬牙交错的机会也就越多，越不利于裂纹的扩展，增强了彼此间的结合力，使强度和韧性等力学性能提高。表1-3列出了纯铁的晶粒大小对其力学性能的影响。因此，在工业生产中，经常通过细化晶粒的方法来改善金属的力学性能。

表1-3 纯铁的晶粒大小对其力学性能的影响

晶粒平均直径/μm	σ_b/MPa	σ_s/MPa	δ/%
70	184	34	30.6
25	216	45	39.5
2.0	268	58	48.8
1.6	270	66	50.7

五、控制晶粒大小的措施

(1) 增加过冷度　在液态金属结晶时，提高冷却速度，即增加过冷度，可使结晶时晶核数目增多，从而细化结晶晶粒。如在铸造生产中，金属型铸模比砂型铸模的导热性能好，冷却速度较快，因此可得到较细小的晶粒。这种方法只适用于中、小型铸件，对于大型零件则需要用其他方法使晶粒细化。

(2) 变质处理　在液态金属结晶时，人为地向金属或合金液中加入某些微细的高熔点固态质点（变质剂），以起到外来晶核的作用，从而使结晶的晶核数目增多，达到细化晶粒的目的，这种方法叫变质处理。如钢中加入钛、硼、铝等，铸铁中加入硅铁或硅钙合金都能起到细化晶粒的作用。

(3) 振动处理　在结晶时，对金属液加以机械振动、超声波振动、电磁振动等也能增加晶核数目，从而达到细化晶粒的目的。

(4) 电磁搅拌　将正在结晶的金属置于一个交变电磁场中，由于电磁感应现象，液态金属不断翻滚，冲断正在结晶的树枝状晶体的晶枝，增加结晶核心，从而可细化晶粒。

第五节　合金的结构与结晶

纯金属虽然具有导电性较高、导热性和塑性良好等优点，但由于其力学性能较低，而且冶炼困难，价格较高，因此在生产中应用较少。实际上，工业生产中广泛使用的金属材料是合金。

合金是由两种或两种以上的金属元素或金属与非金属元素经熔炼、烧结或其他方法组合而成的具有金属特性的物质。例如碳钢和铸铁是由铁和碳组成的合金；黄铜是由铜和锌组成的合金；硬铝是由铝、铜、镁组成的合金等。

一、基本概念

组成合金的最基本的、独立的物质称为组元，简称元。一般来说，组元就是组成合金的元素。根据合金中组元数目的多少，合金可分为二元合金、三元合金和多元合金。如黄铜是由铜和锌两个组元组成的二元合金；硬铝是由铝、铜、镁三个组元组成的三元合金。

由若干给定组元按不同比例配制出一系列成分不同的合金，这一系列合金就构成一个合金系统，简称合金系。由两个组元组成的合金系称为二元系；由三个组元组成的合金系称为三元系。

相是指合金中成分、结构、原子聚集状态相同并与其他部分有界面分开的均匀组成部分。若合金是由成分、结构都相同的同一种晶粒组成的，各晶粒虽有界面分开，却同属于一种相；若合金是由成分、结构互不相同的几种晶粒所组成的，它们将属于几种不同的相。如纯金属在液态或固态时均是由一个相组成的；而在结晶的过程中是由液相和固相两个相混合组成的。纯铁在常温下是由单相的 α-Fe 组成的。铁中加碳后组成铁碳合金，由于铁和碳相互作用形成一种化合物 Fe_3C，这种 Fe_3C 的成分、结构与 α-Fe 完全不同，因此在铁碳合金中就出现了一个新相 Fe_3C。总之，在合金中能够找到几种成分和结构都相同的均匀部分，该合金就由这几个相组成。在固态下，合金可以是单相的，也可以是多相的。数量、形态、大小和分布方式不同的各种相组成了合金的组织。

二、合金的结构特点

在液态时，大多数合金的组元都能相互溶解，形成一个均匀的溶液体。在结晶时，由于各个组元之间相互作用的不同，固态合金的组织可分为固溶体、金属化合物和机械混合物三种类型。

（一）固溶体

固溶体是指合金的组元在固态下能相互溶解（即溶质原子进入溶剂的晶格中）而形成的一种成分均匀的新的晶体。合金中晶格形式被保留的组元称为溶剂，溶入的组元是溶质。固溶体的晶格形式与溶剂组元的晶格相同，如图 1-24 所示。

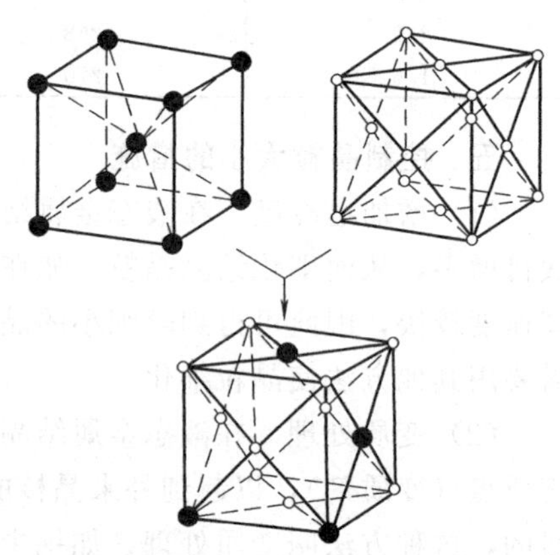

图 1-24　固溶体晶格形式与溶剂组元的晶格形成示意图

根据溶质原子在溶剂晶格中所占位置的不同，可将固溶体分为置换固溶体和间隙固溶体。若根据组元互相溶解能力（溶解度）的不同，固溶体又可分为有限固溶体和无限固溶体。

（1）置换固溶体　溶质原子置换了溶剂晶格中某些节点位置上的溶剂原子而形成的固溶体，称为置换固溶体。图 1-25（a）为置换固溶体结构示意图。

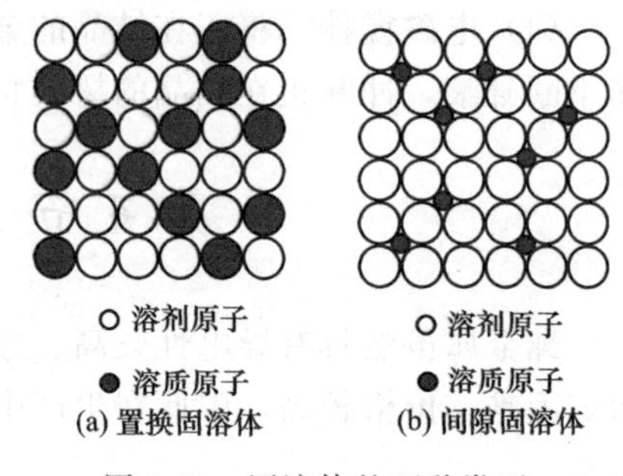

图 1-25　固溶体的两种类型

在置换固溶体中，溶质在溶剂中的溶解度主要取决于二者原子直径、晶格类型及它们在化学元素周期表中的位置。一般来说，晶格类型相同，原子直径差别越小，在周期表中的位置越靠近，则溶解度越大，甚至在任何比例下均能互相溶解而形成无限固溶体。例如铜和镍都是面心立方晶格，铜的原子直径为 0.255nm，镍的原子直径为 0.249nm，是处于同一周期的相邻的两个元素，所以可形成无限固溶体。反之，若不能满足上述条件，则溶质在溶剂中的溶解度是有限的，这种固溶体称为有限固溶体。

（2）间隙固溶体　溶质原子分布在溶剂晶格的间隙之中而形成的固溶体称为间隙固溶体。图 1-25（b）为间隙固溶体结构示意图。形成间隙固溶体的条件是：溶质原子半径很小而溶剂晶格间隙较大。能够形成间隙固溶体的溶质原子通常是一些原子半径小于 1Å 的非金属元素。例如碳、氮、硼等非金属元素溶入铁中形成的固溶体即属于这种类型。因溶剂晶格中的间隙是有限的，所以间隙固溶体只能是有限固溶体。

固溶体晶格是由两种（或两种以上）组元的原子组成的，由于各种原子半径的大小不一，必然会造成晶格畸变，如图1-26所示。晶格畸变可使合金的变形抗力增加，从而提高合金的强度和硬度。这种因形成固溶体而使合金的强度、硬度提高的现象称为固溶强化。它是提高金属材料力学性能的重要途径之一。例如低合金高强度结构钢就是利用锰、硅等元素强化铁素体，而使钢材力学性能得到较大的提高。

图1-26 固溶体晶格畸变示意图

（二）金属化合物

金属化合物是合金各组元间发生相互作用而形成的一种新相，其晶格类型和性能完全不同于任一组元。金属化合物一般可以用分子式来大致表示其组成，如铁碳合金中的Fe_3C（渗碳体）等。常见的金属化合物通常可根据其形成条件划分为正常价化合物、电子化合物和间隙化合物三种类型。

金属化合物的性能与各组元的性能有显著的不同，一般具有较高的熔点、较高的硬度和较大的脆性。如纯铁的硬度约为80HBW，以石墨形式存在的碳的硬度约为3HBS，而Fe_3C的硬度高达约800HBW。当金属化合物呈细小颗粒弥散分布在固溶体基体上时，将使合金的强度、硬度及耐磨性明显提高，这一现象称为弥散强化。因此金属化合物在合金中常作为强化相存在。它是许多合金钢、有色金属和硬质合金的重要组成相。

（三）机械混合物

纯金属、固溶体、金属化合物均是组成合金的基本相，由两相或两相以上组成的多相组织，称为机械混合物。在机械混合物中各组成相仍保持着它原有的晶格类型和性能，而整个机械混合物的性能介于各组成相性能之间，与各组成相的性能以及各相的数量、形状、大小和分布状况等密切相关。

三、合金的结晶特点

不同成分的合金，在高温液态时通常为均匀单向溶液，而在冷却结晶后，可形成单向的固溶体组织或合金化合物组织，但更多的是形成由几种固溶体或固溶体和化合物组成的多相组织，并且随温度等条件变化，组成相还会变化。一定成分的合金在一定温度究竟形成什么组织，通常由合金相图来确定。

四、二元合金相图及分析

合金相图是表示在相平衡的条件下，合金的组织与成分、温度之间关系的一种图形，因此又称为合金平衡图或合金状态图。在生产和科研实践中，合金相图不仅是分析和研制合金材料的理论基础，而且还是制定合金熔炼、焊接、锻造及热处理工艺的重要理论依据。

（一）二元合金相图的建立

二元合金相图是通过实验方法建立起来的。目前，可以采用热分析法、磁性分析法、膨胀分析法、显微分析法及X射线晶体结构分析法等来测定二元合金相图。其中最基本、最常用的方法是热分析法。现以铅锑二元合金为例来说明二元合金相图的建立方法及步骤。

① 配制一系列不同成分的Pb-Sb合金，见表1-4。

表1-4 实验用Pb-Sb合金的成分及结晶温度

合金序号	化学成分(质量分数)/%		结晶温度/℃	
	Pb	Sb	开始结晶温度	终止结晶温度
1	100	0	327	327
2	95	5	300	252
3	89	11	252	252
4	50	50	460	252
5	0	100	631	631

② 分别用热分析法测出所配制的各合金的冷却曲线，如图1-27所示。

③ 找出各冷却曲线上的相变点（合金的结晶开始及终止温度），如表1-4所列。与纯金属不同的是，一般合金有两个相变点，说明合金的结晶过程是在一个温度范围内进行的。

④ 将各个合金的相变点分别标在以成分、温度为坐标系的坐标图上，并将所有相同意义的相变点连接成线，就得到如图1-27所示的铅锑二元合金相图。

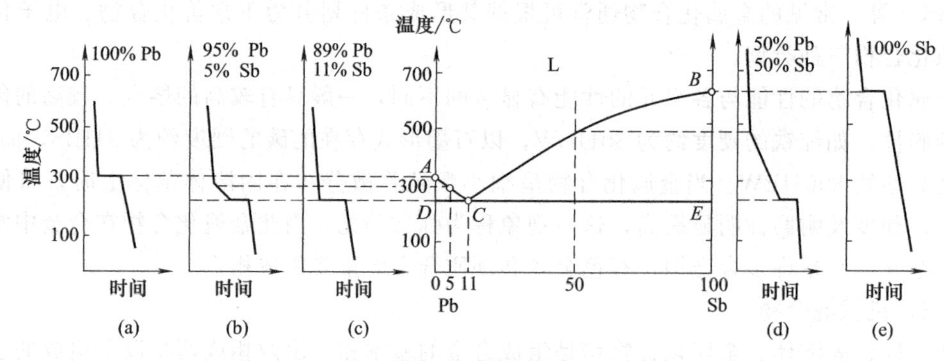

图1-27 铅锑二元合金相图的绘制

（二）典型二元合金相图及其分析

目前，通过实验已测定了许多二元合金相图，其形式大多比较复杂。然而，复杂的相图可以看成是由若干基本的简单相图所组成的。下面着重分析3种典型的二元合金相图。

1. 二元匀晶相图

两组元在液态与固态时均可无限互溶所构成的合金相图，称为二元匀晶相图。工业上常用的二元合金如Cu-Ni、Au-Ag、Au-Pt、Fe-Ni、Si-Be等都属于这一类相图，其中以Cu-Ni二元相图最为典型。应该指出，几乎所有的二元相图都包含有匀晶转变部分。因此掌握这一类相图是学习二元合金的基础。

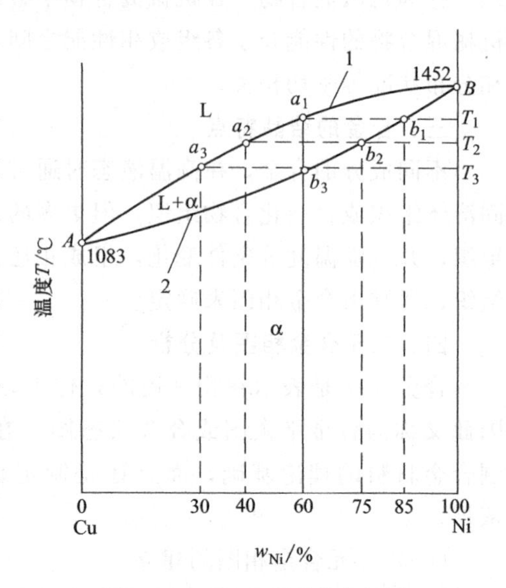

图1-28 Cu-Ni二元合金相图

（1）相图分析 图1-28为Cu-Ni二元合金

相图。该相图由两条封闭的曲线组成，其中 1 为液相线，代表各种成分的 Cu-Ni 合金在冷却过程中开始结晶或在加热过程中熔化终了的温度；2 为固相线，代表各种成分的合金在加热过程中开始熔化的温度。两个端点 A、B 则是 Cu-Ni 合金的两个组元 Cu 和 Ni 的熔点。

液相线与固相线把整个相图分为 3 个不同的相区。在液相线以上是单相的液相区，合金处于液体状态，以“L”表示；固相线以下是单相的固溶体区，为 Cu 和 Ni 组成的无限固溶体，以“α”表示；在液相线和固相线之间是液相和固相的两相共存区，以“L＋α”表示。

(2) 结晶过程分析　铜和镍两组元在固态下能完全互相溶解，并能以任何比例形成单相 α 固溶体。因此，无论什么成分的 Cu-Ni 合金的结晶过程都是相似的。现以含 60％Ni 的 Cu-Ni 合金为例，分析其结晶过程。

通过成分坐标轴上的任一点作的垂线称为合金线。由图 1-28 可见，含 60％Ni 的 Cu-Ni 合金的合金线与相图上液相线、固相线分别相交于 a_1、b_3 两点。当合金自高温液态以极其缓慢的冷却速度冷至 T_1 温度时，开始从液相中结晶出 α 固溶体，随着温度的下降，α 固溶体量不断增多，剩余液相量不断减少，直至温度降至 T_3 时，合金结晶终了，获得单相 α 固溶体。在合金结晶过程中，结晶出的固相成分和剩余的液相成分也将通过原子扩散而不断改变，都与原来合金成分是不相同的。若要知道上述合金在结晶过程中某一温度时两相的成分，可通过该合金线上相对于该温度的点作水平线，此水平线与液相线及固相线的交点在成分坐标上的投影，即相应地表示该温度下液相与固相的成分。在 T_1 温度时液、固两相的成分分别为 a_1 点和 b_1 点在横坐标上的投影；在 T_2 温度时液、固两相的成分分别为 a_2 点和 b_2 点在横坐标上的投影；在 T_3 温度时液、固两相的成分分别为 a_3 点和 b_3 点在横坐标上的投影。总之，合金在整个冷却结晶过程中，随着温度的降低，液相的成分沿着液相线由 a_1 变至 a_3，α 固溶体的成分沿着固相线由 b_1 变至 b_3。其结晶过程示意图如图 1-29 所示。

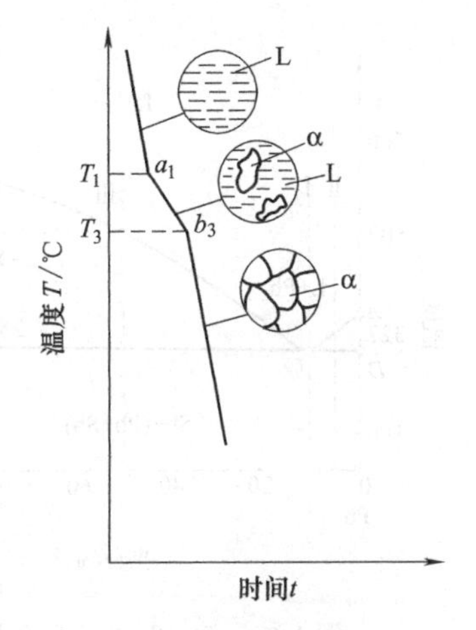

图 1-29　Cu-Ni 合金的结晶过程示意图

2. 二元共晶相图

两组元在液态互溶，在固态互不相溶或有限互溶，并发生共晶转变的合金相图，称为二元共晶相图。所谓共晶转变，是指一定成分的液相，在一定的温度下同时结晶出两种不同固相的转变。具有这类相图的合金有 Pb-Sb、Pb-Sn、Cu-Ag、Al-Si 等。

(1) 相图分析　图 1-30 是 Pb-Sb 二元合金相图。图中 A 是铅的熔点（327℃）；B 是锑的熔点（631℃），C 是共晶点，此点具有特殊含义：当 $w_{Sb}=11\%$、$w_{Pb}=89\%$ 的铅锑合金液体冷却到 252℃时，在恒温下从液相中同时结晶出铅和锑两个固相。这种转变称为共晶转变。共晶转变的产物称为共晶体（Sb＋Pb），C 点称为共晶点。ACB 线是合金液体开始结晶温度的连线，称为液相线；DCE 线是合金液体结晶终止温度的连线，称为固相线。液相线和固相线把相图分成四个不同的相区。在液相线 ACB 以上的合金全部为液相，以“L”表示；在固相线 DCE 以下，合金全部为固相，因为两组元在固态下互不溶解，所以是两种固相 Sb 和 Pb 共存的两相区。在液相线与固相线之间是液相＋固相的两相共存区，其中 ACD 区是液相 L 与固相 Pb 共存的两相区；BCE 区是液相 L 与固相 Sb 共存的两相区。

(2) 结晶过程分析 合金成分在 C 点（$w_{Sb}=11\%$）的合金称为共晶合金，如图 1-30 所示的合金Ⅰ；合金成分在 C 点以左（$w_{Sb}<11\%$）的合金称为亚共晶合金，如图 1-30 所示的合金Ⅱ；合金成分在 C 点以右（$w_{Sb}>11\%$）的合金称为过共晶合金，如图 1-30 所示的合金Ⅲ。

合金Ⅰ，其成分为 $w_{Sb}=11\%$、$w_{Pb}=89\%$。在 C 点以上，合金处于液体状态，当缓慢冷却到 C 点时，发生共晶转变，在恒温下从液相中同时结晶出 Pb 和 Sb 的混合物（共晶体）。继续冷却，共晶体不再发生变化。这一合金称为共晶合金。其结晶过程如图 1-31 所示，并可用下式表示

$$L_C \xrightleftharpoons{252℃} (Pb+Sb)$$

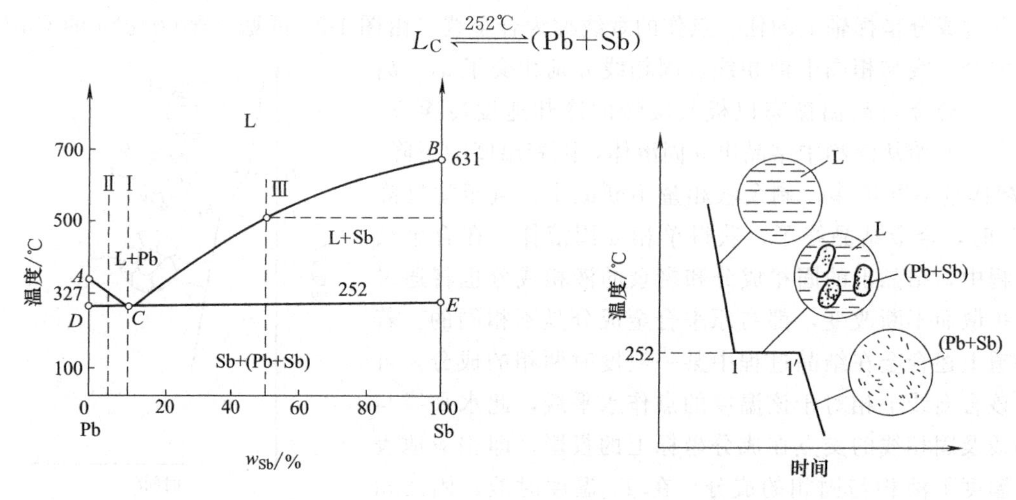

图 1-30 Pb-Sb 二元合金相图

图 1-31 Pb-Sb 合金Ⅰ的结晶过程示意图

亚共晶和过共晶合金的结晶过程与共晶合金的结晶过程所不同的是从液相线到共晶转变温度之间，亚共晶合金要先结晶出 Pb，过共晶合金首先结晶出 Sb，因而它们的室温组织分别为 Pb+(Pb+Sb) 和 Sb+(Pb+Sb)。合金Ⅱ、Ⅲ的结晶过程如图 1-32 和图 1-33 所示。

3. 二元共析相图

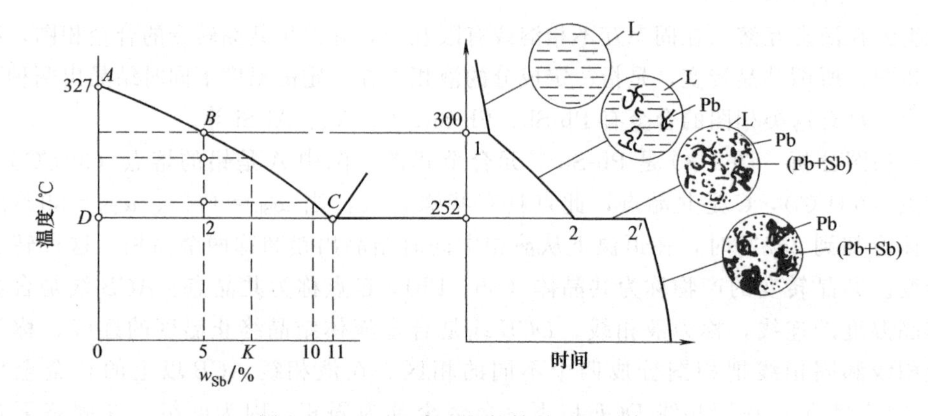

图 1-32 Pb-Sb 合金Ⅱ的结晶过程示意图

在二元合金相图中常遇到在高温通过匀晶转变所形成的固溶体，在冷却到某一温度时，又发生分解而形成两个新的固相，这种相图称为二元共析相图，如图 1-34 所示。

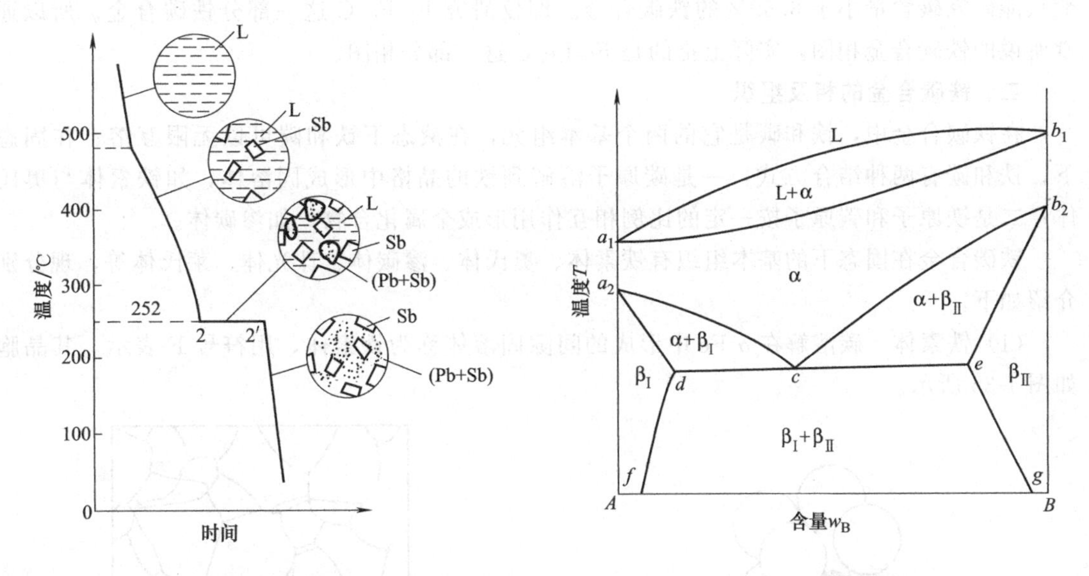

图 1-33　Pb-Sb 合金Ⅲ的结晶过程示意图

图 1-34　二元共析相图

图中 A 和 B 代表两个组元，C 为共析点，dce 为一条三相共存的共析线，在该温度下（共析温度）从 C 点成分（共析成分）的 α 固溶体中同时析出 d 点成分的 β_{I} 和 e 点成分的 β_{II} 两种固相，可用下式表示

$$\alpha_c \xrightarrow{\text{恒温}} \beta_{\mathrm{I}d}\beta_{\mathrm{II}e}$$

通常把在一定的温度下，由一定成分的固相转变生成两种不同成分固相的固态相变过程称为共析转变。同共晶转变相似，共析转变也是一个恒温转变过程，也有与共晶线及共晶点相似的共析线和共析点。共析转变的产物称为共析体。

由于共析转变是在固态下进行的，它与共晶转变相比具有以下几个特点。

① 共析转变是固态转变，转变温度较低，原子扩散困难，因而易于达到较大的过冷度。

② 由于共析转变过冷度大，因而形核率高，得到的共析体的组织要比共晶体更细密。

③ 共析转变前后晶体结构不同，转变会引起体积变化，易产生较大的内应力。这一现象在钢的热处理时表现较为明显。

第六节　铁碳合金相图

一、概述

现代工业中使用最广泛的钢铁材料其基本组元是铁和碳，故统称铁碳合金。普通碳钢和铸铁均属铁碳合金范畴。合金钢和合金铸铁是加入合金元素获得特殊性能的铁碳合金。不同成分的铁碳合金在不同温度下，有不同的组织结构，因而表现出不同的性能。为了合理应用铁碳合金，应了解铁碳合金成分、组织和性能之间的关系，研究反映其关系和变化规律的铁碳合金相图。

铁碳合金中的碳，可以溶入铁的晶格而形成固溶体，也可以与铁形成 Fe_3C、Fe_2C、FeC 等一系列金属化合物。由于碳含量高的 Fe_2C、FeC 的脆性很大，无实用价值，因此一般只能研究碳含量小于 6.69%的铁碳合金。即仅研究 Fe-Fe_3C 这一部分铁碳合金。所以通常所说的铁碳合金相图，实际上指的是 Fe-Fe_3C 这一部分相图。

二、铁碳合金的相及组织

在铁碳合金中，铁和碳是它的两个基本组元，在液态下铁和碳可以无限互溶；在固态下，铁和碳有两种结合方式：一是碳原子溶解到铁的晶格中形成固溶体，如铁素体与奥氏体；二是铁原子和碳原子按一定的比例相互作用形成金属化合物，如渗碳体。

铁碳合金在固态下的基本组织有铁素体、奥氏体、渗碳体、珠光体、莱氏体等，现分别介绍如下。

（1）铁素体　碳溶解在 α-Fe 中形成的间隙固溶体称为铁素体，用符号 F 表示，其晶胞如图 1-35 所示。

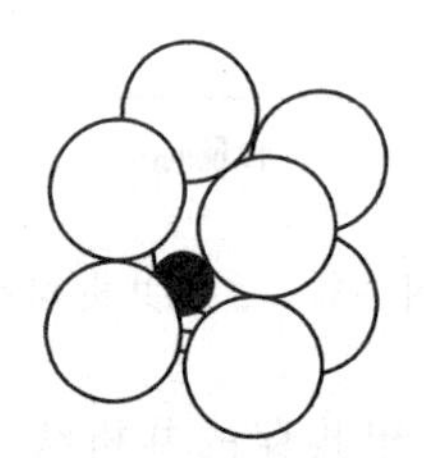

图 1-35　铁素体的晶胞示意图

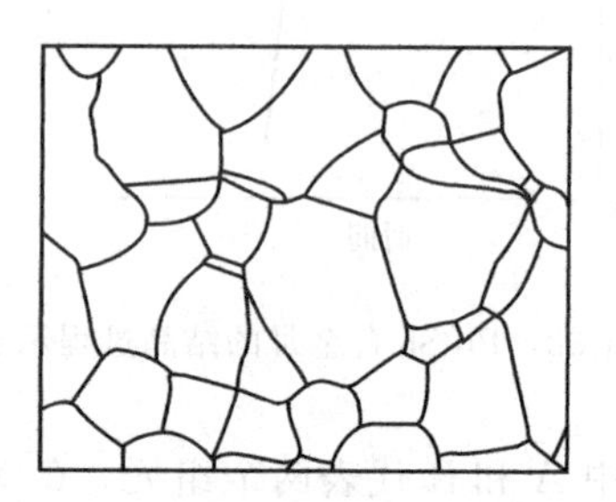

图 1-36　铁素体的显微组织

铁素体的晶格形式仍保持 α-Fe 的体心立方晶格。由于体心立方晶格的晶格间隙较小，所以碳在 α-Fe 中的溶解度较低。在 727℃ 时，碳在 α-Fe 中的最大溶解度为 $w_C=0.0218\%$，随着温度的降低，碳在 α-Fe 中的溶解度逐渐减少，在室温时碳的溶解度几乎等于零。

由于铁素体的含碳量较低，所以铁素体的力学性能与纯铁相似，即具有良好的塑性和韧性，而强度和硬度却较低。

铁素体的显微组织与纯铁相同，呈明亮多边形晶粒状态，如图 1-36 所示。

（2）奥氏体　碳溶解在 γ-Fe 中所形成的间隙固溶体，称为奥氏体，常用符号 A 来表示。图 1-37 是奥氏体的晶胞示意图。

奥氏体的晶格形式仍保持 γ-Fe 的面心立方晶格。由于面心立方晶格原子间的空隙比体心立方晶格大，因此碳在 γ-Fe 中的溶解度比在 α-Fe 中要大些。在 1148℃时溶解度最大，溶解度可达 $w_C=2.11\%$；随着温度的下降，溶解度逐渐减小，在 727℃ 时溶解度为 $w_C=0.77\%$。

奥氏体溶碳量较大，所以它具有一定的强度，硬度较低而塑性较好。一般奥氏体的硬度约为 170～220HBS，伸长率约为 40%～50%。在生产中，钢材大多数要加热至高温奥氏体状态进行压力加工，因塑性好而便于成形。

奥氏体存在于 727℃以上的高温范围内，属于铁碳合金的高温组织。当铁碳合金缓冷至 727℃时，奥氏体将发生组织转变。用高温金相显微镜观察，高温奥氏体的显微组织呈多边形晶粒状态（晶界较铁素体的平直），如图 1-38 所示。

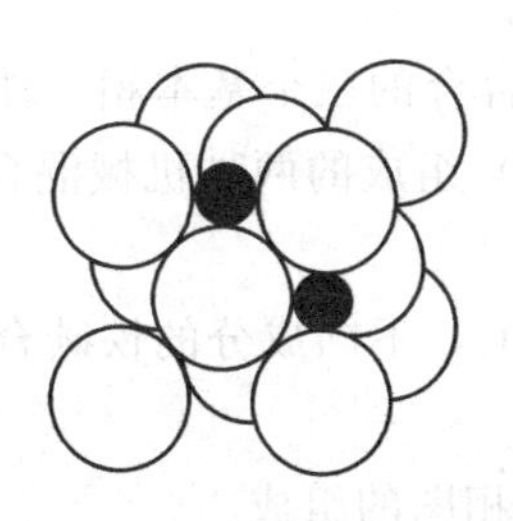

图 1-37　奥氏体的晶胞示意图

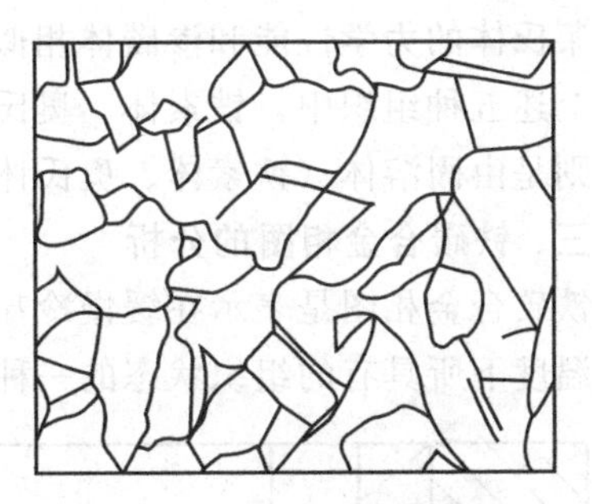

图 1-38　奥氏体的显微组织

(3) 渗碳体　渗碳体是铁和碳所形成的复杂晶格结构间隙式化合物，碳的质量分数为 $w_C=6.69\%$，其化学分子式为 Fe_3C。

渗碳体的晶格形式与碳和铁都不相同，它为复杂的晶格，如图 1-39 所示。

渗碳体的熔点约为 1227℃。其性能特点是硬度高、脆性大，硬度约 800HBW；塑性和韧性极低（$\delta\approx0$，$a_{kU}\approx0$）。因此，渗碳体是一个硬而脆的组织。

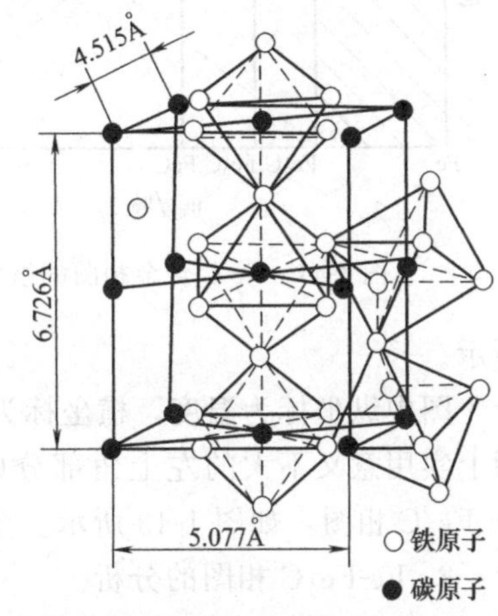

图 1-39　渗碳体的晶格形式示意图

在铁碳合金中，当碳的质量分数超过碳在 α-Fe 或 γ-Fe 中的溶解度时，多余的碳就与铁按一定的比例形成 Fe_3C。在碳的质量分数 $w_C<2.11\%$ 的铁碳合金中，Fe_3C 可以呈片状、球状、颗粒状、网状等形态分布，是碳钢中的主要强化相。若改变 Fe_3C 在碳钢中的数量、形态及分布，对铁碳合金的力学性能将有较大的影响。

渗碳体是一种亚稳定相，在适当条件下（如高温长期停留或缓慢冷却过程中），能按下式分解为铁和石墨。

$$Fe_3C \longrightarrow 3Fe+C\text{（石墨）}$$

这一过程对研究铸铁有重要意义。

(4) 珠光体　珠光体是铁素体和渗碳体组成的机械混合物，常用符号 P 表示。在珠光体中，铁素体和渗碳体仍保持各自原有的晶格形式。珠光体碳的质量分数平均为 $w_C=0.77\%$。

珠光体是由硬的渗碳体和软的铁素体混合而成的，它的性能介于铁素体和渗碳体之间，有一定的强度和塑性，硬度适中。

珠光体的组织一般是渗碳体呈片状分布在铁素体基体上，其主体形态为铁素体薄片和碳化物薄片交替重叠的层状，如图 1-40 所示。

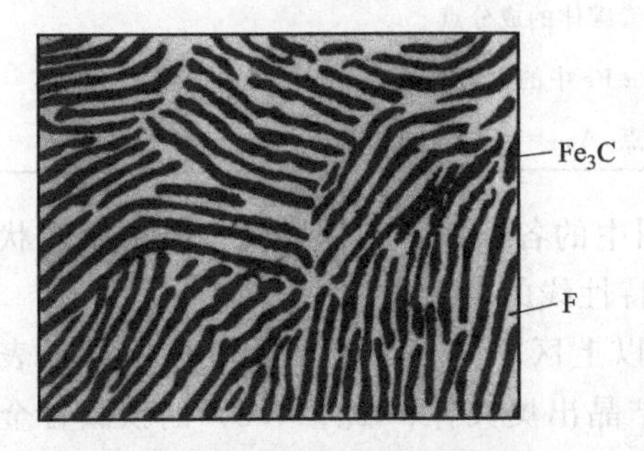

图 1-40　珠光体的显微组织

(5) 莱氏体　莱氏体分高温莱氏体和低温莱氏体两种。含碳量为 4.3% 的合金，在 1148℃时将从液相中同时结晶出由奥氏体和渗碳体组成的机械混合物，这种混合物（$A+Fe_3C$）称为高温莱氏体，用符号 L_d 来表示。高温莱氏体在冷却到 727℃时，由于其中的奥氏体还将转变为珠光体，所以在室温下的莱氏体是由珠光体和渗碳体组成的机械混合物，这种混合物称为低温莱氏体，用符号 L_d' 来表示。

莱氏体的力学性能和渗碳体相似，硬度很高，塑性很差。

上述五种组织中，铁素体、奥氏体和渗碳体是组成铁碳合金的三个基本相。珠光体、莱氏体则是由固溶体（铁素体、奥氏体）和金属化合物（Fe_3C）组成的两种机械混合物组织。

三、铁碳合金相图的分析

铁碳合金相图是表示在缓慢冷却（或缓慢加热）的条件下，不同成分的铁碳合金，在不同的温度下所具有的组织状态的一种图形。

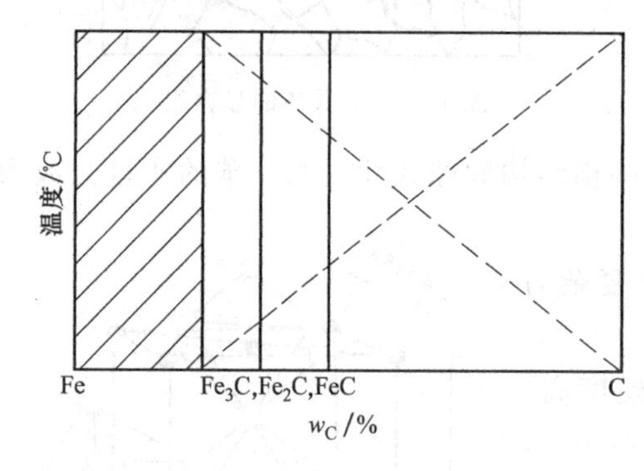

图 1-41 Fe-C 合金相图的组成

1. 铁碳合金相图的组成

在铁碳合金中，铁和碳可以形成 Fe_3C、Fe_2C、FeC 等一系列的化合物，而稳定的化合物可以作为一个独立的组元，因此整个 Fe-C 相图可视为是由 Fe-Fe_3C、Fe_3C-Fe_2C、Fe_2C-FeC 等一系列二元相图组成的，如图 1-41 所示。由于 $w_C>5\%$ 的铁碳合金性能很脆，没有实用价值，所以在铁碳合金相图中，仅研究 Fe-Fe_3C 部分（图上阴影部分）。因此一般所说的铁碳合金相图，实际上是指 Fe-Fe_3C 相图，如图 1-42 所示。

图中纵坐标为温度，横坐标为碳的质量分数。为了便于分析和掌握 Fe-Fe_3C 相图，将相图上实用意义不大的左上角部分以及左下角 *GPQ* 线左边部分予以省略，从而得到简化的 Fe-Fe_3C 相图，如图 1-43 所示。今后的学习也是以简化的 Fe-Fe_3C 相图为主来进行的。

2. Fe-Fe_3C 相图的分析

（1）Fe-Fe_3C 相图中特性点的分析　简化的 Fe-Fe_3C 相图中各特性点的温度、碳的含量及其含义见表 1-5。

表 1-5　Fe-Fe_3C 相图中的特性点

特性点	温度/℃	碳的含量/%	含　义
A	1538	0	纯铁的熔点
C	1148	4.3	共晶点，$L_C \rightleftharpoons A_E+Fe_3C$
D	1227	6.69	渗碳体的熔点
E	1148	2.11	碳在 γ-Fe 中的最大溶解度点
F	1148	6.69	共晶渗碳体的成分点
G	912	0	α-Fe $\rightleftharpoons$ γ-Fe 同素异构转变点
K	727	6.69	共析渗碳体的成分点
P	727	0.0218	碳在 α-Fe 中的最大溶解度
S	727	0.77	共析点，$A_S \rightleftharpoons P(F_P+Fe_3C)$

（2）Fe-Fe_3C 相图中特性线的分析　Fe-Fe_3C 相图中的各条线，都是表示合金的组织状态发生变化的转变线。现将简化的 Fe-Fe_3C 相图中各特性线的含义介绍如下。

• *ACD* 线　*ACD* 线为液相线。铁碳合金在此线以上区域全部为液相，用符号 L 来表示。$w_C<4.3\%$ 的铁碳合金冷却到 *AC* 线温度时开始结晶出奥氏体；$w_C>4.3\%$ 的铁碳合金冷却到 *CD* 线温度时开始结晶出渗碳体，称为一次渗碳体，用符号 Fe_3C_I 表示。

• *AECF* 线 *AECF* 线为固相线。金属液冷却到此线全部结晶终止，在此线以下合金均呈固态。在液相线 *ACD* 与固相线 *AECF* 之间为金属液的结晶区域。这个区域内液相与固相并存，*AEC* 区域内为液相与奥氏体。*DCF* 区域内为液相与一次渗碳体。

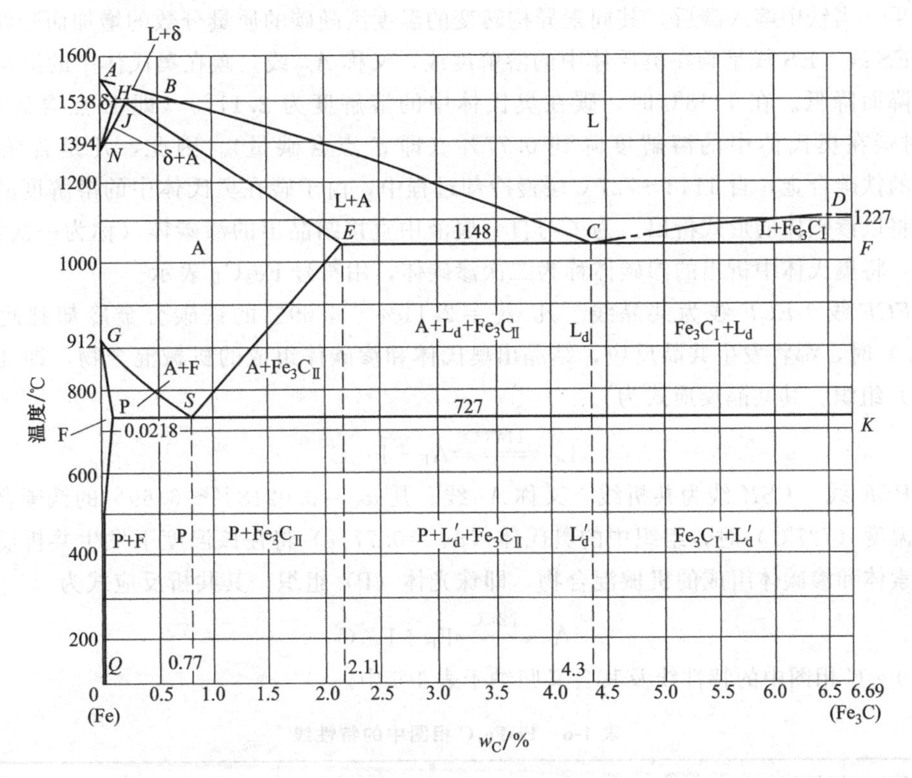

图 1-42 Fe-Fe_3C 相图

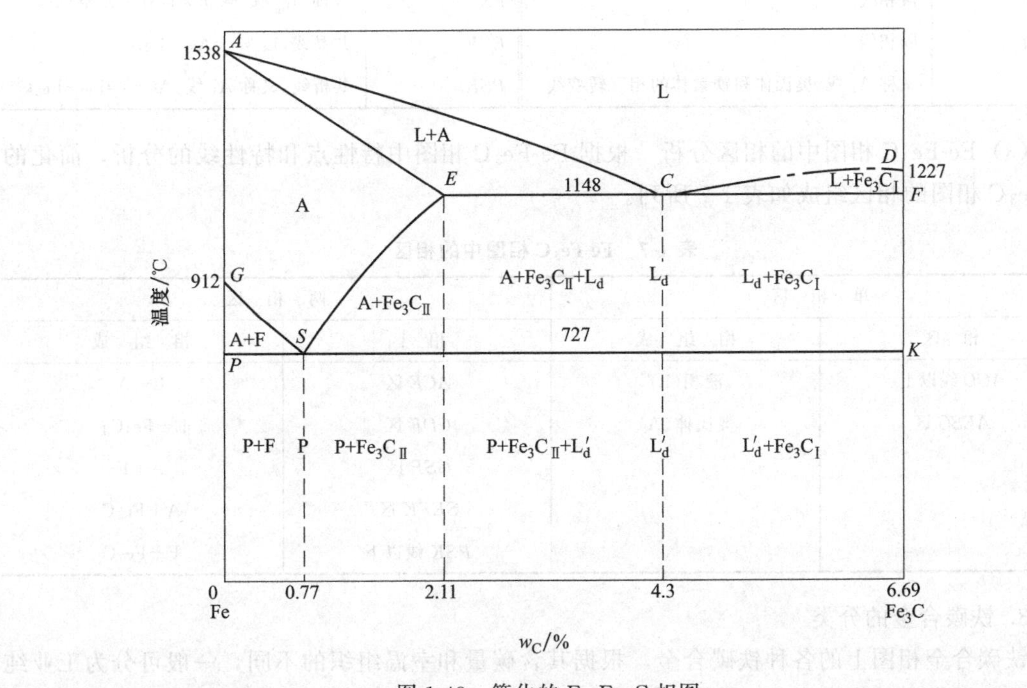

图 1-43 简化的 Fe-Fe_3C 相图

• *GS* 线　*GS* 线是奥氏体和铁素体的相互转变线，又称 A_3 线。该线表示 $w_C < 0.77\%$ 的铁碳合金冷却到此线温度时，是均匀的奥氏体析出铁素体的开始线；加热温度升到此线时，是铁素体全部转变为奥氏体的终止线。奥氏体和铁素体的相互转变是铁发生同素异构转变的结果。当铁中溶入碳后，其同素异构转变的温度则随碳的质量分数的增加而降低。

• *ES* 线　*ES* 线是碳在奥氏体中的溶解度线，又称 A_{c_m} 线。碳在奥氏体中的溶解度随温度的下降而降低。在 1148℃时，碳在奥氏体中的溶解度为 2.11%（即 *E* 点含碳量）；在 727℃时碳在奥氏体中的溶解度降到 0.77%（即 *S* 点含碳量）。因此，凡是含碳量大于 0.77%的铁碳合金，自 1148～727℃缓慢冷却过程中，由于碳在奥氏体中的溶解度减少，多余的碳将以渗碳体的形式析出。为了与自金属液中直接结晶出的渗碳体（称为一次渗碳体）相区别，将奥氏体中析出的渗碳体称为二次渗碳体，用符号 Fe_3C_{II} 表示。

• *ECF* 线　*ECF* 线为共晶线。凡 $w_C = 2.11\% \sim 6.69\%$ 的铁碳合金冷却到此线温度（1148℃）时，都将发生共晶反应，结晶出奥氏体和渗碳体组成的机械混合物，即高温莱氏体（L_d）组织。其共晶反应式为

$$L_C \xrightleftharpoons{1148℃} A_E + Fe_3C$$

• *PSK* 线　*PSK* 线为共析线，又称 A_1 线。凡 $w_C = 0.0218\% \sim 6.69\%$ 的铁碳合金冷却到此线温度（727℃）时，组织中的奥氏体（$w_C = 0.77\%$）将在该温度下发生共析反应，生成由铁素体和渗碳体组成的机械混合物，即珠光体（P）组织。其共析反应式为

$$A_S \xrightleftharpoons{727℃} F_P + Fe_3C$$

$Fe\text{-}Fe_3C$ 相图中的特性线及其含义归纳于表 1-6 中。

表 1-6　$Fe\text{-}Fe_3C$ 相图中的特性线

特性线	含　义	特性线	含　义
ACD	液相线	*ES*	又称 A_{c_m} 线，碳在奥氏体的溶解度线
AECF	固相线	*ECF*	共晶线，$L_C \rightleftharpoons A_E + Fe_3C$
GS	又称 A_3 线，奥氏体和铁素体的相互转变线	*PSK*	共析线，又称 A_1 线，$A_S \rightleftharpoons F_P + Fe_3C$

（3）$Fe\text{-}Fe_3C$ 相图中的相区分析　根据 $Fe\text{-}Fe_3C$ 相图中特性点和特性线的分析，简化的 $Fe\text{-}Fe_3C$ 相图的相区组成如表 1-7 所列。

表 1-7　$Fe\text{-}Fe_3C$ 相图中的相区

单相区		两相区	
相　区	相　组　成	相　区	相　组　成
ACD 线以上	液相(L)	*ACE* 区	L+A
AESG 区	奥氏体(A)	*CDF* 区	$L+Fe_3C_I$
		GSP 区	A+F
		SEFK 区	$A+Fe_3C$
		PSK 线以下	$F+Fe_3C$

3. 铁碳合金的分类

铁碳合金相图上的各种铁碳合金，根据其含碳量和室温组织的不同，一般可分为工业纯铁、钢和白口铸铁 3 类。

(1) 工业纯铁　$w_C \leqslant 0.0218\%$的铁碳合金，其室温组织为铁素体。

(2) 钢　$0.0218\% < w_C \leqslant 2.11\%$的铁碳合金，称为钢。其特点是高温固态组织为塑性很好的奥氏体，因而适宜锻造。根据其含碳量及室温组织的不同，又可分为：

- 亚共析钢　$0.0218\% < w_C < 0.77\%$的铁碳合金，室温组织为铁素体和珠光体；
- 共析钢　$w_C = 0.77\%$的铁碳合金，室温组织为珠光体；
- 过共析钢　$0.77\% < w_C \leqslant 2.11\%$的铁碳合金，室温组织为珠光体和二次渗碳体。

(3) 白口铸铁　$2.11\% < w_C < 6.69\%$的铁碳合金称为白口铸铁。其特点是液态金属结晶时都将发生共晶转变，因而与钢相比具有良好的铸造性能。它们的断口呈白亮光泽，故称白口铸铁。根据其含碳量及室温组织的不同，又可分为：

- 亚共晶白口铸铁　$2.11\% < w_C < 4.3\%$的铁碳合金，其室温组织为低温莱氏体、珠光体和二次渗碳体；
- 共晶白口铸铁　$w_C = 4.3\%$的铁碳合金，其室温组织为低温莱氏体。
- 过共晶白口铸铁　$4.3\% < w_C < 6.69\%$的铁碳合金，其室温组织为低温莱氏体和一次渗碳体。

四、典型铁碳合金的结晶过程

为了进一步搞清 $Fe\text{-}Fe_3C$ 相图，现以图 1-44 中所列举的 6 种典型铁碳合金为例，来分析其结晶过程及组织转变。

1. 共析钢（合金Ⅰ）的结晶过程分析

图 1-44 中合金Ⅰ为 $w_C = 0.77\%$的共析钢，其冷却曲线和结晶过程如图 1-45 所示。合金在 1 点以上为液态，当合金冷却到和液相线 AC 相交的 1 点温度时，开始从液相（L）中结晶出奥氏体（A），随着温度的下降，结晶出的奥氏体量不断增加，其成分沿固相线 AE 改变，而剩余液相的量逐渐减少，其成分沿液相线 AC 改变，到 2 点温度时，液相全部结晶成与原合金成分相同的奥氏体。在 2 点到 3 点的温度范围内，组织不发生变化，为单相的奥氏体组织。当合金冷却到 3 点温度（727℃）时，奥氏体发生共析转变，即 $A_S \longrightarrow P(F_P + Fe_3C)$，共析转变的产物为珠光体。随着温度的继续下降，珠光体不再发生变化。因此，共析钢在室温时的组织为珠光体，是由层片状的铁素体与渗碳体组成的。

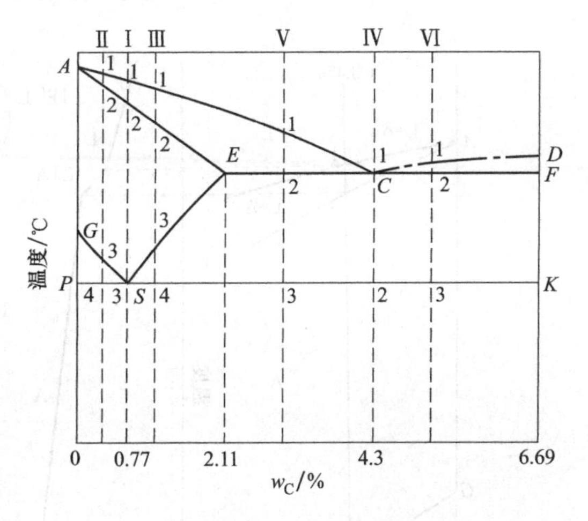

图 1-44　简化的 $Fe\text{-}Fe_3C$ 相图中 6 种典型铁碳合金的位置

2. 亚共析钢（合金Ⅱ）的结晶过程分析

图 1-44 中的合金Ⅱ为含碳量 $w_C = 0.4\%$的亚共析钢，其冷却曲线和结晶过程如图 1-46 所示。金属液相（L）冷却到 1 点时开始结晶出奥氏体，到 2 点结晶完毕，2 点到 3 点为单相奥氏体的冷却。当奥氏体冷却到与 GS 线相交的 3 点温度时，奥氏体开始析出铁素体，称为先析铁素体。由于铁素体中含碳量很低，原来溶解的过多的碳将溶入奥氏体中而使其含碳量增加。随着温度下降，析出的铁素体量增多，剩余的奥氏体量减少，而奥氏体的含碳量沿

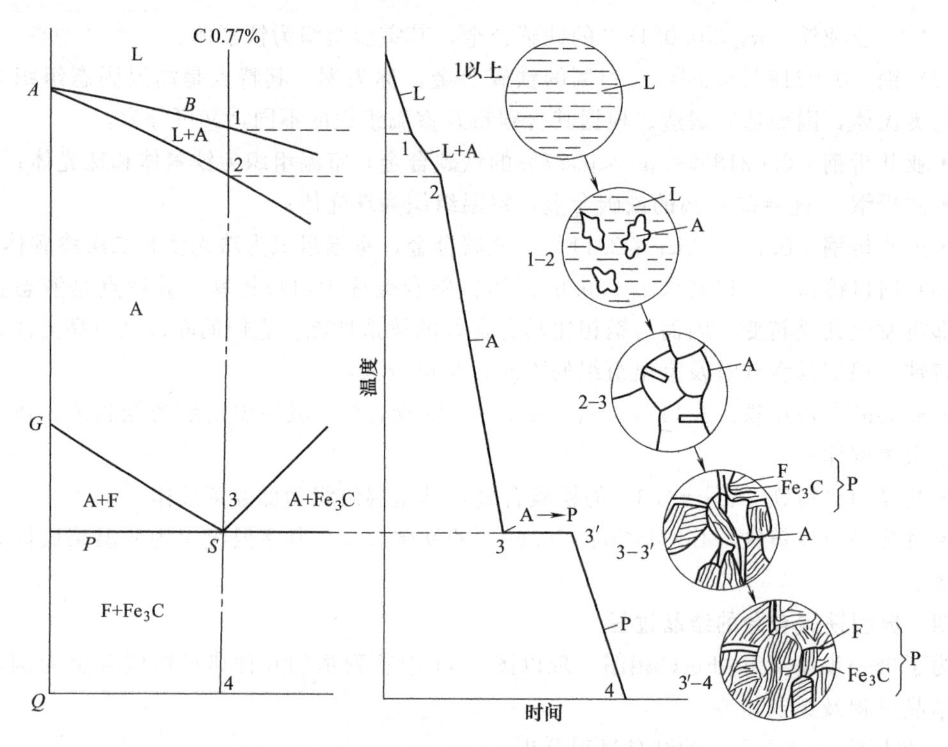

图 1-45　共析钢的冷却曲线和结晶过程示意图

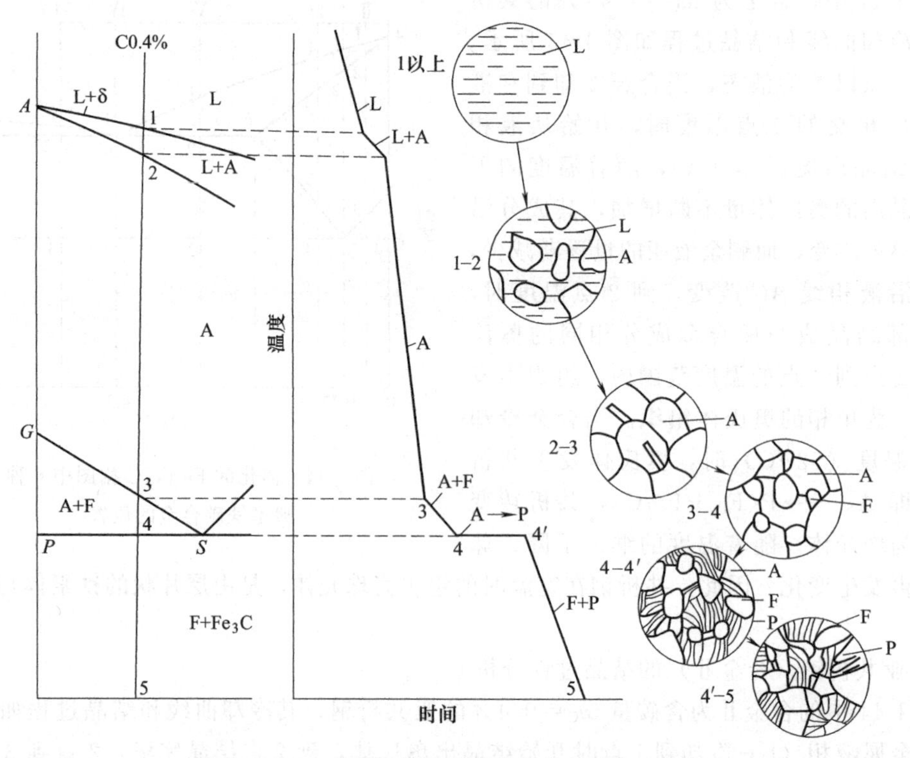

图 1-46　亚共析钢的冷却曲线和结晶过程示意图

GS线增加。当温度降至和PSK线相交的4点温度（727℃）时，奥氏体的含碳量达到0.77%，此时剩余的奥氏体发生共析转变形成珠光体，而原先析出的铁素体保持不变。从4

点以下至室温，合金的组织不再发生变化。因此，合金Ⅱ的室温组织为铁素体＋珠光体。

所有亚共析钢的结晶过程都和合金Ⅱ相似，它们在室温下的组织都是由珠光体和铁素体组成的。其差别仅在于其中的铁素体和珠光体的相对量有所不同。亚共析钢中的碳的质量分数越高，珠光体的相对量越多，铁素体的相对量则越少。图 1-47 所示为不同含碳量的亚共析钢的显微组织。图中白色部分为铁素体，黑色部分为珠光体。

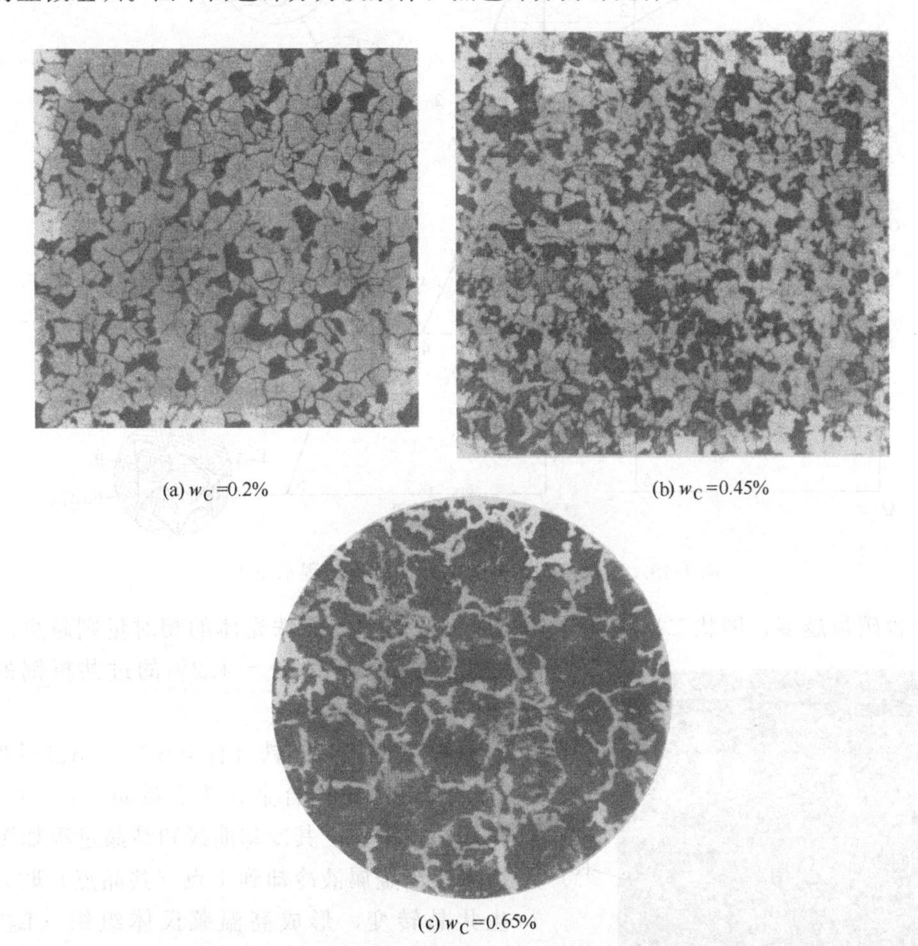

(a) w_C=0.2%　　(b) w_C=0.45%

(c) w_C=0.65%

图 1-47　亚共析钢的显微组织

3. 过共析钢（合金Ⅲ）的结晶过程分析

图 1-44 中合金Ⅲ是含碳量 w_C＝1.2%的过共析钢，其冷却曲线和结晶过程如图 1-48 所示。金属液冷却到 1 点时，金属液相（L）开始结晶出奥氏体，到 2 点结晶完毕。2 点到 3 点间为单相奥氏体的冷却。当合金冷却到与 ES 线相交的 3 点时，奥氏体中的含碳量达到饱和而开始从奥氏体中析出二次渗碳体（Fe_3C_{II}），二次渗碳体沿着奥氏体晶界析出而呈网状分布。随着温度的下降，析出的二次渗碳体的数量逐渐增多，剩余奥氏体的含碳量沿 ES 线变化而逐渐减少。当温度降至与 PSK 线相交的 4 点时，剩余的奥氏体中的含碳量达到 0.77%，于是发生共析转变生成珠光体。从 4 点以下至室温，合金组织不再发生变化。最后得到珠光体和网状二次渗碳体组织。

所有过共析钢的结晶过程都和合金Ⅲ相似，它们的室温组织都为珠光体＋网状二次渗碳体。过共析钢中，随着含碳量不同，组织中的网状二次渗碳体和珠光体的相对量也不同。过

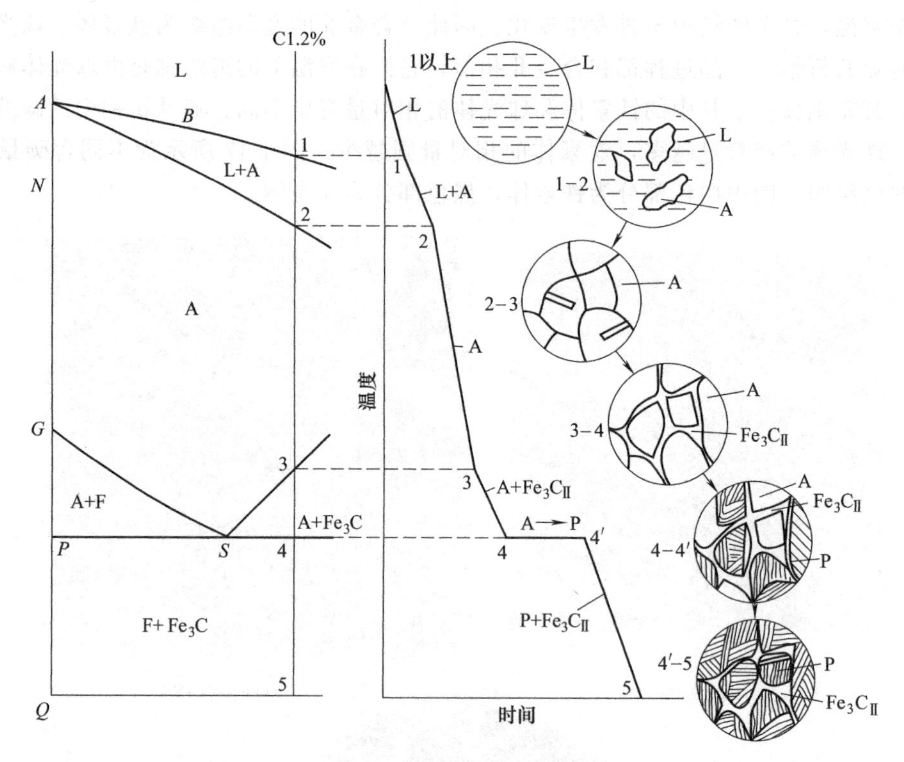

图 1-48　过共析钢的冷却曲线和结晶过程示意图

共析钢中含碳量越多，网状二次渗碳体的相对量也越多，而珠光体的相对量则越少。图 1-49 所示为含碳量 $w_C=1.2\%$的过共析钢的显微组织。

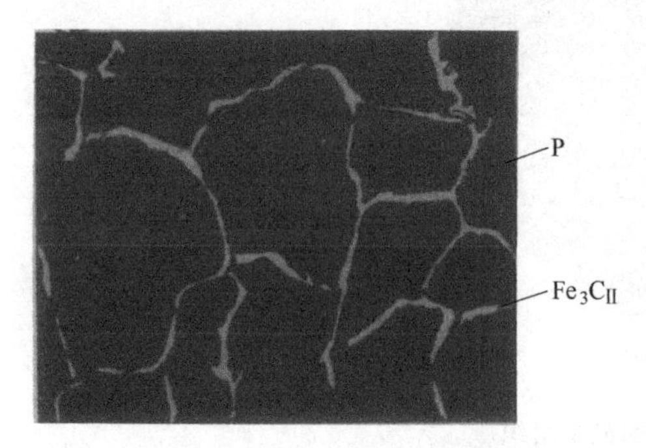

图 1-49　过共析钢的显微组织

4. 共晶白口铸铁（合金Ⅳ）的结晶过程分析

图 1-44 中的合金Ⅳ为含碳量 $w_C=4.3\%$的共晶白口铸铁，其冷却曲线和结晶过程如图 1-50 所示。当金属液冷却到 1 点（共晶点）时，将发生共晶转变，形成高温莱氏体组织（L_d），即 $L_C \rightarrow L_d(A_E+Fe_3C)$。莱氏体的形态一般是粒状或条状的奥氏体均匀分布在渗碳体上。这种奥氏体称共晶奥氏体，这种渗碳体称共晶渗碳体。当温度继续冷却至 1 点以下时，随着温度的下降，碳在奥氏体中的溶解度将沿着 ES 线变化而不断降低，将从共晶奥氏体中不断析出二次渗碳体。二次渗碳体在合金中与共晶渗碳体基体混为一体，难以分辨。当温度降至 2 点（727℃）时，共晶奥氏体将发生共析转变生成珠光体组织。继续冷却，合金组织不再发生变化。所以，共晶白口铸铁（合金Ⅳ）的室温组织是由珠光体、二次渗碳体和共晶渗碳体组成的低温莱氏体（L'_d）。图 1-51 所示为共晶白口铸铁的显微组织，图中黑色部分为珠光体，白色基体为渗碳体。

5. 亚共晶白口铸铁（合金Ⅴ）的结晶过程分析

图 1-44 中合金Ⅴ为含碳量 $w_C=3\%$的亚共晶白口铸铁，其冷却曲线和结晶过程如图 1-52 所示。当亚共晶白口铸铁冷却到与液相线 AC 相交的 1 点温度时，液相中开始结晶出奥氏体，随着温度的下降，结晶出的奥氏体量不断增加，其成分沿固相线 AE 变化，而剩余液

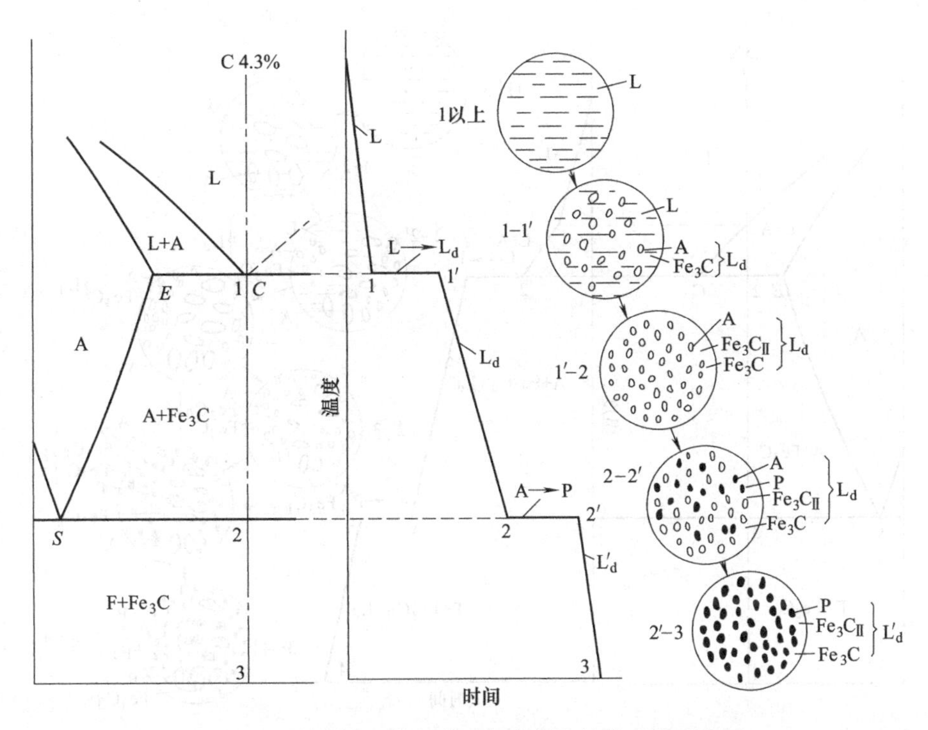

图 1-50　共晶白口铸铁的冷却曲线和结晶过程示意图

相逐渐减少，其成分沿液相线 AC 改变。当冷却到 2 点温度时，剩余液相的成分变为 C 点（$w_C=4.3\%$），发生共晶转变形成高温莱氏体（L_d）。在 2 点到 3 点冷却时，将从奥氏体中不断析出二次渗碳体。到 3 点温度（727℃）时，合金中奥氏体发生共析转变而生成珠光体，二次渗碳体不变，高温莱氏体（L_d）也随之变为低温莱氏体（L_d'）。所以亚共晶白口铸铁（合金Ⅴ）的室温组织为珠光体＋二次渗碳体＋低温莱氏体。

亚共晶白口铸铁的显微组织如图 1-53 所示。图中的黑色块状是由奥氏体转变成的珠光体，基体是低温莱氏体。而从奥氏体中析出的二次渗碳体由于和共晶渗碳体连在一起，在显微镜下难以分辨。

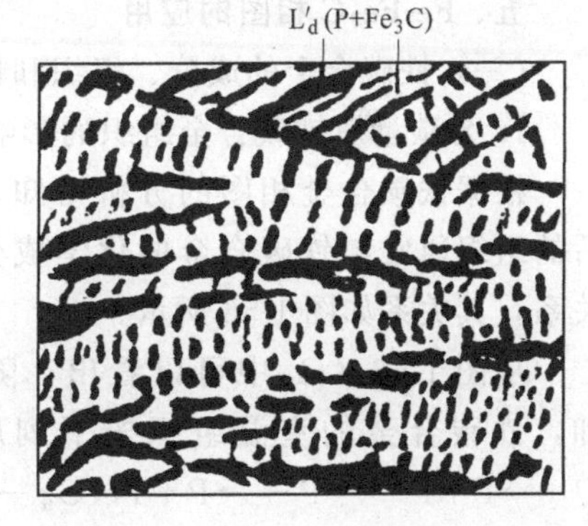

图 1-51　共晶白口铸铁的显微组织

6. 过共晶白口铸铁（合金Ⅵ）的结晶过程分析

图 1-44 中合金Ⅵ为含碳量 $w_C=5\%$的过共晶白口铸铁，其冷却曲线和结晶过程如图 1-54 所示。当过共晶白口铸铁冷却到与液相线 DC 相交的 1 点温度时，液相中开始结晶出一次渗碳体。随着温度的下降，结晶出的一次渗碳体量不断增加，剩余液相逐渐减少，液相成分沿液相线 DC 变化。当冷却到 2 点温度（1148℃）时，剩余液相的成分变为 C 点（$w_C=4.3\%$），发生共晶转变而形成莱氏体（$A+Fe_3C$）。在 2 点到 3 点冷却时，莱氏体中的奥氏体同样要析出二次渗碳体，此时的莱氏体由 $A+Fe_3C_{Ⅱ}+Fe_3C$ 组成，称高温莱氏体（L_d）。冷却到 3 点温度（727℃）时，莱氏体中的奥氏体发生共析转变而形成珠光体，高温莱氏体因此也变为低温莱氏体（L_d'）。故过共晶白口铸铁（合金Ⅵ）的室温组织由一次渗碳体和低温莱氏体（$P+Fe_3C_{Ⅱ}+Fe_3C$）

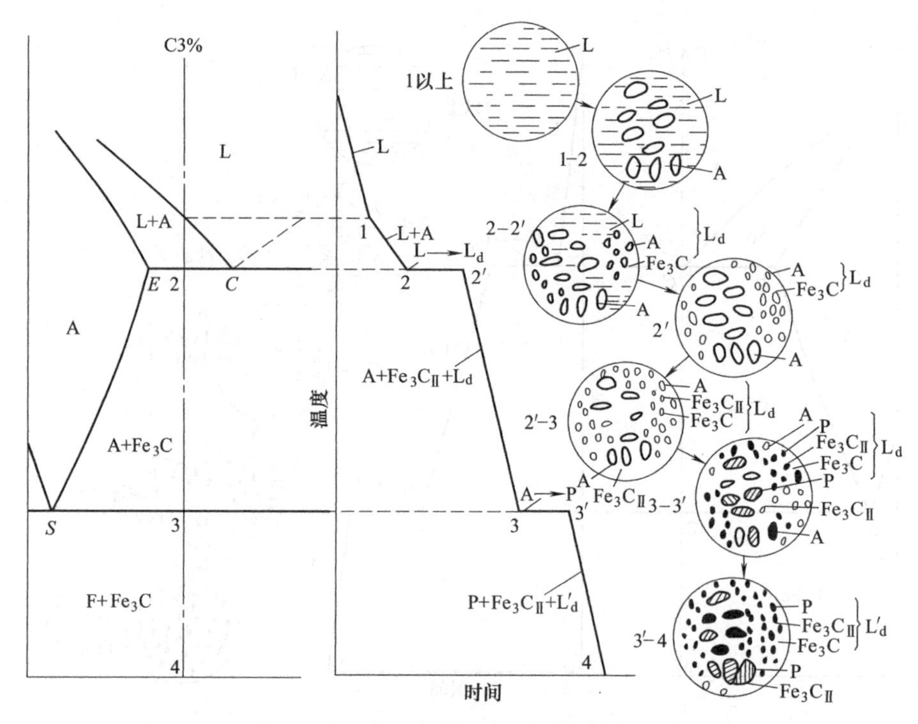

图 1-52 亚共晶白口铸铁的冷却曲线和结晶过程示意图

组成。图 1-55 所示为过共晶白口铸铁的显微组织。图中的亮白色板条为一次渗碳体，基体为低温莱氏体。

五、Fe-Fe_3C 相图的应用

（一）铁碳合金的成分、组织和性能间的关系

1. 含碳量对铁碳合金组织的影响

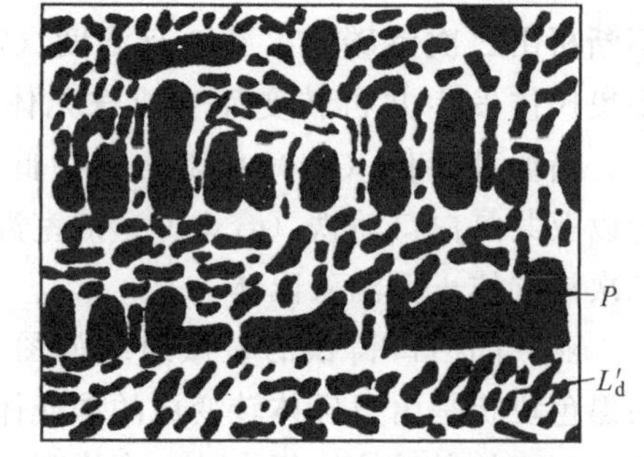

图 1-53 亚共晶白口铸铁的显微组织

根据铁碳合金相图的分析可知，铁碳合金缓冷后的组织通常与铁碳合金的化学成分有一定的对应关系，其关系如图 1-56 所示。

从图 1-56（a）中可以看出，随着含碳量的增加，铁碳合金的室温组织按下列顺序发生变化：F ⟶ F＋P ⟶ P ⟶ P＋$Fe_3C_Ⅱ$ ⟶ P＋$Fe_3C_Ⅱ$＋L'_d ⟶ L'_d ⟶ L'_d＋$Fe_3C_Ⅰ$。从图 1-56（b）中可以看出，随着含碳量的增加，亚共析钢中铁素体含量逐渐减少，珠光体量逐渐增加；过共析钢中珠光体量逐渐减少，$Fe_3C_Ⅱ$ 量逐渐增多；亚共晶白口铸铁中 P 和 $Fe_3C_Ⅱ$ 量逐渐减少，L'_d量逐渐增多；过共晶白口铸铁中L'_d量逐渐减少，$Fe_3C_Ⅰ$ 量逐渐增多。从图 1-56（c）中可以看出，铁碳合金的室温组织归根结底都是由铁素体和渗碳体两个基本相组成的，随着含碳量的增加，铁素体相逐渐减少，而渗碳体相则逐渐增多。

在铁碳合金中，随着含碳量的增加，不仅组织中的渗碳体量逐渐增多，而且渗碳体的大小、形态和分布也随之发生变化。在亚共析钢时，珠光体中的渗碳体呈小片状分布：在过共析钢中二次渗碳体呈网状分布在晶界上；在亚共晶白口铸铁中渗碳体成为莱氏体的基体（鱼骨状）；到过共晶白口铸铁中，一次渗碳体则呈大条状分布。

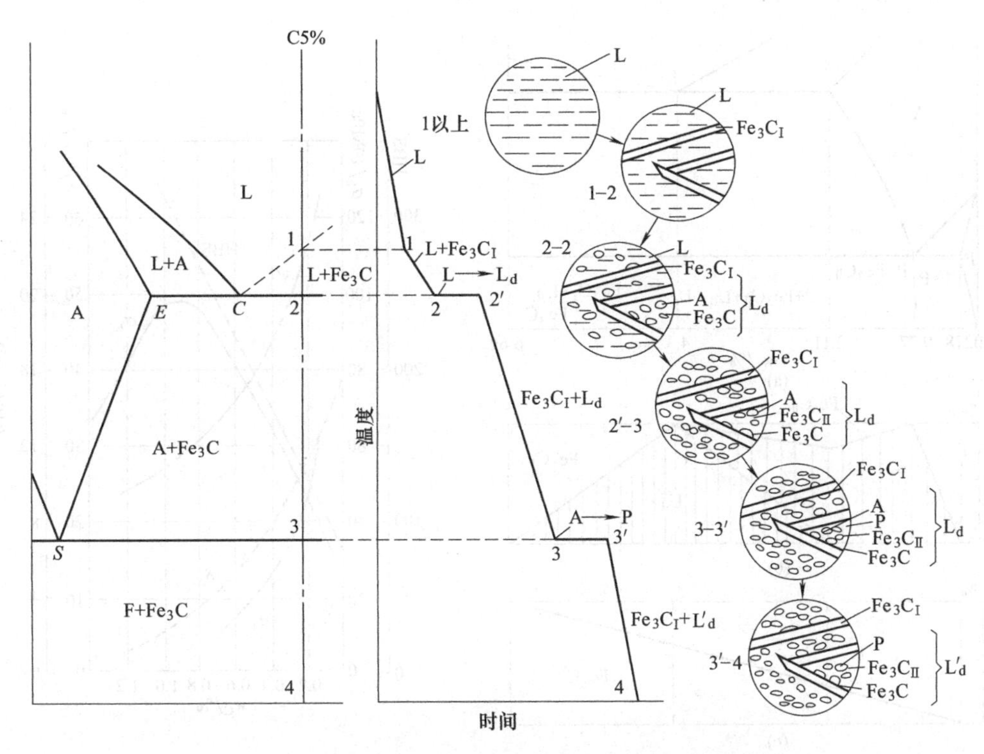

图 1-54　过共晶白口铸铁的冷却曲线和结晶过程示意图

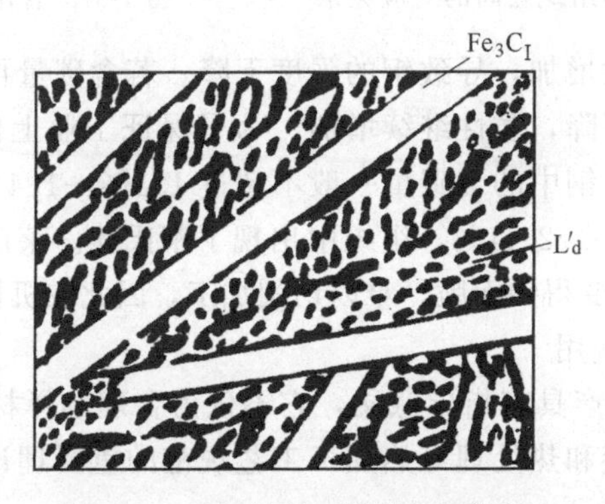

图 1-55　过共晶白口铸铁的显微组织

2. 含碳量对铁碳合金性能的影响

在铁碳合金中，渗碳体一般可看作是一种强化相。如果合金的基体是铁素体，则随着渗碳体数量的增加，其强度和硬度升高，而塑性和韧性相应降低。当这种硬而脆的渗碳体以网状分布在晶界，特别是作为基体出现时，将使铁碳合金的塑性、韧性大大下降，这就是高碳钢和白口铸铁脆性高的主要原因。

图 1-57 所示为含碳量对钢的力学性能的影响。从图中可以看出，含碳量很低的工业纯铁，其组织由单相铁素体组成，故它的塑性、韧性很好，而强度、硬度很低。

亚共析钢，其组织由不同数量的铁素体和珠光体所组成。随着含碳量的增加，组织中的铁素体含量逐渐减少，珠光体含量逐渐增多，故亚共析钢的强度和硬度呈直线上升，而塑性、韧性不断下降。

过共析钢，其组织由珠光体和二次渗碳体所组成。当钢中 $w_C > 0.9\%$时，由于形成了网

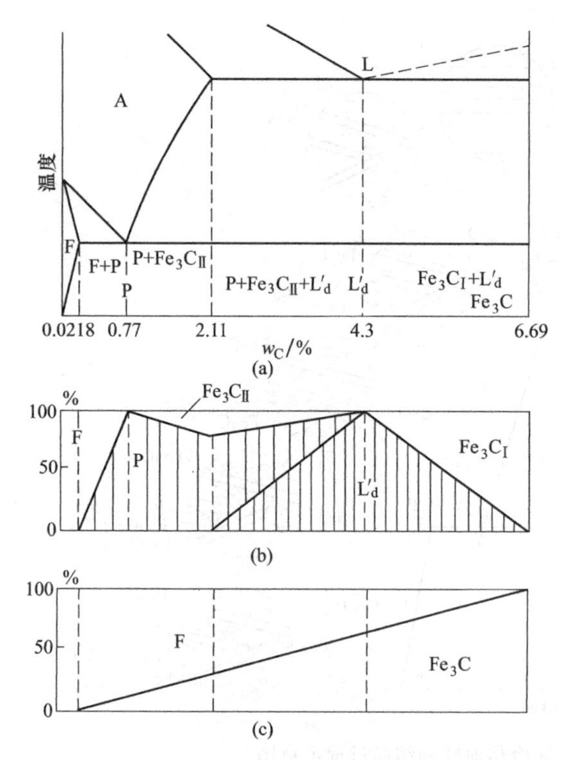

图 1-56 铁碳合金的成分与组织之间的对应关系

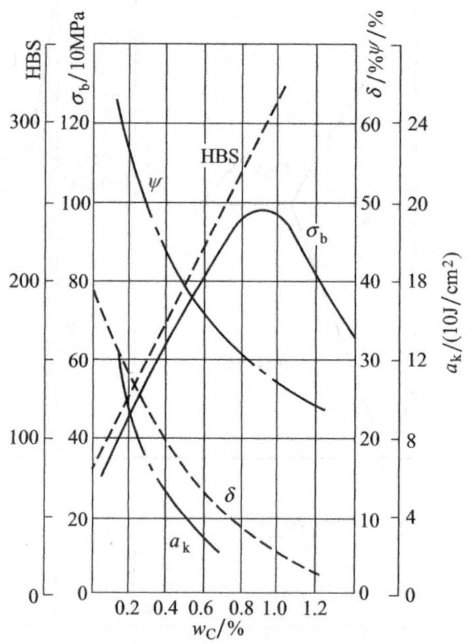

图 1-57 含碳量对钢的力学性能的影响

状的二次渗碳体，使其脆性增加，导致钢的强度下降。若含碳量再增加，网状二次渗碳体将愈粗大，钢的强度将继续下降，脆性继续增加。为了保证工业上使用的钢具有足够的强度，并具有一定的塑性和韧性，钢中的含碳量一般不超过 1.3%～1.4%。

对于白口铸铁，由于 $w_C>2.11\%$，组织中出现了莱氏体。莱氏体是以渗碳体为基体的混合物，它使白口铸铁的性能变得硬而脆，难以切削加工，因此在机械制造工业中很少应用。

（二）Fe-Fe_3C 相图的应用

Fe-Fe_3C 相图对工业生产具有指导意义，它不仅为合理选择材料提供了理论基础，而且也是制订铸造、锻造、焊接和热处理等热加工工艺规范的重要理论依据。

1. 在选材方面的应用

Fe-Fe_3C 相图揭示了铁碳合金的组织、性能随成分变化的规律，因此，根据工件的性能要求来选择金属材料时，Fe-Fe_3C 相图就成为很重要的工具。

例如，建筑结构和各种型钢需要塑性、韧性好的材料，可选用 $w_C\leqslant 0.25\%$ 的低碳钢；各种机械零件需要强度、塑性及韧性都比较好的材料，可选用 $0.25\%<w_C<0.6\%$ 的中碳钢；一般弹簧需要较高的弹性强度和屈服强度，可选用含碳量为 0.6%～0.85%的中高碳钢；各种工具、量具需要硬度、耐磨性好的材料，可采用含碳量为 1.0%～1.3%的高碳钢。

白口铸铁中由于存在莱氏体组织，具有很高的硬度和脆性，既难以切削加工，也不能锻造，因此白口铸铁的应用受到较大的限制。但白口铸铁具有优良的铸造性能，适合于制造需要耐磨而不受冲击载荷的工件，如冷轧辊、犁铧、球磨机铁球等。此外，白口铸铁还可用于生产可锻铸铁的毛坯。

2. 在制订热加工工艺规范方面的应用

（1）在铸造工艺方面的应用　根据 Fe-Fe_3C 相图的液相线可以找出不同成分的铁碳合金

的熔点，从而确定合适的熔化、浇注温度。还可以看到钢的熔化与浇注温度都要比白口铸铁高，如图 1-58 所示。此外，从 Fe-Fe_3C 相图中还可以看出，靠近共晶成分的铁碳合金不仅其结晶温度较低，而且其凝固温度区间也较小，故具有良好的铸造性能。这就是接近共晶成分的铸铁在铸造生产中获得广泛应用的主要原因。

（2）在锻造工艺方面的应用 由 Fe-Fe_3C 相图可知，钢在高温时可获得单相奥氏体组织，而奥氏体的强度较低，塑性较好，便于塑性变形加工。因此，钢材轧制或锻造的温度范围，多选择在单一奥氏体组织范围内。其选择原则是开始轧制或锻造的温度不得过高，以免钢材氧化严重和发生奥氏体晶界部分熔化。而终止温度也不能过低，以免钢材塑性差，导致开裂。各种碳钢适宜的轧制或锻造温度范围如图 1-58 所示。

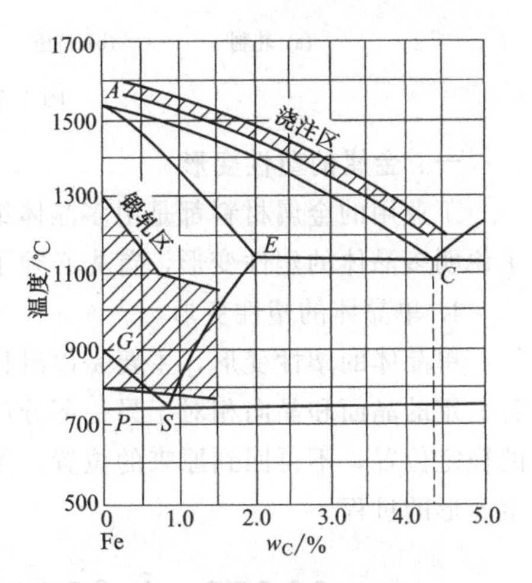

图 1-58 Fe-Fe_3C 相图与轧制、锻造工艺的关系

（3）在焊接工艺方面的应用 焊接时由焊缝到母材各区域的加热温度是不同的，由 Fe-Fe_3C 相图可知，在不同的加热温度下会获得不同的高温组织，并在随后的冷却过程中也可能出现不同的组织和性能。这就需要在焊接后采用热处理方法加以改善。

（4）在热处理工艺方面的应用 各种热处理工艺都与 Fe-Fe_3C 相图有着较为直接的联系。退火、正火、淬火等热处理方法的温度都必须参考 Fe-Fe_3C 相图，这里要指出的是，使用 Fe-Fe_3C 相图的同时，要考虑多种合金元素、杂质及在生产上冷却和加热速度较快时的影响，不能完全用相图来分析，必须借助其他理论知识和有关手册及图表。

在运用 Fe-Fe_3C 相图时应注意以下两点。

① Fe-Fe_3C 相图只反映铁碳二元合金中相的平衡状态，如含有其他元素，相图将发生变化。

② Fe-Fe_3C 相图反映的是平衡条件下铁碳合金中相的状态，当冷却或加热速度较快时，其组织转变就不能只用相图来分析了。

第七节 金属受力时结构和性能的变化

在工业生产中，经冶炼而得到的金属锭，如钢锭、铝锭或铜锭等，大多要经过轧制、挤压、冷拔、锻造、冲压等压力加工方法，如图 1-59 所示，使金属产生塑性变形而获得毛坯或半成品，以供用户使用。

由压力加工而产生的塑性变形不仅可以把金属材料加工成各种形状和尺寸的制品，而且还将改变金属材料的组织和性能，特别是冷塑性变形将会使金属材料产生加工硬化现象。加工硬化在某些情况下是有利的；在某些情况下则是不利的。为了消除加工硬化给金属材料性能带来的弊端，在加工过程中和加工以后，还常对金属材料进行加热，使其组织和性能发生相应的变化，这个过程称为回复与再结晶。由于塑性变形、回复与再结晶是相互影响的，因此研究和掌握这些过程的实质和规律，对于选择金属材料的加工工艺，提高生产率、改善产品质量、合理使用材料等方面都具有重要的意义。

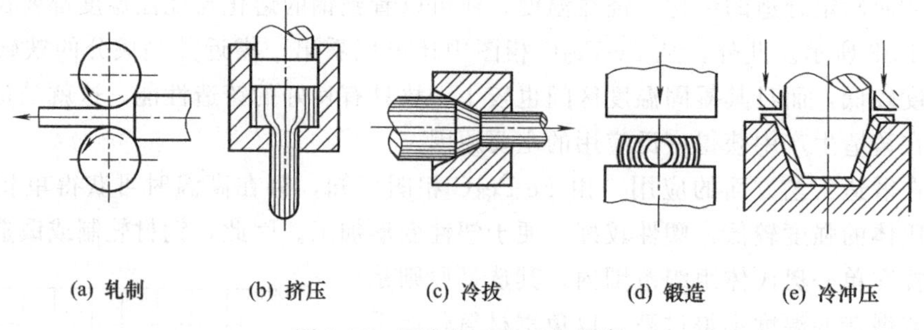

图 1-59 压力加工方法示意图

一、金属的塑性变形

工业用的金属材料都是由多晶体组成的，而多晶体的塑性变形要比单晶体复杂得多，为了说明多晶体的塑性变形，首先必须了解单晶体的塑性变形。

1. 单晶体的塑性变形

单晶体的塑性变形，主要是以滑移的方式进行的。在切应力的作用下，晶体的一部分沿着一定的晶面和晶向相对于另一部分产生相对移动的现象，称为滑移。滑移后的原子处于新的稳定位置，不再回到原来的位置。图 1-60 表示单晶体在切应力（τ）的作用下发生滑移产生变形的过程。

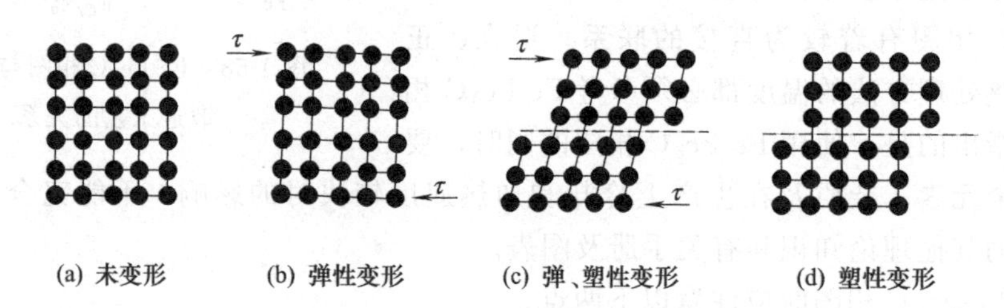

图 1-60 单晶体在切应力作用下的滑移变形

由图 1-60 可见，要使某一晶面开始滑动，作用在该晶面上的力必然是相互平行、方向相反的切应力（τ）（垂直该晶面的正应力，只能引起弹性伸长或收缩），而且切应力（τ）必须达到一定值，滑移才能开始进行。许多晶面滑移的总和，就产生了宏观的塑性变形，图 1-61 所示为锌单晶体滑移变形时的情况。

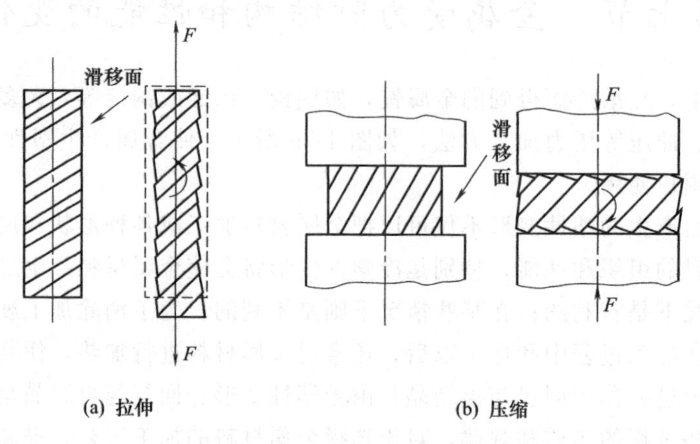

图 1-61 锌单晶体滑移变形示意图

近代理论及实验证明：晶体滑移时，并不是整个滑移面上的全部原子一起移动，而是借助于位错的移动来实现的，如图 1-62（a）～（d）所示。由于位错上的半原子面受到前后两边原子的排斥，处于不稳定的状态，只需加上很小的力就能使之产生移动。在切应力的作用下，位错便从滑移面的一侧移动到另一侧，形成位错移动。位错移动到晶体表面，就形成了一个原子间距的滑移台阶。大量位错移出晶体表面，就产生宏观的塑性变形。

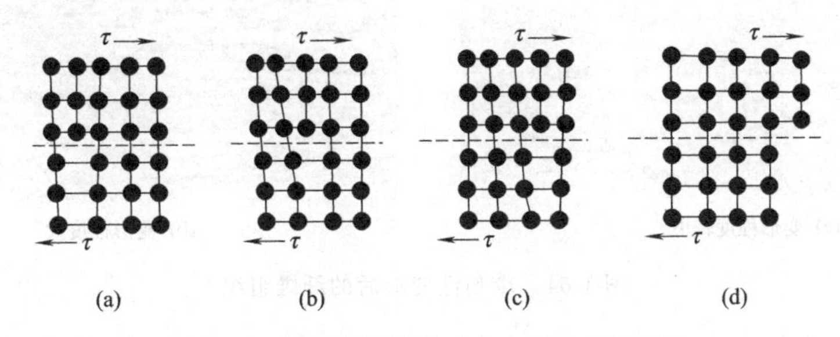

图 1-62 借助于位错移动产生滑移的示意图

2. 多晶体的塑性变形

多晶体的塑性变形与单晶体基本相似，即每个晶粒内的塑性变形仍是以晶内滑移进行的。但由于晶界的存在和每个晶粒位向不同，故多晶体的塑性变形要比单晶体复杂得多。通常，多晶体在塑性变形的过程中要受到下列三种因素的影响。

（1）晶粒位向的影响　由于多晶体中各个晶粒的位向不同，在外力作用下，有的晶粒处于有利于滑移的位置，有的晶粒处于不利于滑移的位置。当有利于滑移的晶粒要进行滑移时，必然受到周围位向不同的其他晶粒的约束，使滑移的阻力增加，从而提高了塑性变形的抗力。

（2）晶界的影响　晶界对塑性变形有较大的阻碍作用。图 1-63 所示为一个只包含两个晶粒的试样经受拉伸时的变形情况。由图可见，试样在晶界附近不易发生变形，出现了所谓的“竹节”现象。这是因为晶界处原子排列比较紊乱，阻碍位错的移动，因而阻碍了滑移的缘故。很显然，晶界越多，多晶体的塑性变形抗力越大。

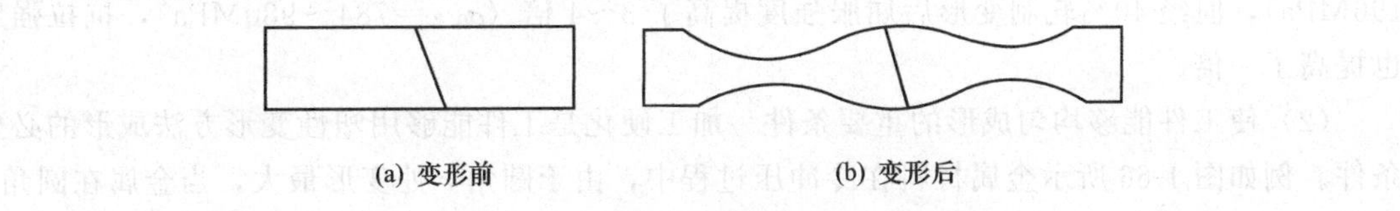

图 1-63 两个晶粒试样在拉伸时的变形

（3）晶粒大小的影响　细晶粒的多晶体不仅强度较高，而且塑性和韧性也较好。因为晶粒越细，在同样的变形条件下，变形量可分散在更多的晶粒内进行，使各晶粒的变形比较均匀，而不致过分集中于少数晶粒，使其变形严重。又因晶粒越细，晶界越多，越曲折，故不利于裂纹的传播，从而在其断裂前能承受较大的塑性变形，吸收较多的功，表现出较好的塑性和韧性。因此，在生产上总是设法使金属获得细晶粒组织。

二、冷塑性变形对金属组织结构和性能的影响

金属材料经塑性变形后，晶粒形状会被压扁或拉长。当变形度很大时，晶粒被拉长成细条状，晶界也变得模糊不清，形成纤维组织，这种呈纤维状的组织称为冷加工纤维组织，如图 1-64 所示。形成纤维组织后，使金属的力学性能具有明显的方向性，其纵向（沿纤维方向）的力学性能高于横向（垂直纤维方向）的性能。

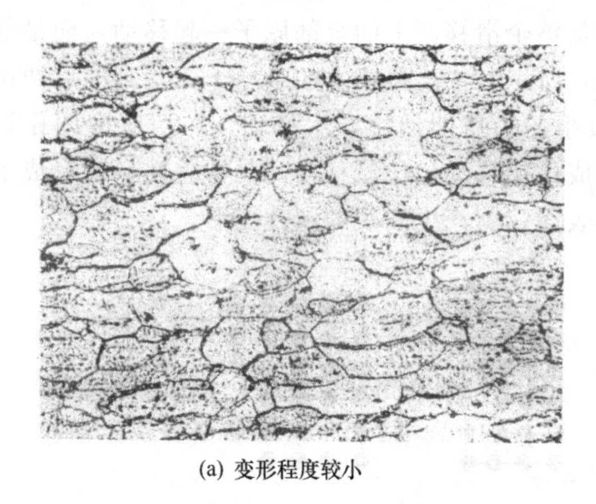

(a) 变形程度较小

(b) 变形程度大

图 1-64 冷塑性变形后的纤维组织

1. 加工硬化现象

由于冷塑性变形改变了金属内部的组织结构，因此，必然导致其性能发生变化。随着冷塑性变形程度的增加，金属材料的强度、硬度显著提高，而塑性、韧性则下降，这种现象叫加工硬化。图 1-65 所示为低碳钢的强度、硬度、塑性和韧性随冷塑变形程度增加而变化的情况。

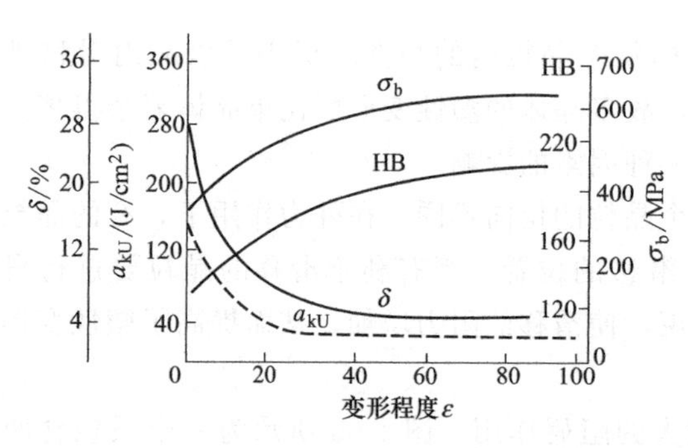

图 1-65 冷塑变形程度对低碳钢力学性能的影响

2. 加工硬化的有利影响

（1）强化金属的一种主要工艺方法　加工硬化可以提高金属的强度，它和合金化、热处理一样，也是强化金属的重要工艺手段。尤其对于那些不能热处理强化的金属材料显得更为重要。例如 18-8 型奥氏体不锈钢，变形前强度不高（$\sigma_{0.2}=$ 196MPa），但经 40%轧制变形后屈服强度提高了 3～4 倍（$\sigma_{0.2}=784\sim980$MPa），抗拉强度也提高了一倍。

（2）使工件能够均匀成形的重要条件　加工硬化是工件能够用塑性变形方法成形的必要条件。例如图 1-66 所示金属材料在冷冲压过程中，由于圆角 r 处变形最大，当金属在圆角 r 处变形到一定程度以后，首先产生加工硬化，随后的变形即转移到其他部位，这样既可以避免已发生塑性变形的部位继续变形以致破裂，又可以得到壁厚均匀的冲压件。

（3）在一定程度上提高构件在使用过程中的安全性　因为构件在使用过程中，往往不可避免地会在孔、键槽、螺纹及截面过渡处出现应力集中和过载现象。在这种情况下，过载部位会产生微量塑性变形而产生强化，使变形自行终止，从而在一定程度上提高了构件的安全性。

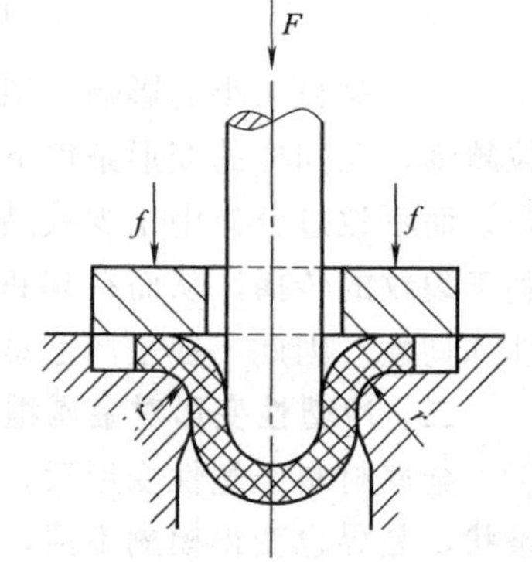

图 1-66 金属材料冷冲压过程示意图

3. 加工硬化的不利影响

加工硬化也有不利的一面。冷塑性变形时由于加工硬化，将使材料的塑性逐渐降低，给金属材料进一步冷塑性变形带来困难。另外，为了消除加工硬化现象，恢复金属材料的塑性，就需要进行退火处理。退火后金属材料塑性恢复，可再继续进行冷塑性变形加工。这种在工序之间的退火称为中间退火。但中间退火延长了生产周期，增加了燃料消耗，使生产成本增加。

塑性变形除了影响力学性能以外，也会使金属某些物理、化学性能发生变化，如电阻增加，耐蚀性降低等。

三、冷塑性变形金属加热时组织结构和性能的变化

经过冷塑性变形的金属，其组织结构产生了变化，即晶格畸变严重，位错密度增加，晶粒碎化，并因金属各部分变形不均匀，引起金属内部残留内应力，这都使金属处于不稳定状态，使它具有恢复到原来稳定状态的自发趋势。但在常温下，由于金属原子的活动能力很弱，这种恢复过程很难进行。如果对冷塑性变形的金属进行加热，则可使原子获得足够的活动能力，金属将自发地恢复到变形前的稳定状态。

冷塑性变形的金属在加热过程中随着加热温度的升高，将经历回复、再结晶和晶粒长大三个阶段，如图 1-67 所示。

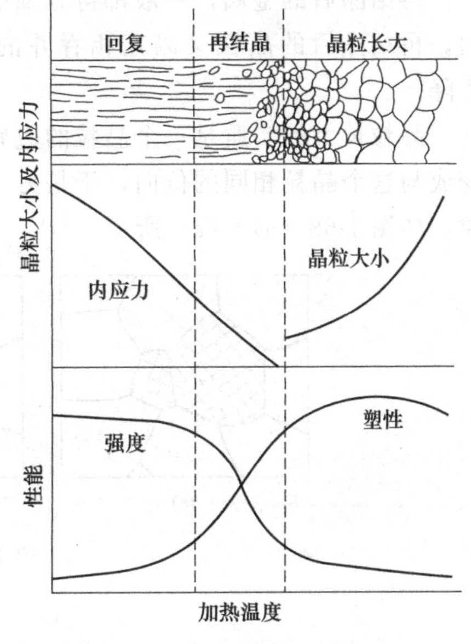

图 1-67　加热温度对冷塑性变形金属组织和性能的影响

1. 回复

当加热温度较低时，其显微组织无明显的变化，晶粒仍保持伸长状态，力学性能也无明显的改变，但内应力显著降低，这一阶段称为回复。生产上应用的去应力退火，就是利用回复过程，从而既可保留加工硬化的效果，又可使内应力基本上得到消除。例如，冷拔钢丝弹簧加热到 250～300℃退火，青铜丝弹簧加热到 120～150℃退火，就是进行回复处理，既可使弹簧的弹性增强，又可消除内应力而使弹簧定形。

2. 再结晶

当冷塑性变形金属加热到较高温度时，变形金属的基体上出现了新的完整小晶粒，它们通过形核和长大，以新的等轴晶粒逐渐改组变形组织，使加工硬化和内应力完全消除，塑性大大提高，这一阶段称为再结晶。

再结晶后晶粒内部晶格畸变消失，位错密度下降，因而金属的强度、硬度显著下降，而塑性则显著上升（见图 1-67），结果使冷塑性变形金属的组织与性能基本上恢复到变形前的状态。

金属的再结晶不是在恒定的温度下发生的，而是在一个温度范围内进行的。能进行再结晶的最低温度（开始温度）称为再结晶温度，用符号“$T_{再}$”表示。

实验证明，再结晶温度与金属的预先变形程度有关。金属的预先变形程度越大，再结晶温度就越低。对于工业纯金属，其再结晶温度与熔点间的关系可按下列经验公式计算

$$T_{再}=(0.35\sim0.4)T_{熔} \tag{1-11}$$

式中　$T_{再}$——金属的再结晶温度，K；

　　　$T_{熔}$——金属的熔点，K。

金属中微量杂质和合金元素，特别是那些高熔点的合金元素，常会阻碍原子扩散和晶界

迁移，可提高金属的再结晶温度。例如纯铁的再结晶温度约为 450℃，当加入少量碳而成为碳钢后，其再结晶温度提高到了 540℃左右。

最后指出，再结晶与液体结晶及同素异构转变的重结晶不同，再结晶过程并未形成新相，新形成的晶粒在晶格类型上同原来晶粒是相同的，只不过消除了因冷塑性变形而造成的晶体缺陷。

经冷塑性变形后的金属加热到再结晶温度以上，并保持适当时间，使变形晶粒重新结晶为均匀的等轴晶粒，以消除加工硬化和残余应力的退火，称为再结晶退火。生产中常采用再结晶退火作为加工过程中的中间退火，以恢复其塑性便于再继续加工。为了保证质量和兼顾生产率，再结晶退火的温度，一般比该金属的再结晶温度高 100～200℃。

3. 晶粒长大

再结晶后的金属，一般都得到细小而均匀的等轴晶粒。如果继续升高温度或延长保温时间，再结晶后的晶粒又以互相吞并的方式长大，从而使晶粒变粗，金属的力学性能显著下降。

晶粒长大的实质是一个晶粒的边界向另一个晶粒迁移，把另一个晶粒的晶格位向逐步改变成与这个晶粒相同的位向，于是另一个晶粒便逐步被这个晶粒吞并，从而合成为一个大晶粒，如图 1-68（a）～(c）所示。

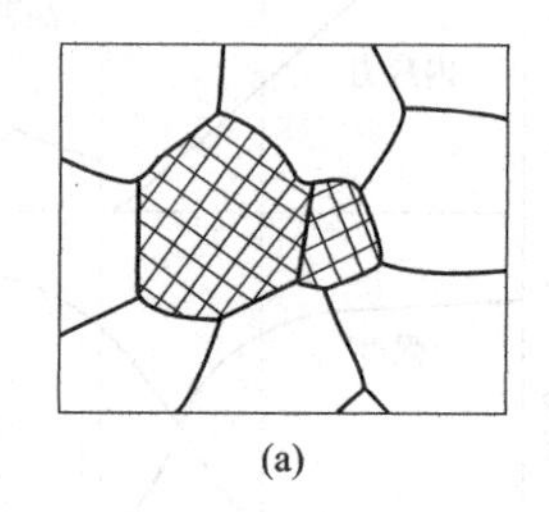
(a)

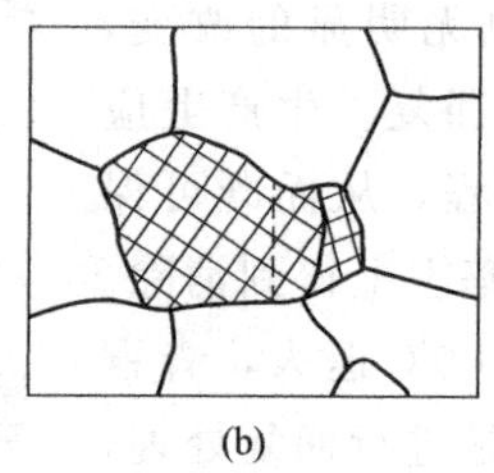
(b)

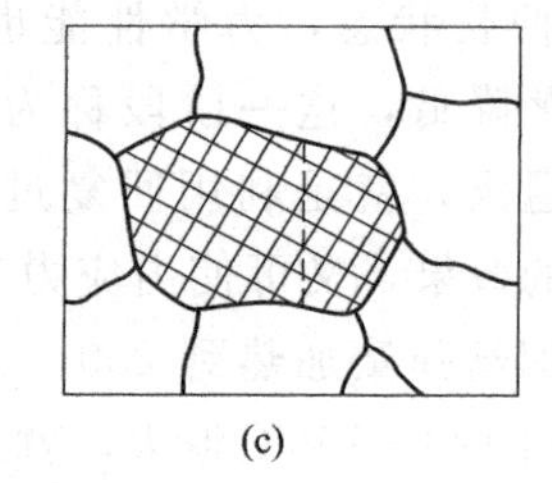
(c)

图 1-68　晶粒长大示意图

实验一　金相试样制备及显微镜使用

一、实验目的

① 掌握金相试样的制备过程：取样、镶嵌、粗磨、细磨、抛光、浸蚀及观察金相组织。

② 了解金相显微镜的原理及操作。

二、主要实验器材

金相显微镜，碳钢试样一块，金相砂纸一套，抛光机及抛光液，浸蚀剂、酒精、脱脂棉及吹风机。

三、实验步骤

（一）金相试样的制备

为了便于用金相显微镜观察金属的组织，必须先制作金相试样。金相试样的制作是金相研究中极为重要的工序，它包括取样、镶嵌、磨制、抛光、浸蚀等。

1. 取样

取样时首先应根据研究目的，从实物上选取有代表性的部位切取。

切取时要注意取样方法，确保不使试样被观察面的金相组织发生变化。对于软材料可用锯、车等方法；对于硬材料可用砂轮切片机或电火花切取；大件可用氧气切割等。无论采用何种方法，都应避免试样因受热或变形而使组织发生变化。

检验面的选择应根据观察目的来确定，纵向截面适合于观察材料的纤维组织、夹杂及加工件变形方向；横向截面适合检验脱碳层、渗碳层、淬火层、表面缺陷、碳化物网格以及晶粒度测定等。

试样尺寸不要过大或过小，通常采用直径为12～15mm，高为12～15mm的圆柱形或边长为12～15mm的方形试样，如图1-69所示。

2. 镶嵌

当试样尺寸太小（如细丝、薄片等），直接用手来磨削很困难时，可采用机械夹持或利用样品镶嵌机，把试样镶嵌在低熔点合金或塑料（胶木粉、聚乙烯或聚合树脂等）中，如图1-70所示。

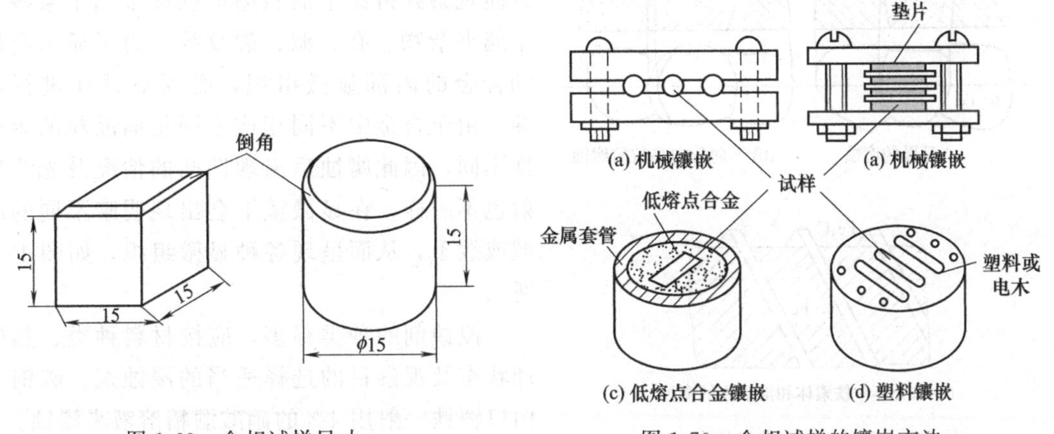

图1-69　金相试样尺寸

图1-70　金相试样的镶嵌方法

3. 磨制

磨制分为粗磨和细磨。

(1) 粗磨　软材料（如有色金属）可用锉刀锉平；一般钢材常在砂轮机上磨平。粗磨时要随时注意用水冷却，以防温度升高而引起试样组织变化。粗磨后，试样应倒角，以免在细磨抛光时划破砂纸或抛光布。

(2) 细磨　细磨有手工磨和机械磨两种方法。手工磨是手持试样以均匀的压力在金相砂纸上磨平。我国金相砂纸按粗细分为01号、02号、03号、04号、05号和06号等几种。细磨时将砂纸平放在玻璃板上，轻轻按住已洗净的试样，使试样磨面朝下并与砂纸接触，然后加压将试样朝前推，试样退回时不与砂纸接触，这样反复进行，依次从01号磨至06号，必须注意不可越次进行。手握试样务求平衡，用力均匀，压力不宜过大，以免磨痕过深及磨面金属变形。每次更换砂纸时，试样的研磨方向应转90°，使新磨痕与旧磨痕垂直，一直磨到前一号砂纸的磨痕消除，整个磨面产生一个方向的新磨痕为止。另外，当更换砂纸时，试样及操作者的双手均需冲洗干净，以免有较粗的砂粒带到次一号砂纸上，引起较深的磨痕。在磨制软材料时，可在砂纸上涂一层润滑剂，如机油等，以免砂粒嵌入试样磨面。

为了加快磨制速度，减轻劳动强度，还可采用将不同型号的砂纸贴在带有旋转圆盘的预磨机上进行机械磨。

4. 抛光

抛光的目的是除去细磨时遗留下来的细微磨痕，以获得光亮而无磨痕的镜面。金相试样的抛光方法可分为机械抛光、电解抛光、化学抛光三种，其中以机械抛光最为简便。

机械抛光是在专门的抛光机上进行的。抛光机主要由电动机和被其带动的抛光盘组成。抛光盘上铺以不同材料的抛光布。粗抛时常用帆布和粗呢，精抛时常用绒布、细呢或丝绸。抛光用的磨料有氧化铬和氧化铝抛光软膏、碳化硅及氧化铝粉等。使用抛光粉时要加水，摇匀呈悬浊液。抛光时应将试样磨面均匀地、平整地压在旋转的抛光盘上，压力不宜过大，并沿抛光盘的边缘到中心不断作径向往复运动，抛光时间不宜过长，试样表面磨痕全部消除而呈光亮的镜面后，抛光即可停止。

抛光后的试样先用水冲洗干净，然后用酒精冲去残留的水迹，最后用吹风机吹干。

5. 浸蚀

抛光后未经浸蚀的试样，在金相显微镜上只能观察到铸铁中的石墨形状或金属中某些非金属夹杂物、孔、洞、裂纹等。为了显示金属和合金的内部显微组织，必须对试样进行浸蚀。由于合金中不同相或不同位向晶粒的耐蚀性不同，因此腐蚀后出现凹凸的情况及光线反射也不一样，在显微镜下会出现明暗不同的区域或线条，从而呈现各种显微组织，如图 1-71 所示。

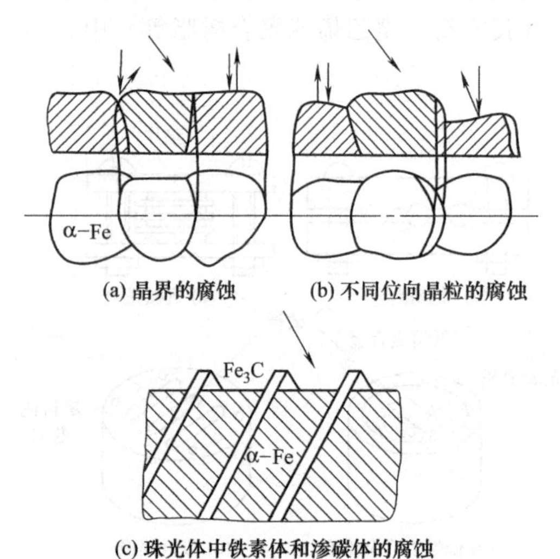

图 1-71 腐蚀后显微组织的出现

浸蚀剂的种类很多，应按材料种类、热处理状态及观察目的选择适当的浸蚀剂。碳钢与白口铸铁一般用 4% 的硝酸酒精溶液来浸蚀。

浸蚀时可用棉花蘸取浸蚀剂擦拭磨面，或将试样磨面朝下浸入浸蚀剂中。试样的化学成分及热处理状态不同，浸蚀的时间也不同。一般情况下，淬火钢约为 1～2s，工业纯铁则需十几秒。一般试样磨面失去光泽略发暗时就可停止，如果浸蚀不足可重复浸蚀，但若浸蚀过度，则需重新抛光。浸蚀完毕后立即用清水冲洗残余浸蚀剂，然后用酒精冲洗，最后用吹风机吹干。这样制得的金相试样即可在显微镜下进行观察和分析研究。观察完毕，应把试样放在干燥器内保存。为了长时间保存腐蚀的表面质量，可在试样表面涂一层保护漆，常用的是硝酸纤维漆加香蕉水。

（二）金相显微镜的使用

1. 显微镜的基本原理

显微镜的光学系统由物镜、目镜及一些辅助光学零件组成。其中靠近所观察物体的透镜叫做物镜，而靠近眼睛的透镜叫做目镜。借助物镜和目镜的两次放大，就能将被观察的组织放大到很高的倍数。图 1-72 所示为在显微镜中得到放大物像的光学原理图。

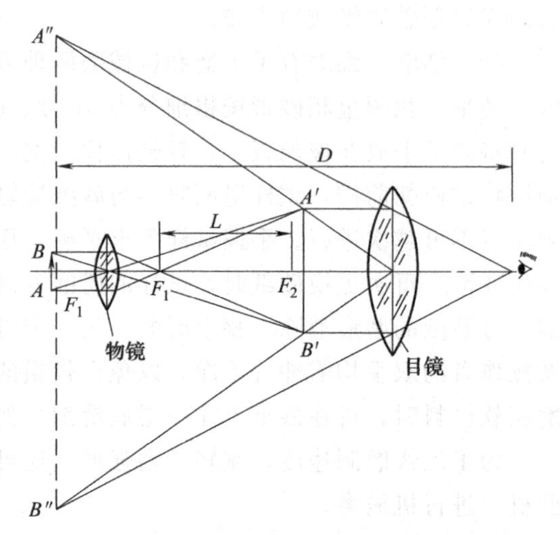

图 1-72 金相显微镜的光学原理图

被观察的物体 AB 放在物镜之前离其焦距

略远一些的位置，物体的反射光线穿过物镜经折射后，就得到一个放大了的倒立实像 $A'B'$，若 $A'B'$ 处于目镜焦距之内，$A'B'$ 再经目镜放大，即得到了一个经再次放大的倒立虚像 $A''B''$。

正常人眼观察物体时最适宜的距离叫明视距离。因此在观察时应使最终的倒立虚像在距眼睛 250mm（约等于正常人眼睛的距离）处成像，这样观察到的物体的影像最为清晰。

使用时，显微镜的放大倍数就是物镜和目镜放大倍数的乘积，且主要通过物镜来保证。通常金相显微镜的物镜放大倍数可达 100 倍，目镜的放大倍数可达 15 倍。

放大倍数用符号“×”表示。一般均标在物镜和目镜的镜筒上。

显微镜质量的好坏，除了和放大倍数有关外，还和显微镜的鉴别能力及物镜的成像质量有关。

2. 金相显微镜的构造

金相显微镜和生物显微镜的构造基本是相同的，其中主要的区别是：生物显微镜是通过透射过试样的光线进行观察，而金相显微镜则利用试样的反射光线来观察。

金相显微镜的种类和形式很多，常见的有台式、立式和卧式三大类，其构造往往由光学系统、照明系统和机械系统三部分组成。有的显微镜还附有摄影装置或与电脑连接。现以国产 XJB-1 型台式金相显微镜为例进行说明。

（1）光学系统

显微镜的光学系统如图 1-73 所示。由灯泡 1 发出的光经聚光镜组 2 及反光镜 8 聚集在孔径光阑 9 上，再经过聚光镜组 3 聚集到物镜的后焦面，最后通过物镜平行照射到试样 7 表面，从试样反射回来的光线复经物镜组 6 和辅助透镜 5，由半反射镜 4 转向，经过辅助透镜 11，棱镜 12、13 造成一个被观察物体的倒立的放大实像。该像再经过目镜 15 的放大，就成为在目镜视场中能看到的放大映像。

（2）照明系统

在显微镜底座内装有一低压（6～8V，15W）钨丝灯泡作为光源，由底座内的变压器降压供电，靠调节次级电压（6～8V）可改变灯光的亮度。聚光镜、孔径光阑、反光镜等装置均安装在底座内，视场光阑及另一聚光镜则安装在支架上，它们组成显微镜的照明系统，使试样表面获得均匀充分的照明。

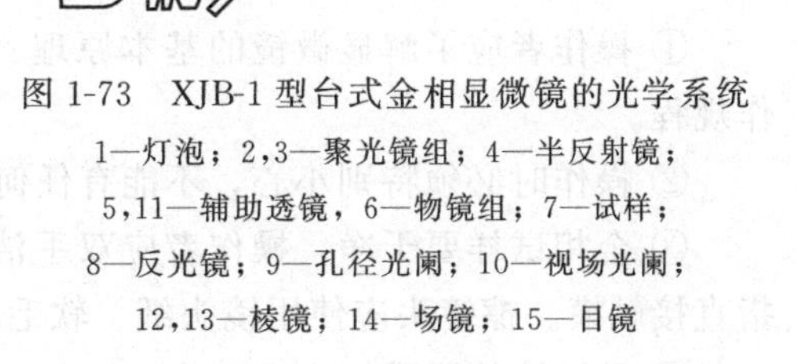

图 1-73　XJB-1 型台式金相显微镜的光学系统

1—灯泡；2,3—聚光镜组；4—半反射镜；5,11—辅助透镜；6—物镜组；7—试样；8—反光镜；9—孔径光阑；10—视场光阑；12,13—棱镜；14—场镜；15—目镜

（3）机械系统

机械系统包括调焦装置、载物台、物镜转换器等。

• 调焦装置　在显微镜的两侧有粗动和微动调焦手轮，通过它可调节物镜与试样表面的距离，以得到清晰的映像。

• 载物台　用来放置金相试样。载物台与下面托盘之间有导架，用手推动，可使载物台在一定范围内作前后左右平稳移动，以改变试样的观察部位。

• 孔径光阑和视场光阑　孔径光阑装在照明反射镜上面，调整孔径光阑能控制入射光束的粗细，以保证物像达到清晰的程度。视场光阑在物镜支架下面，用以控制视场范围，使目镜中视场清晰明亮。在刻有直纹的套圈上方有两个调节螺钉，用来调整光阑的中心。

• 物镜转换器　物镜转换器呈球面形，上有三个螺孔，可安装不同放大倍数的物镜。旋转转换器可使各物镜进入光路，与不同的目镜配合，可获得各种放大倍数。

• 目镜筒　目镜筒呈45°倾斜安装在附有棱镜的半球形座上，还可将目镜转90°呈水平状，以配合照相装置进行金相摄影。

图1-74即为XJB-1型金相显微镜的外形结构示意图。

3. 金相显微镜使用方法

金相显微镜是一种精密仪器，使用时要求细心谨慎，在使用显微镜工作前应先熟悉其构造特点及各主要部件的相互位置和作用，然后按照显微镜的使用规程进行操作，其步骤如下。

① 首先将显微镜光源插头插在变压器上，再通过变压器接通电源。

② 按放大倍数的要求选择所需的目镜和物镜，分别安装在目镜筒内和物镜转换器上。

③ 将试样的磨面朝下置于载物台中心。

④ 转动粗调手轮先使载物台下降，同时用眼睛观察，使物镜尽可能接近试样表面(但不得与试样表面相碰)，然后向反方向转动粗调手轮使载物台缓缓上升（即调整焦距)，当视场亮度增强时，再改用微调手轮，直到观察到清晰的物像为止。

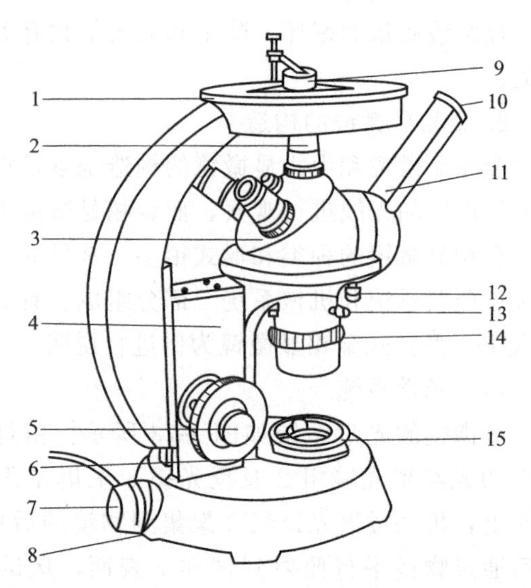

图1-74　XJB-1型台式金相显微镜的外形结构示意图

1—载物台；2—物镜；3—转换器；4—传动箱；5—微动调焦手轮；6—粗动调焦手轮；7—光源；8—底座；9—试样；10—目镜；11—目镜管；12—固定螺钉；13—调节螺钉；14—视场光阑；15—孔径光阑

⑤ 适当调节孔径光阑和视场光阑，以获得最佳质量的物像。

四、注意事项

① 操作者应了解显微镜的基本原理、构造和主要部件的作用，要自觉遵守显微镜的操作规程。

② 操作时必须特别小心，不能有任何剧烈的动作。光学系统不允许自行拆卸。

③ 金相试样要干净，操作者应双手洁净。显微镜的镜头玻璃部分和试样磨面严禁用手指直接触摸。擦镜头应使用镜头纸、软毛刷等轻轻擦拭。

④ 显微镜的照明灯泡电压为6～8V，切勿直接插在220V电源上，必须插在降压变压器上，否则灯泡立即烧坏。

⑤ 旋转调焦旋钮时动作要慢，碰到某种障碍时应立即停止操作，报告指导教师查找原因，不得用力强行转动，以免损坏机件。

⑥ 在预磨机、抛光机上操作时，应确定磨盘为逆时针旋转，手持试样放在磨盘的右侧，

身体直立，凭感觉把试样放平，切勿低头用眼睛观察试样是否放平。注意力集中，避免试样飞出发生事故。

实验二 铁碳合金组织观察

一、实验目的

① 观察工业纯铁、亚共析钢、共析钢、过共析钢的显微组织。

② 观察亚共晶铸铁、共晶铸铁、过共晶铸铁的显微组织。

二、主要实验器材

① 金相显微镜。

② 金相图谱及放大金相照片挂图。

③ 铁碳合金金相试样：工业纯铁、20 钢、45 钢、T8 钢、T12 钢、亚共晶白口铸铁、共晶白口铸铁、过共晶白口铸铁等金相试样。

三、实验步骤

（一）铁碳合金的室温基本组织的特征与鉴别方法

铁碳合金在室温下的基本组织有铁素体、渗碳体、珠光体和低温莱氏体四种。下面首先介绍这四种组织在金相显微镜下的特征及其鉴别方法。

1. 铁素体（F）

铁素体的显微组织与纯铁相同。用 4%的硝酸酒精溶液浸蚀后呈白色多边形晶粒，晶界呈网络状，如图 1-36 所示。若浸蚀较深时不同晶粒略有明暗不同。

2. 渗碳体（Fe_3C）

试样用 4%硝酸酒精溶液浸蚀后，在显微镜下 Fe_3C 呈白亮色，一次渗碳体（Fe_3C_I）是从液体中析出的，呈长条形状；二次渗碳体（Fe_3C_{II}）是在冷却时沿奥氏体晶界析出的，故呈网状分布；三次渗碳体（Fe_3C_{II}）是 727℃以下沿 *PQ* 线从铁素体中析出的，数量极少。渗碳体还可以以片状或粒状形态存在于组织中。

3. 珠光体（P）

珠光体有片状和粒状两种。

（1）片状珠光体　它是铁素体和渗碳体平行相间的层片组织，经 4%硝酸酒精溶液浸蚀后，铁素体和渗碳体皆呈亮白色，但其边界被浸蚀呈黑色线条。用显微镜在不同放大倍数下观察，则具有不同的特征。

高倍（800×以上）观察时，珠光体中平行相间的宽条铁素体和细条渗碳体都呈亮白色，而其边界呈黑色，如图 1-75 所示。

中倍（400×左右）观察时，白色渗碳体细条被黑色边界所掩盖，故成为细黑条。这时看到的珠光体是白宽条铁素体和细黑条渗碳体的相间混合物。

当组织细密或放大倍数更低时，则珠光体的层片组织因分辨不清而呈黑色一片。

（2）粒状珠光体　共析钢或过共析钢经球化退火后，得到粒状珠光体。其显微组织为白色铁素体基体上分布有很多均匀的黑圈；黑圈包围的白色颗粒即是渗碳体（见图 1-76）。

4. 低温莱氏体（L'_d）

室温下的莱氏体为低温莱氏体，它是由珠光体、二次渗碳体和共晶渗碳体所组成的机械混合物，其中共晶渗碳体与二次渗碳体连在一起不易分辨。经 4%硝酸酒精溶液浸蚀后，其

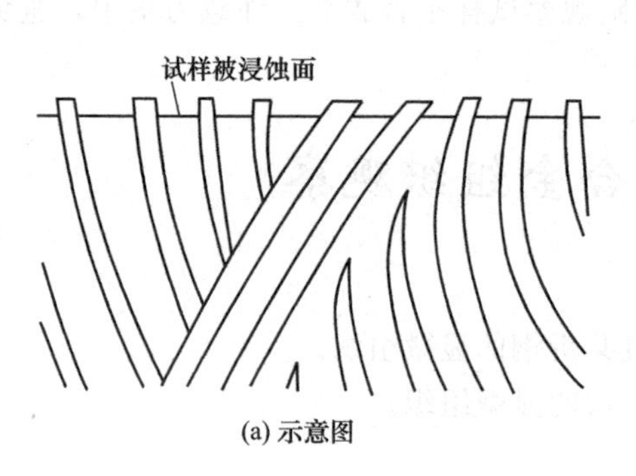

(a) 示意图

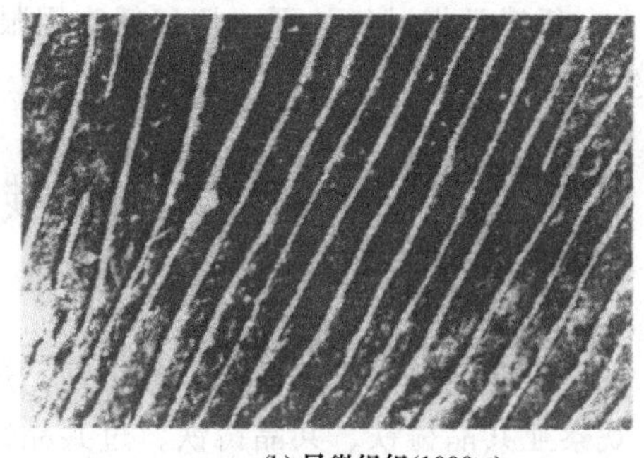

(b) 显微组织(1000×)

图 1-75　片状珠光体

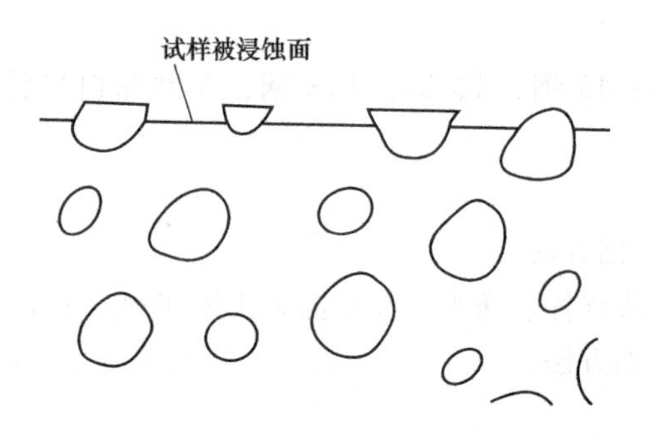

(a) 示意图

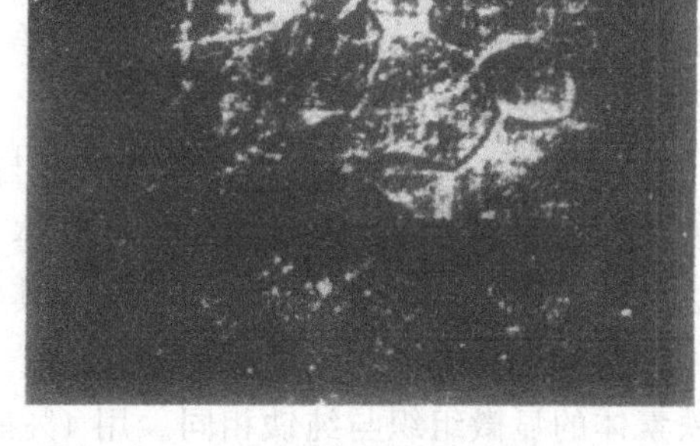

(b) 显微组织(1500×)

图 1-76　粒状珠光体

组织特征为在白亮的渗碳体基体上分布着许多黑色点状与条状的珠光体。

（二）铁碳合金显微组织观察

Fe-Fe_3C 相图上的各种金属，按其含碳量与平衡组织不同，可分为工业纯铁、碳钢及白口铸铁三大类。

1. 工业纯铁

显微组织为单相铁素体（见图 1-36）。当含碳量较高时，在晶界处可看到极少量的三次渗碳体。

2. 钢

（1）亚共析钢　温室下的显微组织为铁素体＋珠光体。铁素体成白色多边形块状，珠光体在显微镜鉴别率和放大倍数较低时呈暗黑色。在亚共析钢显微组织中，随着钢中含碳量增加，暗黑色珠光体量逐渐增多而白色铁素体量逐渐减少（见图 1-47）。

（2）共析钢　室温下显微组织全部为珠光体（见图 1-40）。

（3）过共析钢　室温下的显微组织为珠光体＋二次渗碳体。二次渗碳体成网状分布于晶界上。随着含碳量的增加，Fe_3C_{II} 网渐渐变宽。用 4%硝酸酒精溶液浸蚀时，网状渗碳体在显微镜下呈亮白色，而珠光体呈暗黑色（见图 1-49）。

3. 白口铸铁

（1）亚共晶白口铸铁　室温下的显微组织为珠光体＋二次渗碳体＋低温莱氏体（见图 1-53）。显微组织中以黑色块状或枝状分布的是由初生奥氏体转变的珠光体，基体为莱氏体。从奥氏体及共晶奥氏体中析出的二次渗碳体都与共晶渗碳体连在一起，在显微镜下难以分辨。

(2) 共晶白口铸铁 室温下组织为低温莱氏体（见图 1-51）。其中白色基体为渗碳体，暗黑色粒状或条状组织为珠光体。珠光体为层片组织，一般因分辨不清而呈黑色；二次渗碳体与共晶渗碳体连在一起而无法分辨。

(3) 过共晶白口铸铁 室温下的显微组织为一次渗碳体+低温莱氏体。从液态直接结晶出来的一次渗碳体呈白亮色大条状分布在莱氏体上（见图 1-55）。

四、注意事项

① 在观察显微组织时，可先用低倍全面地进行观察，找出典型组织；然后再用高倍放大，对部分区域进行详细的观察。

② 在移动金相试样时，不得用手指触摸试样抛光面或使抛光面擦伤，以免显微组织模糊不清，影响观察。

③ 画组织图时，应抓住组织形态的特点，画出典型的组织，注意不要将磨痕或杂质画在图上。

思考练习题

1. 图 1-77 所示为 3 种不同材料的拉伸曲线（试样原始尺寸相同），试比较这 3 种材料的屈服强度、抗拉强度和塑性的大小，并指出屈服强度的确定方法。

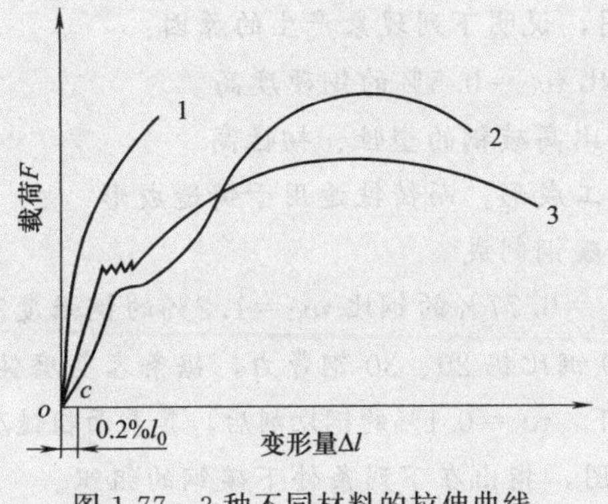

图 1-77 3 种不同材料的拉伸曲线

2. 有一低碳钢圆形长试样，原直径为 ϕ10mm，在实验力为 21000N 时屈服，试样断裂前的最大实验力为 30000N，拉断后长度为 133mm，断裂处最小直径为 ϕ6mm，试计算 σ_s、σ_b、δ、ψ。

3. 在有关的零件图样上，出现了以下几种硬度技术条件的标注方法，问这几种标注是否正确？为什么？

(1) HBS650～700　　(2) HBS=250～300N/mm^2

(3) 15～20HRC　　(4) 70～75HRC

(5) HV800～850

4. 下列各种试样应该采用何种硬度测试方法来测定其硬度？

(1) 锉刀、錾子刃口　　(2) 黄铜轴套

(3) 供应状态的各种碳钢钢材　　(4) 硬质合金刀片

(5) 耐磨工件的表面硬化层

5. 有一钢制蓄水箱，使用工作温度 38～40℃，制造后作静力水压实验时破裂。实验时水温、气温均为 5℃，断口平齐，该钢的塑性-脆性转变温度为 21℃，试分析断裂性质及产生破裂的主要原因。

6. 其他条件相同的情况下，试比较在下列铸造条件下，铸件晶粒的大小：

（1）金属模浇注与砂模浇注

（2）铸成薄件与铸成厚件

（3）经变质处理的铸件与未经变质处理的铸件

（4）浇注时采用振动与不采用振动

7. 判别下列情况下是否有相的改变：

（1）液态金属结晶

（2）晶粒由粗变细

（3）纯铁结晶后的冷却

（4）铁水的变质处理

8. 已知 A（熔点为457℃）与 B（熔点为1430℃）在液态下无限互溶，固态时互不相溶，在577℃时含12.6%B 的合金发生共晶转变，现要求：

（1）作出 A-B 合金相图

（2）分析5%B、12.6%B、60%B 三种合金的结晶过程，并确定各合金室温下的组织组成

9. 根据 Fe-Fe_3C 相图，说明下列现象产生的原因：

（1）w_C=1.0%的钢比 w_C=0.5%的钢硬度高

（2）在室温下低碳钢比高碳钢的塑性、韧性高

（3）钢适用于压力加工成形，而铸铁适用于铸造成形

（4）钢铆钉一般用低碳钢制成

（5）在退火状态，w_C=0.77%的钢比 w_C=1.2%的钢强度高

（6）钳工锯T8、T10钢比锯20、30钢费力，锯条容易磨钝

（7）在相同切削条件下，w_C=0.1%的钢切削后，其表面粗糙度不如 w_C=0.45%的钢低

10. 根据 Fe-Fe_3C 相图，指出在下列条件下碳钢的组织。

含碳量/%	温度/℃	显微组织	含碳量/%	温度/℃	显微组织
0.2	700		0.2	800	
0.6	680		0.6	800	
0.77	680		0.77	780	
1.0	780		1.0	900	
1.5	680		1.5	900	

11. 把碳钢和白口铸铁都加热到高温（1000～1200℃），能否进行锻造，为什么？

12. 试从显微组织方面来说明 w_C=0.2%、w_C=0.45%、w_C=0.77%3种钢力学性能有何不同？

13. 多晶体塑性变形与单晶体塑性变形相比，其不同点表现在哪里？

14. 冷变形金属加热时，其组织性能发生什么变化？

15. 用一冷拉钢丝绳吊装一大型工件入炉，并随工件一起加热到1000℃，加热完毕，再次吊装该工件时，钢丝绳发生断裂。试分析其主要原因。

第二章　焊件热处理基础

【本章要点】 焊件热处理的目的，钢在加热和冷却时的组织转变，尤其是C曲线和CCT曲线分析。常用热处理方法、工艺、用途及焊件热处理工艺的选择。

第一节　概　　述

一、焊件热处理的目的及意义

热处理是提高和改善钢的性能的一种工艺方法，即通过加热、保温和冷却过程使钢的内部组织结构发生改变，从而使其性能发生变化。图2-1所示为最基本的热处理工艺曲线。

从图2-1中可以看出，热处理过程分三个阶段，即加热、保温和冷却阶段，尽管热处理方法很多，但任何一种热处理方法都是由这三个基本部分所组成的。所以，可以将热处理定义为：将钢在固态下加热到给定的温度，并在此温度保持一定的时间，然后以预定的冷却方式和速度冷却，以改变钢的内部组织结构，从而获得所需性能的一种工艺方法。

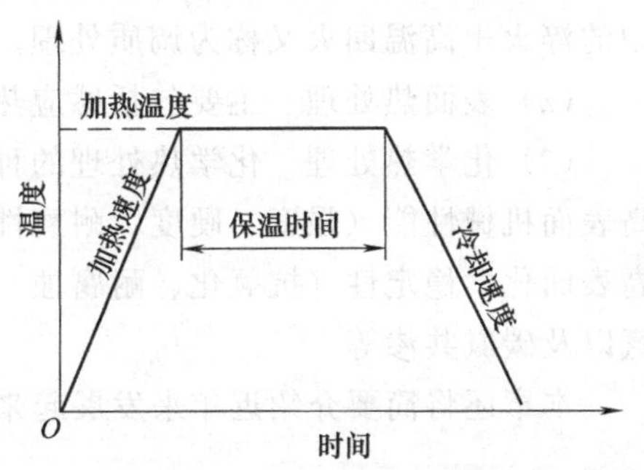

图2-1　热处理工艺曲线

不同的材料、不同的加热温度和冷却速度对材料性能的影响是不同的。表2-1所列为45钢加热到840℃经不同的冷却速度冷却到室温后力学性能的变化情况。

表2-1　45钢经840℃加热后，不同条件冷却后的力学性能

冷却方式	σ_b/MPa	σ_s/MPa	δ/%	ψ/%	HRC
随炉冷却	519	272	32.5	49	15～18
空气冷却	657～706	333	15～18	45～50	18～24
油中冷却	882	608	18～20	48	40～50
水中冷却	1078	706	7～8	12～14	52～60

从表2-1中可以看出，同一种材料经不同的热处理后，其性能相差非常大。又如工具钢在未经淬火和回火之前，硬度很低，根本不能当作工具使用，但经淬火和低温回火之后，硬度可高达60HRC以上，具有很高的耐磨性，能制作多种刃具、模具和量具；大型、重要的焊接件，焊后若不进行消除应力退火，就会产生裂纹使焊件报废，造成重大经济损失。可见，热处理是强化钢材，使其发挥潜在能力的重要工艺措施。也是改善材料制作工艺性能、保证产品质量和延长产品使用寿命的有效手段，通常重要的机器零件大多数都要进行热处理。例如，在汽车、拖拉机行业中，有70%～80%的工件要经过热处理。而在工具和模具制造业几乎100%的工件都要进行热处理。可见热处理技术在制造业中占有十分重要的地位。

金属熔焊过程是一个加热、熔化、冷却凝固形成新的焊缝组织的过程，在这个过程中焊缝及其附近发生一系列的化学和冶金变化，这些变化会影响到焊接接头的力学性能，产生焊接缺陷，严重的甚至造成焊件的报废。因此，为提高焊接质量，改善焊接接头的力学性能，减少或消除焊接缺陷，在必要的情况下，可以采取焊前或焊后对焊件加热并控制冷却的方法进行处理。我们把这种方法称为焊件热处理。

要了解各种热处理方法使得钢的组织与性能改变的道理，就必须研究钢在加热（包括保温）和冷却过程中组织转变的规律。加热是实现熔焊的必要条件，其加热是经低温—高温—低温的过程，可以把熔焊过程看作是一次自发的热处理过程。焊件在熔焊过程中，组织与性能的变化，也遵循金属在热处理过程中的变化规律。因此，热处理基础知识，是判断焊接接头组织与性能的理论基础。

二、常用热处理方法

热处理与其他加工工艺（锻压、焊接、切削加工）不同，它的目的不是改变零件的形状和尺寸，而是通过改变内部组织进而改变其性能。

根据热处理目的，加热和冷却方法不同，钢的常用热处理方法可以分为以下几种。

（1）普通热处理　主要包括退火、正火、淬火、回火、淬火＋回火以及深冷处理等，其中的淬火＋高温回火又称为调质处理。

（2）表面热处理　主要包括感应热处理、火焰表面加热淬火、高能束热处理等。

（3）化学热处理　化学热处理的种类很多，按其作用来说，可归为两大类，一类是以提高表面机械性能（强度、硬度、耐磨性以及疲劳强度）为目的的化学热处理；另一类是以提高表面化学稳定性（抗氧化、耐腐蚀）为目的的化学热处理。常用的化学热处理有渗碳、渗氮以及碳氮共渗等。

本章还将简要介绍近年来发展起来的一些热处理新技术。

第二节　钢在加热时的转变

$Fe\text{-}Fe_3C$ 相图是在极其缓慢的加热条件下测得的。但在实际热处理时，加热和冷却都不是非常缓慢的，钢组织的转变就会出现滞后现象，即加热时偏向高温，冷却时偏向低温。通常把实际加热时的相变点用 A_{c_1}、A_{c_3} 和 $A_{c_{cm}}$ 表示，实际冷却时的相变点用 A_{r_1}、A_{r_3} 和 $A_{r_{cm}}$ 表示，其在 $Fe\text{-}Fe_3C$ 相图上的位置如图 2-2 所示。钢的相变点是制定热处理工艺参数的重要依据，各种钢的相变点可在热处理手册中查到。

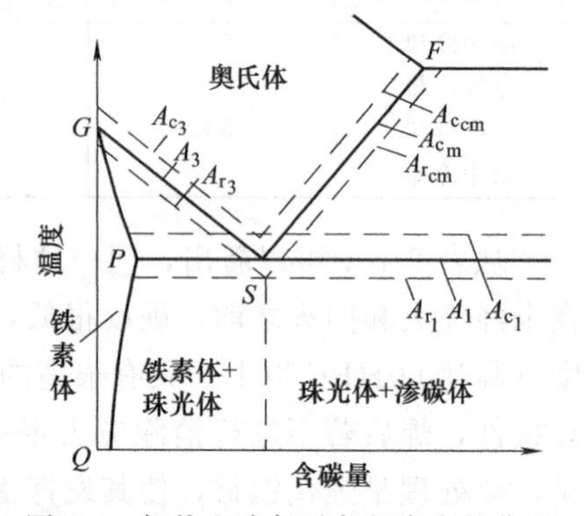

图 2-2　加热和冷却时各相变点的位置

一、奥氏体的形成过程

钢在加热到 A_1 点以上时都要发生珠光体向奥氏体的转变过程，即奥氏体化过程。这种转变过程也遵循结晶的基本规律。下面以共析钢为例，来分析奥氏体的形成过程。

共析钢加热到 A_{c_1} 温度时，便会产生珠光体向奥氏体的转变，奥氏体的形成过程分四个阶段，即形核—晶核的长大—残余渗碳体的溶解—奥氏体的均匀化，如图 2-3 所示。

（1）奥氏体晶核的形成和长大　奥氏体晶核首先在铁素体和渗碳体的相界面上产生，并立即开始向铁素体和渗碳体两个方面长大，直至奥氏体晶粒相遇。晶核的长大是依靠与其相

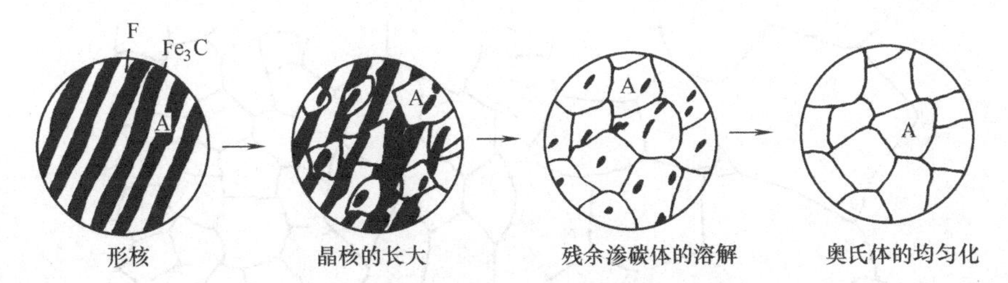

图 2-3　共析钢中奥氏体形成过程示意图

邻的铁素体向奥氏体的转变和渗碳体的不断溶解来完成的。

(2) 残余渗碳体的溶解　在奥氏体形成过程中，当铁素体完全转变成奥氏体后，由于渗碳体的含碳量和晶格结构与奥氏体差别很大，仍有部分渗碳体尚未溶解。这部分残余的渗碳体随着保温时间的延长，不断向奥氏体中溶解，直至全部消失。

(3) 奥氏体的均匀化　当残余渗碳体完全溶解后，奥氏体中碳的浓度是不均匀的，原来铁素体的部位，碳的浓度较低；原来渗碳体的部位，碳的浓度较高。因此，为使奥氏体成分均匀，需继续延长保温时间，依靠碳原子的扩散，使奥氏体的成分逐渐趋于均匀。

热处理加热后的保温阶段，不仅为了使零件热透和相变完全，而且还为了获得成分均匀的奥氏体，以便冷却后获得良好的组织和性能。

亚共析钢和过共析钢的奥氏体形成过程与共析钢基本相似，不同的是亚共析钢要加热到 A_{c_3} 温度以上，过共析钢要加热到 $A_{c_{cm}}$ 温度以上，才能获得单相的奥氏体组织。应当指出，实践中钢的热处理并非都要求达到奥氏体均匀化，如加热到上、下相变点之间，则得到奥氏体和铁素体（或渗碳体）的两相组织。这种加热方式叫做不完全奥氏体化加热。实际热处理时要根据热处理的目的来控制奥氏体形成的不同阶段。

二、影响奥氏体形成的因素

1. 加热温度的影响

加热温度升高，将使奥氏体的形成速度提高，残余渗碳体完全溶解和奥氏体均匀化的时间缩短。实验表明，在影响奥氏体形成的各种因素中，温度的影响最为明显，因此在热处理实践中应注意控制加热温度。

2. 原始组织的影响

在其他条件相同的情况下，细片状珠光体的奥氏体形成速度比粗片状珠光体快。细小球状珠光体的奥氏体形成速度比粗大珠光体快。

3. 化学成分的影响

钢中含碳量越高，则奥氏体的形成速度越快。钢中加入合金元素并不改变奥氏体的形成过程，但会改变奥氏体化的温度，并且影响奥氏体的形成速度。

三、奥氏体的晶粒度

所谓奥氏体晶粒度是指钢奥氏体化后所获得的奥氏体的晶粒大小。奥氏体晶粒的大小，基本上决定了室温组织的细密程度。加热时，奥氏体晶粒越粗大，冷却后，所形成的组织也越粗大。对于同一成分和组织的钢来说，一般总是组织越细密，强度就越高，韧性也越好。因此，了解和掌握影响奥氏体晶粒大小的因素是十分重要的。

奥氏体的晶粒度通常分为 8 级，1～4 级为粗晶粒，5～8 级为细晶粒，超过 8 级为超细晶粒。图 2-4 所示为标准晶粒度等级示意图。

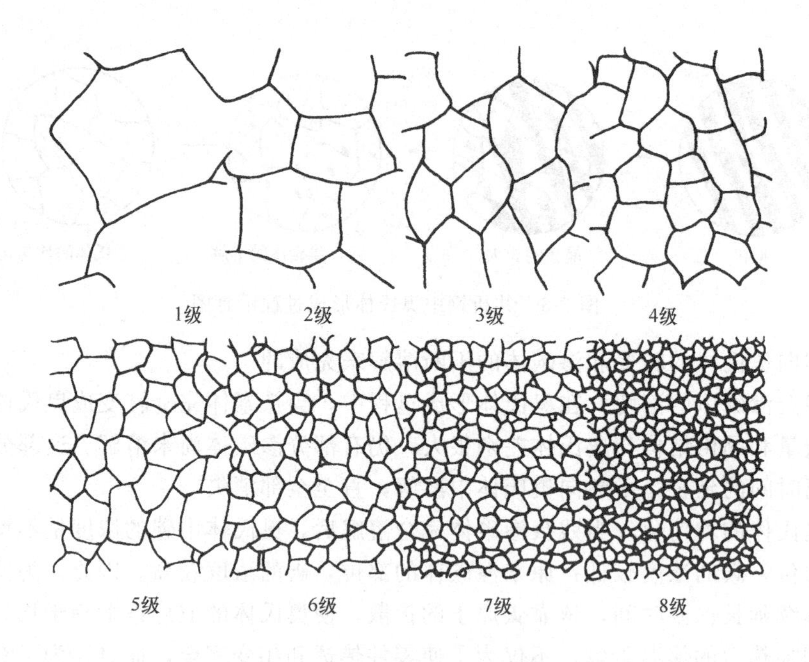

图 2-4 标准晶粒度等级示意图

常用的晶粒度有两类：本质晶粒度和实际晶粒度。本质晶粒度是指在规定加热条件下(加热到 930℃，保温 3～8h)，冷却后测得的晶粒度。本质晶粒度仅表示加热时奥氏体晶粒长大的倾向，是选择和制定加热工艺时应当考虑的因素。而与最终零件性能直接有关的则是实际晶粒度，它是在实际生产中的具体加热条件下得到的奥氏体晶粒度。此外，还将珠光体向奥氏体的转变刚刚完成时的晶粒大小称为起始晶粒度。钢的本质晶粒度与加热温度的关系如图 2-5 所示。

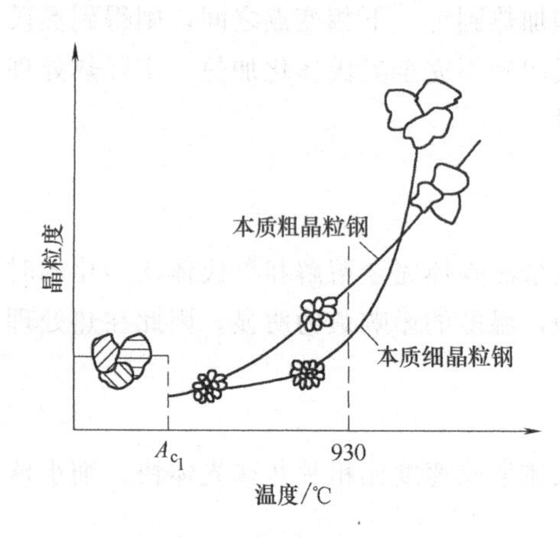

图 2-5 加热温度与奥氏体晶粒长大的关系

在工业生产中，一般沸腾钢为本质粗晶粒钢，镇静钢为本质细晶粒钢。需要进行热处理的零件多采用本质细晶粒钢，因为一般热处理的温度都在 950℃以下，因此奥氏体晶粒不易长大，可避免过热现象。

四、影响奥氏体晶粒长大的因素

1. 加热温度对奥氏体晶粒长大的影响

加热温度高易使奥氏体晶粒长大。如加热温度过高，会引起奥氏体晶粒显著粗化，这种现象称为“过热”，这是热处理中的一种缺陷，应避免。

2. 保温时间对奥氏体晶粒长大的影响

延长保温时间会使奥氏体晶粒粗大。因此，热处理时都采用能使奥氏体成分均匀化的最短时间。

3. 含碳量对奥氏体晶粒长大的影响

钢中含碳量增加会促使奥氏体晶粒长大。因为随着含碳量增加，碳及铁原子在奥氏体中的扩散速度增大，因此加速了晶粒的长大。但当含碳量 $w_C>1.2\%$时，奥氏体晶界存在未溶的渗碳体能阻碍晶粒的长大，故奥氏体实际晶粒度较小。

4. 合金元素对奥氏体晶粒长大的影响

钢中加入能生成稳定碳化物的元素（如铌、钛、钒、锆等）和能生成氧化物及氮化物的元素（如铝），都会阻止奥氏体晶粒长大，而锰和磷是促进奥氏体晶粒长大倾向的元素。

奥氏体晶粒的大小，对零件热处理的质量有很大影响。为了控制奥氏体晶粒的长大，热处理加热时要合理选择并严格控制加热温度和保温时间；合理选择钢的原始组织及含有一定量的合金元素的钢材等。

第三节 钢在冷却时的转变

冷却过程是钢热处理的关键，它对控制钢在冷却后的组织和性能具有决定性的意义。

在热处理工艺中，常用的冷却方式有等温冷却和连续冷却两种。如图 2-6 所示，等温冷却是将奥氏体化的钢快速冷却到 A_{r_1} 以下的某一温度，并等温一段时间，使过冷奥氏体完成转变，然后冷却到室温。连续冷却是将奥氏体化的钢以不同的冷却速度（如随炉冷却、空气冷却、水中冷却、油中冷却等）连续冷却至室温，过冷奥氏体的转变是在连续冷却中进行的。实践表明，由于冷却方式不同，同一种钢，在同样奥氏体化条件下，其转变产物在组织和性能上呈现出很大的差异。

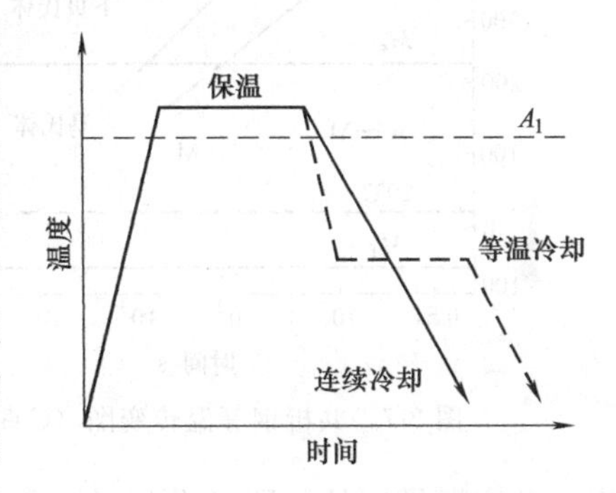

图 2-6 等温冷却和连续冷却示意图

表 2-1 为 45 钢在同样奥氏体化条件下，由于冷却速度不同，其力学性能的对照表。

显然，表中力学性能的差异，是由于钢的内部组织随冷却方式的不同发生变化而产生的。为了更好地了解和掌握钢热处理后的组织与性能，必须研究奥氏体在不同冷却过程中的变化规律。由于 $Fe\text{-}Fe_3C$ 不能反映实际冷却条件对相变的影响。因此，实践中根据上述两种冷却方式分别测定并绘制了过冷奥氏体等温转变曲线和过冷奥氏体连续转变曲线。这两条曲线图揭示了过冷奥氏体转变的规律，是钢的热处理的重要理论基础。

一、过冷奥氏体的等温转变

所谓“过冷奥氏体”是指在相变温度 A_1 以下，未发生转变而暂时存在的奥氏体。它是一种不稳定的组织，必定会自发地转变为稳定的新相。但过冷奥氏体并不是冷到 A_1 以下就立即发生转变，在转变前需要停留一定时间，这段时间称为“孕育期”。

将已奥氏体化的钢迅速冷却到 A_1 点温度以下某一给定温度，然后进行保温，让过冷奥氏体在该温度下完成转变，此过程称为过冷奥氏体等温转变。通过实验的方法，测定出过冷奥氏体在不同的等温温度下，开始转变的时间和转变终了的时间，在温度-时间坐标系中，将所有的转变开始点和终了点分别用光滑曲线连接起来所绘制出的曲线，称为过冷奥氏体等温转变图。过冷奥氏体等温转变图是研究热处理理论，编制热处理工艺等的重要工具。图 2-7 所示为共析钢等温转变图。该曲线呈“C”形，通常又称等温转变图为“C 曲线”，也称“TTT 图”。每一种成分的钢都有自己的 C 曲线图，可在热处理手册中查得。下面以共析钢为例，分析过冷奥氏体等温转变的规律。

在图 2-7 所示共析钢等温转变 C 曲线中，左边的一条 C 形曲线为过冷奥氏体等温转变开

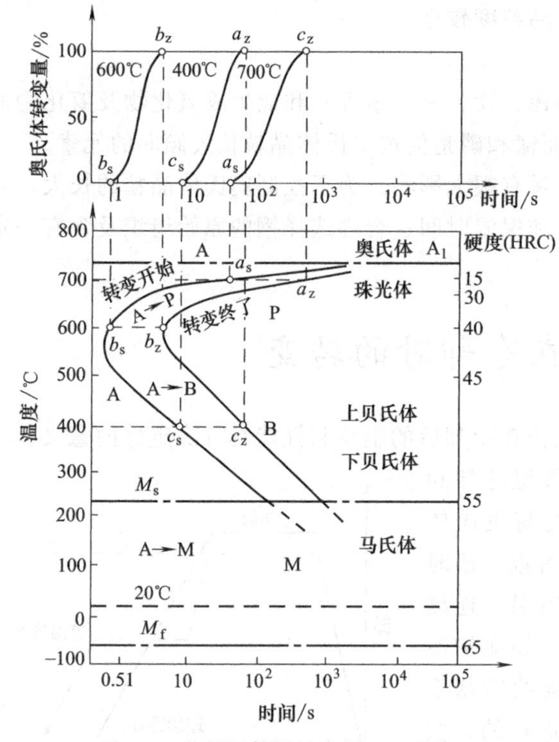

图 2-7 共析钢等温转变图（C 曲线）

始线，右边一条为等温转变终了线。在转变开始线的左方是过冷奥氏体区，在转变终了线的右方是转变产物区，两条线之间是转变区。在 C 曲线下部有两条水平线，上边一条是马氏体转变开始线（以 M_s 表示），下边一条是马氏体转变终了线（以 M_f 表示）。

由共析钢的 C 曲线可以得出以下结论。

① 在 A_1 温度以上时，奥氏体处于稳定状态。

② 在 A_1 温度以下时，过冷奥氏体开始转变的孕育期（以转变开始线与纵坐标之间的距离表示）随等温温度的不同而变化，在靠近 A_1 线处，过冷度较小，孕育期较长。随着过冷度增大，孕育期缩短，约在 550℃时孕育期最短。此后，孕育期又随过冷度的增大而增长。孕育期越长，说明过冷奥氏体越稳定；反之，则不稳定。孕育期最短处，即 C 曲线的“鼻尖”处过冷奥氏体最不稳定，转变最快。

③ 在 M_s 线以下时，过冷奥氏体没有孕育期，即过冷奥氏体只要冷却到 M_s 线（共析钢为 240℃）就开始向马氏体转变，到 M_f 线（共析钢为−50℃）时转变终了，不受时间的影响，只与温度有关。但这时冷却速度至关重要，要得到完全马氏体组织，冷却速度必须大到不与 C 曲线（鼻尖）相交，否则就会得到不完全的马氏体组织，甚至得不到马氏体组织。

④ 过冷奥氏体转变的组织与等温温度有关，可发生 3 种类型的转变，即高温珠光体型转变、中温贝氏体型转变和低温马氏体型转变。

二、过冷奥氏体等温转变产物的组织和性能

由上可知，过冷奥氏体在等温冷却时，由于过冷度的不同会发生 3 种不同类型的组织转变。仍以共析钢为例，来分析共析钢等温转变的组织和性能。

1. 珠光体型转变（高温转变）

珠光体型转变发生在 A_1～550℃范围内，过冷奥氏体在这个温度范围内分解为铁素体和渗碳体混合而成的片层状珠光体。转变过程中铁、碳原子都进行扩散，故珠光体转变是扩散型转变。片层状珠光体的层间距随过冷度增大而减小。按其层间距大小不同，高温转变的产物可分为珠光体、索氏体（细片状珠光体）和托氏体（极细片状珠光体）3 种。三者都是铁素体和渗碳体的片状机械混合物，没有本质区别，只是片层颗粒粗细不同。片层越细，其塑性变形抗拉力愈大，强度和硬度愈高。

2. 贝氏体型转变（中温转变）

贝氏体型转变发生在 550℃～M_s 温度范围内，由于转变温度较低，原子活动能力差，过冷奥氏体虽然仍能分解成渗碳体和铁素体的混合物，但铁素体中溶解的碳超过了正常的溶解度。转变后获得的组织为含碳量具有一定过饱和程度的铁素体和极分散的渗碳体所组成的

混合物，称为贝氏体，用符号 B 表示。根据组织形态不同，贝氏体一般可分为上贝氏体和下贝氏体两种。

在 550～350℃范围内形成的贝氏体称为上贝氏体，用符号 $B_上$ 表示。其显微组织特征呈羽毛状，它由成束的铁素体条和断续分布在条间的短小渗碳体组成。上贝氏体的硬度为 40～45HRC，塑性和韧性较差。

在 350℃～M_s 范围内形成的贝氏体称为下贝氏体，用符号 $B_下$ 表示。其显微组织特征呈黑色针叶状，它由针叶状铁素体和分布在针叶内的细小渗碳体粒子组成。下贝氏体的硬度为 45～55HRC，韧性好。

与上贝氏体相比，下贝氏体不仅硬度、强度较高，而且塑性、韧性也较好，具有良好的综合力学性能。因此，实际热处理中常用等温淬火来获得下贝氏体组织。

3. 马氏体转变（低温转变）

当钢急速冷却到 M_s 以下时，过冷奥氏体便开始向马氏体转变。由于马氏体的转变是在一定温度范围内（即在 M_s～M_f 之间）连续冷却时完成的，因此，关于马氏体的转变特点在钢的连续冷却转变中进行分析。

表 2-2 给出了共析钢等温转变的组织及特征。

表 2-2　共析钢等温转变的组织及特征

组织转变类型	转变温度范围/℃	过冷程度	转变产物	代表符号	组织形态特征	层片间距 $\delta_0/\mu m$	清晰鉴别的放大倍数	转变产物硬度(HRC)
珠光体型	高于 650	小	珠光体	P	粗片状	≥0.3	<400 倍	<20～25
	约 650～600	中	索氏体	S	细片状	0.1～0.3	1000～1500 倍	25～30
	约 650～550	大	托氏体	T	极细片状	≤0.15	10～10^5 倍	35～37
贝氏体型	约 550～350	更大	上贝氏体	$B_上$	呈暗灰色羽毛状	—	>400 倍	40～45
	约 350～250	更大	下贝氏体	$B_下$	黑针状(与回火马氏体相似)	—	>400 倍	45～55
马氏体型	约 250～－80	极大	马氏体	M	隐针状浅灰色亮针状	—	—	60～65

4. 影响 C 曲线的因素

（1）含碳量的影响　在正常加热条件下，对亚共析钢，随着含碳量的增加其 C 曲线向右移。这是由于碳是稳定奥氏体的元素，含碳量愈高，奥氏体愈稳定，奥氏体转变前的孕育期就越长，故 C 曲线右移。过共析钢的加热组织一般为奥氏体加二次渗碳体，钢中的碳一部分存在于渗碳体中，使奥氏体的含碳量低于钢的含碳量，因此，奥氏体的稳定性并未随着钢的含碳量的增加而增加。相反，由于渗碳体的存在，有助于新相形核和长大，因而加速了奥氏体的转变，所以随着含碳量的增加，其 C 曲线向左移。与共析钢 C 曲线相比，亚共析钢和过共析钢的 C 曲线都靠左，所以共析钢的过冷奥氏体最稳定，并且，亚共析钢和过共析钢 C 曲线上部分别有一条先析铁素体和一条二次渗碳体的析出线，如图 2-8 所示。

（2）合金元素的影响　合金元素（除钴外）溶入奥氏体后，都能增加奥氏体的稳定性，使C 曲线右移。当奥氏体中溶入较多碳化物形成元素（如铬、钼、钡、钨和钛等）时，不仅曲线位置会改变，而且曲线的形状也会改变，C 曲线可以出现两个鼻尖。

（3）加热温度和保温时间的影响　奥氏体化加热温度愈高，保温时间愈长，过冷奥氏体

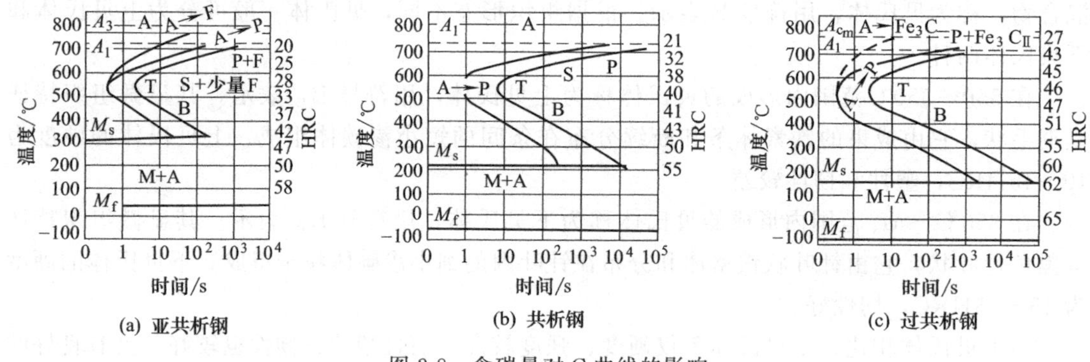

图 2-8 含碳量对 C 曲线的影响

愈稳定，C 曲线愈向右移。因此，应用 C 曲线时，需要注意其奥氏体化的条件。

三、过冷奥氏体的连续冷却转变

将已奥氏体化的钢在某种冷却介质（如炉内、空气、油或水）中连续冷却至室温，使过冷奥氏体在连续冷却条件下转变，此过程称为过冷奥氏体的连续冷却转变。热处理生产中，多采用连续冷却方式。过冷奥氏体连续冷却转变与等温转变有一定区别，因此，需要了解过冷奥氏体连续冷却转变的规律。通过实验的方法可测定出过冷奥氏体连续冷却转变规律，并据此绘制出钢的连续冷却转变图，即 CCT 曲线。下面仍以共析钢为例分析过冷奥氏体的连续转变。

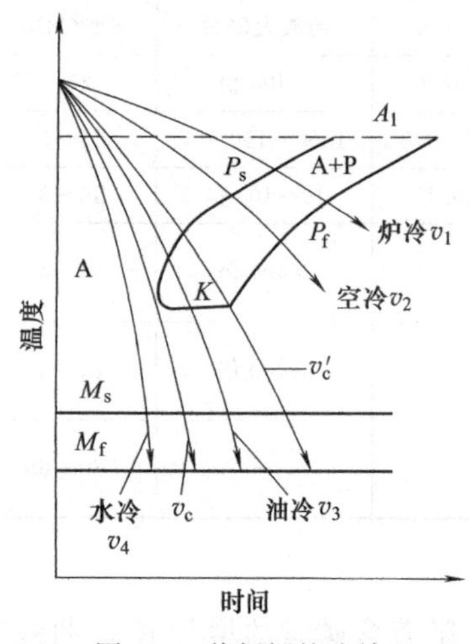

图 2-9 共析钢的连续转变图（CCT 曲线）

1. 共析钢的连续冷却转变图（CCT 曲线）

图 2-9 所示为共析钢的连续转变图（CCT 曲线），图中 P_s 线为珠光体转变开始线，P_f 线为珠光体转变终了线，K 为珠光体转变终止线。图中水冷、油冷、空冷和炉冷分别表示钢在随炉冷却、空气中冷却、油中冷却和水中冷却条件下的冷却速度曲线，v_c 为马氏体临界转变冷却速度，又称上临界冷却速度，v_c'为下临界冷却速度。

由图 2-9 可以看出，当实际冷却速度小于 v_c'时，只发生珠光体转变，如 v_1（随炉冷却）、v_2（空气中冷却）；大于 v_c 时，则只发生马氏体转变，如 v_4（水中冷却）；实际冷却速度介于两者之间时，过冷奥氏体有一部分转变为珠光体，当冷却曲线与 K 线相交时，转变终止，剩余奥氏体在冷至 M_s 线以下时发生马氏体转变，如 v_3（油中冷却）。v_c 是钢在淬火时为抑制非马氏体转变所需的最小冷却速度。v_c 越小，钢在淬火时越容易获得马氏体组织。v_c'是保证过冷奥氏体全部转变为珠光体的最大冷却速度。v_c'越小，则退火所需的时间越长。

2. 马氏体转变

马氏体转变又称低温转变，是在冷却到 M_s 线以下时发生的。由于过冷度太大，奥氏体向马氏体转变时难以进行铁、碳原子的扩散，只发生 γ-Fe 向 α-Fe 的晶格转变。奥氏体中的碳原子全部保留在 α-Fe 的晶格中，这就超过了碳在 α-Fe 中的溶解度，形成碳在 α-Fe 中的过饱和固溶体，称其为马氏体，以符号 M 表示。

马氏体转变的特点如下。

① 转变是在一定温度范围内（M_s-M_f）连续冷却过程中进行的，马氏体数量随转变温度下降而不断增多，一旦冷却中断，转变便很快停止。

② 转变速度极快。高碳马氏体的长大速度约为（1～1.5）×10^5cm/s，每个马氏体片形成的时间极短，大约只需 10^{-7}s。

③ 转变时发生体积膨胀（马氏体比体积比奥氏体比体积大），因而产生很大内应力，易导致工件变形和开裂。

④ 转变不能进行到底，即使过冷到 M_f 以下温度仍有一定量奥氏体存在，这部分奥氏体称为残余奥氏体。

马氏体的形态主要有板条状和针状两种，其形态主要与奥氏体的含碳量有关，当 w_C＜0.2%时，得到的几乎全部是板条状的马氏体组织，当 w_C＞1.0%时，则获得针状马氏体组织，当 w_C＝0.2%～1.0%时，为两种马氏体的混合组织。图 2-10 和图 2-11 为板条状马氏体和针状马氏体组织的金相显微组织及示意图。

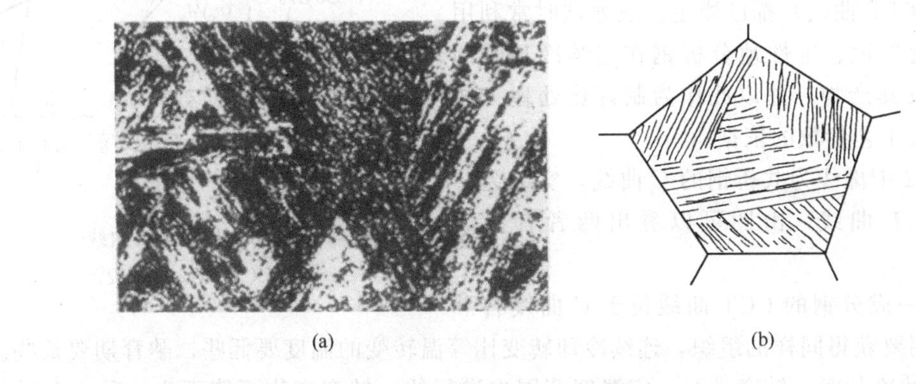

图 2-10　板条状马氏体组织

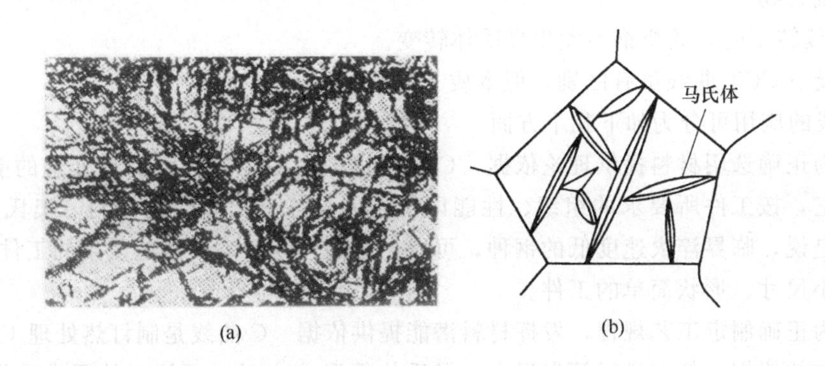

图 2-11　针状马氏体组织

板条状马氏体的显微组织呈相互平行的细板条束，束与束之间具有较大的位相差。针状马氏体的显微组织呈针片状，在正常淬火条件下，马氏体针片十分细小，在光学显微镜下不易分辨形态。板条状马氏体不仅具有较高的强度和硬度，而且还具有较好的塑性和韧性。针状马氏体的强度很高，但塑性和韧性很差。表 2-3 所列为两种不同含碳量的碳钢淬火形成的板条状马氏体和针状马氏体的性能比较。

马氏体的硬度主要取决于含碳量。当含碳量 w_C＜0.6%时，随着含碳量的增加，马氏体的硬度增加；含碳量 w_C＞0.6%时，硬度增加不明显。马氏体的塑性和韧性也与含碳量及形态

表 2-3 板条状马氏体与针状马氏体性能比较

w_C/%	马氏体形态	σ_b/MPa	σ_s/MPa	δ/%	a_k/(J/cm^2)	硬度(HRC)
0.1～0.25	板条状	1020～1530	820～1330	9～17	60～180	30～50
0.77	针状	2350	2040	1	10	66

有着密切关系。低碳板条状马氏体具有高的强韧性，生产中有多方面的应用。

四、过冷奥氏体等温转变曲线的应用

由于实际生产中，热处理大都采用连续冷却方式，因此，CCT 图能够准确地反映钢在连续冷却条件下的组织转变，可作为制订和分析热处理工艺的依据。但是，CCT 曲线的测定比较困难，至今仍有许多钢种尚未测定出来，而各钢种的 C 曲线（即 TTT 曲线）都已测定。热处理时常利用 C 曲线来近似地、定性地分析钢在连续冷却时的转变过程及其产物，并以此作为制订热处理工艺及选择有关工艺参数的依据。

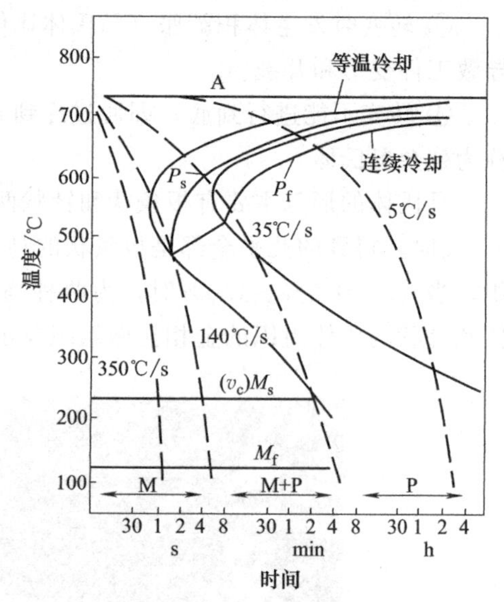

图 2-12 共析钢 C 曲线与 CCT 曲线的比较

图 2-12 中虚线为共析钢的 C 曲线，实线为共析钢的 CCT 曲线，由图可以看出两者有以下差别。

① 同一成分钢的 CCT 曲线位于 C 曲线右下方。这说明要获得同样的组织，连续冷却转变比等温转变的温度要低些，孕育期要长些。

② 连续冷却时，转变是在一定温度范围内进行的，转变产物可能不止一种，有时是几种类型的混合物。

③ 连续转变时，共析钢不发生贝氏体转变。

C 曲线与 CCT 曲线虽有区别，但本质上还是一致的。

C 曲线的应用可分为如下几个方面。

(1) 为正确选用材料提供理论依据　C 曲线近似说明了钢种接受热处理的能力。因此，可以依据它，按工件所要求的组织、性能以及它的尺寸选出相应的材料。奥氏体稳定性高的，也就是说，临界淬火速度低的钢种，可以用于制作大尺寸、形状复杂的工件。反之，可用于制作小尺寸、形状简单的工件。

(2) 为正确制定工艺规程，发挥材料潜能提供依据　C 曲线是制订热处理工艺及选择有关工艺参数的依据。如在进行等温退火、贝氏体等温淬火时，可按工件要求的组织和性能，根据等温转变图正确制定出合理的等温温度和时间。

(3) 是分析工件在一定的工艺条件下，所能获得的组织的依据　在一定的等温条件下，利用 C 曲线就可以判断出工件在等温热处理后的组织和性能；在给定的冷却条件下，如果一定尺寸工件的表层和心部的冷却速度被确定，就可以利用 C 曲线来近似地判断出在连续冷却条件下，工件各部分的组织和力学性能。C 曲线也可以用来近似地分析在一定焊接条件下，焊缝及其热影响区的组织和性能，估计产生冷裂纹及出现淬硬组织的可能性。

(4) 为研制新钢种的合金化提供一定的依据　转变图揭示了不同合金元素对奥氏体转变

为珠光体和贝氏体时的促进或抑制作用，以及对它们的转变温度区的位置的影响。根据这些变化规律，新钢种的合金元素的运用及加入量就有了科学的指导。

实践证明，用C曲线代替CCT曲线来近似分析钢的连续冷却转变是可行的。但是，由于许多因素的影响（尤其是合金元素），有时可能会产生一定误差（甚至错误），要引起充分注意，并根据具体生产条件经过实验给予修正，这些误差和错误都是可以避免的。

第四节　常用热处理方法

钢的普通热处理是指通过控制钢的加热温度、保温时间及冷却速度来改变钢的性能，以满足加工或使用要求的工艺过程。根据热处理的目的不同，其热处理方法也不相同。其中退火、正火、淬火和回火等是普通热处理的最基本的方法，也是常用的热处理方法。

一、退火

退火是将钢加热到一个适当的温度，保温一定的时间，然后缓慢冷却的热处理工艺。其目的在于：

① 消除锻件、铸件、焊件的组织缺陷；

② 降低硬度，提高塑性，便于后续的切削加工；

③ 细化晶粒，改善组织，为最终热处理做准备；

④ 消除应力，防止变形和开裂。

退火通常作为中间工序，它可以消除前面热加工工序（有时也包括机加工工序）造成的缺陷和应力，为后续的机加工或最终热处理做准备。因而，退火也被称为预先热处理。有时退火也作为最终热处理，如焊件的焊后消除应力退火，普通铸件和某些不重要的锻件的退火。

根据钢的成分和退火目的的不同，常用的退火方法有完全退火、等温退火、球化退火、扩散退火、去应力退火等。

（一）完全退火与等温退火

完全退火是把钢加热到A_{c_3}以上30～50℃，保温足够的时间，然后随炉缓慢冷却下来的一种热处理工艺方法。实践中，在随炉冷却至300℃以下时可出炉空冷。

完全退火时，通过加热和保温将钢完全奥氏体化，在随后的缓冷过程中奥氏体又在C曲线的上部发生珠光体型转变，从而获得接近平衡的珠光体组织。通过完全退火可以细化晶粒，消除过热组织和内应力，降低钢的强度、硬度，提高钢的塑性和韧性，改善钢的切削性能。

完全退火主要用于亚共析钢的铸件、锻件，有时也用于焊接结构。对于过共析钢，因在缓冷时会有二次渗碳体以网状形式沿奥氏体晶界析出，形成一个硬薄壳，这会给切削加工和后续热处理等带来不利影响。因此，过共析钢不宜采用完全退火。

把钢加热到A_{c_1}～A_{c_3}（或A_{c_1}～$A_{c_{cm}}$）之间，保温一定的时间，然后随炉缓冷的一种工艺方法称为不完全退火。不完全退火加热到两相区，基本上不改变先析铁素体或渗碳体的形态及分布。对于锻造组织较好的钢件有时可采用不完全退火。

完全退火是一种时间较长的热处理工艺，特别是对于某些奥氏体比较稳定的合金钢，由于其C曲线比较靠右，退火所需时间往往长达数十小时，很不经济。生产中常采用等温退火来代替。等温退火是以较快的冷却速度冷却至A_1以下某一温度，保温足够的时间，使奥氏体转变为珠光体组织，然后空冷至室温的一种工艺方法。等温退火与完全退火的加热参数完全一致，只是冷却方式不同。图 2-13 所示为完全退火与等温退火工艺比较。等温退火不仅可以缩短整个退火时间，而且可以获得更加均匀的组织和性能。

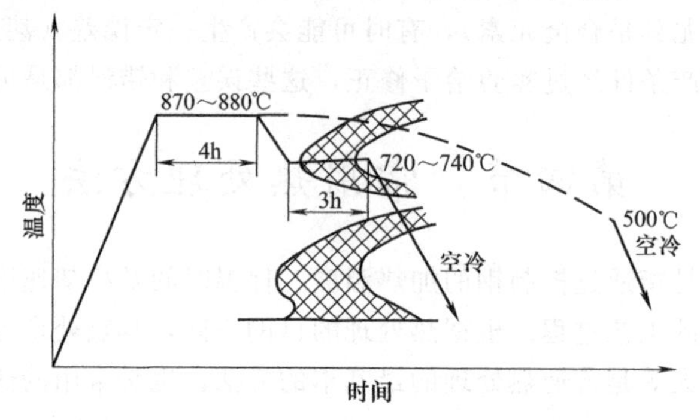

图 2-13 完全退火与等温退火工艺比较

（图中虚线表示完全退火，实线为等温退火）

（二）球化退火

球化退火是将钢加热到 A_{c_1} 以上 20～40℃，保温一定的时间，然后随炉缓冷或等温冷却（冷至 A_{r_1} 以下 20℃左右等温一段时间），600℃以下出炉空冷至室温的一种工艺方法。图 2-14 为缓冷球化退火和等温球化退火的示意图。

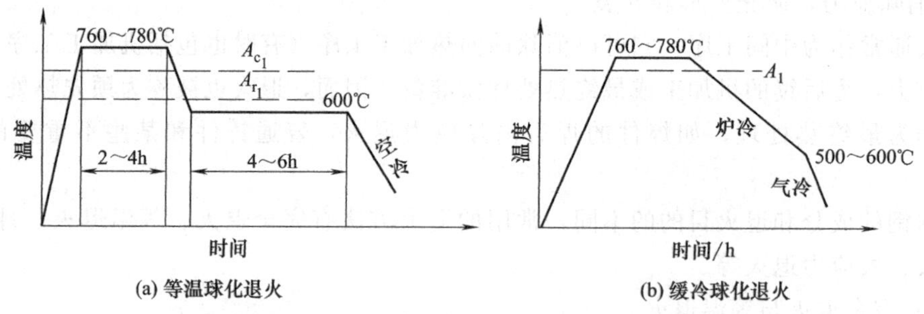

图 2-14 缓冷球化退火和等温球化退火的示意图

球化退火是使钢获得球状组织的工艺方法，所谓球状组织是指呈球状小颗粒的渗碳体均匀地分布在铁素体基体中的组织。球化退火主要用于共析钢、过共析成分的碳钢及合金钢，其目的是使钢中的渗碳体球状化，以降低钢的硬度，改善其加工性能，并为以后的淬火热处理做好组织准备。在球化退火前，钢的原始组织中若有严重的网状渗碳体存在，应先进行一次正火处理，消除网状渗碳体，然后再进行球化退火，以保证球化退火的效果。

（三）扩散退火（均匀化退火）

扩散退火是将钢加热到 A_{c_3}（或 $A_{c_{cm}}$）以上 150～300℃（略低于固相线温度），经长时间保温（10～20h）后，随炉缓冷，至 500℃以下出炉空冷的一种工艺方法。扩散退火的目的是使钢的成分和组织均匀化，消除或改善化学成分不均匀现象。

扩散退火加热温度高，保温时间长，因而，生产率低，能耗大，且易使晶粒粗大。为细化晶粒，均匀化退火后还应进行完全退火或正火。故这种工艺一般只用于质量要求高的合金钢铸锭、铸件或锻坯。

（四）去应力退火（低温退火）

去应力退火是将钢加热到 A_{c_1} 以下某一温度（一般约 500～650℃），保温一定时间后，随炉缓冷至300℃以下出炉空冷的一种工艺方法。去应力退火过程中不发生钢的组织转变，只消除内应力。

一般来说，工件在加热、冷却或塑性变形时，如锻造、铸造或焊接时，都会引起内应力。如果零件（或结构）存在较大的内应力，则在进一步的加工或使用过程中就可能会产生变形甚至开裂，影响尺寸、形状和精度。此外，内应力与外载荷叠加在一起还会引起材料发生意外断裂。因此，对锻造、铸造、焊接以及切削加工后（精度要求不高）的工件应采用去应力退火，以消除加工过程产生并残留的残余应力。

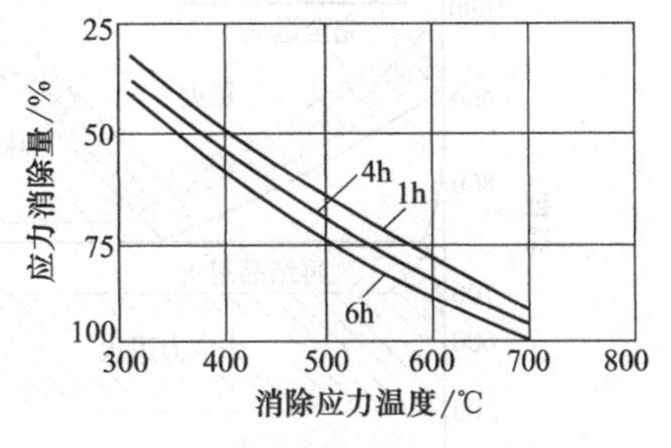

图 2-15 钢中残余应力消除程度与退火温度和时间的关系

去应力退火消除锻、铸、焊件内残余应力的程度与加热温度和保温时间有关，一般加热温度愈高，残余应力消除愈完全。图 2-15 所示为钢中残余应力消除程度与退火温度和时间的关系。

二、正火

正火是将钢加热到 A_{c_3}（或 $A_{c_{cm}}$）以上30～50℃，保温足够的时间，然后出炉在空气中冷却的一种热处理工艺方法。

正火与退火的主要区别是其冷却速度比退火稍快。因此，正火后获得的珠光体较细，硬度和强度稍高。表 2-1 中随炉冷却相当于退火，空气中冷却相当于正火，由此可以比较出同一种钢退火和正火后力学性能的差异。

与退火相比，正火是一种操作简便、成本较低和生产周期较短的一种热处理工艺，因而其应用较为广泛。正火主要有以下几方面的应用。

① 力学性能要求不高的结构、零件，可用正火作为最终热处理，以提高其强度、硬度和韧性。

② 对中、低碳钢及合金钢可用正火作为预备热处理；或用正火代替退火调整钢的硬度，改善切削加工性能。

③ 对过共析钢，正火可以抑制渗碳体网的形成，细化片状珠光体组织，为球化退火做好组织准备。

退火与正火属于同一类型的热处理，要求达到的目的也基本相同。实际生产中，在可能的条件下，应尽可能以正火代替退火。

碳钢的退火和正火的加热温度范围如图 2-16 所示。

三、淬火

淬火是将钢加热到 A_{c_3}（或 A_{c_1}）以上某一温度，保温一定时间，然后急速（达到或大于临界冷却速度）冷却，以获得马氏体或贝氏体组织的一种工艺方法。

淬火的目的是获得马氏体组织，但淬火后获得的马氏体（即淬火马氏体）不是热处理所要求的最终组织。由于各类工具或零件工作条件不尽相同，所要求的性能差别很大，因此，淬火后必须进行适当的回火。淬火马氏体在不同的回火温度下，可获得不同的力学性能，以满足各类工具或零件的需要。

（一）淬火加热温度的选择

钢的淬火加热温度主要根据其相变点来确定。碳钢可根据 Fe-Fe_3C 相图来选择，如图 2-2 所示。

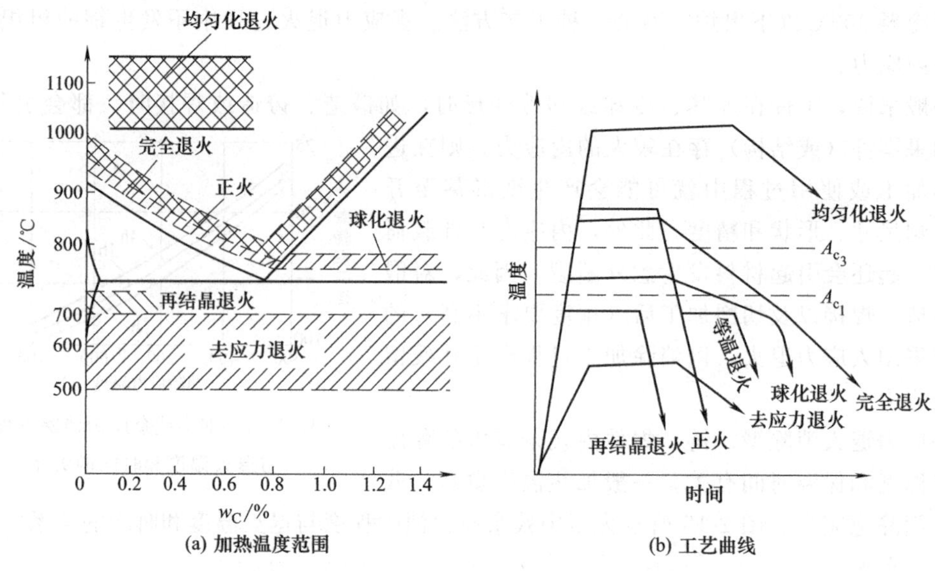

图 2-16 碳钢的各种退火、正火加热温度范围

亚共析钢一般采用完全奥氏体化淬火，加热温度选在 A_{c_3} 以上 30～50℃。在此温度范围内加热，淬火后可获得均匀细小的马氏体组织。如果温度过高，会使奥氏体晶粒粗大，冷却后得到粗大马氏体组织，使钢的韧性降低。如果加热温度选在 A_{c_1}～A_{c_3} 之间，则在淬火组织中将有未溶铁素体存在，使钢的强度降低。

共析钢和过共析钢的淬火加热温度为 A_{c_1} 以上 30～50℃。过共析钢加热温度选在 A_{c_1}～$A_{c_{cm}}$ 之间，加热时的组织为奥氏体和渗碳体，淬火后可获得细小针状马氏体和细小球状渗碳体的混合组织。由于有硬度很高的渗碳体存在，因此，可以提高钢的硬度和耐磨性。如果加热温度超过 $A_{c_{cm}}$，则一方面会引起奥氏体晶粒粗大，淬火后得到粗大针状马氏体，使钢的脆性大为增加；另一方面，由于渗碳体过多地溶解，使马氏体中碳的过饱和度过大，增大了淬火应力、变形和开裂的趋势，同时也使残余奥氏体的量增多，降低了钢的硬度和耐磨性。此外，高温加热还会使钢件产生较严重的氧化与脱碳。

对合金钢淬火加热温度的选择，可按照上述碳钢的原则，参考其相变临界点（A_{c_3} 或 A_{c_1}）的位置确定，各种钢的临界点可查阅有关手册。由于大多数合金元素均能使钢的临界点升高，加之它们的扩散比较困难，及其对碳扩散的影响，除锰钢以外，奥氏体晶粒也不易长大，故大多数情况下应提高它们的淬火温度。但由于锰会促使奥氏体晶粒长大，因此，锰钢的淬火温度一般较低。

生产实践中，在确定具体工件淬火加热温度时，除根据上述原则选择外，还须全面考虑各种因素的影响。如工件尺寸大小及形状、淬火方法、加热设备、装炉量等的影响。淬火加热时间的确定，也需综合考虑钢的成分、原始组织、工件形状和尺寸、加热介质、装炉量等因素的影响。生产中常用有关经验公式估算淬火加热时间。

（二）淬火冷却介质（淬火剂）

在淬火冷却时，既要快速冷却以保证淬火工件获得马氏体组织，又要减小淬火变形和开裂的倾向。要做到这一点，淬火的冷却方式是关键。

（1）理想的淬火方式　加热到奥氏体状态的钢，必须在冷却速度大于或等于临界冷却速度时才能获得马氏体组织。但是，由 C 曲线可知，要想获得马氏体组织并不需要在整个冷却过程中都进行快速冷却。为了避免产生珠光体转变，在C曲线鼻尖附近，即650～550℃的温度范围内要快速冷却，而在650℃以上或400℃以下温度范围，过冷奥氏体较稳定，为了减小淬火冷却中工件内外温差引起的热应力，其冷却速度应该缓慢，不需要快冷。尤其在M_s点附近的冷却速度更应该缓慢。否则，会因马氏体转变过快增加组织应力，而增大变形和开裂的倾向。

根据上述分析，冷却介质的理想淬火冷却速度应如图2-17所示。

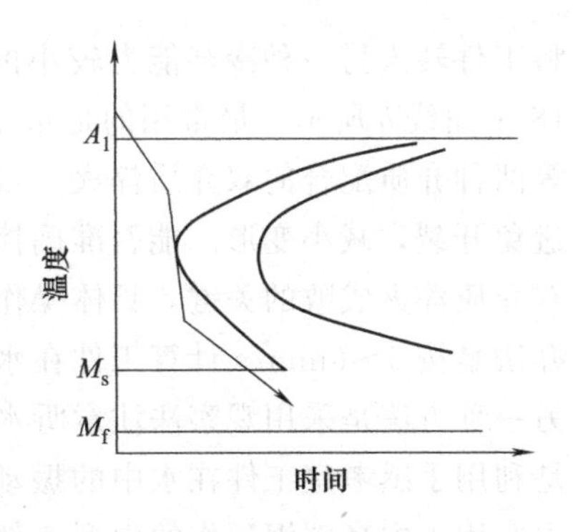

图2-17　冷却介质的理想淬火冷却速度

(2) 常用的淬火冷却介质　常用的淬火冷却介质有水、盐或碱的水溶液和油等，它们的冷却能力如表2-4所列。

表2-4　常用的淬火冷却介质的冷却能力

淬火冷却介质	冷却速度/(℃/s)	
	650～550℃	300～200℃
水(18℃)	600	270
10%NaCl水溶液	1100	300
10%NaOH水溶液	1200	300
矿物油(50℃)	100～200	20～50
0.5%聚乙烯醇+水	介于油水之间	180

这些冷却介质虽然在目前的生产中仍有较广泛的应用，但是，它们与理想淬火冷却速度的要求都存在着一定的差距。所以，国内外在寻求新型淬火材料方面进行了大量的研究工作。并且取得了较大的成就，积累了丰富的经验。如新型的聚合物水溶液淬火介质PAG、PCR和PEO等。

(三) 常用的淬火方法

在实际生产中，为了适应各种钢材不同性能的要求，既达到淬火的目的，又尽量避免或减小淬火缺陷（主要是变形和开裂），获得比较理想的淬火效果，必须采用适宜的淬火介质和适当的淬火方法。常用的淬火方法有以下几种。

1. 单介质淬火

将加热至淬火温度的工件，放入一种冷却介质中连续冷却至室温的淬火方法，称为单介质淬火，如图2-18中曲线a所示。

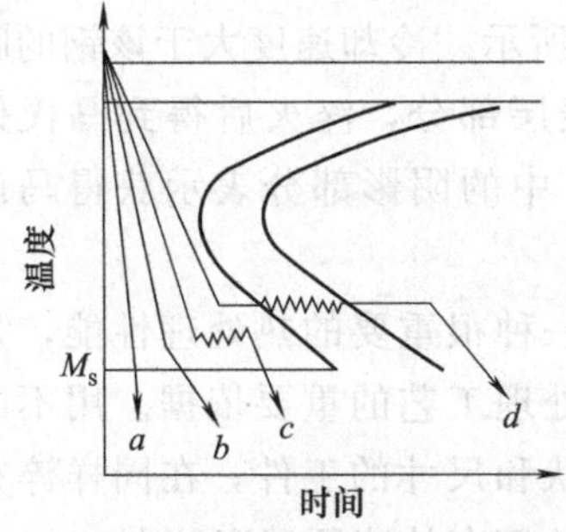

图2-18　常用的淬火方法示意图
a—单介质淬火；b—双介质淬火；
c—分级淬火；d—贝氏体等温淬火

在水或油中淬火都属于单介质淬火法，其特点是淬火操作简单，易于实现机械化和自动化。不足之处是易产生淬火缺陷。水中淬火易产生变形和开裂，油中淬火易产生硬度不足或硬度不均匀等现象。主要用于形状简单的工件。常见的单介质淬火有碳钢在水或盐水中淬火，合金钢在油中淬火等。

2. 双介质淬火

先将加热至淬火温度的工件放入一种冷却能力强的介质中快速冷却，当冷到M_s点稍上（约400～300℃）时，立即将工件转入另一种冷却能力较小的介质中冷却的一种操作方法，称为双介质淬火，如图 2-18 中曲线 b 所示。最常用的是水-油双介质淬火，也可采用水-空、水-硝盐、油-空、硝盐-空等两种介质配合的双介质淬火。双介质淬火的目的是既保证淬火后获得足够的淬硬层，又要避免开裂，减小变形。能否准确控制工件从第一种冷却介质转入第二种冷却介质的时间，是双介质淬火成败的关键，具体操作中需要一定的实践经验。例如采用水淬油冷淬火时，一种办法是按 5～6mm/s 计算工件在水中停留的时间（高碳钢及合金钢取上限，中碳钢取下限）；另一种方法是采用观察法注意听水中发出的"咝"声，到咝声微弱时转入油中；第三种方法是利用手感考察工件在水中的振动，振动开始减弱时立即转入油中。这种水-油双介质淬火主要用于中高碳钢制作的中型工件及合金钢制作的大型工件。

3．分级淬火

如图 2-18 曲线 c 所示，分级淬火是将加热的工件迅速淬入到温度略高于钢的 M_s 点（约 150～260℃）的盐浴或碱浴中，保温一定的时间，使工件内外温度趋于一致后，再将工件取出空冷的一种工艺方法。这种淬火方法在获得马氏体组织的同时，可更为有效地减小淬火应力，避免变形和裂纹的产生，且较双介质淬火易于操作。是一种比较理想的淬火方法。但由于盐浴或碱浴冷却的速度较慢，故一般只用于形状复杂而尺寸较小的工件。对尺寸较大的低淬透性钢工件，可采用分级温度低于 M_s 点的分级淬火。

4．贝氏体等温淬火

等温淬火冷却方式与分级淬火相似，但工件在稍高于 M_s 点的盐浴或碱浴中保温时间较长，使奥氏体在保温过程中转变为下贝氏体后出炉空冷，如图 2-18 的曲线 d 所示。等温温度与保温时间可参考钢的 C 曲线加以确定。一般保温时间为 30～60min。

等温淬火的内应力很小，工件不易产生变形与开裂，且具有良好的综合力学性能。一般情况下，碳钢和低合金钢等温淬火后可不再进行回火。故等温淬火常用于处理形状复杂，尺寸要求精确，并且硬度与韧性都要求较高的工件，如各种冷、热冲模，成形刃具和弹簧等。

除了以上介绍的几种淬火方法外，还有复合淬火法、预冷等温淬火法、延迟冷却淬火法、淬火自回火法等。

（四）钢的淬透性

1．淬透性的概念

钢的淬透性是指钢在淬火时获得马氏体淬硬层深度的能力。淬硬层深度一般规定为由工件表面向内到半马氏体区（即马氏体和非马氏体组织各占 50%的区域）的距离为有效淬硬深度。

淬火时，工件整个截面的冷却速度不同，由表及里冷却速度逐渐减小，表层最大，中心层最小，如图 2-19 所示。冷却速度大于该钢的临界冷却速度 v_c 的表层部分，淬火后得到马氏体组织。图 2-19（b）中的阴影部分表示获得马氏体组织的深度。

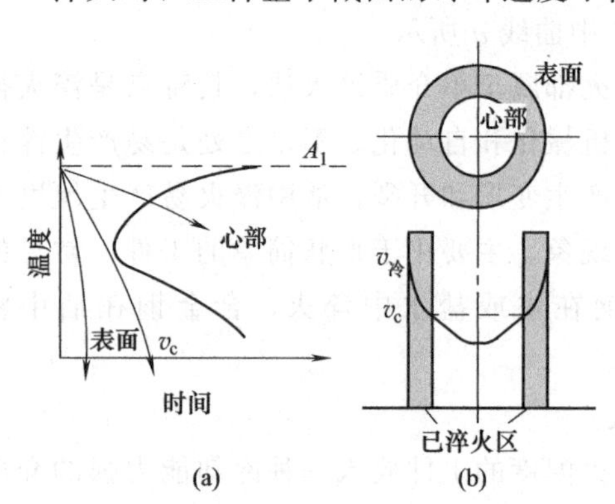

图 2-19　钢的有效淬硬深度与冷却速度的关系

淬透性是钢的一种很重要的热处理性能，是选用材料和制订热处理工艺的重要依据。用不同钢种制成的相同形状和尺寸的工件，在同样淬火条件下，淬透性好的钢有效淬硬深度较大。

钢的淬透性高低以其在规定标准淬火条件下能够获得的有效淬硬层深度来表示。淬透性的测定方法有很多，较为常用的是端淬试验法。实际测定时应根据有关标准进行，如结构钢的淬透性可根据 GB/T 225—88《钢的淬透性末端试验方法》规定测定，工具钢淬透性可根据 GB/T 227—91《工具钢淬透性试验方法》规定测定。

2. 影响淬透性的因素

钢的淬透性主要取决于钢的临界冷却速度（v_c），临界冷却速度越小，钢的淬透性越好，反之，则越差。从钢的C曲线位置可以看出，C曲线越靠右，即过冷奥氏体越稳定，其淬透性越好。因此，钢的化学成分和奥氏体化条件是影响钢的淬透性的主要原因。

应当指出，钢的淬透性与工件实际淬硬层深度是两个不同的概念，同一钢种不同截面的工件在相同奥氏体化条件下淬火，其淬透性是相同的。但其有效淬硬深度会因工件形状、尺寸、介质冷却能力的不同而异。淬透性是钢本身固有的性质，主要由钢的成分决定。对同一种钢，它是确定的，可用于不同钢种之间的比较。而工件淬火后实际获得的有效淬硬层深度，除取决于钢的淬透性以外，还与热处理工艺等外界因素有关。例如，工件尺寸大，介质冷却能力小，会使所得的淬硬层深度降低。反之，则使工件淬硬层深度增大。钢的淬透性与淬硬性也是两个不同的概念，淬硬性是指钢淬火后能达到的最高硬度，它主要取决于钢的含碳量。含碳量越高，其淬火后硬度也越高，但当含碳量超过 0.6%以后，其淬火后的硬度不再明显增加。淬透性好的钢其淬硬性不一定高。例如，低碳合金钢淬透性相当好，但其淬硬性却并不高；高碳非合金钢的淬硬性高，但其淬透性却差。

四、回火

回火是将淬火后的工件重新加热到 A_1 以下某一温度，保温一定时间，然后以适宜的温度冷却至室温的一种操作方法。回火是淬火的后续工序，其主要目的是减少或消除淬火应力；防止工件变形与开裂；稳定工件尺寸及获得工件所需的组织和力学性能。

（一）淬火钢在回火时的组织和性能变化

钢在淬火后的组织中，马氏体和残余奥氏体都是不稳定的，具有自发的向铁素体和渗碳体稳定组织转变的倾向。淬火钢的回火正是促进这种转变的进行。回火加热时随着温度的升高，原子的活动能力加强，组织转变加快，钢的性能也发生变化。根据回火温度的不同，回火时的组织转变可分为四个阶段。

1. 第一阶段

回火温度在 80～200℃之间，为马氏体分解阶段。在此阶段，随着温度的升高，原子活力有所增加，淬火马氏体中过饱和的碳原子以 ε 碳化物的形式不断析出，使马氏体的过饱和度逐渐降低。ε 碳化物是弥散度极高的薄片状组织。这种 ε 碳化物弥散分布在马氏体基体上的组织称为回火马氏体。其金相显微组织呈黑色针状。此阶段钢的淬火内应力有所降低，韧性改善，但硬度没有明显降低。

2. 第二阶段

回火温度在 200～300℃之间，为残余奥氏体分解阶段。由于淬火钢中马氏体的分解降低了对残余奥氏体的压力，在此温度区域残余奥氏体将转变为下贝氏体或马氏体（随后分解为回火马氏体）。这一阶段转变后的主要产物仍是回火马氏体。此阶段淬火内应力进一步减小，但由于马氏体分解造成的硬度降低被残余奥氏体分解引起的硬度升高所补偿，故钢的硬度并无明显降低。

3. 第三阶段

此阶段为马氏体分解完成和渗碳体形成阶段，回火温度在 300～400℃之间。自马氏体分解开始，ε碳化物就不断从淬火马氏体中析出，回火温度越高，ε碳化物的析出量越多，直至过饱和的碳原子几乎完全从α固溶体析出。与此同时，ε碳化物逐渐转变为极细的稳定碳化物 Fe_3C。这一转变开始较慢，在350～400℃时最为剧烈。到400℃时全部完成，形成尚未再结晶的针状铁素体和细球状渗碳体的混合组织，称为回火托氏体。此时钢中的淬火内应力基本消除，但硬度有所下降。

4. 第四阶段

回火温度为400℃以上，这一阶段被称为铁素体的回复、再结晶与渗碳体的聚集长大阶段。温度高于400℃后，随着温度的升高，铁素体开始回复与再结晶，同时，渗碳体颗粒也不断地积聚长大。根据回火组织中渗碳体颗粒的大小，一般将在350～500℃形成弥散分布的细小颗粒的渗碳体与已经回复的铁素体的混合组织称为回火托氏体。将500℃以上形成的块状铁素体和球状渗碳体的混合组织称为回火索氏体。这一阶段，钢的强度、硬度不断下降，韧性明显改善。

上述讨论的回火过程组织和性能的变化是针对碳钢的。如果是合金钢则要考虑合金元素的影响。但基本趋势是一致的，即随着回火温度的升高，钢的强度、硬度下降，而塑性、韧性提高。不同的是由于合金元素的存在延缓了马氏体的分解，阻碍了碳化物的聚集长大，所以，在要求相同硬度的条件下，合金钢的回火温度比碳钢要取得高些。合金元素愈多，这种作用愈明显。

（二）回火的分类及应用

在实际生产中，可根据工件要求的力学性能选择不同温度的回火工艺，按其回火温度不同，常用的回火工艺有以下三种类型。

1. 低温回火（150～250℃）

低温回火后的组织为回火马氏体。其性能具有高的硬度和耐磨性，钢的淬火内应力和脆性有所降低，韧性有所提高。这种回火主要用于各种工具、滚动轴承、渗碳件和表面淬火件。

2. 中温回火（350～500℃）

中温回火后得到的主要是回火托氏体组织。其性能是具有较高的硬度和屈服强度，并具有高的弹性极限和一定的韧性。主要用于各种弹簧和模具等。

3. 高温回火（500～650℃）

习惯上把淬火后再进行高温回火称为调质处理，得到的组织为回火索氏体。它具有强度、硬度、塑性和韧性都较好的综合力学性能。高温回火广泛应用于汽车、拖拉机、机床等机械中的受力较大的重要结构零件，如各种轴、齿轮、连杆、高强度螺栓等。

调质处理的钢与正火相比，不仅强度高，而且塑性、韧性也远高于正火钢。这是由于调质处理后获得的回火索氏体中的渗碳体呈颗粒状，而正火时从奥氏体中直接分解得到的索氏体中的渗碳体呈片状。正因如此，在相同硬度的条件下，回火索氏体具有较高的韧性和塑性。

调质处理一般作为最终热处理，但也可作表面淬火和化学热处理的预备热处理。应当指出，工件回火后的硬度主要与回火温度和回火时间有关，而回火后的冷却速度对硬度影响不大。实际生产中，回火后通常采用出炉空冷。

（三）回火脆性

在回火过程中，钢的冲击韧度并不总是随着温度的升高而增加。实践证明，有些钢在某一温度范围内回火时，其冲击韧度比在较低温度回火时反而显著降低。这种淬火钢在回火过程中发生的脆化现象，称为回火脆性。

钢的冲击韧度随回火温度的升高变化比较复杂。一般在250～400℃和450～600℃温度区域会出现两个低冲击韧度区，如图2-20所示。在250～400℃温度区域出现的回火脆性称为第一类回火脆性（又称低温回火脆性或不可逆回火脆性），在450～600℃温度区域出现的回火脆性称为第二类回火脆性（又称高温回火脆性或可逆回火脆性）。大部分的钢均会发生第一类回火脆性现象，一般采用避免在该温度范围进行回火的方法解决。部分合金钢易产生第二类回火脆性现象，可采用回火后快冷（如图2-20中实线所示）的方法加以避免，或在钢中添加钼、钨等能够遏制第二类回火脆性的合金元素，也可以基本上消除这类回火脆性的影响。

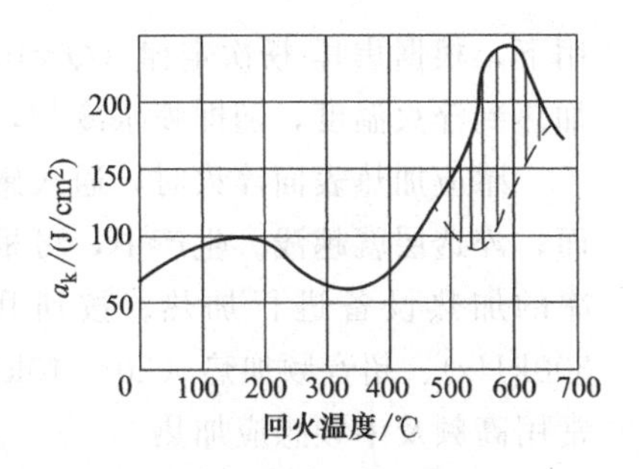

图2-20 钢的冲击韧度与回火温度的关系

成分为：$w_C=0.3\%$，$w_{Cr}=1.47\%$，$w_{Ni}=3.4\%$钢；实线为快冷，虚线为慢冷

五、表面热处理

在生产中，一些机械零件（如齿轮、凸轮、曲轴、活塞销等）是在弯曲、扭转等交变载荷、冲击载荷以及摩擦条件下工作的。这类零件的表层承受着比心部高的应力，而且表面还在不断地被磨损。因此，这类零件的表层必须得到强化，使其具有高的强度、硬度、耐磨性和疲劳强度，同时，心部仍应保持足够的塑性和韧性。要使零件具有这样的性能，仅通过钢材的选择和采用前述的普通热处理是难以实现的。但可以通过特定的热处理方法来满足这样的要求。这种热处理的特点是在保证零件心部具有良好的强度和韧性的前提下，专门对表层进行热处理强化。这种对零件表层进行强化的热处理称为表面热处理。钢的表面热处理方法种类繁多，生产中广泛应用的表面热处理方法有钢的表面淬火和化学热处理。

（一）钢的表面淬火

钢的表面淬火是一种不改变钢表层化学成分，但改变表层组织的热处理方法。它是通过快速加热使钢的表层达到淬火温度，使钢的表层奥氏体化，而心部温度仍然保持在临界温度以下，然后立即以大于临界冷却速度v_c的速度冷却。表面淬火的结果是表层获得硬而耐磨的马氏体组织，而心部仍然保持原来塑性、韧性较好的退火、正火或调质状态的组织。根据加热的方法不同，可将表面淬火分为许多种，生产中应用最为广泛的是感应加热表面淬火和火焰加热表面淬火。

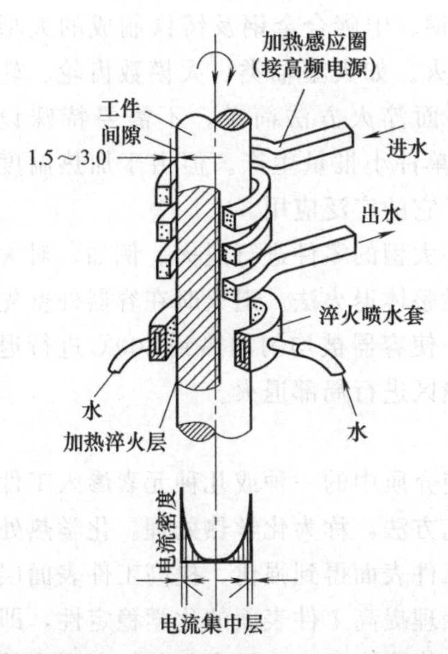

图2-21 感应加热表面淬火法的原理

1. 感应加热表面淬火

感应加热表面淬火法的原理如图2-21所示。将工件放入由空心铜管绕成的感应圈（即感应器）中，当感应器中通入一定频率的交流电时，由于电磁感应，在工件表层产生与感应器中电流方向相反的感应电流。感应电流沿工件表层形成封闭回路，称为涡流。涡流在工件截面上的分布是不均匀的，表面密度大，中心密度小，通入感应器的电流频率越高，涡流集中的表层越薄，这种现象称为集肤效应。在表层的涡流和零件自身电阻的作

用下，根据焦耳-楞次定律（$Q=0.24I^2Rt$），电能即在工件表层转化为热能，使表层很快被加热到淬火温度，随即喷水冷却，使工件表层淬硬。

感应加热表面淬火时，通入感应器的电流频率越高，感应涡流的集肤效应就越强烈，因而，淬透层就越浅。生产中，可根据表面淬火淬透层深度要求和工件尺寸大小，选择合适频率的加热设备进行加热。按所用电流频率的不同，感应加热可分为高频加热（200～300kHz）、超音频加热（20～40kHz）、中频加热（2.5～8kHz）、工频加热（50kHz）等。常用高频及中频感应加热。

感应加热表面淬火零件宜选用中碳钢和中碳低合金结构钢（如40钢、40Cr等）。目前，应用最为广泛的是汽车、拖拉机、机床和工程机械中的齿轮、轴类等，也可用于高碳钢、低合金钢制造的工具和量具，以及铸铁冷轧辊等。

与普通加热淬火相比，感应加热淬火具有如下特点。

① 加热速度快。工件由室温加热至淬火温度仅需几秒到十几秒时间，因而，工件表面不易氧化脱碳，变形小。

② 淬火质量好。由于加热速度快，奥氏体晶粒来不及长大，淬火后钢的表面层可获得细针状马氏体，因此，一般感应加热表面淬火硬度比普通淬火高2～5HRC。

③ 淬硬层深度易于控制。一般高频感应加热淬硬层深度为0.5～2mm，中频感应加热淬硬层为2～8mm，工频感应加热淬硬层可达10～15mm以上。

此外，感应加热表面淬火还具有生产率高、易于实现机械化和自动化的特点。缺点是需要专门的设备，且设备较复杂，因而，多用于大批量生产的形状较简单的零件。

2. 火焰加热表面淬火

所谓火焰加热表面淬火就是利用高温火焰将工件表面层快速加热到淬火温度，随后立即喷水快速冷却的方法。其原理如图2-22所示。常用的火焰为氧-乙炔火焰（最高温度达3200℃）或氧-煤气火焰（最高温度为2000℃）。

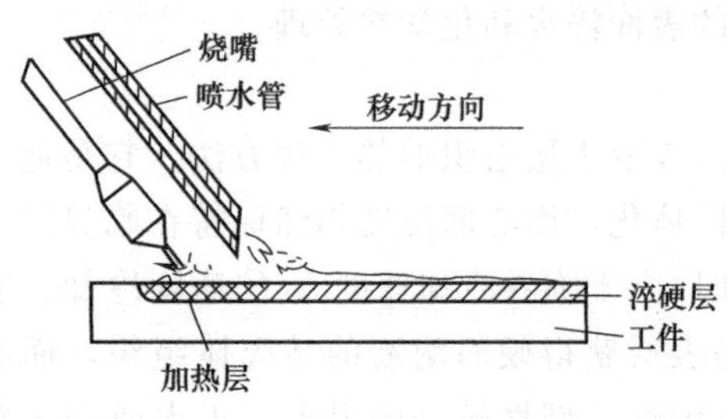

图2-22 火焰加热表面淬火的原理示意图

火焰表面淬火的淬硬层一般为2～6mm。它适用于由中碳钢、中碳合金钢及铸铁制成的大型工件的表面淬火。如大型轴类、大模数齿轮、轧辊等。这种表面淬火方法简单，不需要特殊设备，故适用于单件小批量生产。但由于加热温度不易控制，容易造成工件过热、淬火质量不稳定等限制了它的广泛应用。

实际生产中，有时还利用高温火焰和工频加热对一些大型的零件进行退火。例如，对大型压力容器焊件，为消除焊缝区的内应力，有时采用内燃整体退火法。退火时在容器外壁先涂上一层保温隔热材料，将可燃气体喷射入容器内燃烧，使容器被均匀加热到600℃进行退火。对大尺寸的焊接管道也可利用火焰或工频加热对焊缝区进行局部退火。

（二）钢的化学热处理

将工件置于一定的活性介质中加热、保温和冷却，使介质中的一种或几种元素渗入工件表面，从而改变其表面层的化学成分、组织和性能的工艺方法，称为化学热处理。化学热处理的目的是通过改变工件表面层的化学成分和组织，使工件表面得到强化，提高工件表面层的硬度、耐磨性和疲劳强度。此外，还可以通过化学热处理提高工件表面的化学稳定性，即提高工件表面的热硬性和耐腐蚀性。化学热处理渗层的性能取决于渗入元素与基体所形成的合金的成分以及组织结构。

化学热处理的种类很多，一般以渗入的元素来命名。如渗碳、渗氮、液体碳氮共渗（氰化）、渗硫、渗硼、渗铬、渗铝等。无论是哪一种化学热处理，都是由分解、吸收和扩散三个基本过程来完成的。

分解——化学介质在一定的温度下发生分解反应，产生能够渗入工件表层的活性原子。

吸收——分解出来的活性原子被工件表面吸收。

扩散——被吸收的活性原子由工件表面逐渐向内部扩散，形成一定厚度的扩散层。

下面介绍几种常见的化学热处理方法。

1. 钢的渗碳

渗碳即是向钢的表面渗入碳原子的过程。它通过将工件放入能够释放出碳原子的活性介质中，加热到高温（约 900～950℃）并保温，使活性炭原子渗入钢的表面。其目的是先通过渗碳提高工件表面层的含碳量，再由后续的热处理（淬火和低温回火）来使表层具有高的硬度、耐磨性和疲劳强度。适用于低碳钢和低碳合金钢。常用于汽车、拖拉机齿轮、风动工具零件、大型矿山机械轴承等。

根据渗碳所用介质的不同，渗碳又可分为固体渗碳、液体渗碳和气体渗碳三种。其中气体渗碳的应用最为广泛。

气体渗碳是将需渗碳的工件置于密闭的渗碳加热炉中，如图 2-23 所示，加热到 900～950℃，通入气体渗碳介质（如煤气、天然气、液化石油气、丙烷等）或滴入易分解的有机液体（如煤油、甲苯、甲醇等）。渗碳剂在高温下反应产生活性碳原子，活性碳原子被钢的表面吸收而溶入工件表层高温奥氏体中，并通过扩散向内部渗透，最后形成一定深度的渗碳层。渗碳温度一定时，渗碳层深度主要取决于保温时间。一般渗碳层含碳量（w_C）以控制在 0.8%～1.1%为宜。

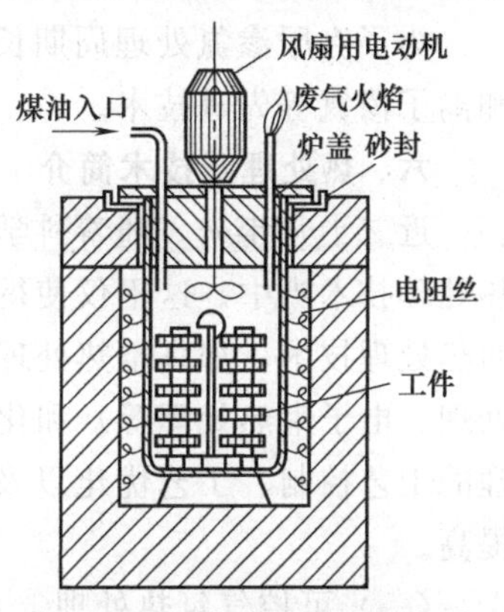

图 2-23 气体渗碳原理示意图

渗碳只改变了工件表层的化学成分。要使工件表层具有高的硬度和耐磨性，并使其和心部良好的韧性相配合，渗碳后必须进一步热处理。通常在渗碳后采用淬火和低温回火。根据工件材料和性能要求不同，渗碳后常用以下三种热处理方法。

（1）直接淬火法 工件渗碳后随炉降温或出炉预冷至 800～850℃（通常在钢心部的 A_{r_3} 点以上）直接淬火和低温回火。这种方法操作简单，生产率高，广泛用于由细晶粒钢制造的各种工件。

（2）一次淬火法 工件渗碳后出炉空冷，然后将其重新加热淬火加低温回火。

（3）两次淬火法 这是一种能够保证心部和表面都获得高性能的方法。第一次淬火加热温度在 A_{c_3} 以上（约 850～900℃），目的是使心部组织细化，并消除表面的网状渗碳体。第二次淬火加热到 A_{c_1} 以上（约 750～800℃），目的是使表面渗碳层获得细针状马氏体和均匀的细颗粒渗碳体。

由于渗碳后两次淬火法加热次数多，生产周期长，成本高，因而多用于对性能要求较高的渗碳件。

一般低碳非合金钢经渗碳淬火后表面硬度可达 60～64HRC，心部为 30～40HRC。

气体渗碳的质量高，渗碳过程易于控制，生产率高，劳动条件好，易于实现机械化和自动化，适于成批或大量生产。

2. 钢的渗氮（或称氮化）

渗氮就是向钢的表面渗入氮原子的过程。目的是提高工件表面硬度、耐磨性、耐蚀性、热硬性和疲劳强度。渗氮的方法主要有气体渗氮、液体渗氮、离子渗氮等。其中，气体渗氮在工业上应用较为广泛。

气体渗氮是将工件置于密闭炉内，通入氨气（NH_3），加热到500～600℃，使氨气分解，放出活性氮原子，渗入工件表面层，并向内部扩散形成氮化层。

与渗碳相比，渗氮具有以下特点。

① 渗氮层的表面硬度较高，可达1000～1200HV（相当于69～72HRC）。

② 渗氮层不仅具有较高的硬度和耐磨性，并能够保持到600～650℃而不下降。

③ 渗氮温度低，零件变形小，且渗氮后一般无需进行进一步热处理，故适合于精密零件的处理。

④ 渗氮后工件的疲劳强度可提高15%～35%，故渗氮常用来提高弹簧的抗疲劳性能。

⑤ 渗氮层具有高的耐蚀性，能防止水、过热蒸汽、碱性溶液等的腐蚀作用。

虽然渗氮具有上述优点，但由于其生产周期长，成本高，氮化层薄而脆，不宜承受太大的点接触载荷和冲击载荷，并需要专用的渗氮用钢（渗氮钢一般含有Cr、Mo、Al等合金元素），因而使该工艺的应用受到了一定的限制。一般只用在要求高耐磨性和高精度的零件上，如精密机床的丝杠、镗床的主轴、重要的阀门等。

为了克服渗氮处理周期长的缺点，近几十年来在原有渗氮的基础上发展了液体氮碳共渗和离子渗氮等先进技术。

六、热处理新技术简介

近二十几年来，随着科学技术的飞速发展，新技术、新材料、新工艺等不断地被应用到热处理技术当中。这不仅使得传统的常规热处理技术得到改进和完善，而且开发出许多新型的热处理技术，如真空热处理、可控气氛热处理、形变热处理以及新的表面热处理（激光热处理、电子束热处理等）和化学热处理技术等。近年来，计算机和机器人技术已应用于热处理的工艺控制、工艺优化以及热处理工艺的辅助设计等方面，使热处理技术有了进一步的提高。

（一）可控气氛热处理

可控气氛热处理是指在炉气成分可控制在预定范围内的热处理炉内进行的热处理。在防止工件表面发生化学反应的可控气氛或单一惰性气体的炉内进行的热处理也可称为保护气氛热处理。

采用可控气氛热处理可以有效地进行控制表面碳浓度的渗碳、碳氮共渗等化学热处理，实现少、无氧化和无增、脱碳的加热，使工件表面光洁，无化学成分变化。

炉气可控气氛的种类较多，目前我国常用的可控气氛有吸热式气氛、放热式气氛、放热-吸热式气氛和有机液体滴注式气氛等，其中以放热式气氛的设备最为便宜。

（二）真空热处理

在真空中进行的热处理称为真空热处理。真空热处理工艺主要包括真空淬火、退火、回火和真空化学热处理（如真空渗碳、渗铬等）。

真空热处理是将工件置于专门的真空加热炉中，在一定真空度（一般在1.33～0.0133Pa）的真空介质中加热。真空热处理具有可以减少工件变形，使钢脱氧、脱氢和净化表面，可以使工件表面不氧化、不脱碳、表面光洁，可以提高钢的塑性、韧性和耐腐蚀性，可以显著提高钢的疲劳极限和耐磨性等特点。

真空热处理工艺稳定性和重复性强，操作条件好、安全，有利于实现机械化和自动化生产，而且节约能源，无污染，但设备一次性投资较大。真空热处理技术目前发展较快。

（三）形变热处理

形变热处理是将压力加工与热处理工艺有机地结合在一起，获得形变强化和相变强化综合效果的工艺方法。这种方法不但能够得到一般加工处理达不到的高强度与高塑性、高韧性的良好组合，而且还能够大大简化金属材料或工件的生产流程。

形变热处理的方法很多，有低温形变热处理、高温形变热处理、等温形变热处理、形变时效和形变化学热处理等。

1. 低温形变热处理

将钢加热到奥氏体状态，并保温一定时间，快速冷却到 A_{r_1} 以下，在亚奥氏体状态进行大量的形变（形变量达 50%～70%），随即进行淬火、回火的综合工艺称为低温形变热处理，又称亚稳奥氏体形变淬火。与普通淬火相比，这种工艺能在保持塑性基本不变的情况下，提高抗拉强度 30～70MPa。

实践表明，材料的化学成分不同，其低温形变淬火的效果也不同。一般认为，碳的作用最为明显，为了获得良好的力学性能组合，低温形变淬火用钢含碳量以 0.1%～0.5%为宜。加入合金元素可提高强化效果，尤其是碳化物形成元素（Mo、V、Cr 等），其中以钼的作用最为显著。低温形变热处理适用于某些珠光体与贝氏体之间有较长孕育期的合金钢。

2. 高温形变热处理

将钢加热到稳定奥氏体区保温一定时间，并在该状态下形变，随即进行淬火、回火的综合工艺方法称为高温形变热处理，也称稳定奥氏体形变淬火（或高温形变淬火）。与普通淬火相比，高温形变热处理可使某些材料的抗拉强度提高 10%～30%，有时甚至高达 40%，塑性提高 40%～50%。

高温形变热处理对材料没有特殊要求，一般碳钢、低合金钢均可应用。从力学性能组合、工艺实施和对钢的要求的角度分析，高温形变淬火比低温形变淬火有许多优越性，因此发展较快。

形变热处理受设备和工艺条件等限制，目前应用还不普遍。对形状复杂的工件进行形变热处理尚有困难，形变热处理后对工件的切削加工和焊接会有一定的影响，这些问题都有待进一步研究。

（四）激光热处理和电子束表面淬火

激光热处理是利用专门的激光发生器发出的能量密度极高的光子束（激光束）照射到工件局部表面，使该表面薄层以极快的速度加热到相变温度以上，熔化温度以下，由于金属是良导热体，当光束移开后，便可实现急速冷却。当冷却速度大于该金属的淬火临界冷却速度时，即可实现自淬火使工件表面强化。

激光热处理需要专门的热处理设备，激光热处理设备一般由 CO_2 激光发生器、导光系统、工作台系统和控制系统组成。可实现工件横壁、槽底、小孔、盲孔、深孔等一般热处理工艺难以解决的淬火强化。激光热处理不仅可以进行表面淬火和退火，还可以进行激光熔凝、激光熔覆和合金化、激光非晶化、激光冲击硬化等。激光热处理表面淬火适于要求热影响区小的工件的局部表面淬火。主要用于超小型零件（如钟表、照相机等）及特殊工件（如汽缸套等）的选择性强化处理。

电子束淬火是利用电子枪发射成束电子，轰击工件表面，使之急速加热，自冷淬火后使工件表面强化的热处理工艺。由于电子束流以很高的速度轰击金属表面，电子和金属材料中的原子相碰撞，给原子以能量，使受轰击金属表面温度迅速升温，并在被加热层同基体之间形成很大的温度梯度。金属表面被加热到相变温度以上，而基体仍保持冷态，电子束轰击一旦停止，热量即迅速向冷态基体扩散，从而获得很高的冷却速度，使被加热金属表面进行自淬火。

电子束淬火有高真空电子束淬火、低真空电子束淬火和非真空电子束淬火等工艺方法。

（五）计算机技术在热处理中的应用

近年来，计算机技术的应用使热处理技术发生了巨大的变化，使热处理逐渐改变了凭经验和定性估算进行生产的落后状态，实现工艺过程的精确控制。计算机模拟、人工智能技术的应用使热处理技术迈向了智能化的发展方向。

1. 计算机在热处理工艺控制中的应用

在热处理过程中利用计算机可以对热处理过程中的温度、时间、气氛、压力等工艺参数以及工序动作实现自动控制。计算机还可以按给定的最优化工艺数学模型实现工艺过程优化。计算机不仅能够实现单炉控制，还能实现群控，实现对生产过程乃至整个车间的自动控制。具体应用有热处理炉温控制、热处理工艺程序控制、热处理参数直接控制以及多重控制计算机系统，热处理过程的优化控制等。

2. 计算机在热处理工艺优化中的应用

利用计算机技术可以对热处理加热和冷却过程进行模拟与计算，从而优化出最佳的热处理工艺路线。如对淬火过程中温度、相变和应力变化进行模拟，能预测淬火后的组织、力学性能和应力分布，有助于优化热处理工艺，选择合适的淬火冷却方式，防止和避免零件的变形和开裂，提高热处理质量。

利用先进的计算机软件设计理论，可以编制出热处理工艺专家系统，方便地实现热处理工艺计算机辅助设计。图 2-24 所示为热处理专家系统结构。

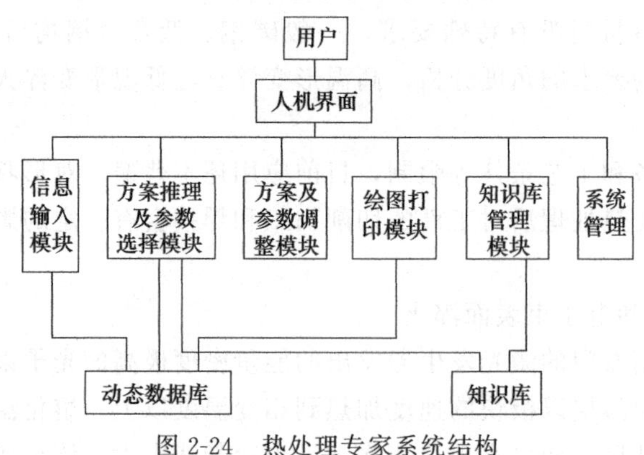

图 2-24　热处理专家系统结构

第五节　焊件热处理工艺的选择

金属热处理在机械制造过程中的应用十分广泛。正确地选择热处理方法，科学地制定相应的热处理技术条件和工艺规范，正确合理地确定热处理工序位置，对实现热处理的目的是至关重要的。

一、热处理的技术条件

热处理的技术条件包括热处理方法和热处理后应达到的力学性能，有时也包括热处理后的金相组织。热处理技术条件的提出应根据需要热处理零件（结构或产品）的工作条件、所选用的材料及性能要求来确定，并将其在图纸上标注出来。一般零件只需标出热处理后应达到的硬度值，重要零件还应标出强度、塑性、韧性指标或金相组织要求。对化学热处理零件，应标注渗层部位和渗层深度。

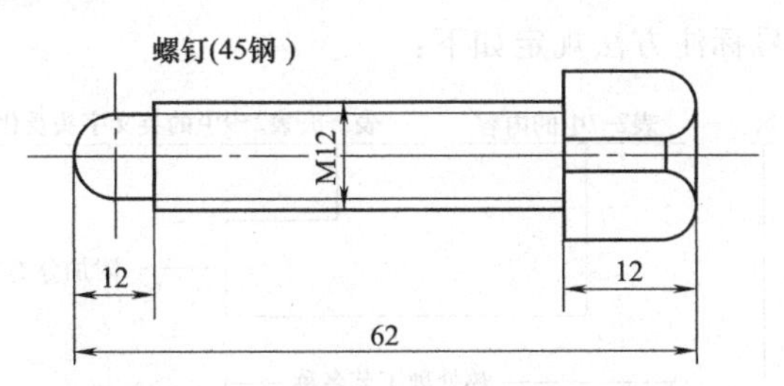

图 2-25　热处理技术要求的标注示例

热处理技术条件的标注可采用 GB 12603—2005 规定的“热处理工艺分类及代号”（见表 2-5）标注热处理方法，并标出应达到的力学性能指标及其他要求。也可用文字在图样标题栏上方对热处理技术条件作简要说明。图 2-25 所示为标注热处理技术要求的例子，图中“515”表示对螺钉施以整体调质处理，热处理后布氏硬度应达到 230～250HBS；“尾 521-05”表示螺钉尾部要进行表面火焰淬火和回火，硬度应达到 42～48HRC。

表 2-5　热处理工艺分类及代号

工艺总称	代号	工艺类型	代号	工艺名称	代号
热处理	5	整体热处理	1	退火	1
				正火	2
				淬火	3
				淬火和回火	4
				调质	5
				稳定化处理	6
				固溶处理；水韧处理	7
				固溶处理+时效	8
		表面热处理	2	表面淬火和回火	1
				物理气相沉积	2
				化学气相沉积	3
				等离子增强化学气相沉积	4
				离子注入	5
		化学热处理	3	渗碳	1
				碳氮共渗	2
				渗氮	3
				氮碳共渗	4
				渗其他非金属	5
				渗金属	6
				多元共渗	7

由表 2-5 可以看出，热处理工艺代号是由基础分类代号及附加工艺分类代号组成的。基础工艺分类代号按照工艺类型、工艺名称两个层次进行分类，并有相应的代号。表中将工艺类型分为整体热处理、表面热处理和化学热处理三种。附加分类是对基础分类中某些工艺的具体条件再进一步细化分类，其中包括实现工艺的加热方式（见表 2-6）、退火工艺方法（见表 2-7）、淬火冷却介质和冷却方法（见表 2-8），还包括化学热处理中渗非金属、渗金属、多元共渗工艺按渗入元素的分类。

热处理工艺方法代号标注方法规定如下：

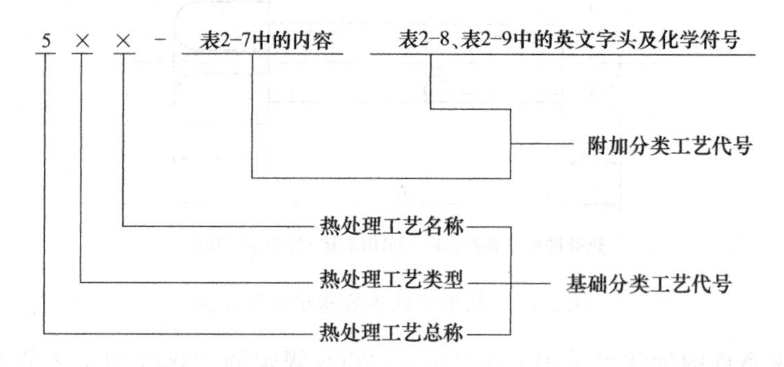

表 2-6 加热方式及代号

加热方式	可控气氛（气体）	真空	盐浴（液体）	感应	火焰	激光	电子束	等离子体	固体装箱	流态床	电接触
代号	01	02	03	04	05	06	07	08	09	10	11

表 2-7 退火工艺及代号

退火工艺	去应力退火	均匀化退火	再结晶退火	石墨化退火	脱氢处理	球化退火	等温退火	完全退火	不完全退火
代号	St	H	R	G	D	Sp	I	F	P

表 2-8 淬火冷却介质和冷却方法及代号

冷却介质和方法	空气	油	水	盐水	有机聚合物水溶液	热浴	加压淬火	双介质淬火	分级淬火	等温淬火	形变淬火	气冷淬火	冷处理
代号	A	O	W	B	Po	H	Pr	I	M	At	Af	G	C

二、焊件热处理工艺的选择

焊接是金属热加工方法之一。在熔化焊过程中，金属的局部由于受到高温加热和冷却的焊接热循环影响，使金属内部组织发生了各种不同的变化，直接影响着焊接接头的力学性能。此外，由于焊接冶金条件以及不同的加热、冷却速度的影响，会导致焊缝及热影响区的组织呈现不均匀性，这样也会直接和间接地影响焊接接头的力学性能。因此，在焊前、焊接过程中及焊后，将焊件的整体或局部，通过合适的热处理工艺，来消除或减轻热影响区出现脆性的淬硬组织，降低硬度，提高塑性和韧性，有利于接头氢的逸出，减少产生冷裂纹的倾向，消除焊接残余应力，保持焊接结构尺寸的稳定是非常必要的。

根据焊件热处理工序位置，焊件热处理可分为焊前的预热、焊后的后热和焊后热处理等。

1. 焊前预热

焊前将焊件的局部或整体预先加热到一定温度后立即施焊的一种工艺措施称为焊前预

热。焊前预热的目的是减缓焊接接头的冷却速度，适当延长从800～500℃的冷却时间（预热温度越高，冷却时间越长），从而减少或避免了产生淬硬组织，有利于氢的逸出，有助于防止冷裂纹的出现。另外，预热可以减小热影响区的温度差，在较宽范围内得到比较均匀的温度分布，有利于减少因温差而引起的焊接应力。

在中、高碳钢和低合金高强度钢焊接时，尤其是结构刚性较大、板材较厚、焊接环境温度较低等情况下，宜采用预热。但是，对于铬镍奥氏体不锈钢，预热会使热影响区在危险区的停留时间延长，从而增大了腐蚀倾向。因此，在焊接铬镍奥氏体不锈钢时不可进行预热。

焊件是否需要预热，以及预热的温度的选择，应根据钢材的成分、厚度、结构刚性、接头形式、焊接方法以及环境因素等综合考虑，必要时应做可焊性试验来决定。预热温度较低时（一般在300℃以下），不发生金属金相组织变化。焊接结构常用钢种的预热温度见表2-9。

表2-9　焊接结构常用钢种的预热温度

钢　　号	板厚/mm	预热温度/℃	钢　　号	板厚/mm	预热温度/℃
20g、20g、22g	≥90	100～120	12CrMo、15CrMo	>15	150～200
25g	≥50	100～150	14MnMoV、18MnMo	>15	150～200
16Mn、15MnTi、15MnV	>30	100～150	12CrMoV、20CrMo	任何板厚	200～300

预热时的加热范围，对于对接接头每侧加热宽度不小于板厚的5倍，一般在坡口两侧各75～100mm范围内保持一均热区，测温点应选在均热区边缘。此外，在刚性很大的结构上进行局部加热时，应注意加热部位，避免产生很大的热应力。

2. 后热

焊后立即将焊件保温或加热使之缓冷的工艺措施称为后热。后热可以减缓焊缝和热影响区的冷却速度，起到与预热相似的作用。对于冷裂纹倾向性大的低合金高强度钢和厚度较大的焊接结构等，有一种专门的后热处理，称为消氢处理。消氢处理即在焊后立即将焊件加热到250～350℃温度范围，保温2～6h后空冷。

消氢处理的主要目的是使焊缝（或热影响区）金属中的扩散氢加速逸出，大大降低焊缝和热影响区中的含氢量，防止产生冷裂纹。消氢处理的温度较低，不能起到松弛焊接应力的作用。对于工艺中要求焊后立即进行热处理的焊件，因为热处理过程中可以达到除氢的目的，故无需后热。但是，焊后如不能立即热处理，而焊件又必须及时除氢时，则需要及时后热作消氢处理，否则焊件有可能在热处理前的放置期产生裂纹。这是由于氢在钢材中的溶解度随着温度的下降而迅速降低，如果焊后很快冷却到100℃以下，氢来不及从焊缝中逸出，这样就在经过一段时间（几小时、几天甚至更长的时间）以后，由于氢扩散后在热影响区（或焊缝金属）中聚集，产生极大的压力，导致产生危害较大的延迟裂纹。例如，有一台大型高压容器，焊后探伤检查合格，但因焊后未及时热处理，又未进行消氢处理，结果在放置期间内产生了延迟裂纹。当容器热处理后进行水压试验时，试验压力未达到设计工作压力，容器就发生了严重的脆断事故，使整台容器报废。

局部后热的加热也应与预热一样，在坡口两侧75～100mm范围内保持一个均热带。调质钢要防止局部超过回火温度。

3. 焊后热处理

焊后热处理是将焊件整体或局部加热到一定的温度，并保温一段时间，然后炉冷或空冷的一种热处理工艺。通过焊后热处理可以有效地降低焊接残余应力，软化淬硬部位，促使氢的逸出，改善焊缝和热影响区的组织和性能，提高接头的塑性和韧性，稳定结构的尺寸等。常见的焊后热处理方法有消除应力退火、正火、正火加回火、淬火加回火（调质处理）等。由于消除应力是焊后热处理的最主要的作用，所以习惯上也将消除应力退火称为焊后热处理。

焊后热处理可分为整体热处理和局部热处理。

整体热处理即将焊件置于加热炉中整体加热处理，可以获得比较满意的处理效果。整体热处理时要求焊件进、出炉时的温度应在400℃以下，在400℃以上的加热和冷却速度与板厚有关，可参考表2-10确定。一般应符合下式要求

$$v \leqslant 200 \times \frac{25}{\delta} \tag{2-1}$$

式中 v——加热或冷却的速度，℃/h；

δ——板材厚度，mm。

表2-10 焊后热处理（400℃以上）的加热与冷却速度

板厚/mm	最大加热速度/(℃/h)	最大冷却速度/(℃/h)
≤25	220	275
>25	$220\times\frac{25}{\delta}$	$275\times\frac{25}{\delta}$

对于厚壁容器加热和冷却速度为50～150℃/h，整体热处理时炉内最大温差不得超过50℃。如果焊件过长需分两次处理时，重叠部分应在1.5m以上。

对于尺寸较大不便整体热处理的焊件采用局部加热的方法进行的热处理称为局部热处理。如尺寸较长，但形状比较规则的简单筒形容器、管件等，可进行局部热处理。局部热处理时，应保证焊缝两侧有足够的加热宽度。筒体的加热宽度与筒体半径、壁厚有关，可按下式计算

$$B = 5\sqrt{R\delta} \tag{2-2}$$

式中 B——筒体加热宽度，mm；

R——筒体半径，mm；

δ——筒体壁厚，mm。

焊后热处理的方法较多，下面介绍几种常用的方法。

（1）消除应力退火　消除应力退火的加热温度范围一般为550～650℃，经充分保温后缓慢冷却。保温时间一般按钢材板厚每毫米2.5min计算，但最短不少于30min，厚度超过50mm的，每增加25mm，增加15min。对于含钒低合金钢，由于其在600～620℃加热时，塑性和韧性下降，故应在550～590℃下进行消除应力退火。例如一容器大接管焊件，厚壁球形封头材料为19Mn5，封头上大口径接管材料为20MnMo，其结构如图2-26所示。采用埋弧自动焊，接管焊接工艺要求焊前预热，可将工件整体进炉预热，也可用环形加热圈进行局部预热，预热温度为200℃。焊接结束后立即进行消氢处理，消氢处理温度为300～350℃，保温2h，加热方法与预热相同。中心管焊接后需单独进行消除应力热处理，其热处理工艺规范如图2-27所示。热处理结束后，第二、第三只接管焊接时热处理方法同上。

整体热处理退火一般在炉内进行，可将80%～90%以上的残余应力消除。局部消除应力退火可采用红外线加热器、工频感应加热器等进行局部加热，加热宽度按公式（2-2）确定。

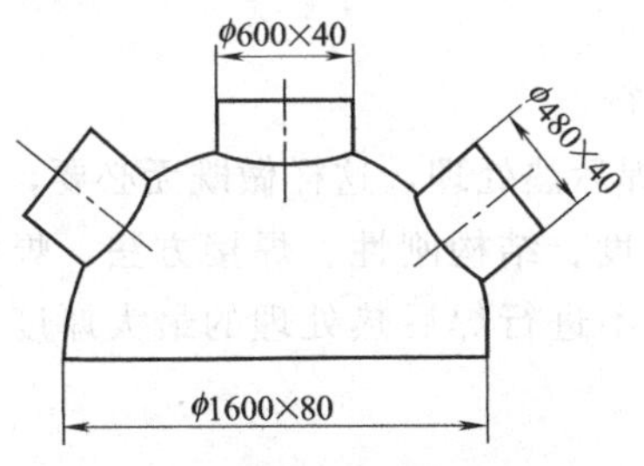

图 2-26　容器大接管焊件结构

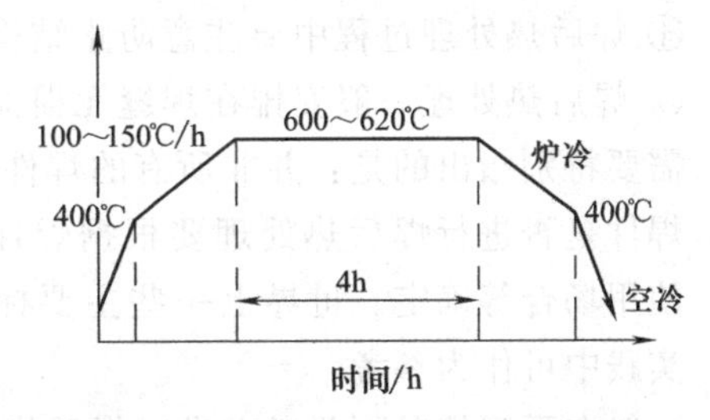

图 2-27　消除应力热处理工艺规范

实践证明，整体消除应力退火的效果要好于局部消除应力退火。

(2) 回火　焊后回火的温度范围在 600～650℃，一般适用于普通低合金钢焊接的高压厚壁容器或厚板的拼装焊件，目的是消除焊接残余应力。

(3) 正火或正火加回火　这种焊后热处理一般适用于电渣焊结构，以改善接头的组织和性能。

正火时，将钢加热到 A_{c_3} 以上，保温时间按每毫米厚度 2min 计算，但最短不少于 30min，然后出炉空冷。由于它是一个再结晶过程，所以能获得晶粒较细的组织，改善了力学性能。

正火加回火是在正火后再回火。目的是消除正火冷却过程中造成的组织应力，进一步改善钢材或焊接接头的综合性能。

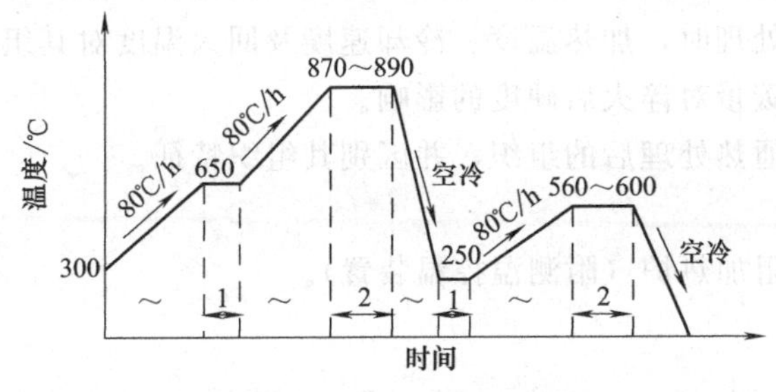

图 2-28　电渣焊焊件正火后立即回火热处理工艺曲线

图 2-28 所示为材料为 35 钢，宽度为 265mm、高为 290mm、厚度为 180mm，采用电渣焊的焊件，焊后正火立即回火的热处理工艺过程曲线。

(4) 调质处理　这种焊后热处理适用于调质钢或其他焊后要求调质的焊接结构。经调质处理后，可使钢材或焊接接头获得强度、韧性配合较好的力学性能。

此外，对铬钼耐热钢、马氏体不锈钢、铁素体不锈钢等材料，焊后可在 650～760℃不同温度范围内进行回火处理，主要起改善组织和性能以及降低焊接残余应力的作用。对母材焊接性较差的焊件，可在焊前进行预备热处理（如采用高温退火、低温退火或回火）来改善钢材的焊接性。

在采用焊后热处理工艺时，应注意以下几个问题：

① 对含有一定数量的 V、Ti 或 Nb 的低合金钢，应避免在 600℃左右长时间保温，否则会出现材料强度升高，而塑性、韧性明显下降的回火脆性现象；

② 焊后消除应力退火，一般应比母材的回火温度低 30～60℃；

③ 对含有一定数量的 Cr、Mo、V、Ti、Nb 等元素的一些低合金钢焊接结构，消除应力退火时应防止再热裂纹；

④ 焊后热处理过程中要注意防止结构变形；

⑤ 焊后热处理一般安排在焊缝无损检验合格后进行。

需要特别指出的是：并非所有的焊件都需要进行焊后热处理，这样做既无必要，也不经济。焊件是否进行焊后热处理要根据焊件的材料、厚度、结构刚性、焊接方法、焊件的性能、使用场合等确定。世界上一些主要标准中都对可不进行焊后热处理的最大厚度作了规定，实践中可作为参考。

一般在下列情况下要考虑进行焊后热处理：

① 母材强度等级较高，产生延迟裂纹倾向较大的普通低合金钢；

② 处在低温下工作的压力容器及其他焊接结构，特别是在脆性转变温度以下使用的压力容器；

③ 承受交变载荷，要求疲劳强度的构件；

④ 大型压力容器和锅炉（有专门的规程规定）；

⑤ 有应力腐蚀和焊后要求尺寸稳定的结构（如内燃机柴油机的焊接机体）。

实验三　钢的热处理操作

一、实验目的

① 了解普通热处理（退火、正火、淬火、回火）的操作方法。

② 分析碳钢在热处理时，加热温度、冷却速度及回火温度对其组织与硬度的影响。

③ 分析碳钢的含碳量对淬火后硬度的影响。

④ 观察碳钢在普通热处理后的组织，并区别其组织特征。

二、实验器材

① 实验用箱式电阻加热炉（附测温控温装置）。

② 洛氏硬度计。

③ 金相显微镜。

④ 淬火水槽（盛8%～10%NaCl水溶液）。

⑤ 淬火油槽（盛矿物油或变压器油）。

⑥ 夹钳、砂纸、游标尺。

⑦ 金相试样一套。

⑧ 实验试样：45钢/8块、淬火状态45钢/3块、20钢/1块、T12钢/1块。

三、实验步骤

① 学生按组领取实验试样，并打上记号，以免混淆。

② 将3块45钢试样放入加热炉，分别加热到750℃、840℃及950～980℃，保温后水冷，然后分别测定它们的硬度，并作好记录。

③ 确定45钢的热处理加热温度与保温时间。调整好控温时间装置，并将4块45钢试样放入已升到加热温度的电热炉中进行加热与保温。保温一定时间后，将4块试样分别进行炉冷（冷至600～500℃出炉空冷）、空冷、油冷与水冷。最后，分别测定它们的硬度，并作好记录。

④ 首先测定3块淬火状态45钢的硬度，然后分别放入200℃、400℃、600℃的加热炉中，回火30min。回火后的冷却，一般可用空冷。测定回火后的试样的硬度，并作好记录。

⑤ 各组将 20 钢、45 钢、T12 钢分别按它们的正常淬火温度加热，保温后取出放入盐水中冷却，然后测定淬火后硬度，并作好记录。

⑥ 观察钢热处理后试样的金相显微组织，区别其组织组成物及形态特征，并绘出指定的几种组织示意图。

四、注意事项

① 学生在实验中要有所分工。

② 淬火冷却时，试样要用夹钳夹紧，动作要迅速，并要在介质中不断搅动。夹钳不要夹在测定硬度的表面上，以免影响硬度值。为此，最好先用铁丝将试样捆好。

③ 测定硬度前，必须用砂纸将试样表面氧化皮除去并磨光。每个试样的硬度测试应在不同部位测定三次，然后计算其平均值。退火、正火试样可测 HRB，其余测 HRC。

④ 热处理时应注意的操作安全事项：

在取放试样时，应切断电热炉的电源；

炉门开、关要快，炉门打开的时间不能过长，以免炉温下降和损害炉膛的耐火材料与电阻丝的寿命；

在炉中取放试样时，夹钳应擦干，不能沾有水或油；

在炉中取放试样时，操作者应戴上手套。

思考练习题

1. A_{c_1}、A_{c_3}、$A_{c_{cm}}$、A_{r_1}、A_{r_3}、$A_{r_{cm}}$ 的含义是什么？
2. 影响奥氏体晶粒长大的因素有哪些？晶粒大小对钢性能有何影响？
3. C 曲线的含义是什么？试以共析钢为例加以分析。
4. 什么是临界冷却速度？它对热处理有何实际意义？
5. 马氏体转变有何特点？它的组织形态和性能如何？
6. C 曲线与 CCT 曲线有什么区别？其作用有哪些？
7. 去应力退火时，钢中有无组织改变？为什么？
8. 比较退火与正火的优缺点及适用范围。
9. 为什么要进行球化退火？球化退火有哪几种方法？
10. 怎样选择淬火温度？选择时应注意哪些方面？
11. 试在 C 曲线上画出几种淬火方法，并说出哪种方法淬火后应力最小。
12. 什么是调质处理？其作用有哪些？
13. 焊件热处理的目的是什么？
14. 焊件选择预热温度的依据是哪些？
15. 焊后热处理的作用是什么？哪些场合下要考虑进行热处理？

第三章　常用金属材料

【本章要点】 碳钢和合金钢中常存元素的作用及影响，钢铁材料与常用有色金属的分类、牌号、成分、组织、热处理、性能及用途。

第一节　碳　　钢

含碳量小于2.11%，且不含有特意加入合金元素的铁碳合金，称为碳钢，又称碳素钢。碳钢因具有良好的力学性能和工艺性能，而且冶炼方便，价格便宜，故在机械制造、建筑、交通运输等工业部门得到广泛的应用。

一、钢中常存元素及其对钢的性能的影响

碳钢中除铁和碳两种基本元素外，还含有少量的锰、硅、硫、磷、氧、氢等元素。这些元素是从矿石和冶炼过程中进入钢中的，它们的存在必然会对钢的性能产生影响。

（一）硅和锰

硅和锰是在炼钢时作为脱氧剂加入钢中的。硅和锰都能溶于铁素体，产生固溶强化作用，可提高钢的强度和硬度。锰还能与钢中的硫形成MnS，降低硫对钢的危害作用。钢中硅、锰的含量在合适的范围内（$w_{Si}<0.5\%$，$w_{Mn}<0.8\%$），它们是有益元素。

（二）硫

硫是在炼钢时由矿石和燃料带入钢中的杂质元素。硫可与钢中的铁生成FeS。FeS与铁形成低熔点的共晶体（Fe+FeS），分布在晶界上。当钢材加热到1000～1200℃进行轧制或锻造时，沿晶界分布的低熔点共晶体（Fe+FeS）发生熔化，使钢沿晶界开裂，这种现象称为热脆。所以，硫是钢中的有害元素，其含量必须严格控制。硫虽然是钢中的有害元素，但当钢中含硫量增高的同时并含有较多的锰时，可改善钢的切削加工性。

（三）磷

磷是由矿石和生铁等炼钢原料带入到钢中的有害杂质元素。磷部分溶解在铁素体中形成固溶体，产生固溶强化。磷部分在结晶时形成脆性很大的化合物（Fe_3P），使钢在室温下的塑性和韧性急剧下降，这种现象称为冷脆。所以，磷在钢中的含量必须严格控制。但在易切削的钢中，适当地提高磷的含量，增加钢的脆性，有利于提高切削效率和延长刀具寿命。

二、碳钢的分类

（一）按钢的含碳量分类

（1）低碳钢　$w_C\leqslant 0.25\%$。

（2）中碳钢　$w_C=0.25\%\sim 0.60\%$。

（3）高碳钢　$w_C>0.60\%$。

（二）按钢的质量分类

根据钢中有害元素硫、磷含量的多少可分类如下。

（1）普通碳素钢　$w_S\leqslant 0.050\%$，$w_P\leqslant 0.045\%$。

（2）优质碳素钢　$w_S \leqslant 0.035\%$，$w_P \leqslant 0.035\%$。

（3）高级优质碳素钢　$w_S \leqslant 0.030\%$，$w_P \leqslant 0.030\%$。

（4）特级优质碳素钢　$w_S \leqslant 0.020\%$，$w_P \leqslant 0.025\%$。

（三）按冶炼时脱氧程度的不同分类

（1）沸腾钢　脱氧程度不完全的钢。

（2）镇静钢　脱氧程度完全的钢。

（3）半镇静钢　脱氧程度介于沸腾钢和镇静钢之间的钢。

（4）特殊镇静钢　脱氧程度有特殊要求的镇静钢。

（四）按钢的用途分类

（1）碳素结构钢　主要用于制造各种工程构件和机械零件，其 $w_C < 0.70\%$。

（2）碳素工具钢　主要用于制造各种刀、量、模等工具，其 $w_C > 0.70\%$。

（五）按国家标准分类

碳素结构钢（普通碳素结构钢）。

优质碳素结构钢。

碳素工具钢。

碳素铸钢（铸造碳钢）。

三、碳钢的牌号、性能及用途

（一）碳素结构钢

根据 GB 700—88 的规定，碳素结构钢的牌号由代表屈服点的字母、屈服点数值、质量等级符号、脱氧方法符号四个部分按顺序组成。

例如：Q235AF

符号：Q——钢材屈服点“屈”字汉语拼音首位字母；

235——屈服极限为 235MPa；

A——质量等级为 A 级；

F——沸腾钢“沸”字汉语拼音首位字母表示为沸腾钢。

质量等级分为 A、B、C、D、E 5 个等级，A 级硫、磷含量最高，质量等级最低；E 级硫、磷含量最低，质量等级最高。

脱氧方法符号用 F、b、Z、TZ 表示。

F——沸腾钢“沸”字汉语拼音首位字母；

b——半镇静钢“半”字汉语拼音首位字母；

Z——镇静钢“镇”字汉语拼音首位字母；

TZ——特殊镇静钢“特镇”两字汉语拼音首位字母。

在牌号组成表示方法中“Z”与“TZ”符号可以省略。碳素结构钢虽然质量等级较低，但冶炼容易，焊接性好，塑性与韧性也较好，且价格低，性能上能满足一般工程结构及普通零件的要求，所以应用普遍。碳素结构钢常热轧成钢板和各种型材，用于桥梁、船舶、建筑等工程构件和受力不大的机械零件。碳素结构钢的牌号、化学成分、力学性能见表 3-1。

（二）优质碳素结构钢

牌号由两位数字或数字与特征符号组成。两位数字表示该钢平均碳的质量分数的万分之几。如牌号 45 钢，表示碳的质量分数平均为 0.45%的优质碳素结构钢；08 钢表示碳的质量分数平均为 0.08%的优质碳素结构钢。优质碳素结构钢按含锰量不同，分为普通含锰量（$w_{Mn} \approx 0.25\%$～

0.8%）和较高含锰量（w_{Mn}≈0.7%～1.2%）两组。含锰量较高一组，在牌号后加“Mn”。若为沸腾钢，则在牌号后加“F”。优质碳素结构钢牌号、化学成分、力学性能见表 3-2。

表 3-1 碳素结构钢的牌号、化学成分、力学性能

牌号	等级	化学成分(质量分数)/%					脱氧方法	力学性能		
		C	Mn	Si	S	P		σ_s/MPa	σ_b/MPa	δ_5/%
				不大于						
Q195	—	0.06～0.12	0.25～0.50	0.30	0.050	0.045	F,b,Z	195	315～390	33
Q215	A	0.090～0.15	0.25～0.55	0.30	0.050	0.045	F,b,Z	215	335～450	31
	B				0.045					
Q235	A	0.14～0.22	0.30～0.65	0.30	0.050	0.045	F,b,Z	235	375～460	26
	B	0.12～0.20	0.30 0.70	0.30	0.045					
	C	≤0.18	0.35～0.80	0.30	0.040	0.040	Z,TZ			
	D	≤0.17			0.035	0.035				
Q255	A	0.18～0.28	0.40～0.70	0.30	0.050	0.045	Z	255	410～550	24
	B				0.045					
Q275	—	0.28～0.38	0.50～0.80	0.35	0.050	0.045	Z	275	490～630	20

表 3-2 优质碳素结构钢的牌号、化学成分、力学性能（GB/T 699—1999）

统一数字代号	牌号	化学成分(质量分数)/%						试样毛坯尺寸/mm	推荐热处理/℃			力学性能					钢材交货硬度HBS10/3000不大于	
		C	Si	Mn	Cr	Ni	Cu		正火	淬火	回火	σ_b/MPa	σ_s/MPa	δ_5/%	ψ/%	A_{kU}/J	未热处理钢	退火钢
					不大于							不小于						
U20080	08F	0.05～0.11	≤0.03	0.25～0.50	0.10	0.30	0.25	25	930			295	175	35	60		131	
U20100	10F	0.07～0.13	≤0.07	0.25～0.50	0.15	0.30	0.25	25	930			315	185	33	55		137	
U20150	15F	0.12～0.18	≤0.07	0.25～0.50	0.25	0.30	0.25	25	920			355	205	29	55		143	
U20082	08	0.05～0.11	0.17～0.37	0.35～0.65	0.10	0.30	0.25	25	930			325	195	33	60		131	
U20102	10	0.07～0.13	0.17～0.37	0.35～0.65	0.15	0.30	0.25	25	930			335	205	31	55		137	
U20152	15	0.12～0.18	0.17～0.37	0.35～0.65	0.25	0.30	0.25	25	920			375	225	27	55		143	
U20202	20	0.17～0.23	0.17～0.37	0.35～0.65	0.25	0.30	0.25	25	910			410	245	25	55		156	
U20252	25	0.22～0.29	0.17～0.37	0.50～0.80	0.25	0.30	0.25	25	900	870	600	450	275	23	50	71	170	
U20302	30	0.27～0.34	0.17～0.37	0.50～0.80	0.25	0.30	0.25	25	880	860	600	490	295	21	50	63	279	
U20352	35	0.32～0.39	0.17～0.37	0.50～0.80	0.25	0.30	0.25	25	870	850	600	530	315	20	45	55	197	
U20402	40	0.37～0.44	0.17～0.37	0.50～0.80	0.25	0.30	0.25	25	860	840	600	570	335	19	45	47	217	187
U20452	45	0.42～0.50	0.17～0.37	0.50～0.80	0.25	0.30	0.25	25	850	840	600	600	355	16	40	39	29	197
U20502	50	0.47～0.55	0.17～0.37	0.50～0.80	0.25	0.30	0.25	25	830	830	600	630	375	14	40	31	241	207

续表

统一数字代号	牌号	化学成分(质量分数)/%						试样毛坯尺寸/mm	推荐热处理/℃			力学性能					钢材交货硬度HBS10/3000不大于	
		C	Si	Mn	Cr	Ni	Cu		正火	淬火	回火	σ_b/MPa	σ_s/MPa	δ_5/%	ψ/%	A_{kU}/J	未热处理钢	退火钢
					不大于							不小于						
U20552	55	0.52～0.60	0.17～0.37	0.50～0.80	0.25	0.30	0.25	25	820	820	600	645	380	13	35		255	217
U20602	60	0.57～0.65	0.17～0.37	0.50～0.80	0.25	0.30	0.25	25	810			675	400	12	35		255	229
U20652	65	0.62～0.70	0.17～0.37	0.50～0.80	0.25	0.30	0.25	25	810			695	410	10	30		255	229
U20702	70	0.67～0.75	0.17～0.37	0.50～0.80	0.25	0.30	0.25	25	790			715	420	9	30		269	229
U20752	75	0.72～0.80	0.17～0.37	0.50～0.80	0.25	0.30	0.25	试样		820	480	1080	880	7	30		285	241
U20802	80	0.77～0.85	0.17～0.37	0.50～0.80	0.25	0.30	0.25	试样		820	480	1080	930	6	30		285	241
U20852	85	0.82～0.90	0.17～0.37	0.50～0.80	0.25	0.30	0.25	试样		820	480	1130	980	6	30		302	255
U21152	15Mn	0.12～0.18	0.17～0.37	0.70～1.00	0.25	0.30	0.25	25	920			410	245	26	55		163	
U21202	20Mn	0.17～0.23	0.17～0.37	0.70～1.00	0.25	0.30	0.25	25	910			450	275	24	50		197	
U21252	25Mn	0.22～0.29	0.17～0.37	0.70～1.00	0.25	0.30	0.25	25	900	870	600	490	295	22	50	71	207	
U21302	30Mn	0.27～0.34	0.17～0.37	0.70～1.00	0.25	0.30	0.25	25	880	860	600	540	315	20	45	63	217	187
U21352	35Mn	0.32～0.39	0.17～0.37	0.70～1.00	0.25	0.30	0.25	25	870	850	600	560	335	18	45	55	229	197
U21402	40Mn	0.37～0.44	0.17～0.37	0.70～1.00	0.25	0.30	0.25	25	860	840	600	590	355	17	45	47	229	207
U21452	45Mn	0.42～0.50	0.17～0.37	0.70～1.00	0.25	0.30	0.25	25	850	840	600	620	375	15	40	39	241	217
U21502	50Mn	0.48～0.56	0.17～0.37	0.70～1.00	0.25	0.30	0.25	25	830	830	600	645	390	13	40	31	255	217
U21602	60Mn	0.57～0.65	0.17～0.37	0.70～1.00	0.25	0.30	0.25	25	810			695	410	11	35		269	229
U21652	65Mn	0.62～0.70	0.17～0.37	0.90～1.20	0.25	0.30	0.25	25	830			735	430	9	30		285	229
U21702	70Mn	0.67～0.75	0.17～0.37	0.90～1.20	0.25	0.30	0.25	25	790			785	450	8	30		285	229

注：1. 对于直径或厚度小于25mm的钢材，热处理是在与成品截面尺寸相同的试样毛坯上进行的。

2. 表中所列正火推荐保温时间不少于30min，空冷；淬火推荐保温时间不少于30min，75、80和85钢油冷，其余钢水冷；回火推荐保温时间不少于1h。

优质碳素结构钢一般使用前要经过热处理来改善力学性能。含碳量较低的08～25钢，塑韧性及焊接性良好，主要用于制作冲压件、焊接结构件等，如仪表外壳、压力容器等。30～55钢经调质处理后可获得较好的综合力学性能，用于制作轴类零件。60钢牌号以上的钢具有较高的强度、硬度，用于制造弹性和耐磨零件，如弹簧垫圈、螺旋弹簧等。

(三) 碳素工具钢

碳素工具钢牌号由汉字“碳”的汉语拼音首位字母“T”和后面的阿拉伯数字组成，其数字表示钢中平均碳的质量分数的千分之几。如T8表示碳的质量分数平均为0.8%的碳素工具钢。若为高级优质碳素工具钢，则在牌号后加字母“A”，如T10A表示碳的质量分数平均为1.0%的高级优质碳素工具钢。

碳素工具钢经热处理（淬火＋低温回火）后具有较高硬度，用于制造刀具、量具和模具等。由于大多数工具的硬度和耐磨性要求高，故碳素钢的含碳量在0.70%以上，且都是优质或高级优质钢。

碳素工具钢的牌号、化学成分和力学性能见表3-3。

表3-3 碳素工具钢的牌号、化学成分和力学性能

<table>
<tr><th rowspan="2">牌号</th><th colspan="5">化学成分(质量分数)/%</th><th colspan="2">硬度</th></tr>
<tr><th>C</th><th>Mn</th><th>Si</th><th>S</th><th>P</th><th>退火状态
(HBS)</th><th>淬火状态
(HRC)</th></tr>
<tr><td>T7</td><td>0.65～0.74</td><td rowspan="2">≤0.40</td><td rowspan="8">≤0.35</td><td rowspan="8">≤0.03</td><td rowspan="8">≤0.035</td><td rowspan="3">≤187</td><td rowspan="8">≥62</td></tr>
<tr><td>T8</td><td>0.75～0.84</td></tr>
<tr><td>T8Mn</td><td>0.80～0.90</td><td>0.40～0.60</td></tr>
<tr><td>T9</td><td>0.85～0.94</td><td rowspan="5">≤0.40</td><td>≤192</td></tr>
<tr><td>T10</td><td>0.95～1.04</td><td>≤197</td></tr>
<tr><td>T11</td><td>1.05～1.14</td><td rowspan="2">≤207</td></tr>
<tr><td>T12</td><td>1.15～1.24</td></tr>
<tr><td>T13</td><td>1.25～1.35</td><td>≤217</td></tr>
</table>

（四）铸造碳钢

铸造碳钢的牌号由“铸钢”两字的首位汉语拼音字母“ZG”和后加两组数字组成。第一组数字表示最低屈服点，第二组数字表示最低抗拉强度值，如ZG 230-450表示屈服点大于230MPa，抗拉强度大于450MPa的铸造碳钢。

铸造碳钢的含碳量一般在0.20%～0.60%之间。如果含碳量过高，则塑韧性差，而且铸造时易产生裂纹。

铸造碳钢一般用于制造形状复杂、力学性能要求较高的机械零件，如轧钢机机架、钻座、大齿轮和水压机横梁等。

铸造碳钢的牌号、化学成分和力学性能见表3-4。

表3-4 铸造碳钢的牌号、化学成分和力学性能

<table>
<tr><th rowspan="3">牌　号</th><th colspan="5">化学成分(质量分数)/%</th><th colspan="5">室温下的力学性能</th></tr>
<tr><th>C</th><th>Si</th><th>Mn</th><th>P</th><th>S</th><th>σ_s 或
$\sigma_{0.2}$/MPa</th><th>σ_b/MPa</th><th>δ/%</th><th>ψ/%</th><th>a_k
/(J/cm^2)</th></tr>
<tr><th colspan="5">不大于</th><th colspan="5">不小于</th></tr>
<tr><td>ZG 200-400</td><td>0.20</td><td>0.50</td><td>0.80</td><td colspan="2">0.04</td><td>200</td><td>400</td><td>25</td><td>40</td><td>60</td></tr>
<tr><td>ZG 230-450</td><td>0.30</td><td>0.50</td><td>0.90</td><td colspan="2">0.04</td><td>230</td><td>450</td><td>22</td><td>32</td><td>45</td></tr>
<tr><td>ZG 270-500</td><td>0.40</td><td>0.50</td><td>0.90</td><td colspan="2">0.04</td><td>270</td><td>500</td><td>18</td><td>25</td><td>35</td></tr>
<tr><td>ZG 310-570</td><td>0.50</td><td>0.60</td><td>0.90</td><td colspan="2">0.04</td><td>310</td><td>570</td><td>15</td><td>21</td><td>30</td></tr>
<tr><td>ZG 340-640</td><td>0.60</td><td>0.60</td><td>0.90</td><td colspan="2">0.04</td><td>340</td><td>640</td><td>12</td><td>18</td><td>20</td></tr>
</table>

第二节　合　金　钢

在工业用钢中，碳钢虽然具有冶炼、加工简单、价格便宜等优点，但其存在淬透性差，缺乏良好的综合性能等缺点，使其应用范围受到限制。为了提高钢的性能，在碳钢中有意加入一种或几种合金元素的钢称为合金钢。在合金钢中加入的合金元素主要有Si、Mn、Cr、

Ni、W、Mo、V、Ti、Nb 等。

一、合金钢的分类和牌号

（一）合金钢的分类

1. 按用途分类

（1）合金结构钢　用于制造机械零件和工程结构的钢。

（2）合金工具钢　用于制造各种工具的钢。

（3）特殊性能钢　具有某些特殊物理、化学性能的钢，如不锈钢、耐热钢、耐磨钢等。

2. 按合金元素总含量不同分类

（1）低合金钢　合金元素总含量小于 5%。

（2）中合金钢　合金元素总含量为 5%～10%。

（3）高合金钢　合金元素总含量大于 10%。

（二）合金钢的牌号

低合金结构钢的编号方法与碳素结构钢的编号方法相同，由代表屈服点汉语拼音首位字母（Q）、屈服点的数值、质量等级符号（A、B、C、D、E）三个部分按顺序排列组合而成。如 Q345A，表示屈服极限为 345MPa，质量等级为 A 级的低合金结构钢。

合金钢的编号原则是采用数字＋元素符号＋数字的表示方法。

合金结构钢牌号采用两位数字＋元素符号＋数字表示。前面两位数字表示平均含碳的质量分数的万分之几；元素符号表明钢中含有的主要合金元素，后面的数字表示该元素的百分含量。当合金元素含量小于 1.5% 时不标数字，当合金含量为 1.5%～2.5%，2.5%～3.5%……时，则相应地以 2、3……表示。如 60Si2Mn 钢，表示 $w_C=0.60\%$，$w_{Si}=2\%$，$w_{Mn}<1.5\%$ 的合金结构钢。

合金工具钢的牌号是采用一位数字（或不标数字）＋元素符号＋数字表示。前面一位数字是表示平均含碳的质量分数的千分之几。当碳的平均质量分数大于或等于 1.0% 时，则不予标出。合金元素及含量的表示与合金结构钢相同。如 9SiCr 钢，表示 $w_C=0.9\%$、$w_{Si}<1.5\%$、$w_{Cr}<1.5\%$ 的合金工具钢。如 Cr12MoV 钢，表示 $w_C\geqslant1.0\%$、$w_{Cr}=12\%$、$w_{Mo}<1.5\%$、$w_V<1.5\%$ 的合金工具钢。高速钢平均碳的质量分数小于 1.0% 时，其含碳量也不标出。如 W18Cr4V 钢，其 $w_C=0.7\%\sim0.8\%$。

特殊性能钢的牌号和合金工具钢的表示方法相同。如 1Cr13 不锈钢，表示其 $w_C=0.10\%$、$w_{Cr}=13\%$。当 $w_C=0.03\%\sim0.10\%$ 时，含碳量用 0 表示，当 $w_C\leqslant0.03\%$ 时，用 00 表示。如 0Cr18Ni9 钢，表示 $w_C=0.03\%\sim0.10\%$、$w_{Cr}=18\%$、$w_{Ni}=9\%$ 的不锈钢。

此外一些专用钢牌号表示方法与上述不同，如铬轴承钢在其钢号前冠以专业用钢代号“G”（“滚”字汉语拼音首位字母），含铬量以千分数表示。如 GCr15 钢，其含铬量为 $w_{Cr}=1.5\%$。

二、合金元素对钢组织和性能的影响

合金元素在钢中的存在形式主要有两种，一种是溶解铁素体，另一种是与碳作用形成碳化物。形成碳化物的元素也可溶解于铁中。因此，合金元素会对钢的组织和性能产生影响。

（一）强化铁素体

大多数合金元素（除铅外）都能溶于铁素体，产生固溶强化，使铁素体的强度、硬度升高，塑韧性下降。图 3-1 所示为合金元素对铁素体性能的影响。

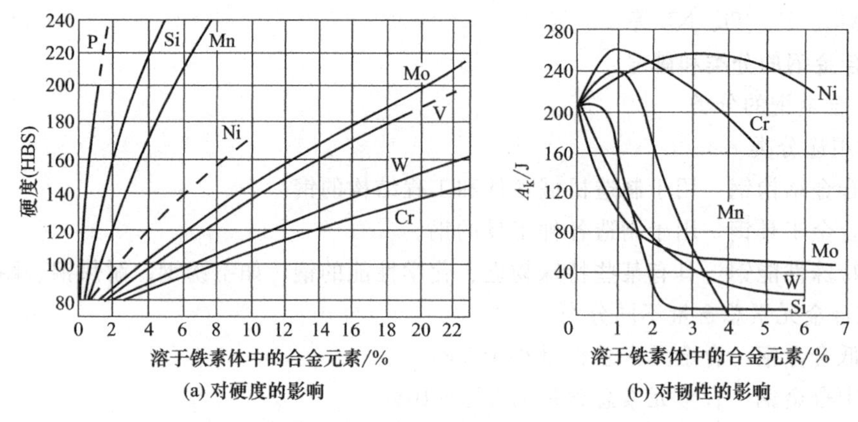

图 3-1 合金元素对铁素体性能的影响（退火状态）

（二）形成合金碳化物

锰、铬、钨、钒、钛等元素与碳能形成碳化物。根据与碳的亲和力不同，可将碳化物分成两类。

1. 合金渗碳体

锰、铬、钼、钨等是弱或中强碳化物形成元素，一般易形成合金渗碳体。如$(FeMn)_3C$、$(FeCr)_3C$、$(FeW)_3C$等。合金渗碳体较Fe_3C稳定，硬度也略高。

2. 特殊碳化物

钒、铌、钛等强碳化物形成元素能与碳形成特殊碳化物，如VC、TiC等。特殊碳化物比合金渗碳体具有更高的熔点、硬度和耐磨性，且更稳定，能使钢的强度、硬度、耐磨性显著提高，但塑韧性会有所下降。

（三）细化晶粒

Ti、Zr、V、Nb等元素能形成稳定性特别高的碳化物，这些碳化物在奥氏晶界分布，能强烈地阻碍奥氏体晶粒长大，使合金钢热处理后获得比碳钢更细的晶粒。大多数合金元素都能抑制钢在加热时的奥氏体晶粒长大，使钢的晶粒细化，提高了钢的强度和韧性。

（四）提高钢的淬透性

除Co外，所有的合金元素若溶于奥氏体，都会不同程度地增加奥氏体的稳定性，使C曲线右移，减小淬火临界冷却速度，提高钢的淬透性。

常用的提高淬透性的合金元素有Mo、Cr、Mn、Ni、B等。

（五）提高钢的回火稳定性

合金元素在回火过程中，推迟马氏体的分解和残余奥氏体的转变，使碳化物不易析出和聚集长大，因而提高了钢对回火软化的抗力，即提高了钢的回火稳定性。

（六）*S*点和*E*点左移，提高了钢的强度或耐磨性

合金元素一般使Fe-Fe_3C状态图中的*S*点和*E*点左移。*S*点左移，表明共析成分的含碳量减少，使得同含碳量的合金钢中（与同含碳量碳钢比）珠光体量比例增大，从而提高钢的强度。*E*点左移，表明共晶成分的含碳量减少，使得钢组织中出现了生铁才有的莱氏体组织，提高了钢的耐磨性。

三、合金结构钢

合金结构钢按用途不同分为低合金结构钢和机械制造用钢两大类。

低合金结构钢主要用于各种工程结构，如桥梁、建筑、锅炉、化工容器等。机械制造用

钢主要用于制造各种机械零件，按用途和热处理特点不同又分为渗碳钢、调质钢、弹簧钢、易切削钢和滚动轴承钢等。

（一）低合金结构钢

低合金结构钢是在碳钢的基础上，加入少量合金元素的工程结构用钢。因其强度显著高于相同含碳量的碳钢，故常称为低合金高强度结构钢。

1. 成分及组织特点

低合金结构钢的含碳量一般控制在0.20%以下，以保证有较好的韧性、塑性和焊接性能。合金元素总含量一般在3.0%以下。常加入的合金元素有Mn、Si、V、Nb、Mo、Ti等。锰和硅主要是对铁素体起固溶强化作用，提高钢的强度。钒、铌和钛等主要起细化晶粒作用，以提高钢的韧性。

这类钢通常是在热轧退火或正火状态下使用，在经过焊接，压力成形后一般不再进行热处理。因而其工作状态的金相组织主要由铁素体和珠光体组成。

2. 常用低合金结构钢的牌号、性能及应用

常用低合金结构钢的牌号、力学性能及应用见表3-5。低合金结构钢新旧标准对照见表3-6。

表3-5　低合金结构钢的牌号、力学性能及应用

牌号	σ_s/MPa	σ_b/MPa	δ_5/%	特性及应用举例
Q295	235～295	390～570	23	具有优良的韧性、塑性、冷弯性和焊接性、冲压成形性，一般在热轧或正火状态下使用。适用于制作各种容器、螺旋焊管、车辆用冲压件、建筑用结构件、农机结构件、贮油罐、低压锅炉汽包、输油管道、造船及金属结构等
Q345	275～345	470～630	21	具有良好的综合力学性能，塑性及焊接性良好，一般在热轧状态下使用。适于制作桥梁、船舶、车辆、管道、锅炉、各种容器、油罐、电站、厂房结构、低温压力容器等结构件
Q390	330～390	490～650	19	具有良好的综合力学性能，焊接性及冲击韧较好，一般在热轧状态下使用。适于制作锅炉汽包，中高压石油化工容器、桥梁、船舶、起重机、较高负荷的焊接件、连接构件等
Q420	360～420	520～680	18	具有良好的综合力学性能，优良的低温韧性，焊接性好，冷热加工性良好，一般在热轧或正火状态下使用。适于制作高压容器、重型机械、桥梁、船舶、机车车辆、锅炉及其他大型焊接结构件
Q460	400～460	550～720	17	

表3-6　低合金结构钢新旧标准对照

GB/T 1591—94	GB/T 1591—88	GB/T 1591—94	GB/T 1591—88
Q295	09MnV、09MnNb、09Mn2、12Mn	Q420	15MnVN、14MnVRE
Q345	12MnV、14MnNb、16Mn、16MnRE、18Nb	Q460	14MnMoV、18MnMoNb
Q390	15MnV、15MnTi、16MnNb		

（二）机械制造用钢

1. 渗碳钢

渗碳钢用于制造表面高硬度和耐磨性，而心部具有良好强韧性的机械零件，如汽车变速齿轮、凸轮、活塞销等。

渗碳钢的含碳量控制在0.10%～0.25%之间，以保证零件心部有足够的塑性及韧性。为强化铁素体和提高钢的淬透性，常加入Cr、Ni、Mn、Si、B等元素。为降低钢的过热敏感性和细化晶粒，常加入少量V、W、Ti等强碳化物形成元素。

常用合金渗碳钢的牌号、成分、热处理、性能和用途见表 3-7。

表 3-7 常用合金渗碳钢的牌号、成分、热处理、性能和用途（GB/T 3077—1999）

统一数字代号	牌号	化学成分(质量分数)/%					试样尺寸/mm	热处理			力学性能(不小于)					钢材退火或高温回火供应状态 HBS 10/3000 不大于	用途举例
		C	Si	Mn	Cr	其他		淬火温度 t/℃ 第一次	淬火温度 t/℃ 第二次	回火温度 t/℃	σ_s/MPa	σ_b/MPa	δ_5/%	ψ/%	A_{kU}/J		
A20202	20Cr	0.18～0.24	0.17～0.37	0.50～0.80	0.70～1.00		15	880 水，油	780～820 水，油	200 水，空气	540	835	10	40	47	179	齿轮，小轴，活塞销
A26202	20CrMnTi	0.17～0.23	0.17～0.37	0.80～1.10	1.00～1.30	Ti0.04～0.10	15	880 油	870 油	200 水，空气	850	1080	10	45	55	217	汽车、拖拉机的齿轮，活塞
A73202	20MnVB	0.17～0.23	0.17～0.37	1.20～1.60		V0.07～0.12 B0.0005～0.0035	15	860 油		200 水，空气	885	1080	10	45	55	207	代替 20Cr 和 20CrMnTi
A43202	20Cr2Ni4	0.17～0.23	0.17～0.37	0.30～0.60	1.25～1.65	Ni3.25～3.65	15	880 油	780 油	200 水，空气	1080	1180	10	45	63	269	大型渗碳齿轮曲轴
A52183	18Cr2Ni4WA	0.13～0.19	0.17～0.37	0.30～0.60	1.35～1.65	Ni4.00～4.50 W0.80～1.20	15	950 空气	850 空气	200 水，空气	835	1180	10	45	78	269	大型渗碳齿轮曲轴

注：统一数字代号系根据 GB/T 17616—1998 规定列入，优质钢尾部数字为“2”，高级优质钢（带“A”钢）尾部数字为“3”，特级优质钢（带“E”钢）尾部数字为“6”。

渗碳钢的预先热处理一般采用正火，以消除锻件内应力和改善切削加工性。最终热处理是渗碳后进行淬火加低温回火，渗碳钢的最终组织是：表层为高碳马氏体加碳化物，心部为低碳回火马氏体。

2. 调质钢

调质钢具有良好的综合力学性能，常用于制造各种轴类零件，如机床主轴、大电动机轴、汽车齿轮轴等。

调质钢的预先热处理一般是正火或退火。最终热处理是调质处理，即淬火加高温回火，获得回火索氏体组织。若要求零件表面有很高的硬度及良好的耐磨性，可在调质处理后进行表面淬火及低温回火处理。

常用调质钢的牌号、化学成分、热处理、性能和用途见表 3-8。

调质钢的含碳量一般在 0.30%～0.50%，以保证调质后有一定的强度、硬度，同时保持较好的塑韧性。调质钢中常加入少量的 Cr、Mn、Si、Ni、B 等合金元素以增加钢的淬透性。加入少量 Mo、V、W、Ti 等合金元素以细化晶粒，提高钢的回火稳定性。

3. 弹簧钢

弹簧零件通常是在冲击、振动及交变载荷下工作的。因此，弹簧钢必须具有高的抗拉强度、高的屈强比（σ_s/σ_b）、高的疲劳强度、足够的塑性和韧性。

弹簧钢的含碳量一般在 0.50%～0.75%。含碳量增加，强度、硬度升高。但塑性和韧性下降，疲劳强度也下降。弹簧钢中常加入 Si、Mn、Cr、V、W 等合金元素，其主要作用是提高钢的淬透性和回火稳定性，强化铁素体，细化晶粒，提高其弹簧弹性极限和屈强比，同时也提高高温强度和韧性。

表 3-8 常用调质钢的牌号、化学成分、热处理、力学性能和用途（GB/T 3077—1999）

统一数字代号	牌号	化学成分(质量分数)/%					试样尺寸/mm	热处理		力学性能					钢材退火或高温回火供应状态 HBS 10/3000 不大于	用途举例
		C	Si	Mn	Cr	其他		淬火温度 t/℃	回火温度 t/℃	σ_s/MPa	σ_b/MPa	δ_5/%	ψ/%	A_{kU}/J		
A70402	40B	0.37～0.44	0.17～0.37	0.60～0.90		B0.0005～0.0035	25	840 水	550 水	635	785	12	45	55	207	齿轮转向拉杆、轴，凸轮
A20402	40Cr	0.37～0.44	0.17～0.37	0.50～0.80	0.80～1.10		25	850 油	520 水，油	785	980	9	45	47	207	齿轮、套筒、轴、进气阀
A10352	35SiMn	0.32～0.40	1.10～1.40	1.10～1.40			25	900 水	570 水，油	735	885	15	45	47	229	传动齿轮、心轴，汽轮机叶轮
A71402	40MnB	0.37～0.44	0.17～0.37	1.10～1.40		B0.0005～0.0035	25	850 油	500 水，油	785	980	10	45	47	207	汽车上转向轴、半轴、蜗杆
A40402	40CrNi	0.37～0.44	0.17～0.37	0.50～0.80	0.45～0.75	Ni1.00～1.40	25	820 油	500 水，油	785	980	10	45	55	241	重型机械齿轮、轴，蒸汽涡轮机叶片、转子和轴
A24302	30CrMnSi	0.27～0.34	0.90～1.20	0.80～1.10	0.80～1.10		25	880 油	520 水，油	885	1080	10	45	39	229	高压鼓风机叶片，阀板
A30352	35CrMo	0.32～0.40	0.17～0.37	0.40～0.70	0.81～1.10	Mo0.15～0.25	25	850 油	550 水，油	835	980	12	45	63	229	大截面的齿轮、轴、高压管
A42372	37CrNi3	0.34～0.41	0.17～0.37	0.30～0.60	1.20～1.60	Ni3.00～3.50	25	820 油	500 水，油	980	1130	10	50	47	269	大截面重要的轴，曲轴，凹模
A50403	40CrNiMoA	0.37～0.44	0.17～0.37	0.50～0.80	0.60～0.90	Ni1.25～1.65 Mo0.15～0.25	25	850 油	600 水，油	835	980	12	55	78	269	卧式锻造机传动偏心轴，锻压机曲轴
A34402	40CrMnMo	0.37～0.45	0.17～0.37	0.90～1.20	0.90～1.20	Mo0.20～0.30	25	850 油	600 水，油	785	980	10	45	63	217	重载荷轴，齿轮，连杆

按生产方法不同，弹簧分为热轧弹簧和冷拉（轧）弹簧两大类。

热轧弹簧：一般用于大型弹簧或形状复杂的弹簧。弹簧热成形后进行淬火和中温回火处理，得到回火托氏体组织。

冷拉弹簧：采用冷拉弹簧钢丝冷绕成形。一般用于小型弹簧。冷拉成形弹簧按其制造工艺可分为退火状态钢丝、铅浴等温处理钢丝和油淬回火钢丝三大类。退火状态钢丝冷绕制成弹簧后须经淬火和中温回火处理，才能达到弹簧的性能要求。铅浴等温处理钢丝和油淬回火钢丝冷绕成弹簧后不再淬火，只需作 250～300℃的去应力退火，消除冷绕过程中产生的内应力，并使之定型即可满足弹簧性能要求。

常用弹簧钢的牌号、化学成分、热处理、力学性能和用途见表 3-9。

4. 易切削钢

易切削钢主要用于制造以自动机床加工的小型零件，对钢的切削性要求较高。在易切削钢中常加入 S、P、Pb、Ca 等元素来提高钢的切削加工性能。

易切削钢的牌号由“Y”（“易”字汉语拼音首位字母）和后面的数字组成。“Y”表示易切削钢，后面的数字表示平均碳的质量分数的万分之几。若钢中含锰量较高，在牌号后标出 Mn。如 Y20、Y40Mn 等。

表 3-9 常用弹簧钢的牌号、化学成分、热处理、力学性能和用途

牌号	化学成分(质量分数)/%				热处理		力学性能				用途
	C	Si	Mn	Cr	淬火/℃	回火/℃	σ_s/MPa	σ_b/MPa	δ_{10}/%	ψ/%	
							不小于				
55Si2Mn	0.52～0.60	0.50～2.00	0.60～0.90	≤0.35	870 油	480	1200	1300	6	30	做 20～25mm 弹簧可用于 230℃以下温度
60Si2Mn	0.56～0.64	0.50～2.00	0.60～0.90	≤0.35	870 油	480	1200	1300	5	25	做 25～30mm 弹簧可用于 230℃以下温度
50CrVA	0.46～0.54	0.17～0.37	0.50～0.80	0.80～1.10	850 油	500	1150	1300	(δ_5)10	40	做 30～50mm 弹簧可用于 210℃以下温度
60Si2CrVA	0.56～0.64	0.40～1.80	0.90～1.20	0.90～0.20	850 油	410	1700	1900	(δ_5)6	20	做小于 50mm 弹簧可用于 250℃以下温度

常用易切削钢的牌号、化学成分、力学性能及用途见表 3-10。

表 3-10 常用易切削钢的牌号、化学成分、力学性能及用途

牌号	化学成分(质量分数)/%						力学性能(热轧)				用途举例
	C	Mn	Si	S	P	其他	σ_b /MPa	δ_5/% ≥	ψ/% ≥	HBS ≤	
Y12	0.08～0.16	0.60～1.00	≤0.35	0.10～0.20	0.05～0.15		390～540	22	36	170	在自动机床上加工的一般标准紧固件，如螺栓、螺母、销。Y15 碳的质量分数高，切削性更好
Y15	0.10～0.18	0.70～1.10	≤0.20	0.23～0.33	0.05～0.10		390～540	22	36	170	
Y20	0.15～0.25	0.60～0.90	0.15～0.35	0.08～0.15	≤0.06		450～600	20	30	175	强度要求稍高、形状复杂、不易加工的零件，如纺织机、计算机上的零件及各种标准紧固件
Y30	0.25～0.35	0.60～0.90	0.15～0.35	0.08～0.15	≤0.06		510～655	15	25	187	
Y40Mn	0.35～0.45	1.02～1.55	0.15～0.35	0.20～0.30	≤0.05		590～735	14	20	207	受较高应力，要求表面粗糙度小的机床丝杠、螺栓及自行车、缝纫机零件
T10Pb	0.95～1.05	0.40～0.60	0.15～0.30	0.035～0.045	≤0.03	Pb 0.15～0.25	—	—	—	—	精密仪器小零件，要求具有一定硬度、耐磨的零件，如手表、照相机的齿轮轴
Y45Ca	0.42～0.50	0.60～0.90	0.20～0.40	0.04～0.08	≤0.04	Ca 0.002～0.006	600～745	12	26	241	经热处理的齿轮、轴

5. 滚动轴承钢

滚动轴承钢在工作时承受着高而集中的交变载荷，同时滚动体和套圈之间还产生强烈的摩擦。因此，滚动轴承钢需具备高的接触疲劳强度及弹性极限、高的硬度和耐磨性、足够的韧性及一定的耐蚀性。

滚动轴承钢中应用最广的是高碳铬钢。其含碳量为 0.95%～1.15%，含铬量为 0.40%～1.65%。铬的作用是提高钢的淬透性，并在热处理后形成细小均匀分布的碳化物，提高钢的硬度、接触疲劳强度和耐磨性。

滚动轴承钢对杂质含量控制严格，一般规定含 w_S<0.02%，含 w_P<0.027%；非金属夹杂物的数量、大小、形状及分布情况对轴承的使用寿命影响很大，须参照有关标准严格控制。

滚动轴承钢的热处理包括预先热处理和最终热处理。预先热处理采用球化退火，其目的：一是降低硬度，便于加工；二是为最终热处理淬火做组织准备。最终热处理为淬火加低温回火，其

目的是获得极细的回火马氏体和细小均匀分布的碳化物组织，以提高钢的硬度和耐磨性。

由于滚动轴承钢的化学成分和力学性能与低合金工具钢相近。因此，滚动轴承钢除主要用于制造各种滚动轴承零件外，还可用它制造刀具、冷冲模具、量具、机床丝杠等。

常用滚动轴承钢的牌号、化学成分、热处理和用途见表 3-11。

表 3-11 常用滚动轴承钢的牌号、化学成分、热处理和用途

牌号	化学成分(质量分数)/%				热处理/℃		回火后硬度(HRC)	用途
	C	Cr	Si	Mn	淬火	回火		
GCr6	1.05～1.15	0.40～0.70	0.15～0.35	0.20～0.40	800～820 水,油	150～170	62～64	<φ10mm 的滚珠、滚柱及滚针
GCr9	1.00～1.10	0.92～1.20	0.15～0.35	0.20～0.40	800～820 水,油	150～170	62～66	<φ20mm 的滚珠、滚柱及滚针
GCr9SiMn	1.00～1.10	0.90～1.20	0.40～0.70	0.90～1.20	810～830 水,油	150～160	62～64	φ25～50mm 的滚珠，<φ22mm 滚柱，壁厚<12mm、外径<250mm 的套圈
GCr15	0.95～1.05	1.30～1.65	0.15～0.35	0.20～0.40	820～840 油	150～160	62～64	
GCr15SiMn	0.95～1.05	1.30～1.65	0.45～0.65	0.90～1.20	810～830 油	150～200	61～65	>φ50mm 的滚珠，>φ22mm 滚柱，壁厚>12mm、外径>250mm 的套圈

四、合金工具钢和高速工具钢

工具钢分为非合金工具钢、合金工具钢、高速工具钢三大类。

非合金工具钢（碳素工具钢）虽然易加工、价格便宜，但存在淬透性差，容易变形和开裂，而且在切削过程中温度升高时易软化等缺点。因此，对于尺寸大、精度高和形状复杂的模具、量具以及切削速度较高的刀具，均要求采用合金工具钢或高速工具钢制造。

（一）合金工具钢

合金工具钢按用途分为量具刃具用钢、耐冲击工具钢、热作模具钢、冷作模具钢、无磁模具钢和塑料模具钢。

1. 量具刃具钢

量具刃具钢的含碳量较高，一般为 $w_C=0.9\%\sim1.5\%$。合金元素总量少，主要有铬、硅、锰、钨等，以提高淬透性，获得高的硬度和耐磨性，保证高的尺寸精度。

量具刃具钢的热处理与碳素工具钢基本相同。预备热处理是球化退火，最终热处理是淬火加低温回火，组织为回火马氏体＋粒状合金碳化物＋少量残余奥氏体，硬度一般为 60～65HRC，使用温度低于 300℃。

这类钢主要用于制造形状复杂、截面尺寸较大的低速切削刃具，机械制造中各种测量工具，如卡尺、千分尺、样板等。其中最常用的是 9SiCr。

常用量具刃具钢的牌号、化学成分、热处理及性能见表 3-12。

2. 合金模具钢

合金模具钢分为冷作模具钢、热作模具钢、无磁模具钢和塑料模具钢。

(1) 冷作模具钢　冷作模具钢用于制作使金属冷塑性变形的模具，如冷冲模、冷挤压模、拉丝模等。

冷作模在工作过程中要承受很大压力、弯曲力、冲击力和摩擦作用。所以，要求冷作模具钢具有高的硬度和耐磨性、足够的强度和韧性。

表 3-12 常用量具刃具钢的牌号、化学成分、热处理及性能 (GB/T 1299—2000)

序号	牌号	化学成分(质量分数)/%						试样淬火		交货状态
		C	Si	Mn	P	S	Cr	淬火温度/℃	洛氏硬度(HRC)不小于	布氏硬度HBW10/3000
					不大于					
1	9SiCr	0.85～0.95	1.20～1.60	0.30～0.60	0.030	0.030	0.95～1.25	820～860油	62	241～197
2	8MnSi	0.75～0.85	0.30～0.60	0.80～1.10	0.030	0.030		800～820油	60	≤229
3	Cr06	1.30～1.45	≤0.04	≤0.04	0.030	0.030	0.50～0.70	780～810水	64	241～187
4	Cr2	0.95～1.10	≤0.04	≤0.04	0.030	0.030	1.30～1.65	830～860油	62	229～179
5	9Cr2	30.80～0.95	≤0.04	≤0.04	0.030	0.030	1.30～1.70	820～850油	62	217～179

冷作模具钢的热处理采用球化退火(预备热处理)、淬火+低温回火(最终热处理)。常用冷作模具钢牌号、化学成分、热处理和性能见表 3-13。

表 3-13 常用冷作模具钢牌号、化学成分、热处理和性能 (GB/T 1299—2000)

序号	牌号	化学成分(质量分数)/%						试样淬火		交货状态
		C	Si	Mn	P	S	Cr	淬火温度/℃	洛氏硬度(HRC)不小于	布氏硬度HBW10/3000
					不大于					
1	Cr12	2.00～2.30	≤0.40	≤0.40	0.030	0.030	11.50～13.00	900～1000 油	60	269～217
2	Cr12Mo1V1	1.40～1.60	≤0.60	≤0.60	0.030	0.030	11.00～13.00	820℃±15℃预热,1000℃(盐浴)或900℃(炉控气氛)±6℃加热,保温10～20min空冷,200℃±6℃回火	59	≤255
3	Cr12MoV	1.45～1.70	≤0.40	≤0.40	0.030	0.030	11.00～12.50	950～1000 油	58	255～207
4	9Mn2V	0.85～0.95	≤0.40	1.70～2.00	0.030	0.030		700～810 油	62	≤229
5	CrWMn	0.90～1.05	≤0.40	0.80～1.10	0.030	0.030	0.90～1.20	800～830 油	62	255～207
6	9CrWMn	0.85～0.95	≤0.40	0.09～1.20	0.030	0.030	0.50～0.80	800～830 油	62	241～197

(2) 热作模具钢 用于制作高温金属成形的模具,如热锻模、热挤压模、压铸模等。

由于热作模具钢在高温下工作,且承受很大冲击力。因此,热作模具钢要求具有高的强度及良好的热硬性,良好的断裂抗力、断裂韧性及冲击韧性,高的热疲劳抗力和良好的淬透性。

热作模具钢的含碳量为 0.30%～0.60%。常加入的合金元素是 Cr、Ni、Mn、Si、Mo、W、V 等。Cr、Ni、Mn、Si 的作用是强化钢的基体,提高钢的淬透性。Mo、W、V 的作用是细化晶粒,提高钢的回火稳定性和耐磨性。

热作模具钢的最终热处理是淬火加中温回火。

常用热作模具钢的牌号、化学成分、热处理及性能见表 3-14。

表 3-14　常用热作模具钢的牌号、化学成分、热处理及性能（GB/T 1299—2000）

序号	牌号	化学成分(质量分数)/%						试样淬火		交货状态布氏硬度 HBW10/3000
		C	Si	Mn	P	S	Cr	淬火温度/℃	冷却剂	
					不大于					
1	5CrMnMo	0.50～0.60	0.25～0.60	1.20～1.60	0.030	0.030	0.60～0.90	820～850	油	241～197
2	5CrNiMo	0.50～0.60	≤0.04	0.50～0.80	0.030	0.030	0.50～0.80	830～860	油	241～197
3	3Cr2W8V	0.30～0.40	≤0.04	≤0.04	0.030	0.030	2.20～2.70	1075～1125	油	≤255

(3) 塑料模具钢　用于制作塑料制品的成形模具。按塑料制品的成形方法不同可分为压塑模具、挤塑模具、注射模具、挤出成形模具、泡沫塑料模具及吹塑模具。常用塑料模具钢有 3Cr2Mo、3Cr2MnNiMo 等。

（二）高速工具钢（高速钢）

高速钢是一种用于制造高速切削刀具的高合金工具钢。如车刀、铣刀、刨刀、钻头等。

高速钢的含碳量为 0.70%～1.50%。高的含碳量是为了获得足够量的合金碳化物，并使钢具有高的硬度和耐磨性。钢中含有总量超过 10%的 W、Cr、V、Mo 等多种合金元素。W、Mo 的作用是提高钢的热硬性；Cr 的主要作用是提高钢的淬透性；V 的主要作用是提高钢的硬度、耐磨性、红硬性及细化晶粒。高速钢的热硬性可达 600℃，切削时明显比一般合金刃具钢的刀具更加锋利，故又俗称锋钢。

高速钢的热处理包括预先热处理和最终热处理。预先热处理一般采用普通退火和等温退火两种方法。最终热处理是淬火和回火。高速钢热处理的特点是高的加热温度（1200℃以上）、高的回火温度（560℃左右）、高的回火次数（3 次）。现以 W18Cr4V 钢为例，分析其淬火、回火处理工艺。

高速钢的热处理工艺曲线如图 3-2 所示。

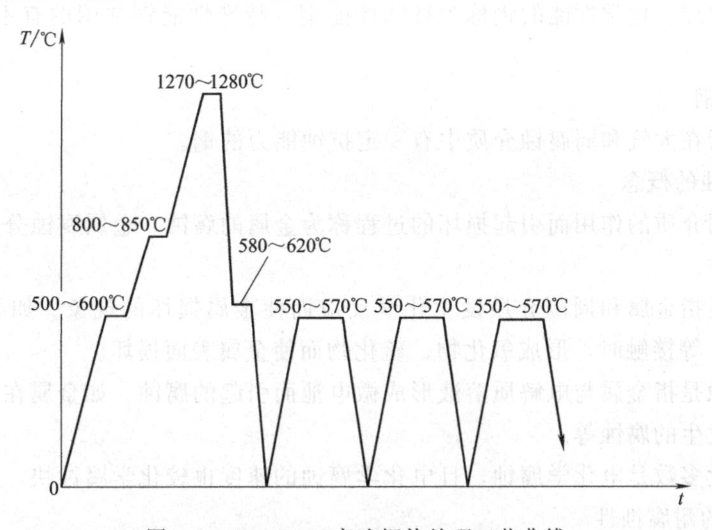

图 3-2　W18Cr4V 高速钢热处理工艺曲线

高速钢的合金元素含量高、导热性差、淬火温度又很高，所以淬火加热时必须进行一次预热（800～850℃）或两次预热（500～600℃，800～850℃）。预热的目的是减少变形，防止开裂和缩短工件在淬火高温的停留时间，并有利于防止产生氧化、脱碳等缺陷。高速钢中含有大量的 W、Mo、Cr、V 等难熔碳化物，它们只有在 1200℃以上才能大量溶入奥氏体中，所以，高速钢的淬火加热温度很高，一般为 1220～1280℃。W18Cr4V 钢的淬火加热温度高达 1270～1280℃。淬火冷却一般用分级淬火法，在 580～620℃分级冷却，使刃具表面和心部的温度趋于一致，减少热应力及组织应力，从而减少变形和开裂。正常淬火组织是马氏体＋残余奥氏体＋粒状碳化物。高速钢淬火后须在 550～570℃三次回火。因为高速钢淬火后组织中含有大量的残余奥氏体，一次回火难以全部消除，须经过三次回火才能使残余奥氏体基本上转变为回火马氏体，使钢的硬度达到最高值。

高速钢经淬火及回火后的组织是由回火马氏体、合金碳化物及少量残余奥氏体组成的，硬度可达 63～66HRC。

常用高速钢的牌号、化学成分、热处理和性能见表 3-15。

表 3-15 常用高速钢的牌号、化学成分、热处理和性能

牌号	化学成分(质量分数)/%								热处理及淬火、回火硬度			
	C	Mn	Si	Cr	V	W	Mn	Al	淬火温度 t/℃及介质		回火温度 t/℃	HRC不小于
									盐浴炉	箱式炉		
W18Cr4V	0.70～0.80	0.10～0.40	0.20～0.40	3.80～4.40	1.00～1.40	17.50～19.00	≤0.30	—	1270～1285 油	1270～1285 油	550～570	63
W6Mo5Cr4V2	0.80～0.90	0.15～0.40	0.20～0.45	3.80～4.40	1.75～2.20	5.50～6.75	4.50～5.50	—	1210～1230 油	1210～1230 油	540～560	63 箱式炉 64 盐浴炉
W9Mo3Cr4V	0.77～0.87	0.20～0.40	0.20～0.40	3.80～4.40	1.30～1.70	8.50～9.50	2.70～3.30	—	1210～1230 油	1220～1240 油	540～560	63 箱式炉 64 盐浴炉
W6Mo5Cr4V2Al	1.05～1.20	0.15～0.40	0.20～0.60	3.80～4.40	1.75～2.20	5.50～6.75	4.50～5.50	0.08～1.20	1230～1240 油	1230～1240 油	540～560	65

五、特殊性能钢

具有特殊物理、化学性能的钢称为特殊性能钢。特殊性能钢常用的有不锈钢、耐热钢、耐磨钢等。

（一）不锈钢

不锈钢是指在大气和弱腐蚀介质中有一定抗蚀能力的钢。

1. 金属腐蚀的概念

金属受周围介质的作用而引起损坏的过程称为金属的腐蚀。金属腐蚀分为化学腐蚀和电化学腐蚀两大类。

化学腐蚀是指金属和周围介质发生化学反应而使金属损坏的现象。如金属与干燥气体 O_2、H_2S、SO_2 等接触时，形成氧化物、硫化物而使金属表面损坏。

电化学腐蚀是指金属与电解质溶液形成微电池而引起的腐蚀。如金属在潮湿空气中的腐蚀，在海水中发生的腐蚀等。

金属腐蚀大多数是电化学腐蚀，且电化学腐蚀的速度也较化学腐蚀快，危害性也大。

2. 不锈钢的耐腐蚀性

为提高金属的耐腐蚀性能，主要采取如下措施：

① 使金属表面形成致密的氧化膜；

② 提高金属基体的电极电位；

③ 使金属呈单相组织。

在不锈钢中常加入 Cr、Ni、Ti、Mo、V、Nb 等合金元素。Cr 的主要作用是形成致密的 Cr_2O_3 保护膜，同时提高铁素体的电极电位，Cr 还能使钢呈单一的铁素体组织。所以，Cr 是不锈钢中的主要元素。Ni 是扩大奥氏体区元素，当 Ni 含量达到一定值时，可使钢呈单相奥氏体组织，从而提高耐蚀性能。

3. 常用不锈钢及热处理

不锈钢按化学成分不同，分为铬不锈钢和铬镍不锈钢两大类。按组织不同分为马氏体型、奥氏体型和铁素体型三种类型。

（1）马氏体型不锈钢　马氏体型不锈钢中常用的是 Cr13 型不锈钢，如 1Cr13、2Cr13、3Cr13 等。这类不锈钢含有较高的铬（$w_{Cr}=12\%\sim19\%$）和较高的碳（$w_C=0.08\%\sim0.45\%$），因此，它有较高的强度、硬度和耐磨性。

含碳量较低的 0Cr13、1Cr13、2Cr13 不锈钢，具有良好的抗大气、海水、蒸汽等介质的腐蚀能力，塑韧性也很好。最终热处理是采用淬火和高温回火。主要用于制造汽轮机叶片、水压机阀门等结构件。

含碳量较高的 3Cr13、4Cr13 不锈钢，经淬火加低温回火后得到回火马氏体，其硬度、强度较高。主要用于轴承、餐具及医疗器械等。

（2）奥氏体型不锈钢　奥氏体不锈钢是目前工业上应用最广泛的不锈钢。奥氏体不锈钢中主要含有 Cr、Ni 合金元素。常用的牌号有 0Cr18Ni9、1Cr18Ni9 等，通称 18-8 型不锈钢。

这类不锈钢含碳量低，大多含碳量在 0.10% 以下，常温下为单相奥氏体组织，具有良好的韧性、塑性、耐蚀性和焊接性。主要用于制造在强腐蚀介质（硝酸、有机酸、碱水溶液等）中工作的零件及构件。如吸收塔、贮槽、管道等。

这类不锈钢常用的热处理是固溶处理、稳定化处理、除应力处理。

固溶处理：奥氏体钢焊接后，将它加热到 1050～1150℃，使碳化物［$(Cr,Fe)_{23}C_6$］全部溶于奥氏体中，然后水冷，从而获得单相奥氏体组织，保证其良好的耐蚀性。

稳定化处理：奥氏体不锈钢在 450～850℃温度范围内工作，沿晶界析出 $(Cr,Fe)_{23}C_6$ 碳化物，造成晶界附近贫铬（$w_{Cr}<12\%$），腐蚀沿晶界发生，称为晶间腐蚀。为防止晶间腐蚀，在钢中加入 Ti、Nb 等合金元素。把含有 Ti、Nb 不锈钢加热到 850℃以上，经保温后空冷，使碳稳定在 TiC、NbC 中，使铬的碳化物不析出，从而防止晶间腐蚀的热处理称稳定化处理。

除应力处理：为消除不锈钢冷加工后的内应力，可在 300～350℃进行除应力处理。为消除焊件残余应力，可在 850℃以上进行除应力处理，同时减轻晶间腐蚀。

（3）铁素体型不锈钢　铁素体不锈钢常用的牌号有 1Cr17、1Cr28、1Cr17Mo2Ti 等。这类钢含碳量低（$w_C\leqslant0.15\%$），而含铬量高（$w_{Cr}=12\%\sim30\%$）。因此，在室温到高温均为单相铁素体组织。其耐蚀性、塑韧性和焊接性均优于马氏体不锈钢，但强度较低。主要用于力学性能要求不高，而对耐蚀性要求很高的零件或构件。如硝酸吸收塔、热交换器、管路等。

这类不锈钢的热处理一般是在 750～850℃范围内退火，退火后应迅速冷却，使之很快地通过 475℃的脆性温度区。

（4）奥氏体-铁素体不锈钢　此类钢 Cr、Ni 的含量分别为：$w_{Cr}=17.5\%\sim28\%$，$w_{Ni}=3\%\sim12\%$，还含有少量的 Mo、Ti、Pb 等元素。组织为奥氏体＋铁素体，其性能兼有奥氏体和铁素体的特征。常用的牌号有 0Cr26Ni5Mo2、1Cr18Ni11Si4AlTi、00Cr18Ni5Mo3Si2 等。

（二）耐热钢

在高温下具有高的抗氧化性能和较高强度的钢，称为耐热钢。耐热钢分为抗氧化钢和热强钢两类。

1. 抗氧化钢

在高温下有良好的抗氧化能力且具有一定强度的钢，称为抗氧化钢。这类钢主要用于制造锅炉用零件和热交换器等。

抗氧化钢中主要加入 Cr、Si、Al、Mn 等合金元素，使钢表面形成致密的、高熔点的、稳定的氧化膜，使钢和高温氧化性气体隔绝，避免钢的进一步氧化。常用的有 4Cr9Si2、1Cr13SiAl、3Cr18Mn12Si2N 等。

2. 热强钢

热强钢是在高温下具有良好的抗氧化能力、较高的强度和良好的组织稳定性的钢。为提高耐热钢的热强性，常在钢中加入 Cr、Mo、W、V、Ti、Nb 等合金元素。

热强钢按组织不同分为珠光体型、马氏体型、奥氏体型等。

常用的热强钢有 15CrMo、4Cr14Ni14W2Mo、4Cr9Si2 等。

（三）耐磨钢

耐磨钢主要用于制造承受强烈摩擦和冲击的零件，如车辆履带、球磨机颚板等。

高锰钢是常用的耐磨钢，其牌号为 ZGMn13。高锰钢耐磨、耐冲击的原因是在热处理后具有单相的奥氏体组织。当在工作中受到强烈冲击和压力时，表面会产生强烈的硬化使其硬度显著升高，获得高的耐磨性，而心部仍保持高的塑韧性。即此类钢只有在强烈冲击下才耐磨。高锰钢因易加工硬化，切削加工困难，故多采用铸造成形。

第三节 铸 铁

含碳量大于 2.11%的铁碳合金称为铸铁。铸铁组织主要由金属基体和石墨组成。石墨的数量、形状、大小、分布状态直接影响铸铁的性能。铸铁的力学性能虽然比碳钢低，但具有优良的铸造性能、切削加工性能、耐磨性、减震性，且价格低廉，因而获得广泛应用。

一、铸铁的分类和石墨化

1. 铸铁的分类

(1) 按铸铁中碳的存在形式分　按碳在铸铁中存在的形式不同，铸铁可以分为以下几类。

① 灰铸铁：碳主要以石墨形式存在，其断口呈暗灰色，故称为灰铸铁。它是目前工业上应用最广泛的一种铸铁。

② 白口铸铁：碳主要以渗碳体形式存在，断口呈银白灰色，故称为白口铸铁。因它性能既硬又脆，很难进行切削加工，所以很少直接用来制造零件。

③ 麻口铸铁：碳一部分以石墨形式存在，另一部分以渗碳体形式存在，断口呈灰白相间的麻点。这类铸铁脆性很大，工业上很少应用。

(2) 按铸铁中石墨的形态分　按铸铁中石墨的形态不同分为以下几类（见图 3-3）。

① 灰铸铁：石墨以片状存在。

② 可锻铸铁：石墨以团絮状存在。

③ 球墨铸铁：石墨以球状存在。

④ 蠕墨铸铁：石墨以蠕虫状存在。

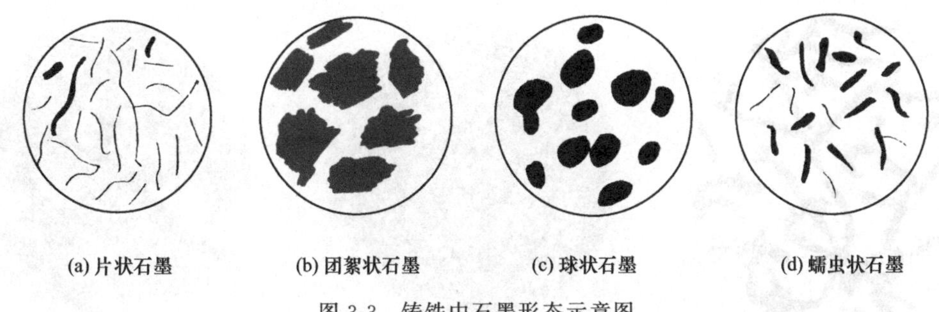

图 3-3 铸铁中石墨形态示意图

2. 铸铁的石墨化

铸铁中的碳以石墨形态析出的过程称为石墨化。铸铁中的碳有渗碳体和石墨两种存在形式，究竟以哪种形式存在，取决于铁液的成分和冷却速度。

(1) 成分的影响　铸铁中的各种元素按其石墨化作用不同，分为促进石墨化元素和阻碍石墨化元素两大类。C、Si、Al、Ni、Cu 等是促进石墨化元素，其中 C、Si 是强烈促进石墨化元素，其含量越高，析出石墨数量越多、尺寸越大。Cr、W、Mo、V、Mn、S 等是阻碍石墨化元素，其含量越高，越不易析出石墨。

(2) 冷却速度的影响

铸铁结晶时，缓慢冷却有利于石墨化的充分进行，结晶出的石墨又多又大；而快速冷却则阻碍石墨化，促使白口化。冷却速度取决于铸件的壁厚和铸型材料。图 3-4 所示为一般砂型铸造条件下铸铁的化学成分和冷却速度（铸件壁厚）与铸铁组织的关系。根据铸件壁厚和化学成分 $w_{(C+Si)}$，可在图上查到铸铁的组织。

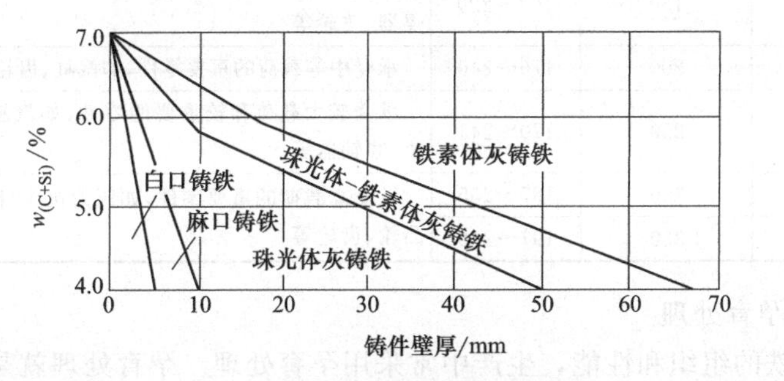

图 3-4 铸铁的化学成分和冷却速度（铸件壁厚）对铸铁组织的影响

铸铁石墨化的方式有两种：一种是铁液中直接析出；另一种是先结晶出渗碳体，而后渗碳体在一定条件下分解出石墨。

二、灰铸铁

1. 灰铸铁的成分、组织和性能

灰铸铁的化学成分为：$w_C=2.6\%\sim3.6\%$，$w_{Si}=1.2\%\sim3.0\%$，$w_{Mn}=0.4\%\sim1.2\%$，$w_S\leqslant0.15\%$，$w_P\leqslant0.3\%$。

灰铸铁的组织由片状石墨和非合金钢的基体组成。基体分为：铁素体、珠光体、铁素体＋珠光体（见图 3-5）。因石墨的强度、塑性几乎为零，所以，分布在基体上的石墨相当于许多细小的裂纹和空洞，破坏了基体的连续性，且石墨尖端处易产生应力集中。因此，灰铸铁的强度、塑性和韧性较碳钢低得多。

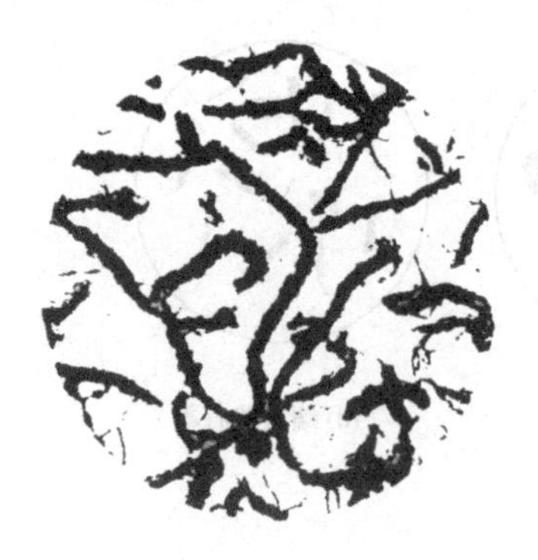

(a) 铁素体灰铸铁

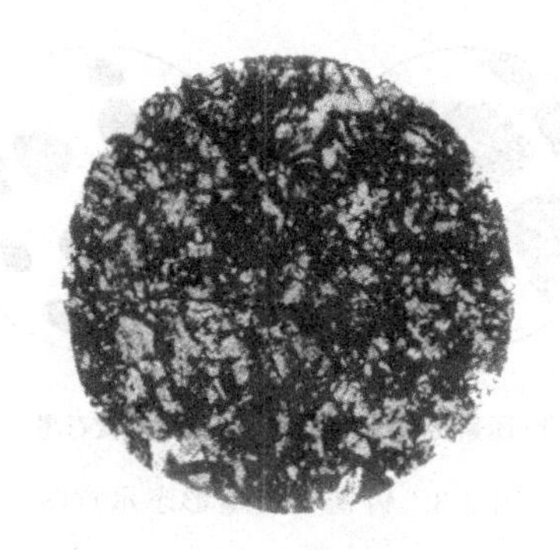

(b) 铁素体+珠光体灰铸铁

(c) 珠光体灰铸铁

图 3-5 灰铸铁的显微组织

片状石墨虽然降低了铸铁的力学性能，但它使铸铁也获得了一些优良性能，如良好的铸造性和切削性，较高的耐磨性、减震性和低的缺口敏感性。

2. 灰铸铁的牌号和用途

灰铸铁的牌号由“灰铁”两字的首位汉语拼音“HT”及后面一组数字组成，数字表示最低抗拉强度值。灰铸铁的牌号、力学性能及用途见表 3-16。

表 3-16 灰铸铁的牌号、力学性能及用途

牌号	试样直径/mm	最小抗拉强度 σ_b/MPa	硬度(HBS)	用途举例
HT100	30	100	143～229	低载荷和不重要的零件，如盖、外罩、手轮、重锤、支架等
HT150	30	150	163～229	承受中等载荷零件，如机床支架、箱体、带轮、刀架、阀体、锅炉省煤器、飞轮等
HT200	30	200	170～240	承受中等载荷的重要零件，如汽缸、齿轮、齿条、一般机床床身等
HT250	30	250	170～241	承受较大载荷和较重要的零件，如汽缸、齿轮、凸轮、油缸、轴承座、联轴器等
HT300	30	300	187～255	承受高载荷的重要零件，如压力机床身、高压液压筒、车床卡盘、凸轮、齿轮等
HT350	30	350	197～269	

3. 灰铸铁的孕育处理

为改善灰铸铁的组织和性能，生产中常采用孕育处理。孕育处理就是在浇注前向铁液中加入少量孕育剂（如硅铁、硅钙合金等），改变铁液结晶条件，获得细小、均匀分布的片状石墨和细小的珠光体组织。经过孕育处理后的灰铸铁称为孕育铸铁。孕育铸铁的强度有较大提高，塑韧性也有所改善，因而常用于制造力学性能要求较高、截面尺寸变化较大的大型铸件。

4. 灰铸铁的热处理

热处理只能改变灰铸铁的基体组织，不能改变石墨的形状、大小和分布。故灰铸铁的热处理一般只用于消除铸件内应力和白口组织，稳定尺寸和提高工件表面硬度、耐磨性。常用热处理工艺有消除应力退火，消除白口组织的退火和表面淬火。

三、可锻铸铁

可锻铸铁是将白口铸铁通过石墨化退火，使渗碳体分解成团絮状石墨的铸铁，又称马铁或玛铁。因其具有一定塑性和韧性，故称可锻铸铁，但实际上并不能锻造。

1. 可锻铸铁成分、组织和性能

可锻铸铁的成分一般为：$w_C=2.4\%\sim2.7\%$，$w_{Si}=1.4\%\sim1.8\%$，$w_{Mn}=0.5\%\sim0.7\%$，$w_S<0.2\%$，$w_P<0.1\%$。

按成分和退火工艺不同，可锻铸铁可形成铁素体可锻铸铁（黑心可锻铸铁）、珠光体可锻铸铁和白心可锻铸铁（一般不用）三种（显微组织见图3-6）。

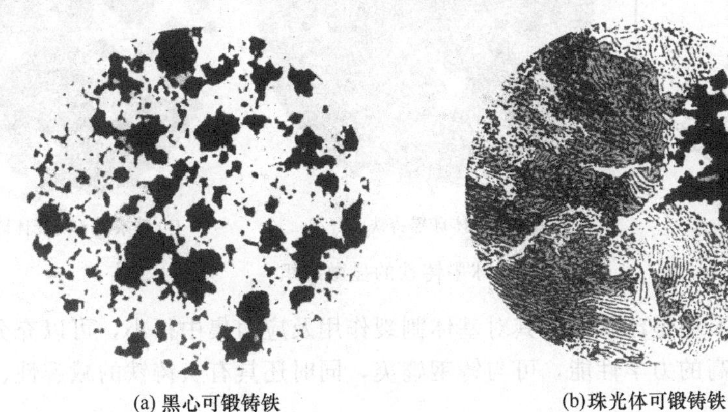

(a) 黑心可锻铸铁　(b)珠光体可锻铸铁

图3-6　可锻铸铁的显微组织

可锻铸铁的团絮状石墨较片状石墨对基体的割裂小，应力集中也小，所以其强度、塑性和韧性比灰铸铁高。

2. 可锻铸铁的牌号及用途

可锻铸铁的牌号由三个字母和后面两组数字组成。前两个字母“KT”是“可铁”二字首位汉语拼音，第三个字母是表示可锻铸铁的类别；即“H”、“Z”表示“黑”、“珠”的首位汉语拼音，两组数字分别表示最低抗拉强度和最低伸长率。如KTH350-10表示黑心可锻铸铁，其最低抗拉强度为350MPa，最低伸长率为10%。常用可锻铸铁的牌号、性能及用途见表3-17。

表3-17　常用可锻铸铁的牌号、性能及用途

类别	牌号	试样直径 d/mm	力学性能				用途举例
			σ_b/MPa	σ_s/MPa	δ/%	硬度(HBS)	
黑心可锻铸铁	KTH300-06	15	300	—	6	不大于150	汽车、拖拉机零件，如后桥壳、轮壳、转向机构壳体、弹簧钢板支座等，钩形扳手、弯头三通等管件
	KTH350-10		330	—	8		
	KTH330-08		350	200	10		
	KTH370-12		370	—	12		
珠光体可锻铸铁	KTZ450-06	12或15	450	270	6	150～200	曲轴、凸轮轴、连杆、齿轮、万向接头、传动链条等
	KTZ550-04		550	340	4	180～230	
	KTZ650-02		650	430	2	210～260	
	KTZ700-02		700	530	2	240～290	

四、球墨铸铁

铁水经球化处理后使石墨大部分或全部成为球状的铸铁称为球墨铸铁。

1. 球墨铸铁的成分、组织和性能

球墨铸铁的化学成分一般为：$w_C=3.6\%\sim3.8\%$，$w_{Si}=2.0\%\sim3.0\%$，$w_{Mn}=0.6\%\sim0.8\%$，$w_S\leqslant0.07\%$，$w_P<0.1\%$，$w_{Mg}=0.03\%\sim0.05\%$，$w_{RE}<0.05\%$。

球墨铸铁按基体组织不同，可分为铁素体球墨铸铁、铁素体+珠光体球墨铸铁和珠光体球墨铸铁三种。其显微组织如图3-7所示。

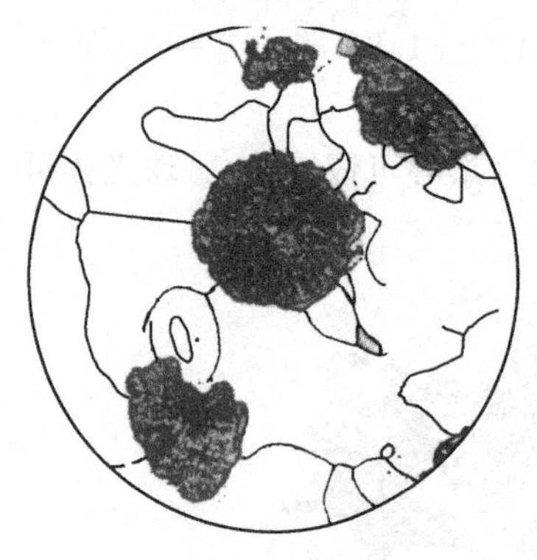
(a)铁素体球墨铸铁

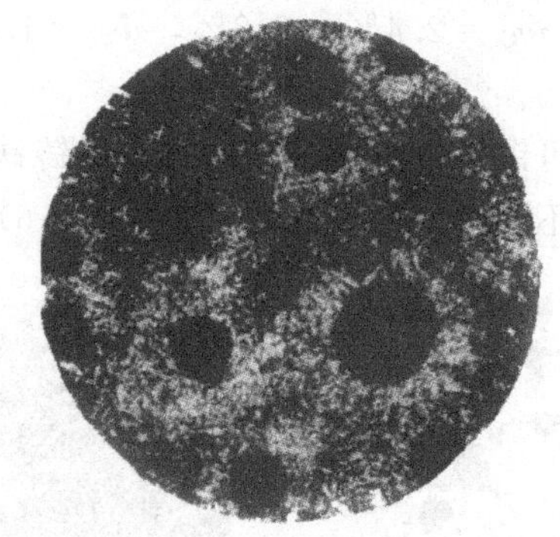
(b)珠光体球墨铸铁

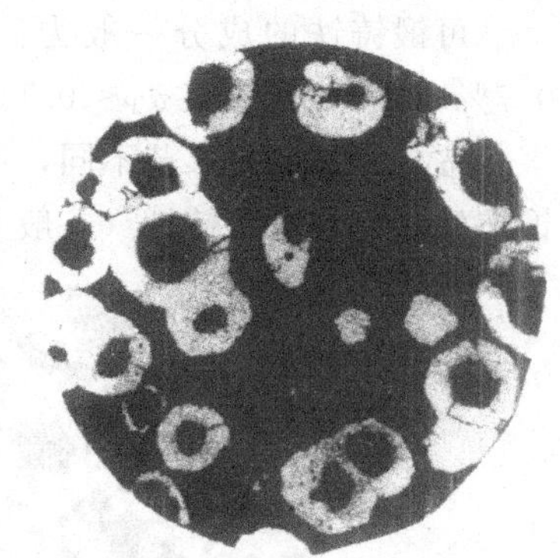
(c)铁素体＋珠光体球墨铸铁

图 3-7 球墨铸铁的显微组织

因球墨铸铁中的石墨是球状的，其对基体割裂作用及应力集中很小，可以充分发挥基体的性能，所以具有较高的力学性能，可与铸钢媲美，同时还具有灰铸铁的减震性、耐磨性和低的缺口敏感性。

2. 球墨铸铁的牌号及用途

球墨铸铁由“球铁”两字首位汉语拼音“QT”及两组数字组成，两组数字分别表示其最低抗拉强度和最低伸长率。如 QT400-18 表示球墨铸铁，其最低抗拉强度为 400MPa，最低伸长率为 18%。球墨铸铁的牌号、力学性能和用途见表 3-18。

表 3-18 球墨铸铁的牌号、力学性能和用途

牌号	基体组织	力学性能				用途举例
		σ_b/MPa	$\sigma_{0.2}$/MPa	δ/%	硬度(HBS)	
		不小于				
QT400-18	铁素体	400	250	18	130～180	承受冲击、震动的零件，如汽车、拖拉机的齿毂、驱动桥壳、减速器壳、拨叉，农机具零件，中低压阀门，上、下水及输气管道，压缩机上高低压汽缸，电动机机壳，齿轮箱，飞轮壳等
QT400-15	铁素体	400	250	15	130～180	
QT450-10	铁素体	450	310	10	160～210	
QT500-7	铁素体＋珠光体	500	320	7	170～230	机器座架、传动轴、飞轮、电动机机架，内燃机的机油泵齿轮、铁路机车车辆轴瓦等
QT600-3	珠光体＋铁素体	600	370	3	190～270	载荷大、受力复杂的零件，如汽车、拖拉机的曲轴、连杆、凸轮轴、汽缸套，部分磨床、铣床、车床的主轴、机床蜗杆、蜗轮，轧钢机轧辊、大齿轮，小型水轮机主轴，汽缸体，桥式起重机大小滚轮等
QT700-2	珠光体	700	420	2	225～305	
QT800-2	珠光体或回火组织	800	480	2	245～335	
QT900-2	贝氏体或回火马氏体	900	600	2	280～360	高强度齿轮，如汽车后桥螺旋锥齿轮、大减速器齿轮，内燃机曲轴、凸轮轴

3. 球墨铸铁的热处理

由于球状石墨对基体的割裂作用小，所以可通过热处理改变基体的组织，提高球墨铸铁的性能，生产中常采用退火、正火、调质、等温淬火等不同的热处理工艺来获得铁素体、珠光体、回火索氏体、下贝氏体等基体组织。

五、蠕墨铸铁

蠕墨铸铁是近代发展起来的新型铸铁。它是在铁水中加入蠕化剂镁钛合金、稀土镁钛合金或稀土镁钙合金等，经蠕化处理后而成。

1. 蠕墨铸铁的成分、组织和性能

蠕墨铸铁的化学成分一般为：$w_C=3.5\%\sim3.9\%$，$w_{Si}=2.1\%\sim2.8\%$，$w_{Mn}=0.4\%\sim0.8\%$，$w_S<0.1\%$，$w_P<0.1\%$。其组织是石墨形态近似蠕虫状（见图 3-8），金属基体和球墨铸铁相似。这种铸铁的强度和韧性高于灰铸铁，而导热性、减震性、铸造性和切削加工性近于灰铸铁。

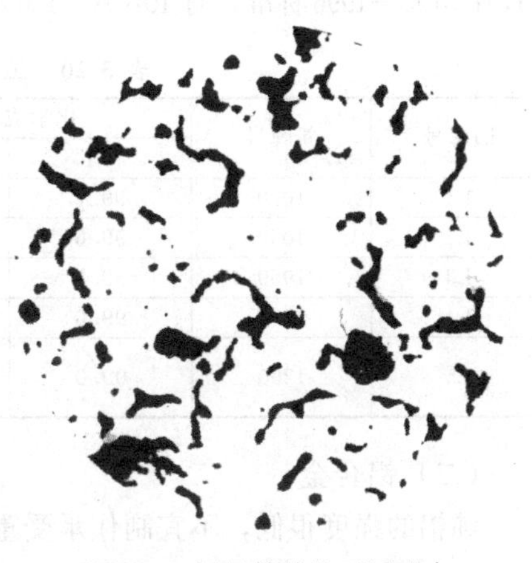

图 3-8　蠕墨铸铁的石墨形态

2. 蠕墨铸铁的牌号及应用

蠕墨铸铁的牌号用“蠕铁”二字的汉语拼音缩写“RuT”加最小抗拉强度表示。如 RuT420 表示最小抗拉强度为 420MPa 的蠕墨铸铁。

常用蠕墨铸铁的牌号、力学性能和用途见表 3-19。

表 3-19　蠕墨铸铁的牌号、力学性能和用途

牌号	力学性能				用途举例
	σ_b/MPa	$\sigma_{0.2}$/MPa	δ/%	硬度(HBS)	
	不小于				
RuT260	260	195	3	121～197	增压器废气进气壳体，汽车、拖拉机某些底盘零件等
RuT300	300	240	1.5	140～217	排气管、变速箱体、汽缸盖、液压件、纺织机零件、钢锭模等
RuT340	340	270	1.0	170～249	玻璃模具、大型齿轮箱体、盖、座、飞轮、起重机卷筒、带导轨面的重型机床件、烧结机滑板等
RuT380	380	300	0.75	193～274	活塞环、汽缸套、制动盘、钢珠研磨盘、吸淤泵体、玻璃模具、刹车鼓等
RuT420	420	335	0.75	200～280	

第四节　有色金属

金属材料分为钢铁材料（黑色金属）和非铁金属（有色金属）两大类。有色金属又分为轻有色金属（相对密度<3.5）和重有色金属（相对密度>3.5）。

有色金属具有钢铁所不具备的许多特殊性能，如质轻、强度高、导电和电热性好、耐腐蚀等，所以在现代工业和生活中得到了广泛应用。

常用的有色金属有铝及其合金、铜及其合金、钛及其合金等。

一、铝及铝合金

（一）工业纯铝

纯铝是银白色金属，是自然界贮量最为丰富的金属元素，但由于冶炼困难，故生产成本高。

纯铝密度为 2.72g/cm³，仅为铁的 1/3，是一种轻型金属。

纯铝的熔点为 658℃，结晶后为面心立方晶格，无同素异构转变，故铝合金的热处理原理与钢不同。

纯铝的导电、导热性能良好，仅次于银、铜、金，纯铝在空气中有良好的耐蚀性。

工业纯铝的纯度一般为 99.7%～98%，强度低、塑性好。加工硬化后强度由原来的 $\sigma_b=80\sim100$MPa 提高到 $\sigma_b=150\sim250$MPa，但塑性有所下降。

纯铝的主要用途是制作导线，配制铝合金以及制作一些器皿、垫片等。工业纯铝的牌号根据

GB/T 3190—1996 标准，有 1070A、1060A、1050A 等。工业纯铝的牌号、化学成分和用途见表 3-20。

表 3-20 工业纯铝的牌号、化学成分和用途

旧牌号	新牌号	化学成分/%		用途
		Al	杂质总量	
L1	1070	99.7	0.3	垫片、电容、电子管隔离罩、电缆、导电体和装饰件
L2	1060	99.6	0.4	
L3	1050	99.5	0.5	
L4	1035	99.0	1.00	
L5	1200	99.0	1.00	不受力而具有某种特性的零件，如电线保护导管、通信系统的零件、垫片和装饰件

（二）铝合金

纯铝的强度很低，不宜制作承受重载荷的结构件，为提高纯铝的强度，在铝中加入适量的硅、铜、锰、镁、锌等合金元素，可形成强度高的铝合金。铝合金的密度小，导热性好，比强度（单位质量的强度）高，再经过冷变形和热处理，还可进一步提高强度，故应用广泛。

1. 铝合金的分类

按铝合金成分及生产工艺不同可分为变形铝合金和铸造铝合金两大类。从铝合金相图 3-9 可以看出，成分在 D' 点左边的铝合金，加热时形成单相 α 固溶体，塑性好，适于压力加工，故称变形铝合金（也称形变铝合金）。成分在 D' 点右边的铝合金，由于结晶时有共晶组织、凝固温度低、塑性差、不适于压力加工，但充型时流动性好，适于铸造加工，故称铸造铝合金。成分在 F 点左边的铝合金，冷却时组织不随温度的改变而变化，故不能热处理强化，称为不能热处理强化铝合金。成分在 $F\sim D'$ 点之间的铝合金，α 固溶体中溶质的含量将随温度的改变而变化，这类合金可通过热处理强化，故称为能热处理强化铝合金。

铝合金的分类如图 3-10 所示。

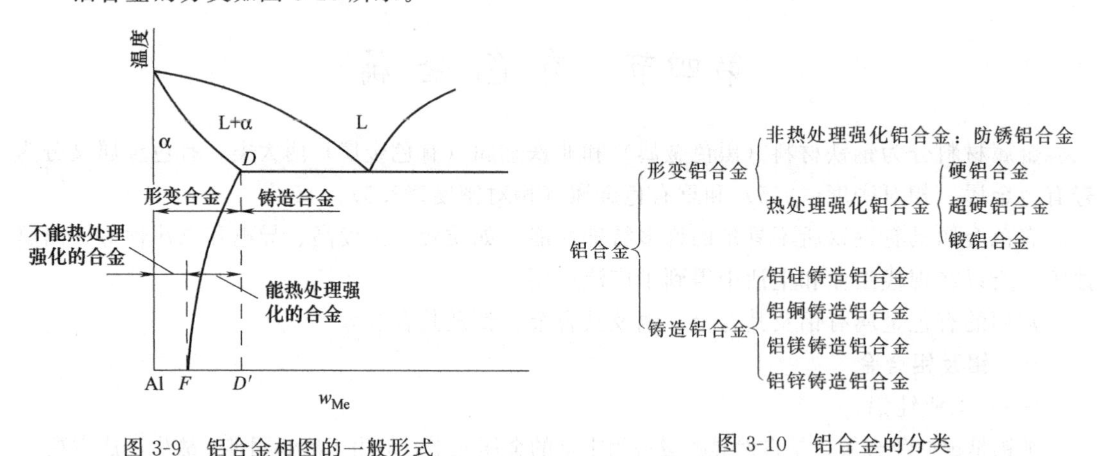

图 3-9 铝合金相图的一般形式

图 3-10 铝合金的分类

2. 变形铝合金

（1）变形铝合金的类型和牌号编制　变形铝合金分为防锈铝合金、硬铝合金、超硬铝合金、锻铝合金四种。

变形铝合金的牌号用 2×××～8×××系列表示。牌号的第一位数字表示铝合金的组别（见表 3-21），牌号的第二位是英文大写字母，表示原始合金的改型情况。如 A 是表示原始合金，B-Y 中的某一字母表示为原始合金的改型合金。牌号中最后两位数字仅用来区分一组中不同的铝合金。如 5A05，表示以镁为主要合金元素的原始铝合金，同一组中的编号为 05。

表 3-21 变形铝合金的组别

组别	牌号系列
以铜为主要合金元素的铝合金	2×××
以锰为主要合金元素的铝合金	3×××
以硅为主要合金元素的铝合金	4×××
以镁为主要合金元素的铝合金	5×××
以镁和硅为主要合金元素并以 Mg_2Si 相为强化相的铝合金	6×××
以锌为主要合金元素的铝合金	7×××
以其他元素为主要合金元素的铝合金	8×××
备用合金组	9×××

(2) 变形铝合金的成分、性能及用途 不同的变形铝合金有不同的成分、性能及用途。

① 防锈铝合金 主要合金元素是锰和镁。加入锰可提高合金的耐蚀能力和产生固溶强化作用。加入镁起固溶强化和降低合金密度的作用。

防锈铝合金强度高于纯铝，并有良好的耐蚀性、塑性和焊接性，但切削加工性较差，不能热处理强化。主要用于冲压法制成的轻负荷焊件或容器管道、蒙皮等。

② 硬铝合金 主要合金元素是铜和镁。加入铜、镁的作用是在时效过程中产生强化作用。这类合金可通过热处理强化（淬火＋时效）来获得较高强度和硬度，也可进行变形强化。硬铝在形变铝合金中应用最为广泛，用来制造各种半成品和薄板、型材、冲压件、飞机螺旋桨、叶片、构架等。

③ 超硬铝合金 主要合金元素是铜、镁、锌等。这类合金经淬火＋人工时效后具有很高的强度和硬度，切削性良好，但耐蚀性和焊接性较差。主要用于制造飞机上的受力部件，以及外形复杂的锻件和模锻件。

④ 锻铝合金 锻铝合金属于 Al-Cu-Mg-Si 系列，合金元素含量少，在加热状态下具有良好的塑性和耐热性。锻造性能好，主要用于中等强度、形状复杂的锻件。

常用变形铝合金的牌号、化学成分、力学性能及用途见表 3-22。

表 3-22 常用变形铝合金的牌号、化学成分、力学性能及用途

类别	牌号	化学成分(质量分数)/%					材料状态	力学性能			用途举例
		Cu	Mg	Mn	Zn	其他		σ_b/MPa	δ_{10}/%	HBS	
防锈铝	5A05(原 LF5)	0.10	4.8～5.5	0.3～0.6	0.20		0	280	20	70	焊接油箱、油管、焊条、铆钉以及中载零件及制品
防锈铝	3A21(原 LF21)	0.20	0.05	1.0～1.6	0.10	Ti0.15	0	130	20	30	焊接油箱、油管、焊条、铆钉以及轻载零件及制品
硬铝	2A01(原 LY1)	2.2～3.0	0.2～0.5	0.20	0.10	Ti0.15	T4	300	24	70	工业温度不超过100℃的结构用中等强度铆钉
硬铝	2A11(原 LY11)	3.8～4.8	0.4	0.4～0.8	0.30	Ni0.10 Ti0.15	T4	420	15	100	中等强度的结构零件，如骨架模锻的固定接头，支柱，螺旋桨的叶片，局部镦粗零件，螺栓和铆钉
超硬铝	7A04(原 LC4)	1.4～2.0	1.8～2.8	0.2～0.6	5.0～7.0	Cr0.1～0.25	T6	600	12	150	结构中主要受力件，如飞机大梁、桁架、加强框、起落架
锻铝	2A50(原 LD5)	1.8～2.6	0.4～0.8	0.4～0.8	0.30	Ni0.10 Ti0.15	T6	420	13	105	形状复杂、中等强度的锻件及模锻件
锻铝	2A70(原 LD7)	1.9～2.5	1.4～1.8	0.20	0.30	Ni0.9～1.5 Ti0.02～0.1	T6	440	12	120	内燃机活塞和在高温下工作的复杂锻件、板材，可制作高温下工作的结构件

注：1. 表内化学成分摘自 GB/T 3190—1996《变形铝及铝合金化学成分》。
2. 0—退火；T4—固溶处理＋自然时效；T6—固溶处理＋人工时效。
3. 做铆钉线材的 3A21 合金的锌含量 $w_{Zn}\leq 0.03\%$。
4. 原牌号指 GB 3190—82《铝及铝合金加工产品化学成分》中的铝合金牌号。

3. 铸造铝合金

常用铸造铝合金的牌号、化学成分、力学性能及用途见表 3-23。

表 3-23 常用铸造铝合金的牌号、化学成分、力学性能及用途

牌号	代号	化学成分(质量分数)/%					铸造方法	力学性能				应用举例
		Si	Cu	Mg	Mn	其他		合金状态	σ_b/MPa	δ_5/%	HBS	
									不小于			
ZAlSi7Mg	ZL101	6.0~7.5		0.25~0.45		Al 余量	J	T5	210	2	60	形状复杂的砂型、金属型和压力铸造零件，如飞机、仪表零件、水泵壳体，工作温度不超过 185℃的汽化器等
ZAlSi9Mg	ZL104	8.0~10.5		0.17~0.30	0.2~0.5	Al 余量	J	T1	200	1.5	65	砂型、金属型和压力铸造的形状复杂、在 200℃以下工作的零件，如发动机机匣、汽缸体等
ZAlCu4	ZL203		4.0~5.0			Al 余量	J	T5	230	3	70	砂型铸造，中等载荷和形状比较简单的零件，如托架和工作温度不超过 200℃、要求切削加工性能好的小零件
ZAlMg5Si1	ZL303	8.0~1.3		4.5~5.5	0.1~0.4	Al 余量	S,J	—	150	1	55	腐蚀介质作用下的中等载荷零件，在严寒大气中以及工作温度不超过 200℃的零件，如齿轮配件和各种壳体
ZAlZn11Si7	ZL401	6.0~8.0		0.1~0.3		Zn9.0~13.0 Al 余量	J	T1	245	1.5	90	压力铸造零件，工作温度不超过 200℃、结构形状复杂的汽车、飞机零件

注：1. 铸造方法代号：J—金属型铸造，S—砂型铸造。
2. 合金状态：T1—人工时效，T5—固溶处理＋不完全人工时效。
3. 化学成分与力学性能摘自 GB/T 1173—1995《铸造铝合金》。

铸造铝合金主要有铝硅系、铝铜系、铝镁系及铝锌系四类，其中铝硅系应用最广泛。

铸造铝合金的代号用“铸铝”汉语拼音首位字母“ZL”及后面三位数字表示。第一位数字表示合金类别（1 为铝硅合金；2 为铝铜合金；3 为铝镁合金；4 为铝锌合金）；后两位数表示合金顺序号。

铝硅合金俗称硅铝明。常用铝硅合金中硅的含量为 10%～13%，铸造性好，但铸造组织粗大。在浇注时进行变质处理细化晶粒，提高其力学性能。

铝铜合金有较好的高温性能，但铸造性和抗蚀性差。铝镁合金具有较高的强度和良好耐蚀性，但铸造性能差。铝锌合金强度较高，热稳定性和铸造性能较好，但耐蚀性差。

铸造铝合金一般用来制造质轻、耐腐蚀、形状复杂、要求有一定力学性能的零件。

二、铜及铜合金

（一）纯铜

纯铜呈紫红色，又称紫铜。

纯铜的熔点为 1083℃，密度为 8.94g/cm^3，其特点是导电导热性好，仅次于金和银，抗蚀性好、强度低（σ_b=200～250MPa）、塑性好（δ=35%～45%），便于冷热加工。主要用于制造电线、散热器、电器零件、油管及配制合金等。

纯铜的牌号用“铜”字首位汉语拼音字母“T”加顺序号表示。如 T1、T2 等。

工业纯铜的成分和用途见表 3-24。

表 3-24 工业纯铜的成分和用途

牌号	Cu/%	杂质/%		杂质总量/%	主 要 用 途
		Bi	Pb		
T1	99.95	0.002	0.005	0.05	电线、电缆、导电螺钉、雷管、化工用蒸发器、贮藏器和各种管道
T2	99.9	0.002	0.005	0.1	
T3	99.7	0.002	0.01	0.3	一般用的铜材，如电器开关、垫圈、垫片、铆钉、管嘴、油管、管道
T4	99.5	0.003	0.05	0.5	

（二）铜合金

由于纯铜强度低，往往加入适量合金元素制成铜合金。铜合金的分类如图 3-11 所示。

1. 黄铜

黄铜是以锌为主加元素的铜合金。

(1) 普通黄铜 当铜中加入锌时，称为普通黄铜。普通黄铜分为单相黄铜和双相黄铜两类。当含锌量小于 39%时，锌全部溶于铜中形成 α 固溶体，即单相黄铜；当含锌量大于 39%时，除了有 α 固溶体外，组织中将出现以化合物 CuZn 为基体的 β 固溶体，即 α+β 的双相黄铜。黄铜力学性能与含锌量的关系如图 3-12 所示。

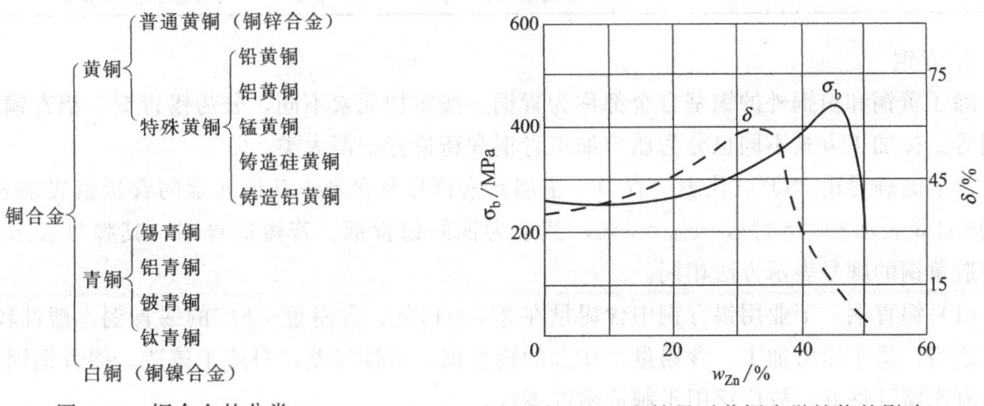

图 3-11 铜合金的分类　　图 3-12 含锌量对黄铜力学性能的影响

当锌含量小于 32%时，锌全部溶于铜中形成单相 α 固溶体，随锌含量增加，黄铜的塑性、强度提高，适于冷热变形加工。当含锌量达到 30%～32%时，黄铜的塑性最好，当含锌量超过 39%，由于出现了 β 相，强度继续升高，但塑性迅速下降，适于热变形加工。当含锌量大于 45%时，组织全部为 β 相，黄铜的强度和塑性急剧下降，无实用价值。

黄铜的牌号用“黄”字首位汉语拼音字母“H”加数字表示，数字表示铜的质量分数。如 H80 表示铜的质量分数为 80%，其余含量为锌的黄铜。

(2) 特殊黄铜 在普通黄铜中加入铅、铝、硅、锡等元素所组成的合金，称为特殊黄铜。铅可提高切削加工性和耐磨性；硅可提高强度和硬度；锡可提高强度和海水中抗蚀性；铝可提高强度、硬度和耐蚀性。

特殊黄铜按加工方法不同分为压力加工和铸造两种，前者合金元素少、塑性高；后者合金元素较多、强度高、铸造性好。

特殊黄铜的牌号用“H”+主加元素符号（锌除外）+铜的质量分数+主加元素质量分数来表示。如 HPb59-1 表示含 $w_{Cu}=59\%$，$w_{Pb}=1\%$，其余为锌的特殊黄铜。

铸造黄铜的牌号用“ZGu”+主加元素的元素符号+主加元素的含量+其他加入元素的元素

符号及含量来表示，如 ZCuZn31Al2 表示含 $w_{Zn}=31\%$，$w_{Al}=2\%$，其余为铜的铸造黄铜。

常用黄铜的牌号、化学成分、力学性能及用途见表 3-25。

表 3-25 常用黄铜的牌号、化学成分、力学性能及用途

类别	牌号	化学成分(质量分数)/%(余量为 Zn)		制品种类	力学性能		用途
		Cu	其他		σ_b/MPa	δ_5/%	
普通黄铜	H80	79～81	—	板,条,带,箔,棒,线,管	265～392	50	色泽美观,用于镀层及装饰
	H68	67～70	—		294～392	40	管道、散热器、铆钉、螺母、垫片等
	H62	60.5～63.5	—		294～412	35	散热器、垫圈、垫片等
特殊黄铜	HPb59-1	57～60	Pb0.8～1.9	板,带,管,棒,线	343～441	25	切削加工性好,强度高,用于热冲压和切削加工件
	HMn58-2	57～60	Mn1.0～2.0	板,带,棒,线	382～588	35	耐腐蚀和弱电用零件
铸铝黄铜	ZCuZn31Al2	66～68	Al2.0～3.0	砂型铸造、金属型铸造	295～390	12～15	要求耐蚀性较高的零件
铸硅黄铜	ZCuZn16Si4	79～81	Si2.5～4.5	砂型铸造、金属型铸造	345～390	15～20	接触海水工作的管配件及水泵叶轮、旋塞等

2. 青铜

除了黄铜和白铜外的铜基合金都称为青铜。按主加元素不同，分为锡青铜、铝青铜、铍青铜等。按加工方式不同也分为压力加工青铜和铸造青铜两大类。

青铜的牌号由“Q”(代表“青”)＋主加元素符号及含量＋其他元素的含量组成来表示。如 QSn4-3 表示 $w_{Sn}=4\%$，$w_{Zn}=3\%$，其余为铜的锡青铜。若铸造青铜，其牌号表示方法和铸造黄铜的牌号表示方法相同。

(1) 锡青铜　工业用锡青铜中含锡量在 3%～14%。含锡量＜8%的锡青铜，塑性较好，强度适当，适于压力加工。含锡量＞10%的锡青铜，塑性较差，只适于铸造。锡青铜因抗大气和海水腐蚀性好，故广泛用于制造耐蚀零件。

(2) 铝青铜　铝含量为 5%～11%。铝青铜比黄铜和锡青铜具有更好的耐蚀性、耐磨性和耐热性，且有更好的力学性能，常用来制造承受重载荷、耐蚀和耐磨零件。

(3) 铍青铜　铍含量为 1.6%～2.5%。由于铍在铜中的溶解度变化很大，所以淬火后加人工时效可获得较高的强度、硬度、抗蚀性和抗疲劳性。其导电、导热性也特别好，主要用于仪器仪表中重要的弹性元件、耐蚀和耐磨零件。

常用青铜的牌号、化学成分、力学性能及用途见表 3-26。

三、钛及钛合金

钛及其合金具有密度小、强度高、耐高温、抗蚀性好、低温韧性优良等特点，且资源丰富，广泛用于航空航天、造船、化工等工业生产。

1. 工业纯钛

钛是银白色的金属，密度小（4.5g/cm³）、熔点高（1725℃）、热膨胀系数小。钛具有同素异构现象，在 882℃以下为密排六方晶格（α-Ti）；在 882℃以上为体心立方晶格（β-Ti）。工业纯钛的力学性能与纯度有很大关系。工业纯钛按纯度分为三个等级：TA1、TA2、TA3。T 是钛的首位汉语拼音字母，序号为纯度，序号越大，纯度越低。工业纯钛常用于制造 350℃以下工作的低载荷零件。工业纯钛的牌号、力学性能及用途见表 3-27。

表 3-26　常用青铜的牌号、化学成分、力学性能及用途

类别	牌号	化学成分(质量分数)/%(余量 Cu)		制品种类	力学性能		用　途
		Sn	其他		σ_b/MPa	δ_5/%	
压力加工锡青铜	QSn4-3	3.5～4.5	Zn2.7～3.3	板,带,棒,线	350	40	较次要的零件,如弹簧、管配件和化工机械等
	QSn6.5-0.1	6.0～7.0	P0.1～0.25	板,带,棒	300 500 600	38 5 1	耐磨件、弹性零件
	QSn4-4-2.5	3.0～5.0	Zn3.0～5.0 Pb1.5～3.5	板,带	300～350	35～45	轴承、轴套、衬垫等
铸造锡青铜	ZCuSn10Zn2	9.0～11.0	Zn1.0～3.0	金属型铸造	245	6	中等或较高负荷下工作的重要管配件,泵、阀、齿轮等
				砂型铸造	240	12	
	ZCuSn10P1	9.0～11.5	P0.5～1.0	金属型铸造	310	2	重要的轴瓦、齿轮、连杆和轴套等
				砂型铸造	220	3	
特殊青铜(无锡青铜)	ZCuAl10Fe3	Al8.5～11.0	Fe2.0～4.0	金属型铸造	540	15	重要用途的耐磨、耐蚀重型铸件,如轴套、螺母、涡轮
				砂型铸造	490	13	
	QBe2	Be1.9～2.2	Ni0.2～0.5	板,带,棒,线	500	3	重要仪表的弹簧、齿轮等
	ZCuPb30	Pb27～33	—	金属型铸造	—	—	高速双金属轴瓦、减摩零件等

表 3-27　工业纯钛的牌号、力学性能及用途

牌号	材料状态	力学性能(退火状态)			用　途
		σ_b/MPa	δ_5/%	a_k/(J/cm²)	
TA1	板材	350～500	30～40	—	
	棒材	343	25	80	航空:飞机骨架、发动机部件
TA2	板材	450～600	25～30	—	化工:热交换器、泵体、搅拌器
	棒材	441	20	75	造船:耐海水腐蚀的管道、阀门、泵、柴油发动机活塞、连杆
TA3	板材	550～700	20～25	—	机械:低于 350℃条件下工作且受力较小的零件
	棒材	539	15	50	

2. 钛合金

为提高钛在室温时的强度和高温下的耐热等性能，在钛中常加入铝、锡、铜、铬、钼等合金元素。它们能溶于钛中或形成钛化物，使合金强化，并提高其耐蚀性能。根据室温组织不同，钛合金分为 α 钛合金，β 钛合金和 α+β 钛合金三大类，其牌号分别以 TA、TB、TC 和编号数字来表示。如 TA7，表示 7 号 α 钛合金。

(1) α 钛合金　α 钛合金的主要合金元素是铝和锡。这类合金从室温到较高温度均为 α 固溶体组织，故不能热处理强化。它具有较高的强度和韧性、热稳定性和热强化性高，有较好的抗氧化性和焊接性。用于制造飞机上的涡轮机壳等。

(2) β 钛合金　β 钛合金中一般加入钼、铬、钒、铜等合金元素，强度高，塑韧性好，经淬火和时效处理后可进一步提高其强度，但耐热性和抗氧化性不高，性能不够稳定，生产工艺复杂，合金密度大，故目前应用不多。

(3) α+β 钛合金　α+β 钛合金中主要加入铝、锡、锰、铬、钒等合金元素。这类合金塑性好，热强度高，抗海水腐蚀能力强，可通过热处理强化，且生产工艺简单，故应用广泛。

这类合金还具有良好低温工作性能，可用于制造低温高压容器。由于钛合金在高、低温工作条件下作为结构材料的应用广泛，其发展前景非常广阔。

常用钛合金的牌号、力学性能及用途见表 3-28。

表 3-28 常用钛合金的牌号、力学性能及用途

牌号	力学性能(退火状态)		用途
	σ_b/MPa	δ_5/%	
TA5	686	15	与工业纯钛用途相似
TA6	686	20	飞机骨架,气压泵壳体、叶片,温度小于 400℃环境下工作的焊接零件
TA7	785	20	温度小于 500℃环境下长期工作的零件和各种模锻件
TC1	588	25	低于 400℃环境下工作的冲压件和焊接零件
TC2	686	15	低于 500℃环境下工作的焊接件和模锻件
TC4	902	12	低于 400℃环境下长期工作的零件,各种锻件、各种容器、泵、坦克履带、舰船耐压壳体
TC6	981	10	低于 350℃环境下工作的零件
TC10	1059	10	低于 450℃环境下长期工作的零件,如飞机结构件、导弹发动机外壳、武器结构件

注：伸长率值指板材厚度在 0.8～2.0mm 状态下。

思考练习题

1. 试分析硅、锰、硫、磷对碳钢的力学性能有何影响。
2. 08F 钢、45 钢、T8A 钢按质量、含碳量和用途划分，各属于哪一类钢？
3. 指出下列牌号的含义：

Q235B　15Mn　T12A　10F　ZG270-500

4. 合金钢常用的分类方法有哪几种？
5. 试述合金结构钢和合金工具钢的牌号编制原则，并举例说明。
6. 低合金钢的成分组织特点如何？其主要用途有哪些？
7. 高速钢的主要特性是什么？它的成分和热处理有什么特点？
8. 简述不锈钢耐腐蚀的原因。各类不锈钢的性能用途如何？
9. 说明下列各牌号钢属于哪一类钢？其含碳量和合金元素平均含量是多少？

16Mn　60Si2Mn　9SiCr　W18Cr4V　1Cr18Ni9

10. 什么是铸铁的石墨化？影响石墨化的主要因素有哪些？
11. 为什么在同一铸件中，往往薄壁部分和表面要比壁厚部分和心部硬度高？
12. 何谓孕育处理？孕育处理后铸铁的性能有何变化？
13. 为什么灰铸铁热处理强化作用不大？常用热处理工艺有哪几种？
14. 灰铸铁、可锻铸铁、球墨铸铁、蠕墨铸铁在组织和力学性能上有什么差异？
15. 解释下列铸铁牌号的含义：

HT250　KTZ650-02　KTH350-10　QT800-2

16. 变形铝合金分为几类？各自的主要性能特点和用途是什么？
17. 黄铜中的含锌量对其组织和性能有何影响？
18. 钛合金分为哪几类？各自的性能特点是什么？
19. 解释下列合金牌号：

ZL102　5A05　H80　HPb59-1　TA7　TC4

20. 试为下列机械零件选择合适的钢种牌号：

车床齿轮箱　仪表外壳　汽车齿轮　麻花钻头

机床齿轮箱　飞机蒙皮　仪表弹簧　弹壳

第四章　焊接材料

【本章要点】 焊条、焊剂的组成与作用，焊条、焊丝、焊剂、焊接用气体、钎料等焊接材料的分类、型号和牌号及特点，焊接材料的选择及使用。

焊接材料是焊接时所消耗材料的统称，通常包括焊条、焊丝、焊剂、焊接用气体、钎料与钎剂等。

生产高质量的焊接结构，必须要有优质的焊接材料作保证。而焊接材料的品种繁多，性能与用途各异，其选择和使用是否合理，不仅直接影响到焊接接头的质量，还会影响到焊接生产率、成本及焊工的劳动条件。因此，从事焊接技术的工作人员，必须对常用焊接材料的性能特点有比较全面的了解，才能在实际工作中做到合理选用和使用。

第一节　焊　条

焊条是指涂有药皮的供电弧焊用的熔化电极。焊条的质量不仅影响焊接过程的稳定性，而且直接决定焊缝金属的成分与性能，因而对焊接质量有重要影响。

一、焊条的组成及作用

电弧焊使用的焊条由焊芯和药皮两部分组成。

（一）焊芯

焊条中被药皮包覆的金属芯叫焊芯。焊芯在焊接中起两方面的作用：一方面作为电极，在焊接回路中用来传导焊接电流，与工件之间形成电弧；另一方面又作为焊接填充材料，在电弧高温作用下，与被加热熔化成液态的母材金属混合在一起，冷却后形成具有一定强度和性能的焊缝。

1. 焊芯中的合金元素和杂质

焊接钢用的焊芯材料有碳素结构钢、合金结构钢和不锈钢三类。钢中主要的常存合金元素是碳、锰、硅，常存杂质元素是硫和磷。

（1）碳（C）　碳是钢中的主要合金元素，随含碳量增加，钢的强度和硬度明显提高，但塑性和韧性会降低，而且钢的焊接性会大大恶化，容易在焊缝中形成气孔和裂纹，同时焊接飞溅也随之增大。通常低碳钢用焊条焊芯，在保证焊缝与母材等强度的条件下，碳的质量分数 w_C 都应控制在 0.10%以下。

（2）锰（Mn）　锰是一种合金剂和脱氧剂。当钢中锰的质量分数 w_{Mn} 在 2%以下时，随着含锰量的增加，钢的强度和韧性增加。锰的存在可以减少钢中的含硫量，因而可以减小焊缝产生热裂纹的倾向。所以锰在焊芯中是属于一种有益的元素，需要保持其一定的含量，一般要求碳素结构钢焊芯中的锰的质量分数 w_{Mn} 为 0.30%～0.55%。

（3）硅（Si）　硅也是一种合金剂和脱氧剂。硅能提高钢的强度，但含量过高，会降低钢的塑性和韧性。焊芯中含硅量增加时，施焊过程中金属飞溅会增加，并容易造成夹渣和降低焊缝塑性。所以，在碳素结构钢焊芯中硅被看作为一种杂质，应限制硅的质量分数 w_{Si} 在 0.03%以下。

（4）硫（S） 硫是钢中的一种有害杂质，会使焊缝产生偏析，造成钢的成分和性能分布不均匀。硫是促使焊缝中产生热裂纹的主要元素之一。因此，常用焊芯中的硫的质量分数 w_S 应不大于 0.04%，高级优质钢焊芯中的硫的质量分数 w_S 不大于 0.03%，特级优质钢焊芯中的硫的质量分数 w_S 不大于 0.025%。

（5）磷（P） 磷也是一种有害杂质，它会使钢的冲击韧性大大降低，使焊缝金属产生冷脆现象，并且也是焊缝中产生热裂纹的主要元素之一。因此，常用焊芯中的磷的质量分数 w_P 不大于 0.04%，高级优质钢焊芯中的磷的质量分数不大于 0.03%，特级优质钢焊芯中的磷的质量分数不应大于 0.025%。

2. 焊芯的牌号

焊芯的牌号用“焊”表示，代号为“H”，后面的数字表示平均含碳的质量分数的万分之几，其他合金元素含量的表示方法与优质碳素结构钢大致相同。质量不同的焊芯在最后标以一定符号以示区别：A 表示高级优质钢，其硫、磷的质量分数不超过 0.03%；E 表示特级优质钢，其硫、磷的质量分数不超过 0.025%。

几种常用碳素结构钢焊接用的焊芯牌号及化学成分见表 4-1。

表 4-1 常用碳素结构钢的焊芯牌号及化学成分

牌 号	化学成分(质量分数)/%						
	C	Mn	Si	Cr	Ni	S	P
						不大于	
H08	≤0.10	0.03～0.55	≤0.03	≤0.20	≤0.30	0.04	0.04
H08A	≤0.10	0.03～0.55	≤0.03	≤0.20	≤0.30	0.03	0.03
H08E	≤0.10	0.03～0.55	≤0.03	≤0.20	≤0.30	0.025	0.025
H08Mn	≤0.10	0.80～1.10	≤0.07	≤0.20	≤0.30	0.04	0.04
H08MnA	≤0.10	0.80～1.10	≤0.07	≤0.20	≤0.30	0.03	0.03

3. 焊芯规格

结构钢用焊条焊芯的直径和长度见表 4-2。

表 4-2 结构钢用焊条焊芯的直径和长度

焊芯直径	焊 芯 长 度							
1.6	200	250						
2.0		250	300					
2.5		250	300					
3.2				350	400			
4.0				350	400			
5.0					400	450		
6.0					400	450		
8.0							500	650

（二）药皮

药皮是指压涂在焊芯表面上的涂料层。

1. 药皮的作用

（1）提高焊接电弧的稳定性 当采用没有药皮的焊芯用直流电源焊接时，也能引燃电弧，但电弧十分不稳。如果用交流电源，就根本不能引燃电弧。当涂有焊条药皮后，其中含有钾和钠等成分的“稳弧剂”，能提高电弧的稳定性，使焊条在交流电或直流电的情况下都能进行正常的焊接，保证焊条容易引弧、稳定燃烧以及熄弧后的再引弧。

(2) 保护熔化金属不受外界的影响　当药皮中加入一定量的“造气剂”后，在焊接时便会产生一种保护性气体，使熔化金属与外界空气隔离，防止空气侵入。药皮熔化后形成熔渣覆盖在焊缝表面而保护焊缝金属，而且使焊缝金属缓慢地冷却，有利于焊缝中气体的逸出，减少产生气孔的可能性。因此，焊条电弧焊是一种属于气渣联合保护的焊接方法。

(3) 过渡合金元素使焊缝获得所要求的性能　焊接过程中，由于空气、药皮、焊芯中的氧和氧化物以及氮、氢、硫等杂质的存在，致使焊缝金属的质量降低。因此，在药皮中需要加入一定量的合金元素，进行脱氧并获得所需的补充合金元素，以得到满意的力学性能。结构钢焊条所用的焊芯是相同的，但由于药皮中添加的合金元素种类和数量不同，结果便可获得强度等级不同的焊条。

(4) 改善焊接工艺性能提高焊接生产率　焊条药皮中含有合适的造渣、稀渣成分，焊接时可获得流动性良好的熔渣，以便得到成形美观的焊缝。而且，药皮的熔化比焊芯稍慢一些，焊接时形成一个套筒，有利于熔滴过渡，减少由飞溅造成的金属损失，并能作各种空间位置的焊接。如果在药皮中加入较多的铁粉，使它过渡到焊缝中去，可明显提高熔敷效率，从而提高焊接生产率。

2. 药皮的组成

药皮的组成物按在焊条制造和焊接中的作用不同分为如下八种。

(1) 稳弧剂　可改善焊条的引弧性能和提高电弧的稳定性。通常把为稳弧而加入药皮中的材料称为稳弧剂。主要的稳弧剂有碳酸钾、碳酸钠、水玻璃、钾长石、纤维素、钛酸钾、金红石、还原钛铁矿、淀粉、铝粉和镁粉等。

(2) 造气剂　加入药皮的材料在焊接时能产生气体而起到保护熔池和熔滴金属作用的物质叫造气剂。主要的造气剂有大理石、白云石、菱苦土、淀粉、木粉、纤维素和树脂等。

(3) 造渣剂　加入药皮中的矿物材料和化工产品，在焊接时形成熔渣对液体金属起保护作用和冶金作用的物质称为造渣剂。主要的造渣剂有大理石、白云石、菱苦土、萤石、石英、长石、白泥、白土、云母、钛白粉、金红石、还原钛铁矿等。

(4) 脱氧剂　加入药皮中的金属材料，焊接时对熔化金属起脱氧作用，故这些金属材料称为脱氧剂。脱氧剂与氧的亲和力应比铁大，在焊接过程中保护金属不被氧化。常用的脱氧剂有锰铁、钛铁、硅铁等铁合金。

(5) 合金剂　加入药皮中的金属材料，焊接时对熔化金属起掺和作用，这类金属材料叫合金剂。加入合金剂，可补偿焊接过程中的合金烧损和向焊缝过渡合金元素；保证焊缝的化学成分、力学性能和耐腐蚀性能等。常用的合金剂有硅铁、锰铁、钼铁、钒铁、铬粉、镍粉、钨粉和硼铁等。

(6) 稀渣剂　改善熔渣的流动性能，包括熔渣的熔点、黏度和表面张力等物理性能的材料叫稀渣剂。主要的稀渣剂有萤石、冰晶粉和钛铁矿等。

(7) 黏结剂　焊条制造中用来将配粉黏结在一起的物质称为黏结剂。通过黏结剂把药皮黏结在焊芯上，并使药皮具有一定的强度。主要的黏结剂有钠水玻璃、钾水玻璃、钾钠水玻璃三种。

(8) 成形剂　是指使药皮具有一定的塑性、弹性和流动性，以便于挤压并使药皮具有表面光滑而不开裂特性的物质称为成形剂。主要的成形剂有钛白粉、白泥、云母、糊精及木粉等。

各种药皮原材料的作用见表 4-3。

表 4-3　各种药皮原材料的作用

材料	主要成分	造气	造渣	脱氧	合金化	稳弧	黏结	成形	增氢	增硫	增磷	氧化
金红石	TiO_2		A			B						
钛白粉	TiO_2		A			B		A				
钛铁矿	TiO_2, FeO		A			B						B
赤铁矿	Fe_2O_3		A			B				B	B	B
锰矿	MnO_2		A								B	B
大理石	$CaCO_3$	A	A			B						B
菱苦土	$MgCO_3$	A	A			B						B
白云石	$CaCO_3+MnCO_3$	A	A			B						B
硅砂	SiO_2		A									
长石	SiO_2, Al_2O_3, K_2O+Na_2O		A			B						
白泥	SiO_2, Al_2O_3, H_2O		A					A	B			
云母	SiO_2, Al_2O_3, H_2O, K_2O		A			B		A	B			
滑石	SiO_2, Al_2O_3, MgO		A					B				
氟石	CaF_2		A									
碳酸钠	Na_2CO_3		B			B		A				
碳酸钾	K_2CO_3		B			A						
锰铁	Mn, Fe		B	A	A						B	
硅铁	Si, Fe		B	A	A							
钛铁	Ti, Fe		B	A	B							
铝粉	Al		B	A								
钼铁	Mo, Fe		B	B	A							
木粉		A		B		B		B	B			
淀粉		A		B		B		B	B			
糊精		A		B		B		B	B			
水玻璃	K_2O, Na_2O, SiO_2		B			A	A					

注：A—主要作用；B—附带作用。

3. 药皮的类型

根据药皮材料中主要成分不同，将其划分为各种类型。常用的焊条药皮有 8 种类型，其特点如下。

（1）钛钙型　药皮中含有质量分数 30%以上的氧化钛和 20%以下的钙或镁的碳酸盐。熔渣流动性良好，脱渣容易，电弧稳定，熔深适中，飞溅小，焊波整齐。这类药皮焊条适于全位置焊接，焊接电流为交流或直流正、反接。

（2）低氢钠和低氢钾型　低氢钠型焊条药皮是主要以碱性氧化物为主并以钠水玻璃为黏结剂的焊条。其熔渣流动性好，焊接工艺性能一般、焊波较粗，角焊缝略凸，熔深适中，脱渣性较好，焊接时要求焊条干燥，并采用短弧焊。这类药皮焊条适于全位置焊接。焊接电流为直流反接。低氢钾型焊条药皮的组成与低氢钠型相似，但添加了稳弧剂，如钾水玻璃等，所以电弧稳定。其他工艺性能与低氢钠型焊条相似，焊接电流为交流或直流反接。这两种类型药皮焊条的熔敷金属都具有良好的抗裂性能和力学性能。

（3）钛铁矿型　药皮中钛铁矿的质量分数不小于 30%，熔渣流动性好，熔深较大，渣覆盖良好，脱渣容易，飞溅一般，焊波整齐。这类药皮焊条适于全位置焊接，焊接电流为交流或直流正、反接。

(4) 高纤维素钠和高纤维素钾型 高纤维素钠型焊条药皮中含有质量分数大于15%的纤维素有机物，并以钠水玻璃为黏结剂的焊条。焊接时有机物在电弧区分解产生大量的气体，保护熔敷金属。电弧吹力大，熔深较大，熔化速度快，熔渣少，易脱渣，飞溅一般，通常限制采用大电流焊接。这类药皮焊条适于全位置焊接，焊接电流为直流反接。高纤维素钾型焊条药皮是在与高纤维钠型焊条药皮相似的基础上添加了少量的钙与钾的化合物，电弧稳定。这类药皮焊条焊接电流为交流或直流反接，适用于全位置焊接。

(5) 高钛钠和高钛钾型 高钛钠型焊条药皮是以氧化钛为主要成分并以钠水玻璃为黏结剂的焊条。其电弧稳定，再引弧容易，熔深较浅，熔渣覆盖良好；脱渣容易，焊波整齐，适于全位置焊接。焊接电流为交流或直流正接，但熔敷金属的塑性及抗裂性较差。高钛钾型焊条药皮是在与高钛钠型焊条药皮相似的基础上采用钾水玻璃作黏结剂，电弧比高钛钠型稳定，工艺性能、焊缝成形也比高钛钠型好。这类药皮焊条适用于全位置焊接。焊接电流为交流或直流正、反接。

(6) 氧化铁型 药皮中含有较多的氧化铁及较多的脱氧剂锰铁。这类药皮焊条的电弧吹力大，熔深较大，电弧稳定，再引弧容易，熔化速度快，熔渣覆盖好，脱渣性好，焊缝致密，略带凹度，飞溅稍大。适合于平焊和平角焊的高速焊。焊接电流可为交流或直流正接。

(7) 石墨型 石墨型焊条药皮中含较多的石墨，使焊缝金属获得较高的游离碳或碳化物。采用低碳钢芯的石墨型药皮焊条，一般焊接工艺性能较差，飞溅较多，烟雾较大，熔渣极少。这种焊条只适用于平焊操作。采用有色金属芯的石墨药皮焊条，一般焊接工艺性能较好，飞溅极少，熔深较浅，熔渣少，适用于全位置焊接。石墨型药皮焊条引弧容易，药皮强度较差。此外，由于抗裂性较差和焊条尾部容易发红，故施焊时一般采用较小的热输入量。焊接电流为交、直流两用。

(8) 盐基型 盐基型焊条药皮主要由氯化物和氟化物组成。由于药皮吸潮性较强，焊条使用前必须烘干。焊条的工艺性能较差，并有熔点低、熔化速度快的特点。焊接时要求电弧很短。熔渣具有一定的腐蚀性，要求焊后仔细清除干净。焊接电流为直流反接。

以上为几种主要的药皮类型，其中生产中常用的是钛钙型与低氢钠（钾）型。此外，在上述各种药皮中加入一定比例的铁粉，构成不同类型的铁粉焊条，如铁粉钛钙型、铁粉低氢钠（钾）型药皮等。加入铁粉后，在保留原配方特点的基础上，明显地提高了焊条的熔敷系数，从而大大提高了焊接生产率。

二、焊条的分类、型号及牌号

（一）焊条的分类

常用的焊条分类方法有以下两种。

1. 按焊条用途分类

按照用途不同，焊条可以分为如下11类。

(1) 碳钢焊条 主要用于强度等级较低的低碳钢和低合金钢的焊接。这类焊条现行国家标准为GB/T 5117—1995《碳钢焊条》。

(2) 低合金钢焊条 主要用于低合金结构钢、含合金元素较低的钼和铬钼耐热钢及低温钢的焊接。这类焊条现行国家标准为GB/T 5117—1995《低合金钢焊条》。

(3) 钼和铬钼耐热钢焊条 这类焊条在国家标准中多数属于低合金钢焊条，小部分属于不锈钢焊条，主要用于焊接珠光体耐热钢。

(4) 低温钢焊条　这类焊条大部分属于低合金钢焊条。通常此类焊条的熔敷金属具有不同的低温工作能力，主要用于焊接各种在低温条件下工作的结构。

(5) 不锈钢焊条　主要用于各类不锈钢和含合金元素较高的钼和铬钼耐热钢的焊接。其中又可分为铬不锈钢焊条和铬镍不锈钢焊条。这类焊条现行国家标准为 GB/T 983—1995《不锈钢焊条》。

(6) 堆焊焊条　主要用于金属表面层的堆焊，其熔敷金属在常温或高温中具有较好的耐磨性和耐蚀性。这类焊条现行国家标准 GB 984—85《堆焊焊条》。

(7) 铸铁焊条　专用于铸铁的焊接或补焊。对应的国家标准为 GB 10044—88《铸铁焊条及焊丝》。

(8) 镍及镍合金焊条　这类焊条用于镍及镍合金的焊接，补焊或堆焊。其中某些焊条可用于铸铁补焊及异种金属的焊接。对应的国家标准为 GB/T 13814—92《镍及镍合金焊条》。

(9) 铜及铜合金焊条　这类焊条用于铜及铜合金的焊接、补焊或堆焊。其中某些焊条可用于铸铁补焊或异种金属的焊接。对应的国家标准为 GB/T 3670—1995《铜及铜合金焊条》。

(10) 铝及铝合金焊条　这类焊条用于铝及铝合金的焊接、补焊或堆焊。对应的国家标准为 GB/T 3669—83《铝及铝合金焊条》。

(11) 特殊用途焊条　这类焊条主要用于特殊环境或特殊材料的焊接，如水下焊接、铁锰铝合金焊接及堆焊高硫滑动摩擦面等。

2. 按熔渣酸碱度分类

(1) 酸性焊条　是指在焊条药皮中含有以酸性氧化物（如氧化钛、硅砂）为主的涂料组分，施焊后熔渣呈酸性，这种焊条称为酸性焊条。

(2) 碱性焊条　是指在焊条药皮中含有以碱性氧化物（如氧化钙）为主的涂料组分，施焊后熔渣呈碱性，这种焊条称为碱性焊条。

酸性焊条和碱性焊条的对比，见表 4-4。

表 4-4　酸性焊条和碱性焊条的对比

酸性焊条	碱性焊条
1. 药皮组分氧化性强	1. 药皮组分还原性强
2. 对水、锈产生气孔的敏感性不大，焊条在使用前经 75～150℃烘焙 1h	2. 对水、锈产生气孔的敏感性较大，要求焊条在使用前经 350～400℃，1～2h 烘干
3. 电弧稳定，可用交流或直流设备	3. 由于药皮中含有氟化物恶化电弧稳定性，必须用直流施焊，只有当药皮中加稳弧剂后才可交、直流两用
4. 焊接电流大	4. 焊接电流较小，较同规格的酸性焊条约小 10%左右
5. 宜长弧操作	5. 须短弧操作，否则易引起气孔
6. 合金元素过渡效果差	6. 合金元素过渡效果好
7. 焊缝成形较好，熔深较浅	7. 焊缝成形尚好，容易堆高，熔深稍深
8. 熔渣结构呈玻璃状	8. 熔渣结构呈结晶状
9. 脱渣较方便	9. 坡口内的第一层脱渣较困难，以后各层脱渣较容易
10. 焊缝常、低温冲击性能一般	10. 焊缝常、低温冲击性能较高
11. 抗裂性能较差	11. 抗裂性能好
12. 焊缝中的含氢量高，容易产生"白点"，影响塑性	12. 焊缝中含氢量低
13. 焊接时烟尘较少	13. 焊接时烟尘稍多

（二）焊条的型号与牌号

型号和牌号都是焊条的代号，它们之间既有区别又有联系。掌握这两种代号的含义，有助于正确选择和标注焊条。

1. 焊条型号

焊条型号是指符合焊条国家标准的一种代号。焊条型号所规定的焊条质量标准，是焊条生产、使用、管理及研究等有关单位必须遵照执行的。以下着重介绍生产中常用的碳钢、低合金钢和不锈钢三类焊条的型号的编制方法。

（1）碳钢和低合金钢焊条　碳钢和低合金钢焊条型号分别按 GB/T 5117—1995 和 GB/T 5118—1995 规定，其编制方法如下。

① 字母“E”表示焊条。

② 前两位数字表示熔敷金属抗拉强度的最小值，单位为 MPa（kgf/mm^2）。

③ 第三位数字表示焊条的焊接位置，“0”及“1”焊条适用于全位置焊接（平焊、立焊、仰焊及横焊），“2”表示焊条适用于平焊及平角焊。“4”表示焊条适用于向下立焊，在第四位数字后附加“R”表示耐吸潮焊条，附加“M”表示耐吸潮和力学性能有特殊规定的焊条；附加“-1”表示冲击韧性有特殊规定的焊条。

④ 第三位数字和第四位数字组合时表示焊接电流种类及药皮类型，见表 4-5。

⑤ 后缀字母表示熔敷金属的化学成分分类代号，并以短线“-”与前面数字分开，如还具有附加化学成分时，附加化学成分直接用元素符号表示，并以短线“-”与前面后缀字母分开。

表 4-5　焊条型号中第三位、第四位数字的含义

焊条型号	药皮类型	焊接电源
E××00-×	特殊型	交流或直流正、反接
E××01-×	钛铁矿型	
E××03-×	钛钙型	
E××10-×	高纤维素钠型	直流反接
E××11-×	高纤维素钾型	交流或直流反接
E××12-×	高钛钠型	交流或直流正接
E××13-×	高钛钾型	交流或直流正、反接
E××14-×	铁粉钛型	
E××15-×	低氢钠型	直流反接
E××16-×	低氢钾型	交流或直流反接
E××18-×	铁粉低氢型	
E××20-×	氧化铁型	交流或直流正接
E××22-×		交流或直流正、反接
E××23-×	铁粉钛钙型	
E××24-×	铁粉钛型	
E××27-×	铁粉氧化铁型	交流或直流正接
E××28-×	铁粉低氢型	交流或直流正接

例 1：E5018-A1

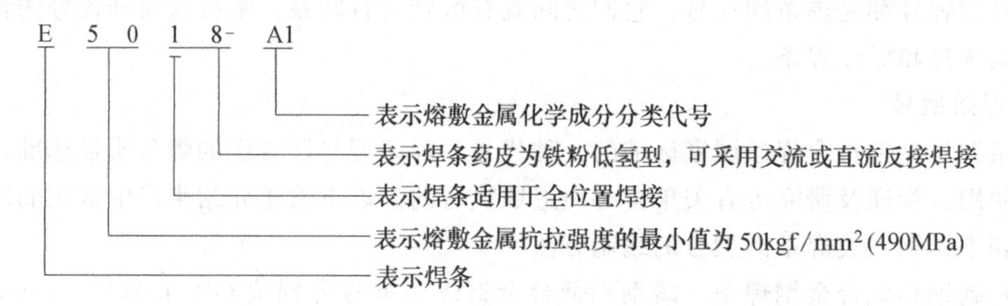

例 2：E4315

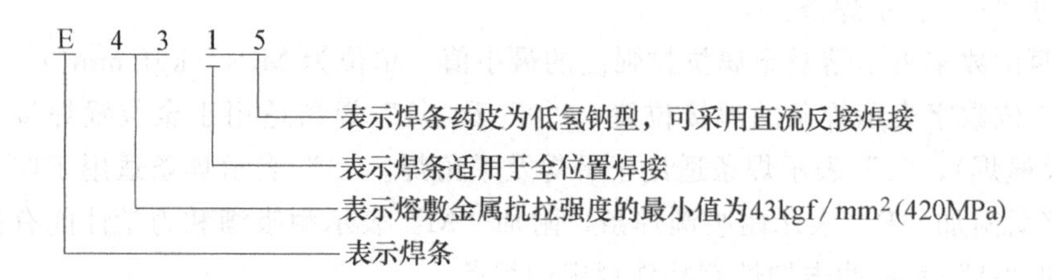

例 3：E5515-B3-VWB

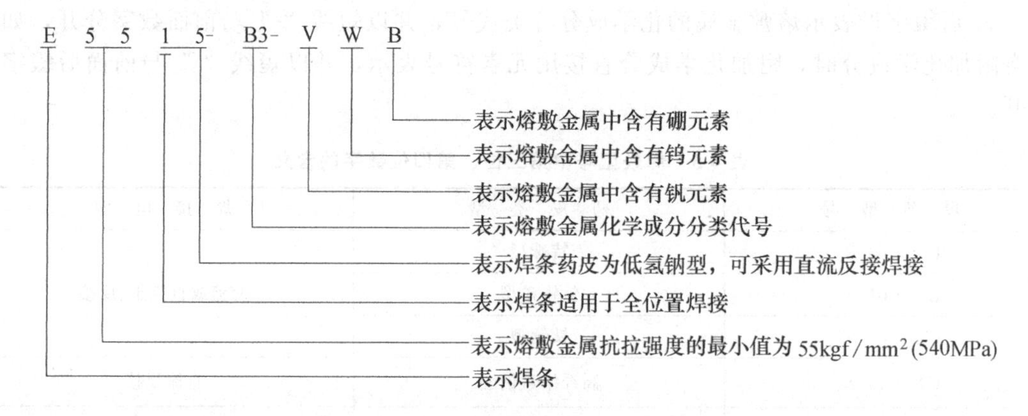

熔敷金属化学成分分类见表 4-6。

表 4-6 焊条按熔敷金属化学成分的分类

焊条型号	分类	焊条型号	分类
E××××-A1	碳钼钢焊条	E××××-NM	镍钼钢焊条
E××××-B1 E××××-B2 E××××-B3 E××××-B4 E××××-B5	铬钼钢焊条	E××××-D1 E××××-D2 E××××-D3	锰钼钢焊条
E××××-C1 E××××-C2 E××××-C3	镍钢焊条	E××××-G E××××-M E××××-M1 E××××-W	所有其他低合金钢焊条

(2) 不锈钢焊条　根据 GB/T 983—1995《不锈钢焊条》的规定，不锈钢焊条型号的主体是由字母“E”和三位数字及附加字母组成的。其中字母“E”表示焊条；三位数字及附

加字母表示焊条熔敷金属的化学成分（具体见 GB/T 983—1995）。在焊条型号主体之后用两位数字 15、16、17、25 或 26 表示药皮类型、焊接位置及电流种类，并用短线“-”与焊条型号的主体分开。

例：

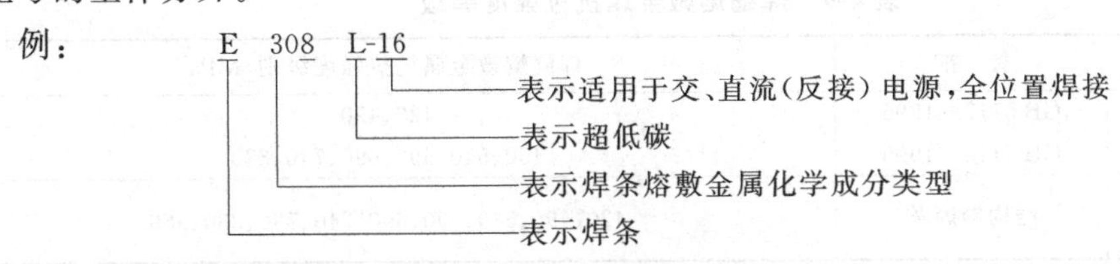

根据熔敷金属抗拉强度而分成的焊条强度系列见表 4-7。

表 4-7 焊条的强度系列

系列代号	熔敷金属抗拉强度/MPa	系列代号	熔敷金属抗拉强度/MPa
E43 系列	≥420	E70 系列	≥690
E50 系列	≥490	E75 系列	≥740
E55 系列	≥540	E85 系列	≥830
E60 系列	≥590		

2. 焊条牌号

焊条牌号是焊条的生产厂家所制定的代号。由于各生产厂家编排规律不尽相同，因而容易造成同一型号焊条出现不同生产厂家的若干牌号。为了管理方便，改变混乱现象，我国焊条制造厂在机械电子工业部的组织下实行了统一牌号制度，在《焊接材料产品样本》中规定了焊条牌号编制方法、各牌号焊条的特点、用途、重要的使用性能及使用注意事项。

需要说明的是，《焊接材料产品样本》并不是国家标准，近年来由于各种焊条的国家标准已参照国际标准作了较大的修改，因此造成了《焊接材料产品样本》中部分牌号与国家标准中的型号的对应关系非常勉强。但因焊条牌号沿用已久，已为广大用户、厂家及焊工所熟悉，故未作修改。

在《焊接材料产品样本》中，规定焊条牌号由代表焊条用途的字母和三位数字组成。目前应用较多的代表用途的字母如表 4-8 所列。

表 4-8 焊条牌号代表字母

焊条类别		代表字母	焊条类别	代表字母
结构钢焊条	碳钢焊条	J(结)	低温钢焊条	W(温)
	低合金钢焊条		铸铁焊条	Z(铸)
钼和铬钼耐热钢焊条		R(热)	镍及镍合金焊条	Ni(镍)
不锈钢焊条	铬不锈钢焊条	G(铬)	铜及铜合金焊条	T(铜)
	铬镍不锈钢焊条	A(奥)	铝及铝合金焊条	L(铝)
堆焊焊条		D(堆)	特殊用途焊条	TS(特殊)

随着焊条类别的不同，焊条型号中各位置数字的含义也不相同。以下分别介绍结构钢、不锈钢、钼和铬钼耐热钢、低温钢四种钢焊条的牌号。

(1) 结构钢焊条 结构钢焊条牌号：J 表示结构钢焊条；第一位和第二位数字表示焊缝熔敷金属抗拉强度等级，详见表 4-9；第三位数字表示药皮类型和焊接电源种类，详见表 4-10；牌号后的后缀字母表示为起主要作用的元素及用途的符号，详见表 4-11。例：J507R

表示最低熔敷金属抗拉强度为490MPa，低氧钠型药皮，直流反接电源，压力容器用结构钢焊条。

表 4-9 焊缝熔敷金属抗拉强度等级

类别	标准	焊缝熔敷金属抗拉强度级别/MPa
国家标准	GB 5117—1995	420、490
	GB 5118—1995	490、540、590、690、740、830
焊接材料产品样本	结构钢焊条	420、490、540、590、690、740、790、830、980

表 4-10 焊条牌号第三位数字的含义

焊条牌号	药皮类型	电流种类	焊条牌号	药皮类型	电流种类
××0	不属已规定类型	不规定	××5	纤维素型	交直流
××1	氧化钛型	交直流	××6	低氢钾型	交直流
××2	钛钙型	交直流	××7	低氢钠型	直流
××3	钛铁矿型	交直流	××8	石墨型	交直流
××4	氧化铁型	交直流	××9	盐基型	直流

表 4-11 焊条牌号后缀符号的含义

符号	含义	符号	含义
G	高韧性	LMA	低吸潮
X	立向下焊	G	具有较高的低温冲击韧性(只有J506G)
GM	盖面	RH	高韧性超低氢
Z	重力	R	压力容器用
D	底层焊	GH	具有较高的低温冲击韧性、低氢
H	超低氢	XG	管子用立向下焊
DF	低尘	GR	高韧性压力容器用

（2）不锈钢焊条 不锈钢焊条的牌号：G表示铬不锈钢焊条或A表示奥氏体铬镍不锈钢焊条；第一位数字表示焊缝金属主要化学成分组成等级，详见表4-12；第二位数字表示同一焊缝金属主要化学成分组成等级中的不同牌号顺序；第三位数字表示药皮类型和焊接电源种类，详见表4-10。例：A132表示熔敷金属含铬量约为18%，含镍量约为8%，牌号分类编号为3，钛钙型药皮，交直流两用的奥氏体不锈钢焊条。

表 4-12 不锈钢焊条牌号第一位数字的含义

牌号	焊缝金属主要化学成分组成等级	牌号	焊缝金属主要化学成分组成等级
G2××	含Cr量约为13%	A4××	含Cr量约为25%,含Ni量约为20%
G3××	含Cr量约为17%	A5××	含Cr量约为16%,含Ni量约为25%
A0××	含Cr量<0.04%(超低级)	A6××	含Cr量约为15%,含Ni量约为35%
A1××	含Cr量约为18%,含Ni量约为8%	A7××	铬锰氮不锈钢
A2××	含Cr量约为18%,含Ni量约为12%	A8××	含Cr量约为18%,含Ni量约为18%
A3××	含Cr量约为25%,含Ni量约为13%	A9××	待发展

（3）钼和铬钼耐热钢焊条 钼和铬钼耐热钢焊条的牌号：R表示钼和铬钼耐热钢焊条；第一位数字表示焊缝金属主要化学成分组成等级，详见表4-13；第二位数字表示同一焊缝金属主要化学成分组成等级中的不同牌号顺序；第三位数字表示药皮类型和焊接电源种类，详见表4-10。如：R307焊条。

表 4-13 钼和铬钼耐热钢焊条牌号第一位数字的含义

牌号	焊缝金属主要化学成分组成等级	牌号	焊缝金属主要化学成分组成等级
R1××	含 Mo 量约为 0.5%	R5××	含 Cr 量约为 5%，含 Mo 量约为 0.5%
R2××	含 Cr 量约为 0.5%，含 Mo 量约为 0.5%	R6××	含 Cr 量约为 7%，含 Mo 量约为 1%
R3××	含 Cr 量约为 1%～2%，含 Mo 量约为 0.5%～1%	R7××	含 Cr 量约为 9%，含 Mo 量约为 1%
R4××	含 Cr 量约为 2.5%，含 Mo 量约为 1%	R8××	含 Cr 量约为 11%，含 Mo 量约为 1%

（4）低温钢焊条

低温钢焊条的牌号：W 表示低温钢焊条；第一位和第二位数字表示低温钢焊条工作温度等级，详见表 4-14；第三位数字表示药皮类型和焊接电源种类，详见表 4-10。如：W707 焊条。

表 4-14 低温钢焊条牌号第一位和第二位数字的含义

牌 号	低温温度等级/℃	牌 号	低温温度等级/℃
W70×	−70	W19×	−196
W90×	−90	W25×	−253
W10×	−100		

三、焊条的工艺性能

焊条的工艺性能是指焊条操作时的性能，它包括：焊接电弧的稳定性，焊缝成形性，对各种位置焊接的适应性、脱渣性、飞溅程度，焊条的熔化效率，药皮发红程度以及焊条发尘量等。

1. 焊接电弧的稳定性

焊接电弧的稳定性就是保持电弧持续而稳定燃烧的能力。电弧稳定性与很多因素有关，焊条药皮的组成则是其中的主要因素。焊条药皮组成决定了电弧气氛的有效电离电压。有效电离电压越低，电弧燃烧就越稳定。焊条药皮中加入少量的低电离电位物质，即可有效地提高电弧稳定性。酸性焊条药皮中的成形剂与造渣剂中都含有钾、钠等低电离电位物质，因而用交、直流电源焊接时电弧都能稳定燃烧。在低氢钠型焊条药皮中含有较多的萤石，使电弧稳定性降低，所以必须采用直流电源。为提高电弧稳定性，在药皮中另加碳酸钾、钾水玻璃等稳弧剂后，则为低氢钾型药皮。

2. 焊缝成形性

良好的焊缝成形，应该是表面波纹细致、美观、几何形状正确、焊缝余高量适中、焊缝与母材间过渡平滑、无咬边缺陷。焊缝成形性与熔渣的物理性能有关。熔渣的熔点和黏度太高或太低，都会使焊缝的成形变坏。熔渣的表面张力对焊缝成形性也有影响，熔渣的表面张力越小，对焊缝覆盖就越好。

3. 各种位置焊接的适应性

实际生产中常需要进行平焊、横焊、立焊、仰焊等各种位置的焊接。几乎所有的焊条都能适用于平焊，但很多种焊条进行横焊、立焊或仰焊时有困难。进行横焊、立焊、仰焊时的主要困难是重力的作用使熔池金属和熔渣下流，并妨碍熔滴过渡而不易形成正常的焊缝。为了解决上述困难，除了正确选择焊接参数、掌握操作要领外，还应从焊条药皮配方上采取一定的措施。首先是适当提高电弧气流的吹力，把熔滴推进熔池，并阻止液体金属和熔渣下流；其次是熔渣应具有合适的熔点和黏度，使之能在较高的温度和较短的时间内凝固；再次是熔渣还应具有适当的表面张力，阻止熔滴下流。

调整药皮的熔点和厚度，使焊接时焊条端部的套筒长度适当，从而可提高电弧气流的吹力。为保证足够的气体，药皮中应加入一定量的造气物质。熔渣的熔点与黏度要通过药皮的组成来调节。

近年来，我国的焊条生产单位通过调整熔点和黏度、提高药皮中造气剂的含量等措施，成功地研制了立向下焊条、管接头全位置下行焊条等专用焊条，其中立向下焊条已列入国家标准。

4. 脱渣性

脱渣性是指焊渣从焊缝表面脱落的难易程度。脱渣性差会显著降低生产率，尤其是多层焊时；另外，还易造成夹渣缺陷。

影响脱渣性的因素有熔渣的膨胀系数、氧化性、疏松性和表面张力等，其中熔渣的膨胀系数是影响脱渣性的主要因素。焊缝金属与熔渣的膨胀系数之差越大，脱渣越容易。钛型焊条熔渣与低碳钢焊缝的膨胀系数相差最大，脱渣性较好；而低氢型焊条熔渣与焊缝金属膨胀系数相差最少，脱渣性较差。

熔渣氧化性的影响在于当氧化性较强时会在焊缝表面生成一层以 FeO 为主的氧化膜。FeO 的晶格是体心立方晶格，要搭建在焊缝金属的 α-Fe 晶格上。氧化膜牢固的“粘”在焊缝金属表面，而熔渣中其他具有体心立方晶格的氧化物又搭建在氧化铁晶格上。这样。中间的氧化物起到了“黏结剂”的作用，使脱渣性变坏。存这种情况下，加强熔渣的脱氧能力，则有助于改善脱渣性。

熔渣的疏松度和脆性对角焊缝和深坡口的低层焊缝的脱渣有较明显的影响。在上述情况下，熔渣夹在两个被焊表面之间，若熔渣结构致密、结实，则难以清除。如钛型焊条在平板堆焊时脱渣性很好，但在深坡口中就比较困难，主要就是由于熔渣比较致密。

5. 飞溅

飞溅是指在熔焊过程中液体金属颗粒向周围飞散的现象。飞溅太多会影响焊接过程的稳定性，增加金属的损失等。

影响飞溅大小的因素很多，熔渣黏度增大、焊接电流过大、药皮水分过多、电弧过长、焊条偏心等都能引起飞溅的增加。钛钙型焊条电弧燃烧稳定，熔滴以细颗粒过渡为主，飞溅较小。低氢型焊条电弧稳定性差，熔滴以大颗粒短路过渡为主，飞溅较大。

6. 焊条的熔化速度

影响焊条熔化速度的因素，主要有焊条药皮的组成及厚度、电弧电压、焊接电流、焊芯成分及直径等。其中焊条药皮的组成对焊条的熔化速度影响最明显，焊条的熔化速度可用熔化系数表示。

7. 药皮发红

药皮发红是指焊条焊到后半段时，由于焊条药皮温升过高而导致发红、开裂或脱落的现象。这将使药皮失掉保护作用，引起焊条工艺性能恶化，严重影响焊接质量。这个问题在不锈钢焊条的应用中显得更为突出。经研究测试发现，通过提高电弧能量来提高焊条熔化速度，缩短熔化时间等，可以减少焊芯的电阻热和降低焊条药皮表面的温度，从而解决药皮发红的问题。目前，国内从熔滴过渡形式对熔化系数的影响着手，调整了药皮成分，使熔滴由短路过渡为主变成以细颗粒过渡为主，使熔化系数提高了 10%以上，缩短了熔化时间，基本解决了药皮发红的问题。

8. 焊接发尘量

在电弧高温作用下，焊条端部、熔滴和熔池表面的液体金属及熔渣被激烈蒸发，产生的蒸气排出电弧区外即迅速被氧化或冷却，变成细小颗粒漂浮于空气中，而形成焊接烟尘。

焊接烟尘污染环境并影响焊工健康。为了改善焊接工作环境的卫生状况，许多国家先后制定了工业卫生的有关标准。1974 年美国规定为 $5mg/m^3$，随后日本、瑞典等国也采用了这个标准。表 4-15 所列为焊接车间空气中有害物质的最高容许质量浓度。目前，国内外都在积极研究降尘减毒的措施。

表 4-15 焊接车间空气中有害物质的最高容许质量浓度

有害物质名称	最高允许质量浓度 $/(mg/m^3)$	有害物质名称	最高允许质量浓度 $/(mg/m^3)$
金属汞	0.01	一氧化碳	30.0
氟化氢及氟化物(换成氟)	1	硫化铅	0.5
臭氧	0.3	铍及其化合物	0.001
氧化氮(换算成 NO_2)	5	钼(可溶性、不溶性)	4.6
氧化锌	5	锰及其化合物(换算成 MnO_2)	0.2
氧化镉	0.1	锆及其化合物	5
氧化氢	0.3	铬酸盐(Cr_2O_3)	0.1
铅烟	0.03	质量分数 10%以上的二氧化碳粉尘	2.0
铅金属、含铅漆料铅尘	0.05	质量分数 10%以下的二氧化硅粉尘	10
氧化铁	10.0	其他粉尘	10

四、焊条的冶金性能

焊条的冶金性能主要指其氧化性，脱氧能力，去硫去磷能力，熔敷金属中扩散氢含量以及抗气孔、裂纹能力等，它最终反映在焊缝的力学性能和对焊接缺陷的敏感性等各个方面，即决定焊缝的质量。下面以生产中应用最多的钛钙型（酸性）和低氢钠型（碱性）焊条为例，对两类焊条的冶金性能进行分析。

1. 钛钙型焊条冶金性能分析

钛钙型焊条的代表型号为 E4303（J422）。药皮涂料中主要以钛白粉、金红石、钛铁矿和各种硅酸盐为造渣剂，以锰铁为脱氧剂。各种原材料折算后的化学成分及冶金反应后的熔渣成分列于表 4-16 中。焊芯与熔敷金属的化学成分列于表 4-17 中。从表 4-17 可以看出，虽然用 Mn 进行了沉淀脱氧，熔敷金属的含氧量仍高于焊芯。这一方面是由于药皮内钛铁矿中 FeO 向熔池中过渡；同时，熔渣中较多的 SiO_2 与 Fe 发生了以下反应：

$$SiO_2+2Fe = Si+2FeO \tag{4-1}$$

表 4-16 E4303 型焊条涂料和熔渣的化学成分（质量分数） 单位：%

成分	TiO_2	SiO_2	Al_2O_3	FeO	MnO	CaO	MgO	K_2O+Na_2O	Mn	碱度
涂料	28.1	26.5	6.7	7.3		10.6	痕迹	5.06	10.6	0.76
熔渣	28.5	25.6	6.3	13.6	13.7	10.0		3.7		
差值	0.4	−0.9	−0.4	6.3	13.7	−0.6		−1.36	−10.6	

表 4-17 E4303 型焊条焊芯和熔敷金属的化学成分（质量分数） 单位：%

成分	C	Mn	Si	S	P
焊芯	0.077	0.41	0.02	0.017	0.019
熔敷金属	0.072	0.35	0.1	0.019	0.035
差值	−0.005	−0.06	0.08	0.002	0.016

反应生成物FeO按分配定律部分进入熔池，部分留在熔渣，其结果使熔敷金属中的氧和硅同时增加，熔渣中的FeO含量也明显上升。这一切都表明E4303焊条的熔渣氧化性较强。由于熔渣中CaO、MnO等碱性氧化物较少，且与酸性氧化物结合为稳定的复合盐，所以，钛钙型焊条的脱硫能力较差，熔敷金属中的硫高于焊芯。

E4303型焊条熔敷金属的力学性能列于表4-18中。由于氧、硫增加，对其塑性、韧性指标带来一定的影响，但用于焊接低碳钢或强度不高的低合金钢时，焊缝的力学性能完全可以满足产品的使用要求。钛钙型焊条既有优良的工艺性能，又有较好的力学性能，因此成为在生产中应用最广泛的酸性焊条。

表4-18 E4303型焊条熔敷金属的力学性能

σ_b/MPa	σ_s/MPa	δ_5/%	$\alpha=180°$	a_k/(J/cm^2)
478.2	434.1	28	无裂	140.1

由于熔敷金属中硫、磷和扩散氢（20～30mL/100g）都比较高，钛钙型焊条的抗冷、热裂纹的能力不如低氢型焊条。因此，钛钙型焊条不适用于母材中碳、硫含量偏高的场合。钛钙焊条对气孔不敏感，对焊前清理要求要低些。

钛钙型焊条的冶金性能特点决定了它的应用范围，即适用于焊接低碳钢或强度不高的低合金钢。而由于熔渣的氧化性较强及抗裂能力差，不适合焊接合金元素含量较多或强度等级较高的合金钢。

2. 低氢钠型焊条冶金性能分析

低氢钠型焊条是目前应用最广泛的碱性焊条。其代表型号为E5015（J507）。药皮材料以大理石（$CaCO_3$）和氟石（CaF_2）为主，以Ti、Mn、Si为脱氧剂。其熔渣的化学成分列于表4-19中，熔敷金属的化学成分列于表4-20中。该焊条对原材料中的FeO和氢的来源都作了严格的控制。

表4-19 E5015型焊条焊接熔渣的化学成分（质量分数） 单位：%

CaO	CaF_2	SiO_2	FeO	TiO_2	Al_2O_3	MnO	K_2O+Na_2O	碱度
41.94	28.34	23.76	5.78	7.23	3.57	3.74	4.25	1.89

表4-20 E5015型焊条焊芯和熔敷金属的化学成分（质量分数） 单位：%

成分	C	Mn	Si	S	P	O	N
焊芯	0.085	0.45	痕迹	0.020	0.010	0.020	0.003～0.004
熔敷金属	0.065	1.04	0.56	0.011	0.021	0.030	0.0119
差值	−0.020	0.59	0.56	−0.009	0.011	0.010	约0.009

由于药皮中加入了较多的脱氧剂进行先期脱氧和沉淀脱氧，使熔敷金属中氧的质量分数仅为0.030%，比其他焊条要低得多。熔敷金属中锰和硅的增加，是脱氧剂进入脱氧反应后，部分留在熔滴或熔池中的结果，因此不会造成熔渣或熔敷金属中增氧，可见此焊条具有较强的脱氧能力，对提高焊缝金属的力学性能非常有利。同时在焊接合金钢时，也可以减少合金元素的氧化损失。熔敷金属的力学性能列于表4-21中。

低氢钠型焊条药皮中，由于严格控制了氢的来源，大理石分解后产生大量CO_2，并加入适量的CaF_2。熔敷金属中的扩散氢含量很低，可以保证国家标准中[H]<8mL/100g的要求。

表 4-21 E5015 型焊条熔敷金属的力学性能

σ_b/MPa	σ_s/MPa	δ_5/%	Ψ/%	$\alpha=180°$	a_k/(J/cm^2)
517.4	413.3	31.53	74.5	无裂	240

此外，熔渣中有较多的CaO，熔池中有较多的Mn，脱硫能力较强，熔敷金属中的含硫量低于焊芯。由于扩散氢和硫的含量都比较低，故低氢钠型焊条抗冷、热裂纹的能力比较强。但这种焊条对气孔比较敏感，要求焊前对母材焊接区进行仔细清理，焊条须在较高温度（350～400℃）下进行焙烘。

低氢钠型焊条有优越的冶金性能，但工艺性能有不足之处，因此主要用于焊接合金钢或焊接质量要求高的结构。

五、焊条的选用、使用及制造

（一）焊条的选用

焊条的品种很多，应用范围各有不同。焊条选择是否恰当，对焊接质量、劳动生产率及产品成本都有很大影响。要保证获得与母材同等强度、质量优良的焊缝，通常是根据焊件的化学成分、力学性能、抗裂性能及焊接结构形状、工作条件、受力情况和焊接设备等进行综合考虑。必要时可进行焊接性试验来选用焊条。选用焊条一般应考虑以下原则。

1. 焊件的力学性能和化学成分

① 对于普通结构钢，通常要求焊缝金属与母材同等强度，应选用抗拉强度等于或稍高于母材的焊条。

② 对于合金结构钢，通常要求焊缝金属的主要合金成分与母材金属相同或相近。

③ 在被焊结构刚性大、接头应力高、焊缝容易产生裂纹的情况下，可以考虑选用比母材强度低一级的焊条。

④ 当母材中C及S、P等元素含量偏高时，焊缝容易产生裂纹，应选用抗裂性能好的低氢型焊条。

2. 焊件的使用性能和工作条件

① 对承受动载荷或冲击载荷的情况，除了满足强度要求外，还要保证焊缝具有较高的韧性和塑性，应选用塑性和韧性指标较高的低氢型焊条。

② 接触腐蚀介质的焊件，应根据介质的性质及腐蚀特征，选用相应的不锈钢焊条或其他耐腐蚀焊条。

③ 在高温或低温条件下工作的焊件，应选用相应的耐热钢或低温钢焊条。

3. 焊件的结构特点和受力状态

① 对结构形状复杂、刚性大及大厚度焊件，由于焊接过程中产生很大的应力，容易使焊缝产生裂纹，应选用抗裂性能好的低氢型焊条。

② 对焊接部位难以清理干净的焊件，应选用氧化性强，对铁锈、氧化皮、油污不敏感的酸性焊条。

③ 对受条件限制不能翻转的焊件，有些焊缝处于非平焊位置，应选用全位置焊接的焊条。

4. 施工条件及设备

① 在没有直流电源，而焊接结构又要求必须使用低氢型焊条的场合，应选用交、直流两用低氢型焊条。

② 在狭小或通风条件差的场所，应选择酸性焊条或低尘焊条。

5. 改善操作工艺性能

在满足产品性能要求的条件下，尽量选用电弧稳定，飞溅少，焊缝成形均匀整齐，容易脱渣的工艺性能好的酸性焊条。焊条工艺性能要满足施焊操作需要。如在非水平位置施焊时，应选用适于各种位置焊接的焊条。如在向下立焊、管道焊接、底层焊接、盖面焊、重力焊时，可选用相应的专用焊条。

6. 合理的经济效益

在满足使用性能和操作工艺性的条件下，尽量选用成本低、效率高的焊条。对于焊接工作量大的结构，应尽量采用高效率焊条，如铁粉焊条、高效率不锈钢焊条及重力焊条等，以提高焊接生产率。常用钢号推荐选用的焊条可参见表 4-22。不同钢号相焊推荐选用的焊条可参见表 4-23。

表 4-22 常用钢号推荐选用的焊条

钢　号	焊条型号	对应牌号
Q235AF Q235A、10、20	E4303	J422
20R、20HP、20g	E4316	J426
	E4315	J427
25	E4303	J422
	E5003	J502
Q295(09Mn2V、09Mn2VD、09Mn2VDR)	E5515-C1	W707Ni
Q345(16Mn、16MnR、16MnRE)	E5003	J502
	E5016	J506
	E5015	J507
Q390(16MnD、16MnDR)	E5016-G	J506RH
	E5015-G	J507RH
Q390(15MnVR、15MnVRE)	E5016	J506
	E5015	J507
	E5515-G	J557
20MnMo	E5015	J507
	E5515-G	J557
15MnVNR	E6016-D1	J606
	E6015-D1	J607
15MnMoV 18MnMoNbR 20MnMoNb	E7015-D2	J707
12CrMo	E5515-B1	R207
15CrMo 15CrMoR	E5515-B2	R307

钢　号	焊条型号	对应牌号
12Cr1MoV	E5515-B2-V	R317
12Cr2Mo 12Cr2Mo1 12Cr1Mo1R	E6015-B3	R407
1Cr5Mo	E1-5MoV-15	R507
1Cr18Ni9Ti	E308-16	A102
	E308-15	A107
	E347-16	A132
	E347-15	A137
0Cr19Ni9	E308-16	A102
	E308-15	A107
0Cr18Ni9Ti 0Cr18Ni11Ti	E347-16	A132
	E347-15	A137
00Cr18Ni10 00Cr19Ni11	E308L-16	A002
0Cr17Ni12Mo2	E316-16	A202
	E316-15	A207
0Cr18Ni12Mo2Ti 0Cr18Ni12Mo3Ti	E316L-16	A022
	E318-16	A212
0Cr13	E410-16	G202
	E410-15	G207

表 4-23 不同钢号相焊推荐选用的焊条

类别	接头钢号	焊条型号	对应牌号
碳素钢、低合金钢和低合金钢相焊	Q235A＋Q345(16Mn)	E4303	J422
	20、20R＋16MnR、16MnRC Q235A＋18MnMoNbR	E4315	J427
		E5015	J507
	16MnR＋15MnMoV 16MnR＋18MnMoNbR	E5015	J507
	15MnVR＋20MnMo 20MnMo＋18MnMoNbR	E5015	J507
		E5515-G	J557
碳素钢、碳锰低合金钢和铬钼低合金钢相焊	Q235A＋15CrMo Q235A＋1Cr5Mo	E4315	J427
	16MnR＋15CrMo 20、20R、16MnR＋12Cr1MoV	E5015	J507
	15MnMoV＋12CrMo、15CrMo 15MnMoV＋12Cr1MoV	E7015-D2	J707
其他钢号与奥氏体高合金钢相焊	Q235A、20R、16MnR 20MnMo＋0Cr18Ni9Ti	E309-16	A302
		E309Mo-16	A312
	18MnMoNbR、15CrMo＋0Cr18Ni9Ti	E310-16	A402
		E310-15	A407

（二）焊条的使用

（1）焊条使用前的检验　使用前应首先检查焊条有无制造厂的质量合格证，凡无合格证或对其质量有怀疑时，应按批抽查检验，合格者方可使用，存放多年的焊条应进行工艺性能检验，待检验合格后才能使用。如发现焊条内部有锈迹，须经检验合格后才能使用。焊条受潮严重，已发现药皮脱落者，一般应予以报废。

（2）焊条的烘焙　焊条使用前一般应按说明书规定的烘焙温度进行烘干。焊条烘干的目的是去除受潮涂层中的水分，以便减少熔池及焊缝中的氢，防止产生气孔和冷裂纹。烘干焊条要严格按照规定的工艺参数进行。烘干温度过高时，涂层中某些成分会发生分解，降低机械保护的效果；烘干温度过低或烘干时间不够时，则受潮涂层的水分去除不彻底，仍会产生气孔和延迟裂纹。

碱性低氢型焊条烘焙温度一般为350～400℃，对含氢量有特殊要求的低氢型焊条的烘焙温度应提高到400～450℃，烘箱温度应缓慢升高，烘焙1h，烘干后放在100～150℃的恒温箱或保温筒内，随用随取。切不可突然将冷焊条放入高温烘箱内或突然冷却，以免药皮开裂。重复烘干次数不宜超过两次。

酸性焊条要根据受潮情况，在70～150℃温度下烘焙1～2h。若贮存时间短且包装完好，用于一般钢结构，在使用前也可不再烘焙。

烘焙焊条时，每层焊条堆放不能太厚（以1～2层为好），以免焊条受热不均和潮气不易排除。烘干时，作好记录。

（三）焊条的制造

焊条制造过程包括焊芯加工、药皮材料的制备和将按配方混合后的药皮材料涂敷到焊芯上的全过程。

（1）焊芯加工　焊芯一般以直径较大的盘圆供货，在涂敷药皮前需经过拔丝、校直、切断、清理和检验等一系列工序。

(2) 药皮原材料制粉　制粉就是将块料原材料加工成颗粒度符合焊条制造要求的粉末，其中包括洗选、烘干、破碎、球磨和筛分等工序。

(3) 铁合金的钝化　钝化是用人工的方法使铁合金颗粒表面产生一层氧化膜，防止与水玻璃中的碱溶液发生化学反应而造成药皮表面发泡。药皮中常用的铁合金，如硅铁、锰铁，必须经过钝化后才能在焊条制造中使用。钝化通常采用焙烧或用高锰酸钾浸泡的方法进行。

(4) 涂料的制备　主要有以下几种。

① 配干粉与混拌。将处理好的各种粉料按照配方规定的比例均匀地混拌在一起。干粉混合时所用的设备是搅拌机。

② 液体水玻璃的制备。液体水玻璃是固体水玻璃的水溶液，水玻璃中含水量决定其密度。水分越多，水玻璃的密度越小。焊条制造中要求水玻璃的相对密度为1.39～1.56。

③ 湿混拌。在配好的干粉中，徐徐倒入液体水玻璃并进行湿混拌，直至混拌均匀没有大的湿块和干粉时，便成了焊条涂料。

(5) 焊条药皮的涂敷　焊条药皮的涂敷是在涂料机上进行的，压涂原理如图4-1所示。预制好的湿涂料2在料缸3里用一定的压力压出来，把涂料挤压、涂敷在向前移动的焊芯7上。

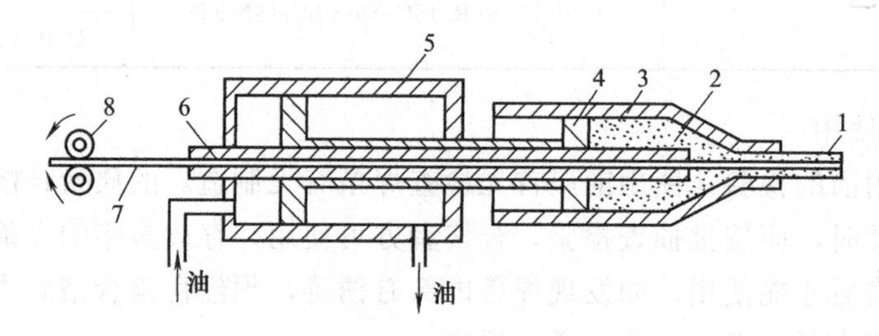

图4-1　焊条药皮压涂原理

1—焊条；2—涂料；3—料缸；4—压头；5—液压缸；6—导丝管；7—焊芯；8—送丝轮

(6) 焊条的烘干　焊条烘干的目的是排除药皮中的水分。一般都采用先低温（40℃左右保温3～10h）烘干，然后进行较高温度烘焙的方法。烘焙温度取决于焊条药皮类型。

(7) 焊条的质量检验　主要进行跌落检验、外表检验、焊接检验。

① 跌落检验。将焊条平举1m高，自由落到光滑的厚钢板上，如药皮无脱落现象，即证明药皮的强度合乎质量要求。

② 外表检验。药皮表面应光滑，无气孔和机械损伤，焊芯无锈蚀，药皮不偏心。

③ 焊接检验。通过施焊来检验焊条质量是否满足设计要求。

经上述质量检验合格后，即可包装出厂。

六、焊条的发展现状

焊接材料的发展已有百年历史。1891年俄罗斯的斯拉维亚夫（Slavianoff）发明了无药皮的金属电极焊，1907年瑞典工程师奥斯卡·杰尔贝格（Oscar Kjellberg）发明了药皮焊条。随着科学技术的发展，对产品品种和产量方面都提出了越来越高的要求，下面就焊条的发展现状加以简单介绍。

目前，国内外各种新型焊条、专用焊条发展很快，正向高质量、高效率、低尘、低毒方面发展。以瑞典为代表的欧美各国，着重制定卫生标准，按照焊条的发尘、发烟量进行分级。并研制了低尘低毒的新型焊条。日本重点研究降尘、降毒的方法。我国对焊条的发展也进行了大量的研究工作，主要围绕以下三个方面：①提高焊条的质量；②提高焊接效率；③配合新钢种，研制与新钢种配套的焊条。

1. 低尘低毒焊条

日本在20世纪70年代后期开发了新型的低尘、低毒焊条。它与同类型焊条相比，在性能基本相同的情况下焊条发尘量减少30%～50%。1979年，天津大学与邢台电焊条厂联合研制的“J507低尘低毒焊条”也取得了非常显著的效果。

通常降毒降尘的主要途径有以下几种。

① 以Mg代替K。在低氢焊条药皮中用Mg代替K作稳弧剂，可有效地降低烟尘的毒性。

② 采用各种办法尽量降低K、Na水玻璃的用量。如采用Li水玻璃或其他类型的黏结剂完全或部分代替K、Na水玻璃，可取得良好的降尘降毒效果。

③ 降低低氢型焊条药皮中萤石（氟石）的配比或采用其他氟化物代替氟石，并对配方作适当调整，可以降尘降毒。

④ 控制药皮厚度和药皮成分的配比。哈尔滨焊接所在1986年公布了制造低氢型、钛铁矿型、钛钙型3种渣系低尘焊条的专利技术。其技术要点是：控制药皮中水玻璃（干量）在6.5%以下；控制药皮外径/焊芯直径＝1.25～1.55；控制（$CaCO_3$＋$MgCO_3$）/SiO_2的比值(对低氢型焊条控制在8以上，对钛铁矿型焊条控制在0.8以上，对钛钙型焊条控制在1以上)，这样可有效地降低焊条的发尘量。

2. 超低氢焊条

日本在1979年研制的超低氢焊条，是用氟气置换结晶水的“合成氟金云母”代替含有结晶水的天然云母。熔敷金属扩散氢含量达到0.6mL/100g。我国已成批生产合成氟金云母，并开始用于制造焊条。为了使焊条熔敷金属达到超低氢水平，药皮应具备3个条件：①药皮原材料中不含结晶水；②药皮冶金反应去氢能力强；③药皮的耐湿性强。

3. 抗吸潮焊条

为了提高焊条药皮的耐湿性，日本提出以锂水玻璃作为黏结剂可提高焊条的抗湿性。为了改进黏结性，又提出以硅胶加碱金属硅酸盐为基体，再加入相对于基体为0.2%～30%的碱土金属硼酸盐作添加剂，将二者混合进行搅拌，反应后的产物作为黏结剂。采用这种黏结剂制出的焊条不仅抗湿性强，而且药皮黏结强度高，高温烘烤时不易开裂。

4. 铁粉焊条

铁粉焊条在提高效率的同时还可改善焊条的工艺性能。目前世界上熔敷效率最高可达350%。我国在20世纪60年代就研制成功了铁粉焊条。目前已将铁粉焊条列入了国家焊条标准。

5. 重力焊条

重力焊条是重力焊（滑轨式焊接）时使用的焊条，选择于水平位置的角焊缝焊接。焊条长度一般为750～800mm，也有长达1200mm，焊条直径5.5～8.0mm。在焊条药皮中常加入大量铁粉。由于焊条长、直径粗，可以节省换焊条的辅助时间，而且药皮中加入了铁粉可以提高焊条的熔敷效率。重力焊目前在日本和欧洲的造船业中使用非常广泛。

6. 立向下焊条

立向下焊条是指立焊时能从上向下施焊的专用高效焊条。这种焊条施焊时可采用较大的焊接电流、从上向下焊接。操作方便、焊接损失热量小、焊条消耗少、焊缝成形好、施焊速度快，比普通焊条快50%以上。目前，我国生产的立向下焊条有J507、E5048等。

7. 底层焊条

这种焊条可以单面焊双面成形。单面施焊时，坡口背面也有熔渣均匀覆盖，并能形成均匀的焊缝。用这种焊条焊接中小直径压力钢管接头时，背面不需铲除焊根进行封底焊，仅从外部施焊即可保证焊接质量。目前底层焊条主要有纤维素型和低氢型两类。我国研制和生产的底层焊条有J507D焊条等。

8. 管接头全位置下行焊条

这种焊条既能进行立向下焊接，又能进行全位置施焊，现有纤维素型和低氢型两类。在管线敷设现场采用这种焊条施焊，有速度快（比常用焊条提高焊接效率30%～80%）、质量好、操作容易等优点。国外近年来输油管线工程已几乎全部采用这种焊条施焊。我国现有产品牌号为J507XG。

9. 改进低氢型焊条工艺性能

（1）改善引弧性和消除引弧点气孔　可以采取以下技术途径。

① 在焊条端部涂引弧剂。

② 对焊芯端部进行特殊加工（见图4-2）。

③ 调整药皮配方。

④ 采用管状焊芯制造焊条。

（2）提高交流稳弧性和改善熔滴过渡特性　人们希望低氢型焊条能在通用交流焊机（60～70V空载电压及小电流）下进行施焊时，引弧容易，燃弧稳定。近年来，瑞士、日本等国都已开始生产和应用双层药皮的低氢焊条。它在交流施焊时具有良好的工艺性能和较高的熔敷效率。采用双层药皮时，可使内层药皮含CaF_2少些，外层药皮含CaF_2多一些（见图4-3），这样既能保证低氢焊条焊缝优良的理化性能，又可减少电弧中心处氟离子的数量，使交流电弧稳定。

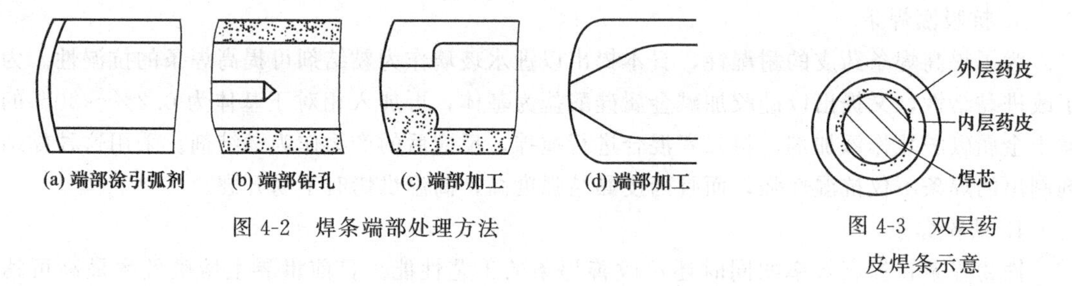

图4-2　焊条端部处理方法

图4-3　双层药皮焊条示意

第二节　焊　　丝

焊丝是焊接时作为填充金属或同时用来导电的金属丝。它是埋弧焊、电渣焊、气体保护焊与气焊的主要焊接材料。由于气体保护焊在能耗、生产率、焊接质量等方面都明显优于焊条电弧焊，近年来在很多方面已取代了焊条电弧焊。因此，焊丝在生产中的应用也越来越广泛。

这里主要介绍埋弧焊、CO_2气体保护焊、惰性气体保护焊以及电渣焊所用的实心焊丝和近年来发展较快的药芯焊丝。

一、焊丝的分类

根据焊丝截面形状及结构不同可分为实心焊丝和药芯焊丝。生产中普遍使用的是实心焊丝，药芯焊丝只在某些特殊场合应用。

按焊接方法不同分为气焊用焊丝、埋弧焊用焊丝、气体保护焊用焊丝和电渣焊用焊丝。

按所焊金属品种不同划分为：碳钢焊丝、低合金钢焊丝、不锈钢焊丝、硬质合金堆焊焊丝、铜及铜合金焊丝、铝及铝合金焊丝、铸铁气焊焊丝等。

本节重点介绍碳钢焊丝、低合金钢焊丝及不锈钢焊丝，其他品种（如有色金属焊丝）将在后续有关课程《焊接工艺》中介绍。

二、焊丝的牌号

（一）实心焊丝的牌号

埋弧焊、电渣焊及气焊等熔焊焊丝的牌号，与焊条电弧焊所用焊条焊芯的牌号表示方法相同。其编排方法如下。

① 牌号前加字母“H”，表示焊接用实心焊丝。

② 字母“H”后的一位数字或两位数字表示焊丝中的碳的质量分数，单位为万分之一（0.01%）。

③ 化学元素符号后面的数字表示大致的质量分数（%），质量分数小于1%时，数字省略。

④ 尾部标有字母“A”或“E”时，表示焊丝的质量等级，“A”表示高级优质，“E”表示特级优质。

例如：H08Mn2SiA

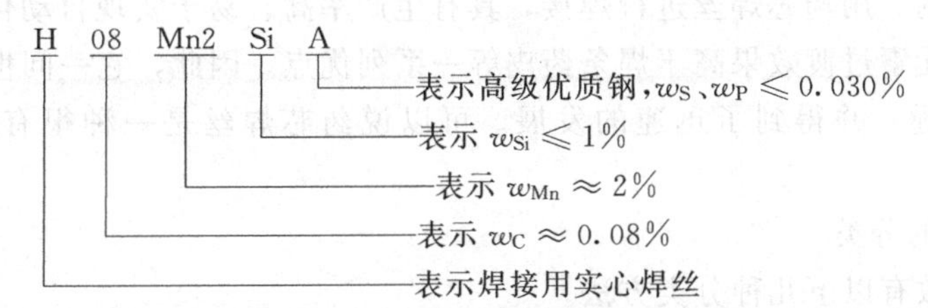

上述编排方法是GB/T 14957—94《熔化焊用钢丝》中规定的，其规律与钢号的编排方法基本相同。但随着新国家标准GB/T 13304《钢分类》的颁布与执行，有些钢号的编排方法已经改变。因此，上述编排方法只适用于大部分焊丝，而不是全部焊丝。焊接用钢丝单列为专用钢，主要是因为焊接工艺特点对填充金属有一些特殊要求。为了防止焊接缺陷和保证焊缝金属的性能，要求焊丝中的碳比相应的母材低，同时对硫、磷的限制更加严格。

（二）药芯焊丝的牌号

由薄钢带卷成圆形或异形钢管的同时，填进一定成分的药粉料，经拉制而成的焊丝叫做药芯焊丝。药芯焊丝可用于气体保护焊、埋弧焊等。特别是在气体保护电弧焊中应用最多。药芯焊丝的牌号编制方法如下。

① 牌号的第一个字母“Y”表示药芯焊丝。第二个字母与随后的三位数字的含义与焊条牌号的编制方法相同，如YJ×××为结构钢药芯焊丝，YR×××为耐热钢药芯焊丝，YG×××为铬不锈钢药芯焊丝，YA×××为铬镍不锈钢药芯焊丝。

② 牌号中短横线后的数字表示焊接时的保护方法：“1”为气体保护；“2”为自保护；“3”为气保护与自保护两用；“4”为其他保护形式。

③ 药芯焊丝有特殊性能和用途时，则在牌号后面加注起主要作用的元素和主要用途的字母。

例：

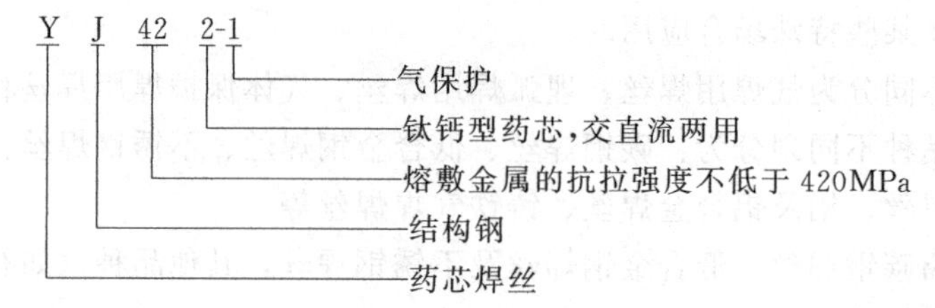

三、实心焊丝

实心焊丝的作用相当于焊条中的焊芯。对实心焊丝的要求与对焊芯的要求一样，即含碳量低，含硫、磷量少（分为≤0.04%和≤0.03%两级），并含一定量的合金。

焊丝的直径规格有1.6mm、2mm、3mm、4mm、5mm、6mm等几种，前两种直径多用于半自动焊，后几种多用于自动焊。焊丝表面应当光滑，除不锈钢、有色金属焊丝外，各种低碳钢和低合金钢焊丝表面最好镀铜。这种镀铜焊丝，由于镀铜层很薄，不会在焊缝中产生裂纹。镀铜焊丝的表面在焊前不需要再经除锈处理，使用方便，对于防止气孔的产生效果显著。此外，镀铜焊丝还可改善焊丝与导电嘴的接触状况。

为了使焊接过程稳定并减少焊接辅助时间，焊丝通常用盘丝机整齐地盘绕在焊丝盘上，按照国家标准规定，每盘焊丝应由一根焊丝绕成。

四、药芯焊丝

药芯焊丝是继焊条、实心焊丝之后广泛应用的又一类焊接材料，它是由金属外皮和芯部药粉两部分构成的。用药芯焊丝进行焊接，具有生产率高、易于实现自动化、飞溅少、焊缝成形美观、合金元素过渡效果高于焊条药皮等一系列优点。因此，它一问世就引起各国焊接工作者的极大兴趣，并得到了迅速的发展。可以说药芯焊丝是一种很有发展前途的焊接材料。

1. 药芯焊丝的分类

药芯焊丝大致有以下几种分类方法。

(1) 根据外层结构分类　主要有有缝药芯焊丝、无缝药芯焊丝。

① 有缝药芯焊丝：由冷轧薄钢带首先轧成U形，加入药芯后再轧成O形，折叠后轧成E形。

② 无缝药芯焊丝：用焊成的钢管或无缝钢管加药芯制成。这种焊丝的优点是密封性好，焊芯不会受潮变质，在制造中可对表面镀铜，改进了送丝性能，同时又具有性能高、成本低的特点，因而已成为药芯焊丝的发展方向。

(2) 根据焊接过程中外加的保护方式分类　主要有气体保护焊用药芯焊丝、埋弧焊用药芯焊丝和自保护药芯焊丝。

① 气体保护焊用药芯焊丝：气体保护焊用药芯焊丝根据保护气体的种类不同可细分为二氧化碳气体保护焊、熔化极惰性气体保护焊、混合气体保护焊以及钨及惰性气体保护焊、混合气体保护焊以及钨极氩弧焊用药芯焊丝。其中CO_2气体保护焊药芯焊丝主要用于结构件的焊接制造，其用量大大超过其他种类气体保护焊用药芯焊丝。

② 埋弧焊用药芯焊丝：主要应用于表面堆焊。由于药芯焊丝制造工艺较实心焊丝复杂，生产成本高，因此普通结构除特殊需求外一般不采用药芯焊丝埋弧焊。

③ 自保护药芯焊丝：是在焊接过程中不需要外加保护气体或焊剂的一类焊丝。通过焊丝芯部药粉中造渣剂、造气剂在电弧高温作用下产生的气、渣对熔滴和熔池进行保护。

(3) 根据熔渣的碱度分类 有钛型药芯焊丝、钙型药芯焊丝和钙钛型药芯焊丝。

① 钛型药芯焊丝（酸性渣）：它具有焊道成形美观、工艺性好、适于全位置焊的优点。缺点是焊缝的韧性不足，抗裂性稍差。

② 钙型药芯焊丝（碱性渣）：与钛型药芯焊丝相反，钙型药芯焊丝的焊缝韧性和抗裂性能优良，而焊缝成形与焊接工艺性能稍差。

③ 钙钛型药芯焊丝（中性或碱性渣）：性能适中，介于上述二者之间。

2. 药芯焊丝截面形状

常见药芯焊丝的截面形状如图 4-4 所示。

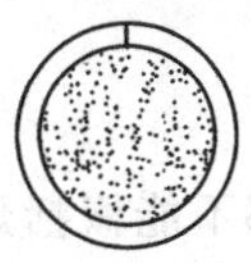

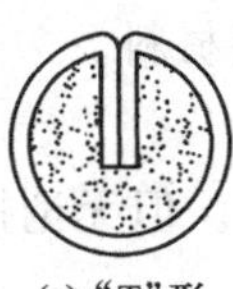

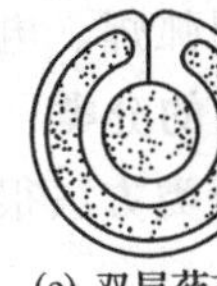

(a)"O"形 (b)"梅花"形 (c)"T"形 (d)"E"形 (e) 双层药芯

图 4-4 常见药芯焊丝的截面形状

药芯焊丝的截面形状对其焊接工艺性能与冶金性能都有很大的影响。其中最简单的为 O 形［见图 4-4 (a)］，又称管状焊丝。由于中间芯部的粉剂不导电，电弧容易沿四周外皮旋转，使得电弧稳定性较差。E 形截面［见图 4-4 (d)］药芯焊丝，由于折叠的钢带偏向截面的一侧，当焊丝与母材之间的角度比较小时，容易发生电弧偏吹现象。双层药芯焊丝［见图 4-4 (c)］可以把密度相差悬殊的粉末分开，把密度大的金属粉末加在内层，把密度较小的矿石粉末加在外层，这样可以保持粉末成分的均匀性，使焊丝的性能稳定。由于它的截面比较对称，并且金属粉居于截面中心，所以电弧比较稳定。双层药芯焊丝的不足，在于当焊丝反复烘干时容易造成截面变形、漏粉以及导致送丝困难。

3. 药芯焊丝的特点

药芯焊丝是在结合焊条的优良工艺性能和实芯焊丝的高效率自动焊的基础上产生的一种新型焊接材料，其优点如下。

(1) 焊接工艺性能好 在电弧高温作用下，芯部各种物质产生造气、造渣以及一系列冶金反应，对熔滴过渡形态、熔渣表面张力等物理性能产生影响，明显地改善了焊接工艺性能。

(2) 熔敷速度快，生产效率高 药芯焊丝可进行连续地自动、半自动焊接。焊接时，电流通过很薄的金属外皮，其电流密度较高，熔化速度快。熔敷速度明显高于焊条，生产效率约为焊条电弧焊的 3～4 倍。

(3) 合金系统调整方便 药芯焊丝可以通过金属外皮和药芯两种途径调整熔敷金属的化学成分。特别是通过改变药芯焊丝中的填充成分，可获得各种不同的渣系、合金系的药芯焊丝以满足各种需求。

(4) 能耗低 在电弧焊接过程中，连续的生产使焊机空载损耗大为减少；较大的电流密度增加了电阻热，提高了热源利用率。这两者使药芯焊丝能源有效利用率提高，可节能 20%～30%。

(5) 综合成本低 焊接相同厚度的钢板，单位长度焊缝其综合成本药芯焊丝明显低于焊条，且略低于实心焊丝。使用药芯焊丝经济效益是非常显著的。

当然，药芯焊丝也有不足之处。如制造设备复杂；制造工艺技术要求高；粉剂容易吸潮，使用前常需烘烤，否则粉剂中吸收的水分会在焊缝中引起气孔等。另外药芯焊丝送丝比实心困难。因为药芯焊丝的强度低，若加大送丝的外力，易导致焊丝变形开裂，粉剂外漏。

药芯焊丝在国外发展比较迅速，在我国的各个工业部门中正逐步得到推广应用。

第三节 焊 剂

焊剂是指焊接时能够熔化形成熔渣，对熔化金属起保护和冶金处理作用的一种颗粒状物质。焊剂相当于焊条中的药皮，在焊接过程中起到隔离空气、保护焊接区金属以及冶金处理作用。它是埋弧焊、电渣焊中所用的焊接材料。

一、焊剂的分类

焊剂的分类方法很多，如图 4-5 所示。但无论按哪种方法分类，都不能概括焊剂的所有特点。

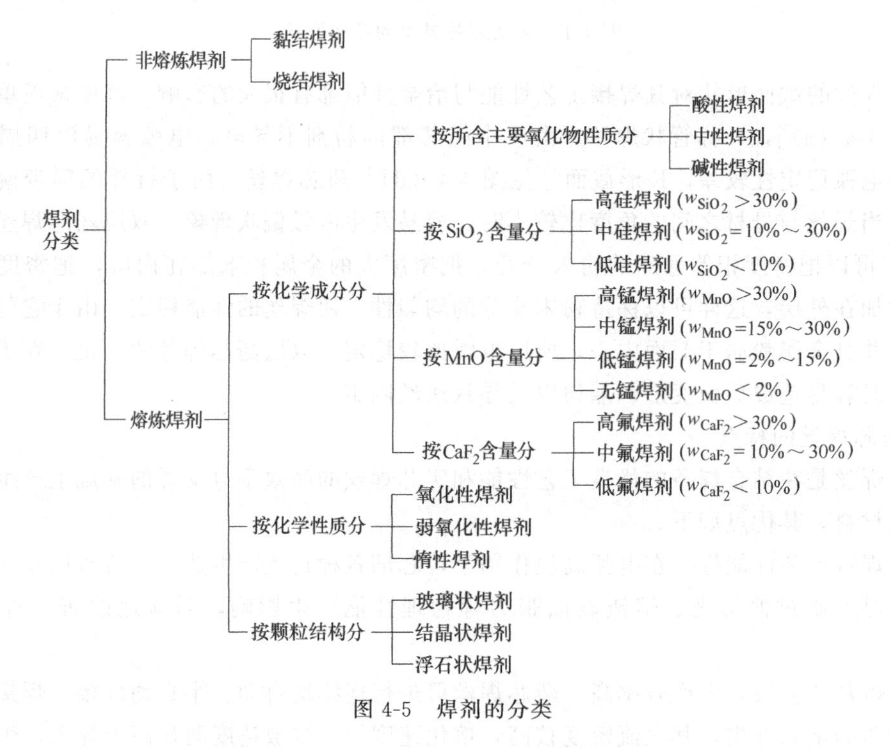

图 4-5 焊剂的分类

1. 按焊剂制造方法分类

(1) 熔炼焊剂　按照配方将一定比例的各种配料放在炉内熔炼，然后经过水冷，使焊剂形成颗粒状，经烘干、筛选而制成的一种焊剂。熔炼焊剂的主要优点是化学成分均匀，可以获得性能均匀的焊缝。但由于焊剂在制造过程中有高温熔炼过程，合金元素要被氧化，所以焊剂中不能添加铁合金，因此不能依靠焊剂向焊缝大量过渡合金元素。熔炼焊剂是目前生产中最为广泛使用的一种焊剂。

(2) 非熔炼焊剂　将一定比例的配料粉末，混合均匀并加入适量的黏结剂后经过烘焙而成。根据烘焙温度不同，又分为以下两种。

① 黏结焊剂：将一定比例的各种粉末配料加入适量黏结剂，经混合搅拌、粒化和400℃以下的低温烘焙而制成，以前称陶质焊剂。

② 烧结焊剂：将一定比例的各种粉末配料加入适量黏结剂，混合搅拌后经400～1000℃高温烧结成块，然后粉碎、筛选而制成。其中烧结温度为400～600℃的叫做低温烧结焊剂，烧结温度高于700℃的叫做高温烧结焊剂。前者可以渗合金，后者则只有造渣和保护作用。

非熔炼焊剂由于没有熔炼过程，所以化学成分不均匀，因而造成焊缝性能不均匀，但可以在焊剂中添加铁合金，增大焊缝金属合金化。目前非熔炼焊剂在生产中应用还不广。

2. 按焊剂化学成分分类

(1) 按所含主要氧化物性质分类　可分为酸性焊剂、中性焊剂和碱性焊剂。

(2) 按 SiO_2 含量分类　可分为高硅焊剂、中硅焊剂和低硅焊剂。

(3) 按 MnO 含量分类　可分为高锰焊剂、中锰焊剂、低锰焊剂和无锰焊剂。

(4) 按 CaF_2 含量分类　可分为高氟焊剂、中氟焊剂、低氟焊剂。

(5) 按照焊剂的主要成分特性分类　可以分为氟碱型焊剂、高铝型焊剂、硅钙型焊剂、硅锰型焊剂、铝钛型焊剂。这种分类方法一般用于非熔炼焊剂。

3. 按焊剂的氧化性分类

(1) 氧化性焊剂　焊剂对焊缝金属具有较强的氧化作用。可分为两种：一种是含有大量 SiO_2、MnO 的焊剂；另一种是含较多 FeO 的焊剂。

(2) 弱氧化性焊剂　焊剂含 SiO_2、MnO、FeO 等氧化物较少，所以对金属有较弱的氧化作用，焊缝含氧量较低。

(3) 惰性焊剂　焊剂中基本不含 SiO_2、MnO、FeO 等氧化物，所以对于焊接金属没有氧化作用。此类焊剂是由 Al_2O_3、CaO、MgO、CaF_2 等组成。

二、焊剂的型号和牌号

1. 焊剂的型号

(1) 碳钢埋弧焊焊剂　碳钢埋弧焊焊剂的型号是根据使用各种焊丝与焊剂组合而形成的熔敷金属的力学性能而划分的。在 GB/T 5293—1999《埋弧焊用碳钢焊丝和焊剂》中，焊丝-焊剂组合的型号编制方法如下：字母“F”表示焊剂；第一位数字表示焊丝-焊剂组合的熔敷金属抗拉强度的最小值；第二位字母表示试件的热处理状态，“A”表示焊态，“P”表示焊后热处理状态；第三位数字表示熔敷金属冲击吸收功不小于27J时的最低试验温度；“-”后面表示焊丝的牌号。

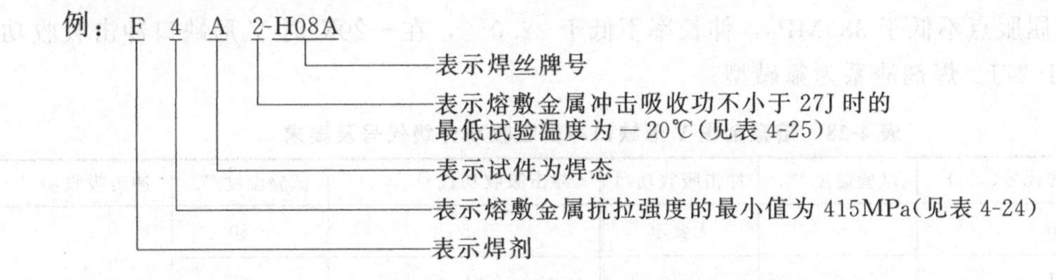

表 4-24　拉伸试验

焊剂型号	抗拉强度 σ_b/MPa	屈服强度 σ_s/MPa	伸长率 δ_5/%
F4××-H×××	415～550	≥330	≥22
F5××-H×××	480～650	≥400	≥22

表 4-25 冲击试验

焊剂型号	冲击吸收功/J	试验温度/℃	焊剂型号	冲击吸收功/J	试验温度/℃
F××0-H×××		0	F××4-H×××		−40
F××2-H×××	≥27	−20	F××5-H×××	≥27	−50
F××3-H×××		−30	F××6-H×××		−60

（2）低合金钢埋弧焊焊剂 在 GB 12470—90《低合金钢埋弧焊焊剂》中，根据埋弧焊焊缝金属力学性能、焊剂渣系，划分焊剂的型号的表示方法如下：

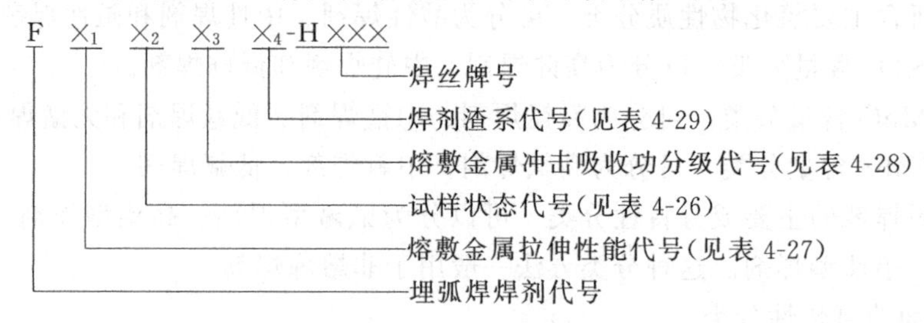

表 4-26 试样状态——第二位数字（$\times_2$）含义

焊 剂 型 号	试 样 状 态
F$\times_1$0$\times_3\times_4$-H×××	焊态
F$\times_1$1$\times_3\times_4$-H×××	焊后热处理状态

表 4-27 熔敷金属拉伸性能代号

拉伸性能代号$\times_1$	抗拉强度 σ_b/MPa	屈服强度 σ_s/MPa	伸长率 δ_5/%	拉伸性能代号$\times_1$	抗拉强度 σ_b/MPa	屈服强度 σ_s/MPa	伸长率 δ_5/%
5	480～650	≥380	≥22.0	8	690～820	≥610	≥16.0
6	550～690	≥460	≥20.0	9	760～900	≥680	≥15.0
7	620～760	≥540	≥17.0	10	820～970	≥750	≥14.0

例如：F5121-H08MnMoA 焊剂，表示这种焊剂采用 H08MnMoA 焊丝，按 GB 12470—90 所规定的焊剂参数焊接试样，试样经焊后热处理后，熔敷金属的抗拉强度为 480～650MPa，屈服点不低于 380MPa，伸长率不低于 22.0%，在−20℃时 V 形缺口冲击吸收功大于或等于 27J。焊剂渣系为氟碱型。

表 4-28 熔敷金属 V 形缺口冲击吸收功分级代号及要求

冲击吸收功代号($\times_3$)	试验温度/℃	冲击吸收功/J	冲击吸收功代号($\times_3$)	试验温度/℃	冲击吸收功/J
0	—	无要求	5	−50	
1	0		6	−60	
2	−20	≥27	8	−80	≥27
3	−30		10	−100	
4	−40				

表 4-29 焊剂渣系代号

渣系代号($\times_4$)	主要组分(质量分数)/%	渣系
1	$CaO+MgO+MnO+CaF_2>50$ $SiO_2\leqslant20$ $CaF_2>15$	氟碱型
2	$Al_2O_3+CaO+MgO>45$ $Al_2O_3\geqslant20$	高铝型
3	$CaO+MgO+SiO_2>60$	硅钙型
4	$MnO+SiO_2>50$	硅锰型
5	$Al_2O_3+TiO_2>45$	铝钛型
6	不作规定	其他型

(3) 不锈钢埋弧焊焊剂　在 GB/T 17854—1999《埋弧焊用不锈钢焊丝和焊剂》中，规定了埋弧焊用不锈钢焊丝和焊剂的型号分类、技术要求、试验方法及检验规则等内容。在该标准中，焊丝-焊剂组合的型号编排方法如下：字母“F”表示焊剂；“F”后面的数字表示熔敷金属种类代号，如有特殊要求的化学成分，该化学成分用元素符号表示，放在数字的后面；“-”后面表示不锈钢焊丝的牌号。

不锈钢埋弧焊焊丝和焊剂组合的熔敷金属化学成分应符合表 4-30 的规定。

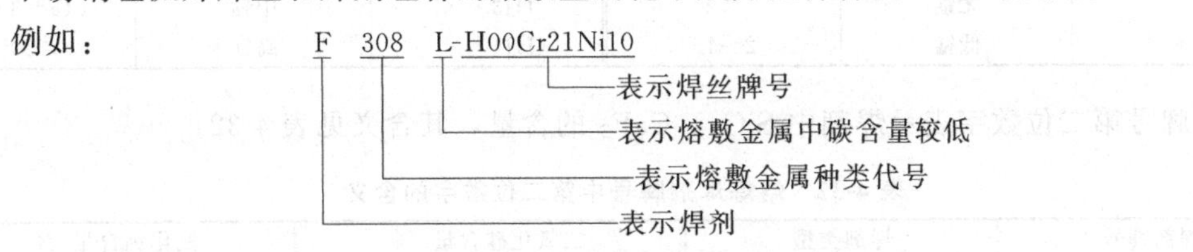

表 4-30 熔敷金属化学成分

焊剂型号	化学成分(质量分数)/%							
	C	Si	Mn	P	S	Cr	Ni	Mo	其他
F308-H×××	0.08	1.00	0.50～2.50	0.040	0.030	18.0～21.0	9.0～11.0	—	—
F308L-H×××	0.04	1.00	0.50～2.50	0.040	0.030	18.0～21.0	9.0～11.0	—	—
F309-H×××	0.15	1.00	0.50～2.50	0.040	0.030	22.0～25.0	12.0～14.0	—	—
F309Mo-H×××	0.12	1.00	0.50～2.50	0.040	0.030	22.0～25.0	12.0～14.0	2.00～3.00	—
F310-H×××	0.20	1.00	0.50～2.50	0.030	0.030	25.0～28.0	20.0～22.0	—	—
F316-H×××	0.08	1.00	0.50～2.50	0.040	0.030	17.0～20.0	11.0～14.0	2.00～3.00	—
F316L-H×××	0.04	1.00	0.50～2.50	0.040	0.030	17.0～20.0	11.0～14.0	2.00～3.00	—
F316CuL-H×××	0.04	1.00	0.50～2.50	0.040	0.030	17.0～20.0	11.0～14.0	1.20～2.75	Cu:1.00～2.50
F317-H×××	0.08	1.00	0.50～2.50	0.040	0.030	18.0～21.0	12.0～14.0	3.00～4.00	—
F347-H×××	0.08	1.00	0.50～2.50	0.040	0.030	18.0～21.0	9.0～11.0	—	Nb:8×C%～1.00
F410-H×××	0.12	1.00	1.20	0.040	0.030	11.0～13.5	0.60	—	—
F430-H×××	0.10	1.00	1.20	0.040	0.030	15.0～18.0	0.60	—	—

注：1. 表中单值均为最大值。
2. 焊剂型号中的字母 L 表示碳含量较低。

2. 焊剂的牌号

在原机械工业部1997年出版的《焊接材料产品样本》中规定焊剂牌号的编制方法如下。

(1) 熔炼焊剂　其牌号编制方法如下。

① 牌号前“HJ”表示埋弧焊及电渣焊用熔炼焊剂。

② 牌号第一位数字表示焊剂中氧化锰的含量，其含义见表4-31。

例如：

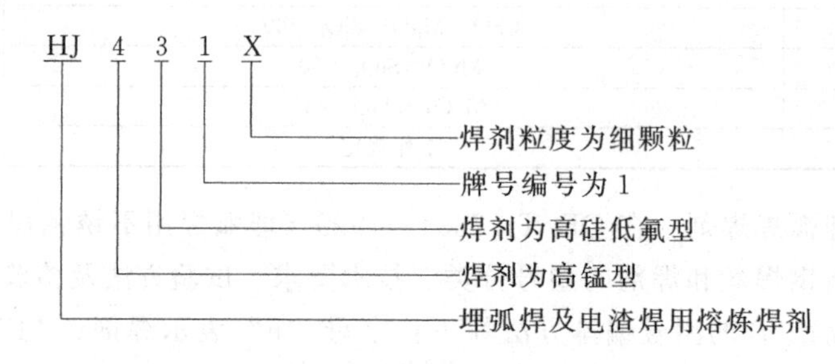

表4-31　熔炼焊剂牌号中第一位数字的含义

牌号	焊剂类型	氧化锰含量(w_{MnO})/%	牌号	焊剂类型	氧化锰含量(w_{MnO})/%
HJ1××	无锰	<2	HJ3××	中锰	15～30
HJ2××	低锰	2～15	HJ4××	高锰	>30

③ 牌号第二位数字表示焊剂中SiO_2、CaF_2的含量，其含义见表4-32。

表4-32　熔炼焊剂牌号中第二位数字的含义

焊剂牌号	焊剂类型	二氧化硅含量/%	氟化钙含量/%
HJ×1×	低硅低氟	<10	<10
HJ×2×	中硅低氟	10～30	<10
HJ×3×	高硅低氟	>30	<10
HJ×4×	低硅中氟	<10	10～30
HJ×5×	中硅中氟	10～30	10～30
HJ×6×	高硅中氟	>30	10～30
HJ×7×	低硅高氟	<10	>30
HJ×8×	中硅高氟	10～30	>30
HJ× 9×	其他		

④ 牌号第三位数字表示同一类型焊剂的不同牌号，按0，1，2，…，9的顺序排列。

⑤ 同一牌号焊剂生产两种颗粒度时，在细颗粒焊剂牌号后加“X”。

(2) 烧结焊剂　其牌号编制方法如下。

① 牌号前“SJ”表示埋弧焊用烧结焊剂。

② 牌号第一位数字表示焊剂熔渣的渣系，其系列按表4-33编排。

表4-33　烧结焊接牌号中第一位数字含义

焊剂牌号	熔渣渣系类型	主要组分范围(质量分数)/%
SJ1××	氟碱	$CaF_2>15$，$CaO+MgO+MnO+CaF_2>50$，$SiO_2<20$
SJ2××	高铝	$Al_2O_3>20$，$Al_2O_3+CaO+MgO>45$
SJ3××	硅钙	$CaO+MgO+SiO_2>60$
SJ4××	硅锰	$MgO+SiO_2>50$
SJ5× ×	铝钛	$Al_2O_3+TiO_2>45$
SJ6××	其他	—

③ 牌号第二、三位数字表示同一类型渣系焊剂中的不同牌号，从 01～09

例如：

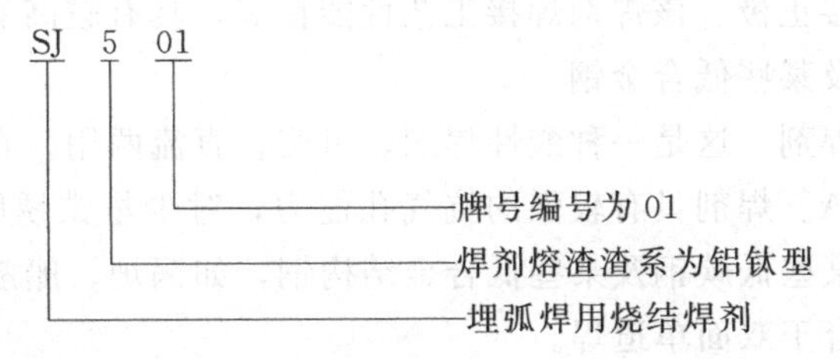

三、焊剂的组成与性能

1. 熔炼焊剂

（1）高硅型熔炼焊剂　根据含 MnO 量的不同，高硅型熔炼焊剂又可分为高锰高硅焊剂、中锰高硅焊剂、低锰高硅焊剂和无锰高硅焊剂 4 种。由于 $w_{SiO_2}>30\%$，可通过焊剂向焊缝中过渡硅，其中含 MnO 高的焊剂有向焊缝金属过渡锰的作用。当焊剂中的 SiO_2 和 MnO 含量加大时，硅、锰的过渡量增加。硅的过渡量与焊丝的含硅量有关。锰的过渡量不但与焊剂中 SiO_2 的含量有关，而且与焊丝的含锰量也有很大关系。焊丝含锰量越低，通过焊剂过渡锰的效果越好。因此，要根据高硅焊剂含 MnO 量的多少来选择不同含锰量的焊丝。

高硅焊剂具有良好的焊接工艺性能，适于用交流电源，具有电弧稳定，脱渣容易，焊缝成形美观，对铁锈的敏感性小，焊缝的扩散氢含量低，抗裂性能好等特点。

（2）中硅型熔炼焊剂　由于这类焊剂酸性氧化物 SiO_2 的含量较低，而碱性氧化物 CaO 或 MgO 的含量较高，故碱度较高。大多数中硅焊剂属弱氧化性焊剂，焊缝金属含氧量较低，因而韧性较高。这类焊剂配合适当焊丝可焊接合金结构钢。中硅型熔炼焊剂具有良好的脱渣性，但焊缝成形及抗气孔、抗冷裂能力不如高硅焊剂好。为了消除由氢引起的焊接裂纹，通常在高温下焙烘焊剂，施焊时宜采用直流反接。

为了减少焊缝金属的含氢量，以提高焊缝金属的抗冷裂的能力，可在这类焊剂中加入一定数量的 FeO。这样的焊剂称为中硅氧化性焊剂，是焊接高强钢的一种新型焊剂。

（3）低硅型熔炼焊剂　这种焊剂由 CaO、Al_2O_3、MgO、CaF_2 等组成。这种焊剂对焊缝金属基本上没有氧化作用。配合相应焊丝焊接高强度钢时，可以得到强度高、塑性好、低温下具有良好冲击韧性的焊缝金属。这种焊剂的缺点是焊接工艺性能不太好，焊缝中扩散氢含量高，抗冷裂能力较差。为了降低焊缝中的含氢量，必须在高温下长时间焙烘焊剂。为了改善焊接工艺性能，可在焊剂中加入钛、锰和硅的氧化物。但是，随着这些氧化物的加入，焊剂的氧化性也随之提高。采用这种焊剂焊接需用直流电源。

2. 烧结焊剂

（1）氟碱型烧结焊剂　这是一种碱性焊剂，可交、直流两用。其特点是 SiO_2 含量低，可以限制硅向焊缝中过渡，能得到冲击韧性高的焊缝金属。直流焊时焊丝接正极，最大焊接电流可达 1200A。配合适当的焊丝，可焊接多种低合金结构钢，用于重要的焊接产品，如锅炉、压力容器、管道等。可用于多丝埋弧焊，特别适用于大直径容器的双面单道焊。

（2）硅钙型烧结焊剂　这是一种中性焊剂，可交、直流两用，直流焊时焊丝接正极，最大焊接电流可达 1200A。由于焊剂中含有较多的 SiO_2，即使采用含硅量低的焊丝，仍可得到含硅量较高的焊缝金属。配合适当焊丝，可焊接普通结构钢、锅炉用钢、管线用钢等。可用于多丝高速焊，特别适合于双面单道焊，也可焊接小直径管线。

（3）硅锰型烧结焊剂　这种焊剂是酸性焊剂，主要由 MnO 和 SiO_2 组成。可交、直流两用，直流焊时焊丝接正极。该焊剂焊接工艺性能良好，具有较高的抗气孔能力。配合适当焊丝，可焊接低碳钢及某些低合金钢。

（4）铝钛型烧结焊剂　这是一种酸性焊剂，可交、直流两用。直流焊时焊丝接正极，最大焊接电流可达 1200A。焊剂具有较强的抗气孔能力，对少量铁锈膜及高温氧化膜不敏感。配合适当焊丝可焊接某些低碳钢及某些低合金结构钢，如锅炉、船舶、压力容器等。可用于多丝高速焊，特别适合于双面单道焊。

（5）高铝型烧结焊剂　其性能介于铝钛型与氟碱型焊剂之间。

四、焊剂的选用

在焊接过程中，充分注意焊剂与焊丝的合理配合，才能获得满意的焊接接头。焊接低碳钢时可选择高锰高硅焊剂配合低碳钢焊丝；也可用低锰、无锰焊剂配合低合金钢焊丝。如低碳钢实心焊丝 H08A 或 H08E，它们与高锰高硅低氟熔炼焊剂 HJ430、HJ431、HJ433 或 HJ434 配合，在生产中应用较多。采用该种配合焊接时，焊剂中的 MnO 和 SiO_2 在高温下与铁反应，Mn 与 Si 得以还原，过渡进入焊接熔池。熔池冷却时，Mn 和 Si 既成为脱氧剂，使焊缝脱氧，同时又可有足够数量余留下来，成为合金剂，保证焊缝力学性能。如果选择 H08A 或 H08E 焊丝而不与高锰高硅焊剂配合，则焊接时就不可能有足够数量的 Mn 和 Si 过渡进入熔池，从而不能保证焊缝有良好的脱氧和力学性能。所以，焊接低碳钢时，如果焊剂为无锰、低锰或中锰型，则焊丝应选择 H08MnA 或其他合金钢焊丝。

焊接低合金钢时，多选择与母材成分相近的焊丝，因此应选择低锰中锰或中锰中硅焊剂。

焊接高合金钢时，主要选择惰性焊剂和与母材成分相近的焊丝来进行焊接。

表 4-34 所列为一些常用国产焊剂的用途及配用焊丝。

表 4-34　国产焊剂的用途及配用焊丝

焊剂牌号	焊剂类型	配用焊丝	焊剂用途
焊剂 130	无锰高硅低氟	H10Mn2	低碳结构钢、低合金钢，如 16Mn 等
焊剂 131	无锰高硅低氟	配 Ni 基焊丝	焊接镍基合金薄板结构
焊剂 150	无锰中硅中氟	配 2Cr13 或 3Cr2W8 配铜焊丝	堆焊轧辊、焊铜
焊剂 172	无锰低硅高氟	配相应焊丝	焊接高铬铁素体热强钢（15Cr11CuNiW）或其他高合金钢
焊剂 230	低锰高硅低氟	H08MnA，H10Mn2，	焊接碳钢结构及低合金结构钢
焊剂 250	低锰中硅中氟	H08MnMoA，H08Mn2MoA，H08Mn2MoVA	焊接 15MnV-14MnMoV、18MnMoNb 及 14MnMoVB 等
焊剂 260	低锰高硅中氟	铬 19 镍 9 型焊丝	焊接不锈钢及轧辊堆焊
焊剂 330	中锰高硅低氟	H08MA，H08Mn2，H08MnSi	焊接主要的低碳钢结构和低合金钢，如 A3、15g、20g、16Mn、15MnVTi 等
焊剂 350	中锰中硅中氟	配相应焊丝	焊接锰钼、锰硅及含镍低合金高强度钢
焊剂 430	高锰高硅低氟	H08A，H10Mn，H10MnSiA	焊接低碳钢及低合金钢
焊剂 431	高锰高硅低氟	H08A，H08MnA，H10MnSiA	焊接低碳结构钢及低合金钢
焊剂 433	高锰高硅低氟	H08A	焊接低碳结构钢

五、焊剂发展的现状

随着焊接技术的发展，为适应新的焊接工艺方法，需要研制相应的焊剂，如：高速焊接用浮石状焊剂、大间距双丝焊接用渣壳导电焊剂、单面焊双面成形用衬垫焊剂等。

黏结焊剂在我国主要用于堆焊。近年有人在研究用黏结焊剂焊接高强钢和超低碳不锈钢。焊接高强钢时，把焊剂做成碱性，能获得韧性好、含氢量低、抗冷裂纹能力强的焊缝金属；焊接超低碳不锈钢时不发生增碳现象，保证焊缝的抗蚀性能。在黏结焊剂的生产方面，国内有不少单位实现了机械化造粒法，基本上解决了生产工序中的机械化问题。由于黏结焊剂具有许多优越性及生产易实现机械化的特点，所以黏结焊剂在高强钢、各种专用钢、不锈钢焊接和堆焊等各方面都会有很大的发展前途。

烧结焊剂是继熔炼焊剂之后发展起来的新型焊剂，目前国外已广泛采用它来焊接碳钢、高强度钢和高合金钢。由于烧结焊剂具有一系列优点，发展很迅速，现已研制并生产出多种具有不同特性的烧结焊剂，如抗潮焊剂、双丝焊接用渣壳导电焊剂、横向埋弧焊用焊剂等。

第四节 焊接用气体

焊接用气体主要是指气体保护焊中所用的保护气体和焊接、切割时用的气体。

一、焊接用气体的物理和化学性质

1. 氧气

氧气是一种无色、无味、无毒的气体，在标准状态（0℃，0.1MPa）下的密度是 1.429kg/m^3，比空气大（空气为 1.293kg/m^3）。当温度降到 −183℃时可由气态变成浅蓝色的液态，当温度降到 −218℃时液态氧就会变成淡蓝色的固态。1L 液态氧在大气压力和温度为零摄氏度（0℃）时，可以蒸发成 0.79m^3 的气态氧。

氧气本身不能自燃，但它是一种极为活泼的助燃气体，能帮助别的物质燃烧，能与很多元素化合成氧化物。剧烈的氧化反应称为燃烧。氧与可燃性气体混合燃烧后，可获得极高的温度用来焊接或切割，如氧-乙炔气焊、气割。

焊接时，氧进入熔池后会使金属元素氧化，起有害作用。但当氧-氩、氧-二氧化碳气体混合后可进行混合气体保护焊接。

氧气的化合能力随着压力的增大和温度的升高而增强，因此工业上的高压氧气与油脂类等易燃物质接触时，会发生剧烈的氧化而使易燃物自行燃烧，甚至发生爆炸。所以在使用时必须特别注意安全。

作为气焊及气割所用的助燃气体，对氧气纯度有一定的要求，因为氧气的纯度直接影响气焊与气割的质量和生产率。当纯度较低时，氧气的消耗量也较大。工业用氧气分为两个等级，其中，一级纯度不低于 99.2%；二级纯度不低于 98.5%。对一些质量要求较高的气焊应采用一级纯度的氧气。气割时，氧气的纯度不低于 98.5%。一般制氧厂或氧气站供应的氧气均可满足气焊与气割的要求。

2. 乙炔

乙炔是气焊气割中最常用的一种可燃气体，它具有低热值（即 1m^3 气体的最低发热量）高、火焰温度高、制取方便等特点。乙炔燃烧的火焰温度可高达 3100～3200℃，而其他可燃气体的火焰温度一般均不超过 1900～2100℃。而且乙炔燃烧放出的热量也最大，足以迅速加热和熔化金属进行气焊或气割。因此，目前它仍是气焊、气割中应用最广的燃气。

乙炔的分子式为C_2H_2，是一种无色而带有特殊臭味的碳氢化合物。标准状态下的密度是1.173kg/m^3，比空气小，稍溶于水，能溶于酒精，大量溶于丙酮。工业用乙炔因含有杂质（磷化氢）而具有特殊的刺激性气味，人吸入过多能引起头晕、中毒。

乙炔是一种易燃易爆的气体，当压力超过0.15MPa时很容易发生爆炸。如果气体温度达到580～600℃，乙炔就会自行爆炸。当乙炔的含量在2.2%～81%范围内与空气形成的混合气体，或乙炔的含量在2.8%～90%范围内与氧气形成的混合气体，遇明火都会立即爆炸。因此，刚装入电石的乙炔发生器应首先将混有空气的乙炔排出后才能使用，装卸电石篮时应特别注意明火。乙炔气瓶中的乙炔严禁用尽，以免空气流入瓶内，也应严防氧气流入乙炔气瓶或乙炔发生器内。

乙炔与纯铜或银长期接触会生成一种爆炸性的化合物，因此与乙炔接触的设备或器具，禁止用银或纯铜制造。乙炔与氯、次氯酸盐等化合会燃烧爆炸，因此乙炔燃烧时禁止用四氯化碳灭火。

3. 二氧化碳

二氧化碳是一种无色、无味、无臭的气体，在0℃和0.1MPa条件下，密度为1.9763g/L，比空气大。CO_2化学性质稳定，不燃烧、不助燃、在高温时将分解为CO和O_2，对金属具有氧化性。低温下，CO_2转变为固体，称为干冰。CO_2气体经过压缩可液化，焊接时使用的CO_2都是压缩成液体后贮存在瓶中待用的。瓶内装入占80%左右容积的液态CO_2，其余20%的空间充满含有少量水分和空气的CO_2气体。液面上气体的压力主要取决于环境温度，并不表示瓶内CO_2的数量。只有在瓶内液体全部汽化后，压力才与气瓶内气体量成正比，并随气体的消耗而逐渐下降。

CO_2的纯度是影响焊接质量的重要因素。很多国家规定焊接用CO_2气体的纯度不得低于99.5%或99.8%。目前国内所用CO_2多为酒精或食品生产的副产品，纯度往往达不到焊接的要求，必须经过提纯后才能使用。同时，当气瓶内的压力低于1MPa时，就应停止使用，以免焊件产生气孔。这是因为气瓶内压力降低时，溶于液态CO_2中的水分气化量也随之增大，从而混入CO_2气体中的水蒸气就越多。

焊接时CO_2气体配合含脱氧元素的焊丝可作为保护气体，也可与氧、氩混合进行混合气体保护焊。

4. 氩气

氩气是一种无色、无味、无臭的惰性气体，在标准状态（0℃，0.1MPa）下的密度是1.782kg/m^3，是空气的1.38倍（空气为1.293kg/m^3）。氩气在使用时不易飘浮失散，有利于起保护作用，所以是一种理想的保护气体。

氩气的沸点为－185.7℃，介于氧气和氮气之间（氧的沸点是－183℃，氮的沸点是－195.8℃），沸点温度差值小，所以制氩气时，不可避免地在氩气中会含有一定数量的氧、氮和二氧化碳及水分。这些气体和水分，如果含量过多，将会削弱氩气的保护作用，并直接影响焊缝的质量和造成钨极的烧损。因此，供焊接钢材用的氩气其纯度不得低于99.7%；供焊接铝用的氩气其纯度不得低于99.9%；供焊接钛用的氩气其纯度不低于99.99%。氩气在15MPa压力下呈压缩的气态被灌入和贮存在钢瓶中。

氩气的化学性质很不活泼，几乎不与任何金属发生化学反应。在液态及固态金属中都不溶解。因此在焊接过程中，不会发生合金元素的氧化与烧损。

5. 氦气

氦气是一种无色无臭的惰性气体。在标准状况（0℃，0.1MPa）下的密度是0.178kg/m³，比空气小得多。

氦气的化学性质与氩气相同。其化学性质也很不活泼，几乎不与任何金属发生化学反应。在液态及固态金属中都不溶解。因此在焊接过程中，也不会发生合金元素的氧化与烧损。

6. 氢气

氢气是元素中最轻的一种无色、无臭的气体。在标准状态（0℃，0.1MPa）下的密度是0.089kg/m³。氢气能燃烧，是一种强烈的还原剂。它在常温下不活泼，高温下十分活泼，可作为金属矿和金属氧化物的还原剂。在焊接时氢能大量溶入液态金属，而在冷却时容易析出从而产生气孔。

氢气与氧气混合燃烧也可作为气焊的热源。

7. 氮气

氮气是一种无色、无臭的气体。在标准状况（0℃，0.1MPa）下的密度是1.250kg/m³。它既不能燃烧，也不能助燃，化学性质很不活泼。但加热后能与锂、镁、钛等元素化合，高温时常与氢、氧直接化合，焊接时能溶入熔池起有害作用，对铜不起反应，有保护作用。

二、焊接用气体的类型及用途

根据气体在焊接生产中主要用途的不同，焊接用气体主要有以下几种类型。

（一）气焊气割用气体

气焊气割所需用的燃气有乙炔、丙烷、丙烯、天然气、氢气、液化石油气等。乙炔是传统的燃气，一直在气焊气割中占主导地位。目前虽有许多乙炔的代用气体问世，但在效果上都不如乙炔，丙烷是使用量相对较多的乙炔代用燃气。

（二）焊接用保护气体

1. 保护气体的种类

焊接用保护气体有惰性气体、还原性气体、氧化性气体和混合气体等数种。

（1）惰性气体　惰性气体有氩气和氦气，其中以氩气使用最为普遍。目前，氩弧焊已从焊接化学性质较活泼的金属发展到焊接常用金属（低碳钢）。氦气由于价格昂贵、且气体消耗量大，使用还不普遍，常与氩气混合使用。

（2）还原性气体　还原性气体有氮气和氢气。因氮气不溶于铜，故可专用于铜及铜合金的焊接。氢气用作原子氢焊中的保护气体，目前这种焊接方法已逐渐被淘汰。氮气和氢气也常和其他气体混合使用。

（3）氧化性气体　氧化性气体有CO_2和水蒸气。这种气体来源广，成本低，值得推广应用，特别是CO_2气体保护焊，近年来发展很快，主要用于碳钢和合金钢焊接。水蒸气目前仅用作电弧堆焊的保护气体。

（4）混合气体　混合气体是在一种保护气体中加入适当分量的另一种（或两种）其他气体。混合气体能细化熔滴、减少飞溅、提高电弧的稳定性，在生产中已逐步得到推广使用。

2. 焊接用保护气体的用途

见表4-35。

表 4-35 焊接用保护气体及适用范围

焊接材料	保护气体	混合比	化学性质	焊接方法	简要说明
铝及铝合金	Ar		惰性	TIG MIG	TIG焊采用交流。MEG焊采用直流反接，有阴极破碎作用，焊缝表面光洁
	Ar+He	He通常加到10%(MIG焊) 加10%～90%(TIG焊)	惰性	TIG MIG	He的传热系数大，在相同电弧长度下，电弧电压比用Ar时高。电弧温度高，母材热输入大，熔化速度较高。适于焊接厚铝板，可增大熔深，减少气孔，提高生产效率。但如加入He的比例过大，则飞溅较多
钛、锆及其合金	Ar		惰性	TIG MIG	电弧稳定燃烧，保护效果好
	Ar+He	75/25	惰性	TIG MIG	可增加热量输入。适用于射流电弧、脉冲电弧及短路电弧，可改善熔深及焊缝金属的润湿性
铜及铜合金	Ar		惰性	TIG MIG	产生稳定的射流电弧，但板厚大于5～6mm时需预热
	Ar+He	50/50或30/70	惰性	TIG MIG	可改善焊缝金属的润性，提高焊接质量，输入热量比纯Ar大，可降低预热温度
	N_2			熔化极气保焊	输入热量增大，可降低或取消预热，但有飞溅及烟雾，一般仅在脱氧铜焊接时使用氮弧焊，氮气来源方便，价格便宜
	$Ar+N_2$	80/20		熔化极气保焊	输入热量比纯Ar大，但有一定飞溅和烟雾，成形较差
不锈钢及高强度钢	Ar		惰性	TIG	适用于薄板焊接
	$Ar+O_2$	加O_2 1%～2%	氧化性	MAG	细化熔滴，降低射流过渡的临界电流，减小液体金属的黏度和表面张力，从而防止产生气孔和咬边等缺陷。焊接不锈钢时加入O_2的体积分数不宜超过2%，否则焊缝表面氧化严重，会降低焊接接头质量。用于射流电弧及脉冲电弧
	$Ar+N_2$	加N_2 1%～4%	氧化性	TIG	可提高电弧刚度，改善焊缝成形
	$Ar+O_2+CO_2$	加O_2 2%加CO_2 5%	氧化性	MAG	用于射流电弧、脉冲电弧及短路电弧
	$Ar+O_2$	加CO_2 2.5%	氧化性	MAG	用于短路电弧。焊接不锈钢时加入CO_2的体积分数最大量应小于5%，否则渗碳严重
碳钢及低合金钢	$Ar+O_2$	加O_2 1%～5%或20%	氧化性	MAG	生产率较高，抗气孔性能优。用于射流电弧及对焊缝要求较高的场合
	$Ar+CO_2$	7080/3020	氧化性	MAG	有良好的熔深，可用于短路过渡及射流过渡电弧
	$Ar+O_2+CO_2$	80/15/5	氧化性	MAG	有较佳的熔深，可用于短路过渡及射流、脉冲及短路电弧
	CO_2		氧化性	MAG	适于短路电弧，有一定飞溅

续表

焊接材料	保护气体	混合比	化学性质	焊接方法	简要说明
镍基合金	Ar		惰性	TIG MIG	对于射流、脉冲及短路电弧均适用，是焊接镍基合金的主要气体
	Ar+He	加 He25%～20%	惰性	TIG MIG	热输入量比纯 Ar 大
	Ar+H_2	H_2<6%	还原性	不熔化极	可以抑制和消除焊缝中的 CO 气孔，提高电弧温度，增加热输入量

第五节 钎料与钎剂

一、钎料的分类

所谓钎料，是指在钎焊过程中用于形成钎焊接头而添加的金属材料。

按照钎料熔化温度的不同，可将钎料分为两大类：软钎料即熔化温度低于 450℃ 的钎料；硬钎料即熔化温度高于 450℃ 的钎料。

按其组成的主体金属来划分，软钎料可以分为铅基钎料、锡基钎料、锌基钎料、铟基钎料、铋基钎料、镉基钎料等；硬钎料可以分为铝基钎料、银基钎料、铜基钎料、锰基钎料、镍基钎料等。

二、钎料的编号

1. 钎料的型号

根据 GB/T 6208—1995《钎料型号表示方法》的规定，钎料型号由两部分组成，中间用隔线“-”分开。第一部分用一个大写英文字母表示钎料的类型，如“S”表示软钎料；“B”表示硬钎料。

钎料型号的第二部分由主要合金组分的化学元素符号组成，第一个化学元素符号表示钎料的基本组分，其他化学元素的符号按其质量分数顺序排列，当几种元素具有相同质量分数时，按其原子序数顺序排列。

软钎料每个化学元素符号后都要标出其公称质量分数。硬钎料仅第一个化学元素符号后标出公称质量分数。公称质量分数取整数，误差±1%，小于 1%的元素在型号中不必标出质量分数，如某元素是钎料的关键组分一定要标出时，按如下规定予以标出：

① 软钎料型号中可仅标出其化学元素符号；

② 硬钎料型号中将其化学元素符号用括号括起来。

标准规定每个型号中最多只能标出 6 个化学元素符号。将符号“E”标在第二部分之后用以表示是电子行业用软钎料。

软钎料型号举例：S-Sn63Pb37E，表示一种含锡 63%，含铅 37%的电子工业用软钎料。

硬钎料型号举例：B-Ag72Cu，表示一种含银 72%，并含铜等元素的硬钎料。

2. 钎料的牌号

在 GB/T 6208—1995《钎料型号表示方法》代替 GB 6208—86《钎料牌号表示方法》之前，我国已另有一套钎料牌号表示方法，在该方法中，钎料又称焊料，以“HL×××”或

“料×××”表示，“HL”或“料”代表焊料，即钎料。其后第一位数字代表不同合金类型（见表4-36）。第二、三位数字代表该类钎料合金的不同牌号，亦即不同品种成分。

表4-36 钎料牌号第一位数字的含义

牌号	合金类型	牌号	合金类型
HL1××(料1××)	Cu-Zn合金	HL5××(料5××)	Zn基、Cd基合金
HL2××(料2××)	Cu-P合金	HL6××(料6××)	Sn-Pb合金
HL3××(料3××)	Ag基合金	HL7××(料7××)	Ni基合金
HL4××(料4××)	Al基合金		

三、钎焊对钎料的要求

钎料自身的性能及其与母材间的相互作用性能在很大程度上决定了钎焊接头的性能。因此，要获得优质的钎焊接头，钎料一般要满足以下几项基本要求。

1. 具有适当的熔点

一般来说，钎料的熔点至少应比母材的熔点低几十度。若二者熔点过于接近，则使钎焊过程不易控制，甚至可能导致母材晶粒过分长大、过烧或局部熔化。

以纯金属为钎料的情况是很少见的，大多数钎料都是合金。当合金在固液相共存时合金的黏度较大，流动性较差，这对钎焊接头的形成是不利的。而共晶合金是一些特殊成分的合金，其熔化时不是发生于某一温度区间内，而是像纯金属一样在一特定的温度下完成固液相转变，即其固相线与液相线相等。因而，共晶成分的钎料通常都具有较好的流动性。

2. 具有良好的润湿性能及填缝性能

钎料应具有良好的润湿性能及填缝性能，应能在母材表面充分铺展并能充分填满钎缝间隙。通常液态钎料是依靠毛细作用填充到钎缝间隙中去的，并且钎料对母材润湿性的优劣将直接影响到钎料填缝的效果。此外，为保证钎料良好填缝，在钎料流入接头间隙之前就应处于完全熔化状态。因此，应将钎料的液相线看成是钎焊时可采用的最低温度，接头的整个截面必须加热到液相线温度或更高的温度。

3. 能与母材发生充分作用并形成牢固的冶金结合

钎料应能与母材发生溶解、扩散等相互作用，从而形成牢固的冶金结合。当液态钎料润湿母材时，钎料与母材之间就会发生母材成分向液态钎料中溶解和钎料组分向母材中扩散这样的相互作用。这种相互作用会影响到钎焊接头及母材的物理性能和力学性能。不同的母材钎料体系的相互作用程度和效果是不同的，适当的作用可以使钎料发生合金化作用，从而提高接头的力学性能。而相互作用过度就会影响到钎料的流动性并降低接头的性能。

4. 具有稳定和均匀的成分

钎料应具有稳定和均匀的成分，在钎焊过程中应尽量避免出现偏析现象和易挥发元素的损耗。如果在钎焊过程中钎料的某些组元易发生偏析或易于挥发烧损，这将使钎料的成分和均匀性发生变化，造成接头性能的不均匀和不稳定，从而会影响钎焊接头的承载能力。

5. 能满足使用要求

所得到的钎焊接头应能满足使用要求，如力学性能（常温、高温或低温下的强度、塑性和冲击韧性等）和物理化学性能（如导电、导热、抗氧化和抗腐蚀等）方面的要求。此外，还应考虑钎料的经济性，在满足工艺性能和使用性能的前提下，应尽量少用或不用稀有金属和贵金属，从而降低生产成本。

四、钎剂的种类、型号和牌号

在钎焊过程中钎剂常与钎料配合在一起进行使用，它是保证钎焊过程顺利进行和获得致密接头所不可缺少的。其作用是清除被焊金属表面的氧化膜和其他杂质，改善钎料的润湿性，防止钎料及焊件被氧化。

1. 钎剂的种类

钎剂按使用温度的不同分为两大类。

(1) 软钎剂　主要指的是在450℃以下钎焊用的钎剂。软钎剂又可细分为树脂类、有机物类和无机物类三大类，它们各自还可细分，且形态均可为液态、固态或膏状。

(2) 硬钎剂　主要指的是在450℃以上钎焊用的钎剂。硬钎剂则按形态可分为粉末状、粒状、膏状或液态（气态）四类。

按特殊用途又可再分为铝用钎剂、粉末钎剂、液体钎剂、气体钎剂、膏状钎剂、免清洗钎剂等。

2. 钎剂的型号

(1) 软钎剂型号　软钎剂型号由代号“FS”加上表示钎剂分类的代码组合而成。软钎焊用钎剂根据钎剂的主要组分分类并按表4-37进行编码。

表4-37　软钎剂主要元素组分分类

钎剂类型	钎剂主要组分	钎剂活性剂	钎剂形态
1. 树脂类	1. 松香(松脂) 2. 非松香(树脂)	1. 未加活性剂 2. 加入卤化物活性剂 3. 加入非卤化物活性剂	A 液态 B 固态 C 膏状
2. 有机物类	1. 水溶性 2. 非水溶性		
3. 无机物类	1. 盐类	1. 加入氯化铵 2. 未加入氯化铵	
	2. 酸类	1. 磷酸 2. 其他酸	
	3. 碱类	胺及(或)氨类	

例如磷酸活性无机膏状钎剂应编为3.2.1C，型号表示方法为FS321C；非卤化物活性液体松香钎剂应编为1.1.3.A，型号表示方法为FS113A。

(2) 硬钎剂型号　硬钎剂型号由硬钎焊用钎剂代号“FB”和根据钎剂的主要元素组分划分的四种种类代号“1，2，3，4”的数字组成及钎剂顺序号表示。$\times_3$ 分别用大写字母S（粉末状、粒状），P（膏状），L（液态）表示钎剂的形态。硬钎剂主要元素组分分类见表4-38。

表4-38　硬钎剂主要元素组分分类

钎剂主要组分分类代号($\times_1$)	钎剂主要组分(质量分数)/%	钎焊温度/℃	钎剂主要组分分类代号($\times_1$)	钎剂主要组分(质量分数)/%	钎焊温度/℃
1	硼酸＋硼砂＋氟化物≥90	550～850	3	硼砂＋硼酸≥90	800～1150
2	卤化物≥80	450～620	4	硼酸三甲酯≥60	＞450

钎剂型号的表示方法如下：

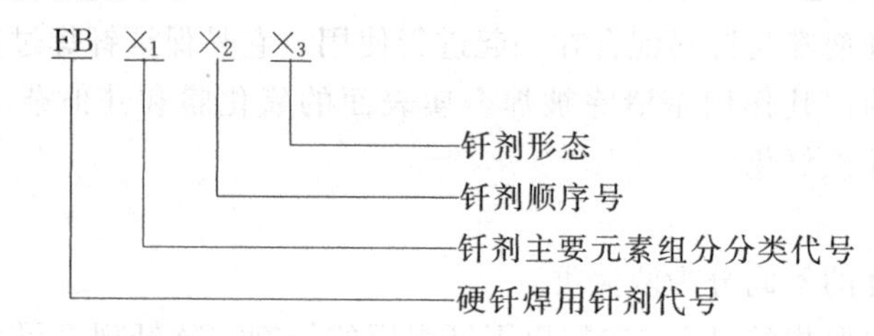

例如：

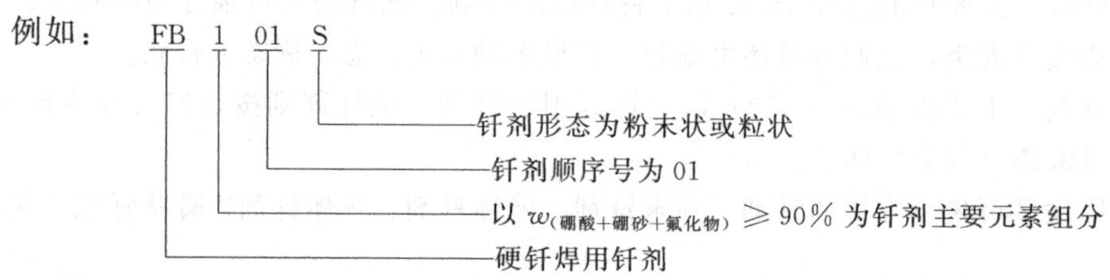

3. 钎剂的牌号

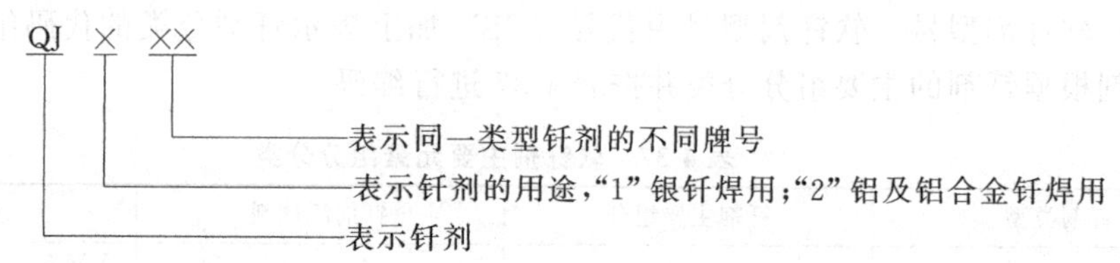

五、常用钎剂的性能和用途

1. 软钎剂

软钎剂由成膜物质、活化物质、助剂、稀释剂和溶剂等组成。软钎剂主要分为非腐蚀性软钎剂和腐蚀性软钎剂两大类。

（1）非腐蚀性软钎剂　非（弱）腐蚀性软钎剂的化学活性比较弱，对母材几乎没有腐蚀性作用，但只有纯松香或加入少量有机脂类的软钎剂属于非腐蚀性，而加入胺类、有机卤化物类的软钎剂，称其为弱腐蚀性软钎剂更为准确。

松香是最常用的非腐蚀性软钎剂。一般以粉末状或以酒精、松节油溶液的形式使用。在电气和无线电工程中被广泛地用于铜、黄铜、磷青铜、Ag、Cd 等零件的钎焊。松香钎剂只能在 300℃以下使用，超过 300℃时，松香将碳化而失效。

松香去除氧化物能力较差。通常加入活化物质而配成活性松香钎剂，以提高其去除氧化物的能力。活性松香钎剂常用于铜及铜合金、各种钢、Ni、Ag、不锈钢等的钎焊。

（2）腐蚀性软钎剂　腐蚀性软钎剂由无机酸或（和）无机盐组成。这类钎剂化学活性强，热稳定性好，能有效地去除母材表面的氧化物，促进钎料对母材的润湿，可用于黑色金属和有色金属的钎焊。但残留钎剂对钎焊接头具有强烈的腐蚀性。钎焊后残留物必须彻底洗净。

氯化锌水溶液是最常用的腐蚀性软钎剂。在氯化锌中加入氯化铵可提高钎剂的活性和降低熔点。加入其他一些组分可进一步提高其活性。

2. 硬钎剂

黑色金属常用的硬钎剂的主要组分是硼砂、硼酸及其混合物。硼砂、硼酸及其混合物的黏度大，活性温度相当高，必须在 800℃以上使用，并且不能去除 Cr、Si、Al、Ti 等氧化物，故只能适用于一些熔化温度较高的钎料，如铜锌钎料来钎焊铜和铜合金、碳钢等，同时钎剂残渣难以清除。

为了降低硼砂、硼酸钎剂的熔化温度及活性温度，改善其润湿能力和提高去除氧化物的能力，常在硼化物中加入一些碱金属和碱土金属的氟化物和氯化物。例如加入氯化物可改善钎剂的润湿能力，加入氟化钙能提高钎剂去除氧化物的能力，适宜于在高温下钎焊不锈钢和高温合金。

3. 铝用钎剂

(1) 铝用软钎剂 铝用软钎剂按去除氧化膜的方式不同分为有机钎剂和反应钎剂两类。

① 铝用有机钎剂由三乙醇胺、氟硼酸胺、氟硼酸镉等组成。其特点是活性小，热稳定性差，温度高于275℃时迅速碳化，但腐蚀性小，且残渣易于用水去除。采用此类钎剂，可在180～275℃温度范围内钎焊铝及铝合金，但难以获得致密牢固的钎焊接头。

② 铝用反应钎剂的主要组分是锌、锡等重金属的氯化物。为提高活性，添加了少量的钾、钠、锂的氟化物。与铝用有机钎剂相比，其活性大，去膜能力强，但腐蚀性也高，焊后必须清除干净。

无论是铝用有机钎剂还是铝用反应钎剂，钎焊时都会产生大量白色有刺激性和腐蚀性的浓烟，使用时应注意通风。

(2) 铝用硬钎剂 铝用硬钎剂按其组成不同可分为氯化物基硬钎剂和氟化物基硬钎剂两类。

① 氯化物基铝用硬钎剂的基体组分为碱金属或碱土金属的氯化物的低熔点混合物，去膜组分为氟化物，活性组分为易熔重金属的氯化物。其特点是去氧化物能力强，流动性好；但对母材腐蚀作用大，钎焊后必须彻底清除钎剂残渣。

② 氟化物基铝用硬钎剂是由氟化钾与氟化铝组成的共晶型钎剂，是一种新型的氟化物基铝用硬钎剂。该钎剂流动性好，去膜能力强，无腐蚀作用，可以粉末状态、块状或膏状形式使用。但其熔点高，热稳定性差，只能配合铝硅钎料使用，并应注意控制钎焊温度和加热速度。

4. 气体钎剂

常用气体钎剂列于表4-39中。这类钎剂最大的优点是钎焊后没有钎剂残渣，钎焊后接头不需清洗。但这类钎剂及其反应物大都具有一定的毒性，使用时应采取相应的安全措施。

表4-39 常用气体钎剂的种类和用途

气体	适用方法	钎焊温度/℃	适用母材
三氟化硼	炉中钎焊	1050～1150	不锈钢、耐热合金
三氯化硼	炉中钎焊	300～1000	铜及铜合金、铝及铝合金、碳钢及不锈钢
三氯化磷	炉中钎焊	300～1000	铜及铜合金、铝及铝合金、碳钢及不锈钢
硼酸甲酯	火焰钎焊	>900	碳钢、铜及铜合金

第六节 其他焊接材料

一、钨极的种类与性能

钨极作为钨极氩弧焊的电极，对它的基本要求是：发射电子能力要强；耐高温而不易熔化烧损；有较大的许用电流。钨极（钨棒）具有高的熔点（3410℃）和沸点（5900℃）、强度大（可达850～1100MPa)、热导率小和高温挥发性小等特点，因此适合作为不熔化电极。目前钨极氩弧焊所用的钨极有纯钨、钍钨和铈钨三种。

(1) 纯钨极　纯钨极密度为19.3g/cm^3，熔点为3387℃，沸点为5900℃，是使用最早的一种电极材料。但纯钨极发射电子的电压较高，要求焊机具有高的空载电压。另外，纯钨极易烧损，电流越大，烧损越严重，目前很少使用。

(2) 钍钨极　在钨中加入质量分数为30%以下的氧化钍，构成钍钨极，这种钨极具有较高的热电子发射能力和耐熔性。用于交流电时，允许电流值比同直径的纯钨极可提高1/3，空载电压可大大降低。钍钨极的粉尘具有微量的放射性，在磨削电极时，要注意防护。

(3) 铈钨极　在钨中加入质量分数为2%以下的氧化铈，制成铈钨极。它比钍钨极具有更大的优点，弧束细长，热量集中，可提高电流密度5%～8%；燃损率低，寿命长；易引弧，电弧稳定；几乎没有放射性，因此，目前得到了广泛的应用。铈钨极的优越性尤其表现在大电流焊接或等离子弧切割时，其损耗率与小电流焊接时相比更小。

常用钨棒直径有0.5mm、1.6mm、2.4mm、3.2mm、4.0mm几种。

目前，国外还有使用含氧化锆的质量分数为0.15%～0.40%的锆钨极。

二、气焊熔剂

气焊熔剂是氧-乙炔气焊时的助熔剂。用以驱除焊接时熔池中形成的高熔点氧化物杂质，并形成熔渣覆盖在熔池表面，使熔池与空气隔离，防止熔池金属的氧化。此外，气焊熔剂还具有改善润湿性能和精炼的作用，促使获得致密的焊缝组织。在气焊铸铁、合金钢及有色金属时必须使用气焊熔剂；低碳钢气焊时一般不用熔剂。

1. 气焊熔剂牌号编制方法

① 牌号前加“CJ”表示气焊熔剂。

② 牌号一般由三位数字组成，第一位数字表示气焊熔剂的用途类型：“1”表示不锈钢及耐热钢用熔剂；“2”表示铸铁气焊用熔剂；“3”表示铜及铜合金气焊用熔剂；“4”表示铝及铝合金气焊用熔剂。

③ 牌号第二、三位数字表示同一类型气焊熔剂的不同牌号。

2. 气焊熔剂的牌号、性能及用途

气焊熔剂的牌号、性能及用途见表4-40。

表4-40　气焊熔剂的牌号、性能及用途

名称	牌号	性能	用途
不锈钢及耐热钢气焊熔剂	CJ101	熔点约为900℃，焊时具有良好的润湿作用，能防止金属被氧化。焊后覆盖在金属表面的熔渣容易去除	用作不锈钢及耐热钢气焊时的助熔剂
铸铁气焊熔剂	CJ201	熔点约为650℃，呈碱性反应，能有效地去除铸铁在气焊过程中所产生的硅酸盐和氧化物，有加速金属熔化的功能	用作铸铁件气焊时的助熔剂
铜气焊熔剂	CJ301	系硼基盐类，熔点约为650℃，呈酸性反应，能有效地熔解氧化铜和氧化亚铜	用作铜及铜合金气焊时的助熔剂
铝气焊熔剂	CJ401	主要成分为卤族元素的碱性金属化合物，熔点为560℃，呈碱性反应，能有效地破坏氧化铝膜，富有潮解性，能在空气中引起铝的腐蚀，焊后必须将残渣从金属表面洗刷干净	用作铝及铝合金气焊时的助熔剂

三、其他焊接材料

1. 碳棒

碳棒在碳弧气刨时作为电极，用于传导电流和引燃电弧。常用的是镀铜实心碳棒，镀铜的目的是更好地传导电流。外形有圆碳棒和扁碳棒两种，圆碳棒主要用于在焊缝反面挑焊根、清焊根；扁碳棒刨槽较宽，可以用于开坡口、刨焊瘤或切割大量金属的场合。

对碳棒的要求是耐高温、导电性良好和不易开裂。

碳弧气刨用碳棒的规格及适用电流见表4-41。

表4-41 碳弧气刨用碳棒的规格及适用电流

断面形状	规格/mm	适用电流/A	断面形状	规格/mm	适用电流/A
圆形	φ3×355	150～180	扁形	3×12×355	200～300
	φ3.5×355	150～180		4×8×355	
	φ4×355	150～200		4×12×355	—
	φ5×355	150～250		5×10×355	300～400
	φ6×355	180～300		5×12×355	350～450
	φ7×355	200～350		5×15×355	400～500
	φ8×355	250～400		5×18×355	500～600
	φ9×355	350～500		5×20×355	450～550
	φ10×355	400～550		5×25×355	550～600
	φ12×355	—		6×20×355	—
	φ14×355	—			
	φ16×355	—			

2. 管极涂料

管极涂料是管极电渣焊所使用的一种焊接材料。在管极电渣焊中，管状焊条的外表应涂有2～3mm厚的管极涂料。管极涂料应具有一定的绝缘性能以防管极与工件发生电接触，且熔入熔池后应能保证稳定的电渣焊过程。管状焊条的制造方法与焊条电弧焊焊条相同，可以用机压，也可手粘。管极涂料应具有良好的黏着力。以防在焊接过程中由于管极受热而脱落。

为了细化晶粒，提高焊缝金属的力学性能，在涂料中可适当加入合金元素（如锰、硅、钼、钛、钒等），加入量可根据工件材料与所采用的焊丝成分而定。涂料的黏合剂采用钠水玻璃，其成分（质量分数）：SiO_2 含量为29%～33.5%，Na_2O 含量为11.5%～13.5%，S、P≤0.05%。

3. 防止飞溅黏结用涂料

防止飞溅黏结用涂料的配方（质量分数）：硅石30%；白垩粉30%；水玻璃40%。

思考练习题

1. 焊条的型号和牌号各是怎样编制的？解释E4303、E5015、J422、J507这四种代号的含义及其相互之间的区别与联系。

2. 没有药皮的焊条能不能使用，为什么？E4303焊条和E5015焊条两者是焊芯不一样还是药皮成分不一样？

3. 凡是碱性低氢型焊条都必须采用直流电源，对吗？

4. E5015焊条由于药皮中含有什么成分才必须采用直流电源？

5. 焊条药皮中加入铁粉的目的是什么？

6. 有两块Q235钢板对接，有人到料库领取J507焊条进行施焊，试问有什么问题？

7. 焊条选用的一般原则是什么?
8. 药芯焊丝与实心焊丝相比有何特点和优点?
9. 用 H10Mn2 焊丝配合 HJ431 焊接 Q235 钢好不好? 为什么?
10. 低碳钢和低合金钢焊接时,应如何正确选择焊接材料?
11. CO_2 气体和氩气都属于保护气体,试述二者的性质和用途?
12. 什么是惰性气体? 用它来作为保护气体有什么优点?
13. 钎焊对钎料有何要求? 钎剂在钎焊中有何作用?
14. 钨极氩弧焊为什么目前常用钍钨极或铈钨极而不采用纯钨极?

第五章 焊接冶金基础

【本章要点】 焊接温度场和热循环的特点、影响因素及调整，焊接冶金特点、焊缝金属的形成过程，有害元素（H、N、O、S、P）对焊缝金属的作用及防止措施，焊缝、熔合区、热影响区的组织、性能及调节方法。

第一节 焊接热过程

熔焊时，必须有一定能量的热源对焊件局部加热、熔化、冷却后形成接头。其热过程对焊接区金属的成分、组织、性能影响很大。为保证焊接质量，需了解焊接区的热量传递和温度变化等焊接热过程的基本规律。焊接热过程有以下特点。

（1）焊接热过程的局部性　焊接热源集中作用于焊件接口部位，整个焊件的加热是不均匀的。

（2）焊接热过程的瞬时性　焊接热源始终以一定速度运动，因而焊件上某一点，当热源靠近时，温度升高；当热源远离时，温度下降。

一、常用焊接热源及传热基本方式

1. 常用焊接热源

（1）电弧热　利用气体介质在两电极之间强烈而持续放电过程产生的热能为焊接热源，是目前应用最广的一种，如手弧焊、气保焊、埋弧焊等。

（2）化学热　主要是利用可燃气体或铝、镁、热剂燃烧时产生的热量作为焊接热源，如气焊、热剂焊等。

（3）电阻热　利用电流通过导体时产生的电阻热作为热源，如电阻焊、电渣焊等。

（4）摩擦热　利用摩擦产生的热能作为焊接热源，如摩擦焊。

（5）电子束　利用高压高速的电子束轰击金属局部表面所产生的热能作为焊接热源，即电子束焊。

（6）等离子弧　将自由电弧压缩成高温、高电离度及高能量密度的电弧热作为焊接热源，即等离子弧焊。

（7）激光束　利用高能量的激光束轰击焊件产生的热能进行焊接，即激光焊。

2. 焊接过程的热效率

焊接过程中热源所产生的热量并不是全部被利用，而是有一部分热量损失于周围介质和飞溅等。我们把焊件所吸收的热量叫做热源的有效功率。

现以电弧焊为例，电弧输出总功率为 q_0，则

$$q_0 = UI \tag{5-1}$$

式中　q_0——电弧功率，即电弧在单位时间内所析出的能量；

U——电弧电压；

I——焊接电流。

有效功率 q 为

$$q=\eta' UI \tag{5-2}$$

式中 η'——热功率有效系数或称热效率。

η'值大小与焊接方法、焊接工艺参数、焊接材料与焊件材料等有关，一般根据实验测定。几种电弧焊方法的热效率数值见表 5-1。

表 5-1 几种电弧焊方法的热效率数值

焊接方法 热效率	碳弧焊	焊条电弧焊	埋弧焊	钨极氩弧焊		熔化极氩弧焊	
				直流	交流	钢	铝
η'	0.5～0.65	0.77～0.87	0.77～0.99	0.78～0.85	0.68～0.85	0.66～0.69	0.70～0.85

熔焊时，由焊接能源输入给单位长度焊缝上的热能称为热输入（焊接线能量），以符号 E 表示，计算公式为

$$E=\frac{q}{v}=\eta'\frac{UI}{v} \tag{5-3}$$

式中 E——线能量，J/cm；

η'——热功率有效系数；

U——电弧电压，V；

I——焊接电流，A；

v——焊接速度，cm/s。

若焊接速度单位为 cm/s，有效热功率的单位为 J/s，则线能量的单位为 J/cm。焊接线能量是焊接过程中的一个重要工艺参数。

3. 焊接传热的基本方式

自然界中，热量的传递主要有三种基本方式，即热传导、对流和辐射。

热传导指物体内部或直接接触的物体间的传热。固体金属内部传热唯一的方式是热传导。金属内部主要依靠自由电子的运动来传递热量而进行热传导。热传导一般发生于固体内部。

热对流指物体内部各部分发生相对位移而产生的热量传递。热对流只发生于流体内部。

热辐射指物体表面直接向外界发射电磁波来传递热量。热辐射过程中能量的转化形式是：热能→辐射能→热能。由于物体的辐射能力与其绝对温度的四次方成正比，因此，温度越高，辐射能力越强。

焊接过程中，热源能量的传递也不外以上三种，对于电弧焊来讲，热量从热源传递到焊件主要是通过热辐射和热对流，而在母材和焊丝内部，则以热传导方式传递。

二、焊接温度场

1. 焊接温度场的表示及特点，

焊接时，焊件上各点的温度不同，并随时间而变化。焊接过程中某一瞬间焊接接头上各点的温度分布状态称为焊接温度场。焊接温度场的表示方式有列表、数学式或图像法，其中最常用的是图像法，即用等温线或等温面来表示。所谓等温线或等温面，就是温度相等各点的连线或连面。

通常以热源所处位置作为坐标原点 O，X 轴为热源移动方向，Y 轴为宽度方向，Z 轴为厚度方向［见图 5-1（a)］。如工件上等温线（或等温面）确定，即温度场确定，则可以知道

工件上各点的温度分布。例如，已知焊接过程中某瞬时 XOY 面等温线表示的温度场［见图 5-1（b)］，则可知道该瞬时 XOY 面任何点的温度情况。同样也可画出 X 轴上和 Y 轴上各点的温度分布曲线［见图 5-1（c）和图 5-1（d)］。

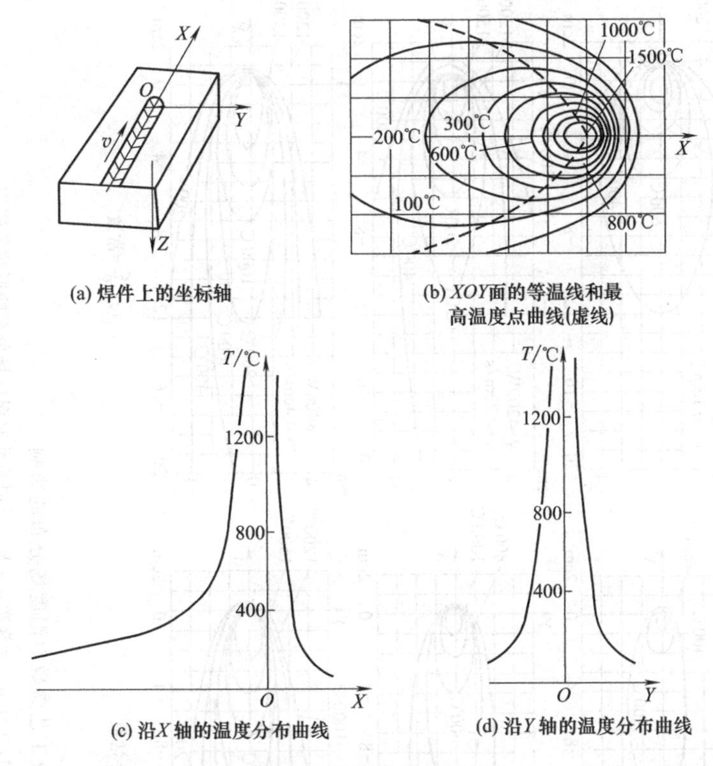

图 5-1　焊接温度场示例

由图 5-1 可知，沿热源移动方向温度场分布不对称。热源前面温度场等温线密集，温度下降快；热源后面等温线稀疏，温度下降较慢［见图 5-1（b）和图 5-1（c)］。这是因为热源前面是未经加热的冷金属，温差大，故等温线密集；而热源后面的是刚焊完的焊缝，尚处于高温，温差小，故等温线稀疏。热源运动对两侧温度分布的影响相同［见图 5-1（d)］。因此，整个温度场对 Y 轴形成不对称，而对 X 轴分布对称。

2. 影响温度场的因素

（1）热源的性质及焊接工艺参数　热源的性质不同，温度场的分布也不同。热源的能量越集中，则加热面积越小，温度场中等温线（面）的分布越密集。同样的焊接热源，焊接工艺参数不同，温度场的分布也不同。在焊接工艺参数中，热源功率和焊接速度的影响最大。当热源功率一定时，焊接速度 v 增加，等温线的范围变小，即温度场的宽度和长度都变小，但宽度的减小更大些，所以温度场的形状变得细长。当焊接速度一定时，随热源功率的增加，温度场的范围随之增大。当线能量 q/v 一定时，等比例改变 q 和 v，则等温线有所拉长，温度场的范围也随之拉长。焊接工艺参数对温度场分布的影响如图 5-2 所示。

（2）被焊金属的热物理性质　被焊金属的热导率、比热容、传热系数等对焊接温度场的影响较大（见图 5-3）。在线能量与工件尺寸一定时，热导率小的不锈钢 600℃以上高温区（图 5-3 中的阴影部分）比低碳钢大，而热导率高的铝、纯铜的高温区要小得多。这是因为热导率大时，热量很快向金属内部流失，热作用的范围大，但高温区域却缩小了。因此，焊接不同的材料，应选用合适的焊接热源及工艺参数。

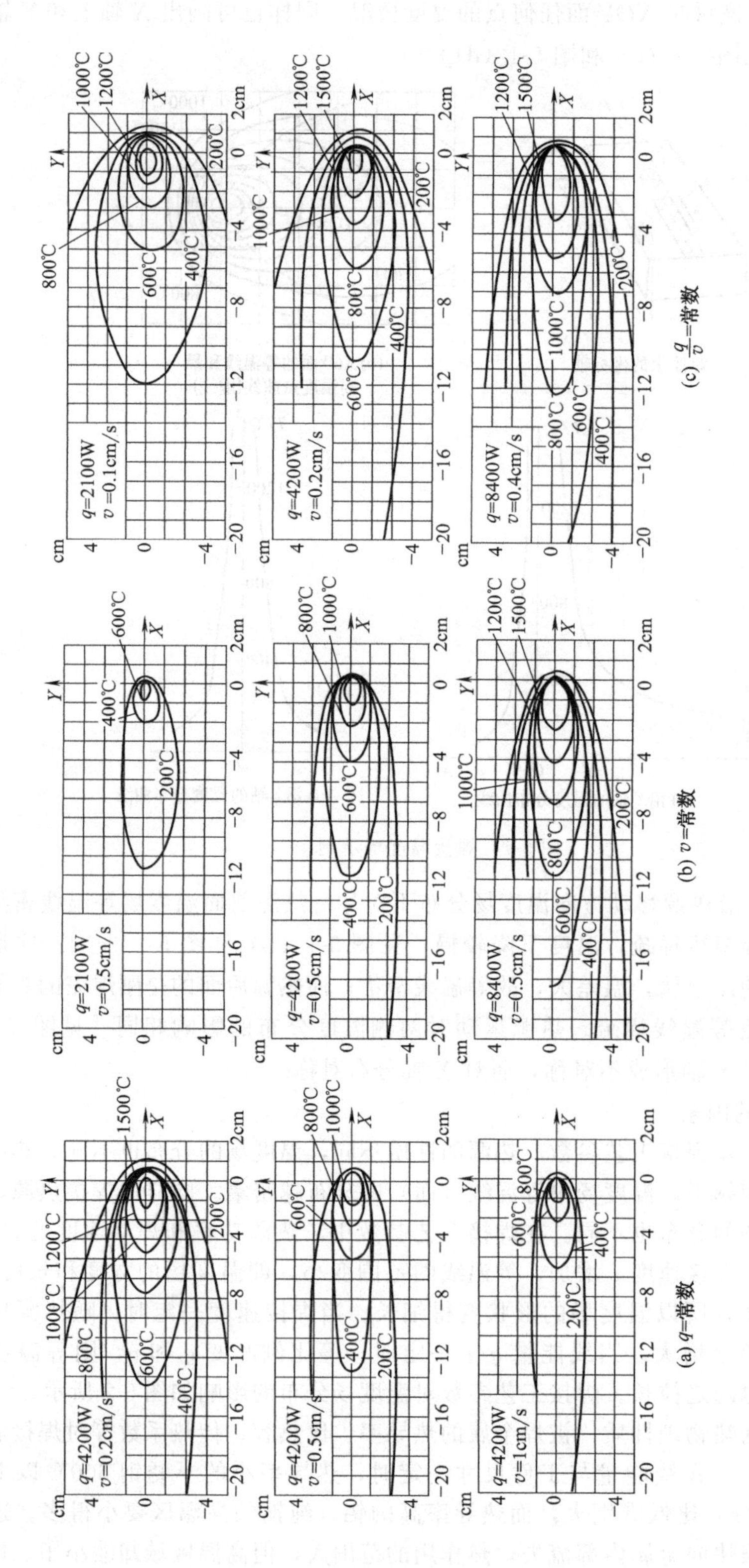

图 5-2 焊接线能量及工艺参数对温度场分布的影响

(a) q=常数，焊速 v 的影响；(b) v=常数，q 的影响；(c) q/v=常数，q 及 v 同时变化对温度场分布的影响低碳钢；$\lambda=0.42\text{W}/(\text{cm}\cdot℃)$，$c_p=4.83\text{J}/(\text{cm}^3\cdot℃)$，$a=0.08\text{cm}^2\cdot℃$，$\delta=1\text{cm}$

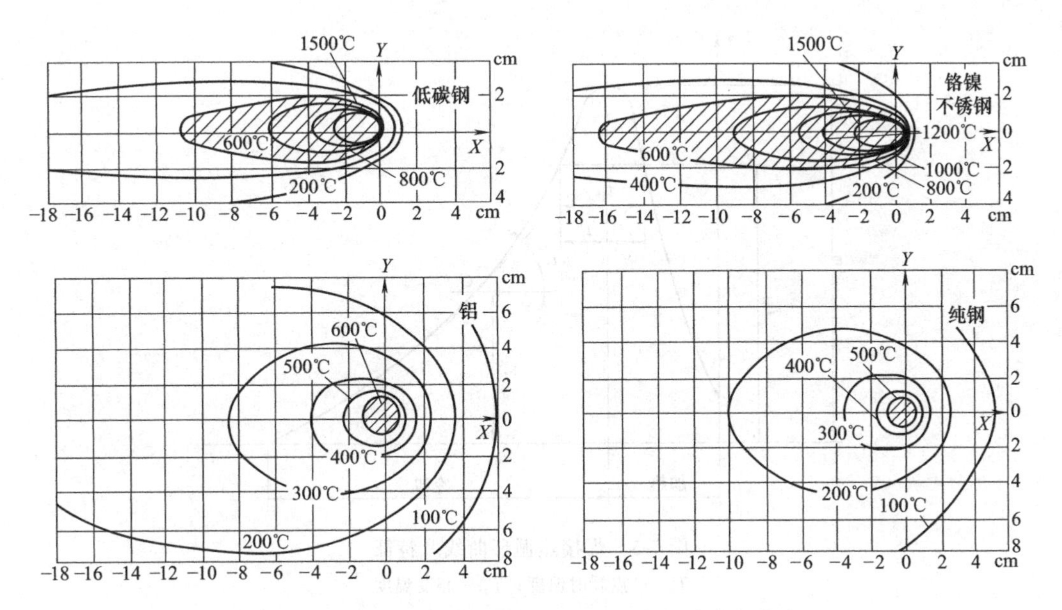

图 5-3 被焊金属的热物理性质对温度场分布的影响

$E=21\text{kJ/cm}$，$\delta=1\text{cm}$

(3) 焊件的几何尺寸及状态 焊件的几何尺寸影响导热面积和导热方向。焊件的尺寸不同，可形成点状热源、线状热源和面状热源三种，如图 5-4 所示。当工件尺寸厚大时［见图 5-4 (a)］，热量可沿 X、Y、Z 三个方向传递，属于三向导热，热源相对于工件尺寸可看作点状热源。当工件为尺寸较大的薄板时［见图 5-4 (b)］，可认为工件在厚度方向上不存在温差，热量沿 X、Y 方向传递，是二向导热，可将热源看作线状热源。如果工件是细长的杆件，只在轴向 X 方向存在温差，是属于单向导热，热源可看作面状热源［见图 5-4 (c)］。焊件的状态（如预热、环境温度）不同，等温线的疏密也不一样。预热温度和环境温度越高，等温线分布越稀疏。

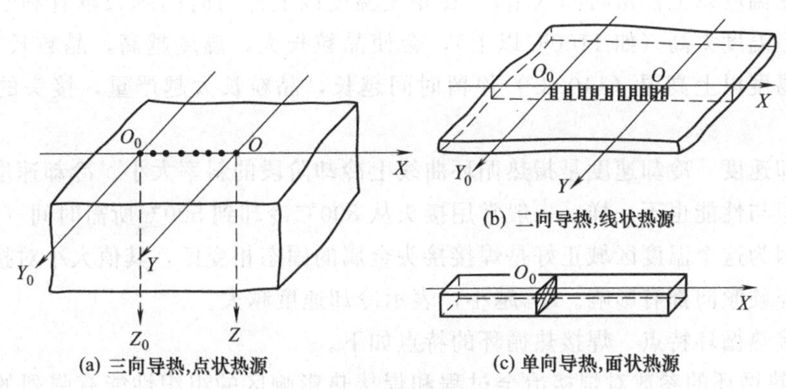

图 5-4 三种典型传热方式示意图

三、焊接热循环

1. 焊接热循环的概念

在焊接热源作用下，焊件上某点的温度随时间变化的过程称为焊接热循环。

焊接热循环是针对某个具体的点而言的。当热源向该点靠近时，该点温度升高，直至达到最大值，随着热源的离开，温度又逐渐降低，整个过程可用一条曲线来表示，即热循环曲

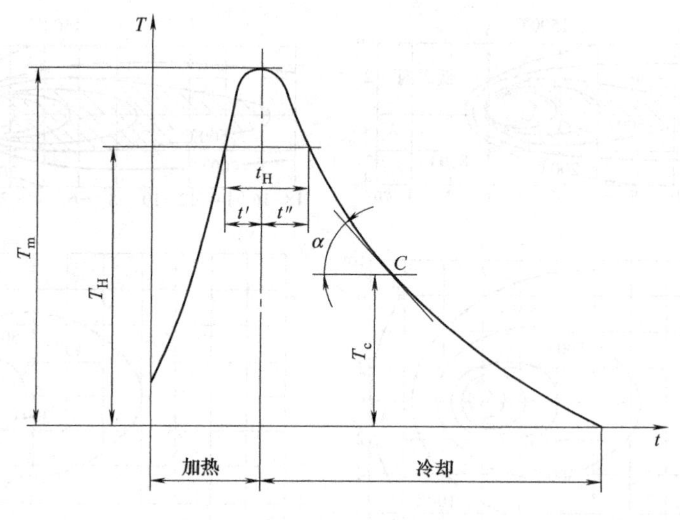

图 5-5 焊接热循环曲线及特征

T_c—C 点瞬时温度；T_H—相变温度

线（见图 5-5）。

2. 焊接热循环的主要参数及特点

焊接热循环的主要参数是加热速度、最高加热温度（T_m）、相变温度以上停留时间（t_H）及冷却速度。

（1）加热速度　加热速度是指热循环曲线上加热段的斜率大小。焊接时的加热速度比热处理时要大得多。随加热速度提高，相变温度也提高，从而影响接头加热、冷却过程中的组织转变。影响加热速度的因素有焊接方法、工艺参数、焊件成分及工件尺寸等。

（2）最高加热温度（T_m）　焊件上各部位最高加热温度不同，可发生再结晶、重结晶、晶粒长大及熔化等一系列的变化，从而影响接头冷却后的组织与性能。

（3）相变温度以上停留时间（t_H）　在相变温度以上停留时间越长越有利于奥氏体的均质化过程，但温度太高（如 1100℃以上），会使晶粒长大，温度越高，晶粒长大时间越短。所以，相变温度以上高温（1100℃）停留时间越长，晶粒长大越严重，接头的组织与性能越差。

（4）冷却速度　冷却速度是指热循环曲线上冷却阶段的斜率大小。冷却速度不同，冷却后得到的组织与性能也不一样。一般常用接头从 800℃冷却到 500℃所需时间（$t_{8/5}$）来表示冷却速度。因为这个温度区域正好是焊接接头金属的固态相变区，其值大小对接头金属的转变、过热、淬硬倾向都有影响。$t_{8/5}$越小，表示冷却速度越大。

（5）焊接热循环特点　焊接热循环的特点如下。

① 焊接热循环的参数对焊接冶金过程和焊接热影响区的组织性能有强烈的影响，从而影响焊接质量。

② 焊件上各点的热循环不同主要取决于各点离焊缝中心的距离。离焊缝中心越近，其加热速度越大，峰值温度越高，冷却速度也越大（见图 5-6）。

上面所述的是单层单道焊时的热循环，在实际生产中常采用多道焊或多层焊。多道多层焊的热循环是各道焊缝热循环的总和，因焊件上某点与每道每层焊时的热源距离不同，故每道或每层焊时的热循环也不相同。

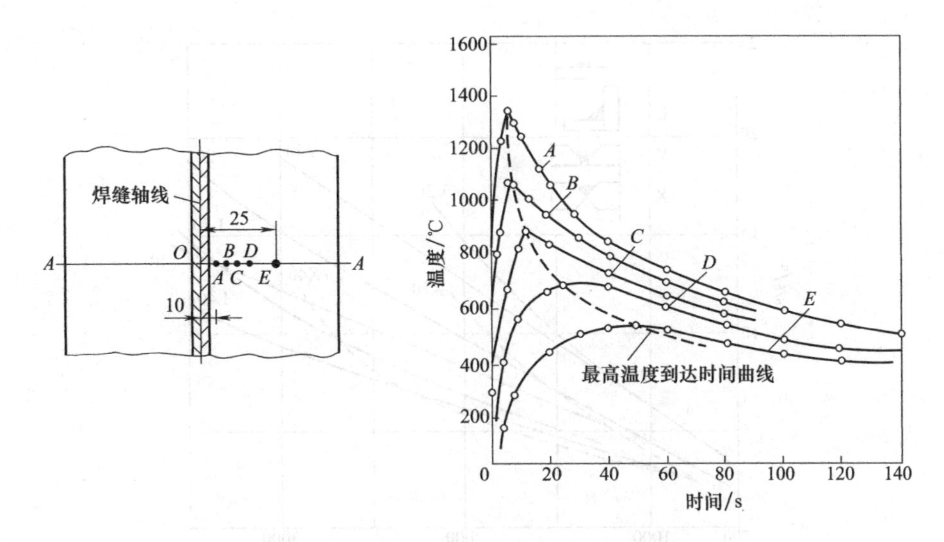

图 5-6 距焊缝不同距离焊件上各点的热循环

A—至焊缝轴线 10mm；B—至焊缝轴线 11mm，C—至焊缝轴线 14mm；

D—至焊缝轴线 18mm；E—至焊缝轴线 25mm

3. 影响焊接热循环的因素

影响焊接热循环的主要因素有焊接规范和线能量、预热和层间温度、焊件尺寸、接头形式、焊道长度等。

(1) 焊接规范及线能量的影响 焊接规范是指焊接时的主要工艺参数，如焊接电流、电弧电压、焊接速度等。焊接线能量与焊接电流、电弧电压成正比，与焊接速度成反比。线能量增大可显著增大高温停留时间（t_H）和降低冷却速度。一般通过焊接规范来调整焊接线能量。

(2) 预热和层间温度 预热是指在施焊前对焊件坡口区预先加热到某一温度范围（150～300℃），并保持这个温度而进行焊接的工艺过程。预热可以降低冷却速度，预热温度越高，冷却速度越小，但预热对高温停留时间影响不大（见表 5-2）。层间温度是指多层多道焊时，在施焊后继焊道之前，其相邻焊道应保持的温度。控制层间温度可降低冷却速度，促使扩散氢的逸出。预热对焊接热循环的影响见表 5-2。

表 5-2 预热对焊接热循环的影响

线能量/(J/mm)	预热温度/℃	1100℃以上停留时间/s	650℃时的冷却速度/(℃/s)	线能量/(J/mm)	预热温度/℃	1100℃以上停留时间/s	650℃时的冷却速度/(℃/s)
2000	27	5	14	3840	27	16.5	4.4
2000	260	5	4.4	3840	260	17	1.4

(3) 焊件尺寸的影响 当线能量不变和板厚较小时，板宽增大，$t_{8/5}$ 明显下降，但板宽增大到 150mm 以后，$t_{8/5}$ 变化不大。当板厚较大时，板宽的影响不明显。焊件厚度越大，冷却速度越大，高温停留时间越短。

(4) 接头形式的影响 接头形式不同，导热情况不同，同样板厚的 X 形坡口对接接头比 V 形坡口对接接头的冷却速度大。角焊缝比对接焊缝的冷却速度大（见图 5-7）。

(5) 焊道长度的影响 焊道越短，其冷却速度越大。焊道短于 40mm 时，冷却速度急剧增大。

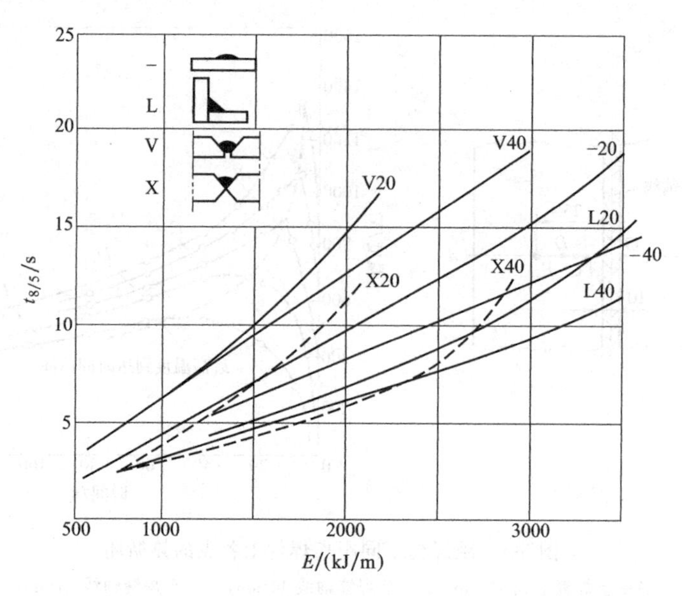

图 5-7 接头形式对 $t_{8/5}$ 的影响

（图中符号后面数字表示板厚 δ）

4. 焊接热循环的调整方法

① 根据被焊金属的成分和性能选择合适的焊接方法。

② 合理地选用焊接工艺参数。

③ 采用预热或缓冷等措施来降低冷却速度。

④ 调整多层焊的焊道数和层间温度。

单道焊时，为保证焊缝及焊缝尺寸，线能量只能在很窄范围内调整；多道焊时通过调整焊道数可在较大范围内调整线能量，从而调整焊接热循环。层间温度应等于或略高于预热温度，以保证降低冷却速度。

⑤ 利用短段多层焊。对于焊件上的某点而言，只有在离此点最近的一层焊缝焊接时，最高加热温度最高，其他层焊接时，最高加热温度较低，相当于起到了缓冷或预热的作用。但可缩短 A_{c3} 以上高温的停留时间。因此，短段多层焊可解决高温停留时间和冷却速度难以同时降低的矛盾，改善焊接接头的组织。

第二节　焊接冶金的特点

电弧焊时，在电弧的高温作用下，焊接区内的气体、熔渣、液体金属之间会产生剧烈和复杂的物理化学反应，如金属的蒸发，有益合金元素的烧损，气体的溶解和析出等。这种焊接区内各物质之间在高温下相互作用的过程，称为焊接化学冶金过程（焊接冶金过程）。焊接冶金过程对焊缝的成分、组织、性能、焊接缺陷的产生及焊接工艺性能都有很大的影响。因此，了解焊接冶金特点，对控制焊缝质量具有十分重要的意义。

焊接化学冶金过程的实质是金属在焊接条件下的再熔炼的过程。焊接冶金与普通冶金有相同点，但也有不同之处。

一、焊接时金属的保护

熔焊时，由于熔化金属和周围介质的相互作用，使焊缝金属的成分和性能与母材和焊材有较大的不同。因此，为保证焊缝质量，焊接过程中必须对熔化金属进行保护，而且还需进行必要的冶金处理。

不同焊接方法有不同的保护方式，熔焊时各种保护方式与焊接方法见表 5-3。

表 5-3　熔焊时各种保护方式与焊接方法

保护方式	焊接方法	保护方式	焊接方法
熔渣保护	埋弧焊、电渣焊、不含造气物质的焊条或药芯焊丝焊接	气-渣联合保护	具有造气物质的焊条或药芯焊丝焊接
		真空	真空电子束焊接
气体保护	在惰性气体或其他气体（如 CO_2、混合气体）保护中焊接	自保护	用含有脱氧、脱硫剂的“自保护”焊丝进行焊接

二、焊接冶金的特点

1. 焊接冶金反应是分区域连续进行的

焊条电弧焊，焊接冶金反应区分为：药皮反应区、熔滴反应区和熔池反应区（见图 5-8）。埋弧焊和熔化极气保焊分为熔滴反应区和熔池反应区，钨极氩弧焊只有熔池反应区。

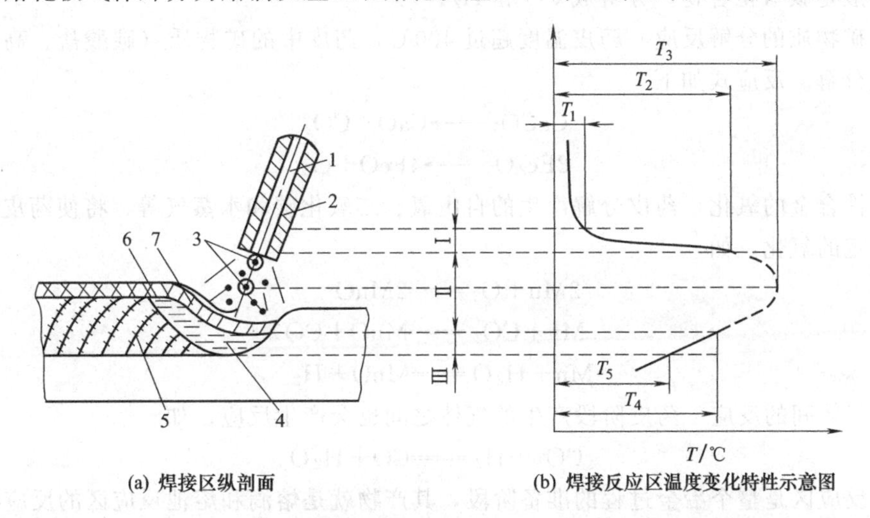

(a) 焊接区纵剖面　　(b) 焊接反应区温度变化特性示意图

图 5-8　焊接冶金反应区（以药皮焊条为例）

Ⅰ—药皮反应区；Ⅱ—熔滴反应区；Ⅲ—熔池反应区；

1—焊芯；2—药皮；3—包有渣壳的熔滴；4—熔池；5—已凝固的焊缝；6—渣壳；7—熔渣；

T_1—药皮反应开始温度；T_2—焊条熔滴表面温度；T_3—弧柱间熔滴表面温度；

T_4—熔池表面温度；T_5—熔池底部温度

2. 焊接冶金反应具有超高温特征

普通冶金反应温度在 1500～1700℃，而焊接弧柱区的温度可达 5000～8000℃。焊条熔滴的平均温度达 2100～2200℃，熔池温度高达 1600～2000℃，与熔融金属接触的熔渣温度也高达 1600℃。所以，焊接冶金反应在超高温下进行，反应过程必然快速和剧烈。

3. 冶金反应界面大

焊接冶金反应是多相反应，熔滴和熔池金属的比表面积大，能与熔渣、气相充分接触，促使冶金反应快速完成。

4. 焊接冶金过程时间短

熔焊时，熔滴和熔池的存在时间很短。熔滴在焊条端部停留时间只有 0.01～0.1s；熔池存在时间最多也不超过几十秒，因此，不利于冶金反应的充分进行。

5. 熔融金属处于不断运动状态

熔滴和熔池金属均处于不断运动状态，有利于提高冶金反应的速度，促使气体和杂质的排除，使焊缝成分均匀化。

三、焊接冶金各反应区的特点

现以焊条电弧焊为例，说明各反应区的特点。

1. 药皮反应区

药皮反应区主要在焊条端部的套筒附近（图 5-8 中的Ⅰ区），最高加热温度不超过药皮的熔点，反应的物质是药皮的组成物，反应的结果是产生气体和熔渣。反应的主要种类如下。

（1）脱水反应　当药皮温度超过 100℃时，药皮中的水分开始蒸发，药皮温度超过 350～400℃，药皮中的结晶水和化合水开始逐步分解。蒸发和分解的水分一部分进入电弧区。

（2）有机物分解反应　药皮温度超过 200～250℃时，有机物就开始分解，产生气体。有机物一般是碳氢化合物，分解成 CO 和 H_2。

（3）矿物质的分解反应　药皮温度超过 400℃，药皮中的矿物质（碳酸盐、高价氧化物等）发生分解。反应式如下

$$CaCO_3 \longrightarrow CaO + CO_2 \tag{5-4}$$

$$2Fe_2O_3 \longrightarrow 4FeO + O_2 \tag{5-5}$$

（4）铁合金的氧化　药皮分解产生的自由氧、二氧化碳和水蒸气等，将使药皮中的铁合金发生一定的氧化。如

$$2Mn + O_2 = 2MnO \tag{5-6}$$

$$Mn + CO_2 = MnO + CO \tag{5-7}$$

$$Mn + H_2O = MnO + H_2 \tag{5-8}$$

（5）气体间的反应　药皮阶段产生的气体之间也会产生反应。如

$$CO_2 + H_2 = CO + H_2O \tag{5-9}$$

药皮反应区是整个冶金过程的准备阶段，其产物就是熔滴和熔池反应区的反应物，对冶金过程有一定的影响。

2. 熔滴反应区

熔滴反应区（图 5-8 中的Ⅱ区）是冶金反应最剧烈的区域，对焊缝的成分影响最大。这个区域的主要反应有以下几种。

（1）气体的高度分解　进入和生成的气体在电弧区被加热分解。这些气体有空气、水蒸气、二氧化碳、氢气、氮气、一氧化碳等，最后两种气体发生部分分解。

（2）氢气和氮气的溶解　分解的氢气和氮气将溶解到熔融金属中。

（3）熔融金属的氧化反应　电弧气氛中的氧化性气体和熔滴金属产生氧化反应，熔渣中的（MnO）、（SiO_2）与熔滴产生置换氧化，熔渣中的（FeO）向熔滴扩散氧化。

（4）金属的蒸发　由于熔滴的温度接近钢的沸点，一些低沸点的元素，如锰、锌等将发生蒸发，产生金属蒸气。

（5）熔滴合金化　药皮、药芯中的合金剂使熔滴强烈地合金化。

3. 熔池反应区

熔池反应区（图 5-8 中的Ⅲ区）是对焊缝成分有决定性的反应区。虽然其温度、比表面

积比熔滴反应区低，但冶金反应还是相当剧烈的。熔池中的温度分布不均匀。熔池前部处于升温阶段，有利于吸热反应；熔池尾部处于降温阶段，有利于放热反应。熔池的前部主要发生金属的熔化、气体的吸收及硅锰的还原反应；熔池的尾部主要发生气体的析出、脱氧、脱硫及脱磷反应。

第三节 焊缝金属的组成

熔焊时，除不加填充金属的自熔外，焊缝金属由母材和填充金属（焊丝等）组成。因此，需要了解焊条和母材的加热熔化特点及过程。

一、焊条的熔化及过渡

（一）焊条的加热与熔化

焊条的加热与熔化对焊接工艺过程的稳定性、焊接冶金过程、焊缝质量及焊接生产率有很大的影响。

1. 加热和熔化焊条的热量

(1) 焊接电弧传给焊条的热能 这部分热量占焊接电弧总功率的20%～27%，它是加热熔化焊条的主要能量。电弧对焊条加热特点是热量集中，沿焊条轴向和径向的温度场非常窄。电弧热主要集中在焊条端部10mm以内。

(2) 焊接电流通过焊芯所产生的电阻热 电阻热与焊接电流密度、焊芯的电阻及焊接时间有关。当电流密度不大、加热时间不长时，电阻热影响可不考虑。当焊接电流密度大、焊条伸出长度长时需考虑电阻热的影响。

电阻热Q_R为

$$Q_R = I^2 Rt \quad (J) \tag{5-10}$$

式中 I——焊接电流，A；

R——焊芯的电阻，Ω；

t——电弧燃烧时间，s。

电阻热过大，会使焊芯和药皮升温过高引起以下不良后果：①产生飞溅；②药皮开裂与过早脱落，电弧燃烧不稳；③焊缝成形变坏，甚至引起气孔等缺陷；④药皮过早进行冶金反应，丧失冶金反应和保护能力；⑤焊条发红变软，操作困难。

为保证焊接正常进行，手弧焊时，对焊接电流与焊条长度必须加以限制。

(3) 焊条药皮组分之间的化学反应热 化学反应热一般很小，仅占1%～3%，对焊条的加热熔化作用可忽略不计。

2. 焊条金属的熔化速度

焊条的熔化是不均匀的。电阻热对焊芯的强烈预热作用，使焊条后半段的熔化高于焊条的前半段。焊条金属的熔化过程是周期性的，因而其熔化速度也作周期性变化。焊条的熔化速度一般是指焊条金属的平均熔化速度。

熔化速度：熔焊过程中，熔化电极在单位时间内熔化的长度或质量。

熔化系数：熔焊过程中，单位电流，单位时间内，焊芯（或焊丝）的熔化量[g/(A·h)]。

熔敷速度：熔焊过程中，单位时间内熔敷在焊件上的金属量（kg/h）。

熔敷系数：熔焊过程中，单位电流，单位时间内，焊芯（或焊丝）熔敷在焊件上的金属量[g/(A·h)]。

（二）熔滴过渡的作用力

熔滴是指电弧焊时，在焊条（或焊丝）端部形成的向熔池过渡的液态金属滴。

在熔滴的形成和长大过程中，有多种力作用在其上，归纳如下。

（1）重力　熔滴因本身重力而具有下垂的倾向。平焊时促进熔滴过渡，立仰焊时阻碍熔滴过渡。

（2）表面张力　焊条金属熔化后，在表面张力的作用下形成球滴状。表面张力在平焊时阻碍熔滴过渡；在立仰焊时，促进熔滴过渡。表面张力的大小与熔滴的成分、温度、环境气氛和焊条直径等有关。

（3）电磁压缩力　焊接时，把熔滴看成由许多平行载流导体组成，这样在熔滴上就受到由四周向中心的电磁力，称为电磁压缩力。电磁压缩力在任何焊接位置都促使熔滴向熔池过渡。

（4）斑点压力　电弧中的带电质点（电子和阳离子）在电场作用下向两极运动，撞击在两极的斑点上而产生的机械压力，称斑点压力。斑点压力的作用方向是阻碍熔滴过渡，并且正接时的斑点压力较反接时大。

（5）等离子流力　电磁压缩力使电弧气流的上、下形成压力差，使上部的等离子体迅速向下流动产生压力，称等离子流力。它有利于熔滴过渡。

（6）电弧气体吹力　焊条末端形成的套管内含有大量气体，并顺着套管方向以挺直而稳定的气流把熔滴送到熔池中。无论焊接位置如何，都有利于熔滴过渡。焊接时焊条末端的套管如图 5-9 所示。

（三）熔滴过渡的形式

熔滴通过电弧空间向熔池的转移过程称为熔滴过渡。熔滴过渡分为粗滴过渡、短路过渡和喷射过渡三种形式（见图 5-10）。

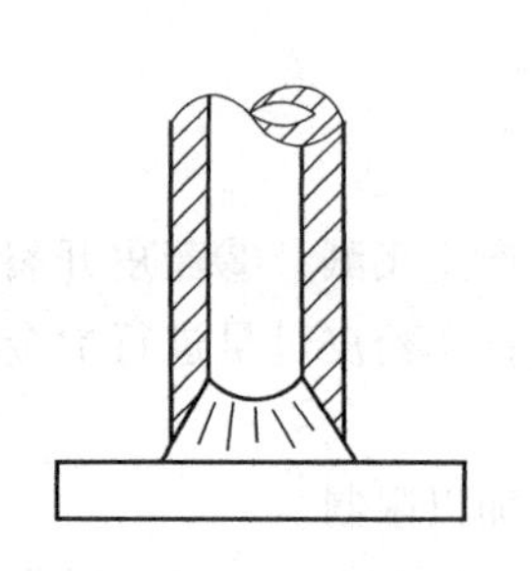

图 5-9　焊接时焊条末端的套管

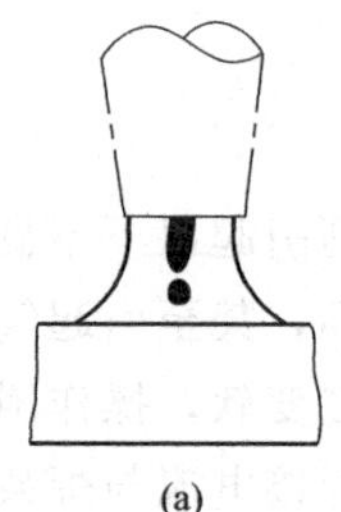

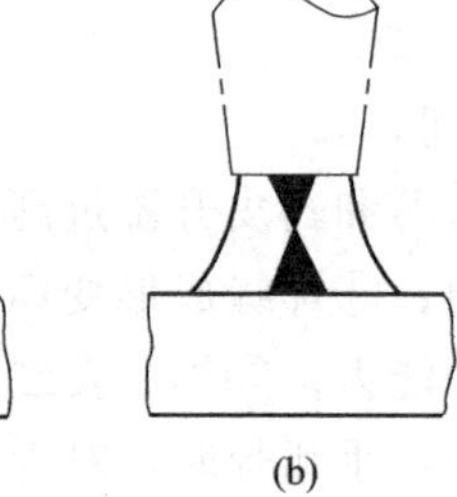

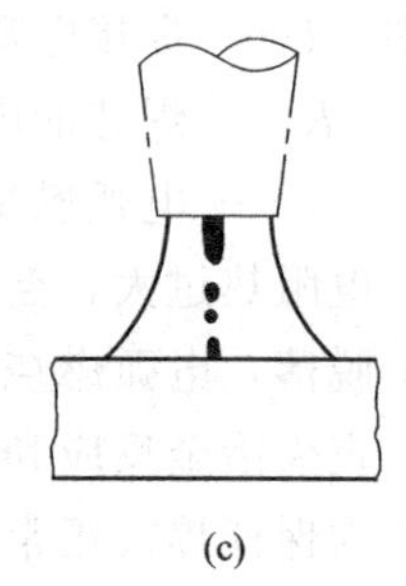

图 5-10　熔滴过渡形式

（1）粗滴过渡（颗粒过渡）　是熔滴呈粗大颗粒状向熔池自由过渡的形式［见图 5-10 (a)］。粗滴过渡会影响电弧的稳定性，焊缝成形不好，通常不采用。

（2）短路过渡　是焊条（焊丝）端部的熔滴与熔池短路接触，由于强烈过热和磁收缩作用使其爆断，直接向熔池过渡的形式［见图 5-10（b）］。短路过渡时，电弧稳定，飞溅小，成形良好，广泛用于薄板和全位置焊接。

（3）喷射过渡　是熔滴呈细小颗粒，并以喷射状态快速通过电弧空间向熔池过渡的形式［见图 5-10（c）］。产生喷射过渡除要有一定的电流密度外，还需有一定的电弧长度。其特点是熔滴细、过渡频率高、电弧稳定、焊缝成形美观及生产效率高等。

（四）熔滴过渡时的飞溅

熔焊过程中，熔化金属颗粒和熔渣向周围飞散的现象叫飞溅。

（1）气体爆炸引起的飞溅　由于冶金反应时在液体内部产生大量CO气体，气体的析出十分猛烈，造成液体金属（熔滴和熔池）发生粉碎型的细滴飞溅。

（2）斑点压力引起的飞溅　短路过渡的最后阶段在熔滴和熔池之间发生烧断开路，这时的电磁力使熔滴往上飞去，引起强烈飞溅。

二、母材的熔化及熔池

熔焊时，当焊接热源作用于母材表面时，母材金属瞬时被加热熔化，母材的熔化程度主要由焊接电流决定。

熔焊时在焊接热源作用下，焊件上所形成的具有一定几何形状的液态金属部分称为熔池。不加填充材料时，熔池由熔化的母材组成；加填充材料时，熔池由熔化的母材和填充材料组成。

1. 熔池的形状与尺寸

熔池的形状如图5-11所示，其形状接近于不太规律的半个椭球，轮廓为熔点温度的等温面。熔池的主要尺寸是熔池长度 L，最大宽度 B_{max}，最大熔深 H_{max}。熔池存在的时间与熔池长度成正比，与焊速成反比。

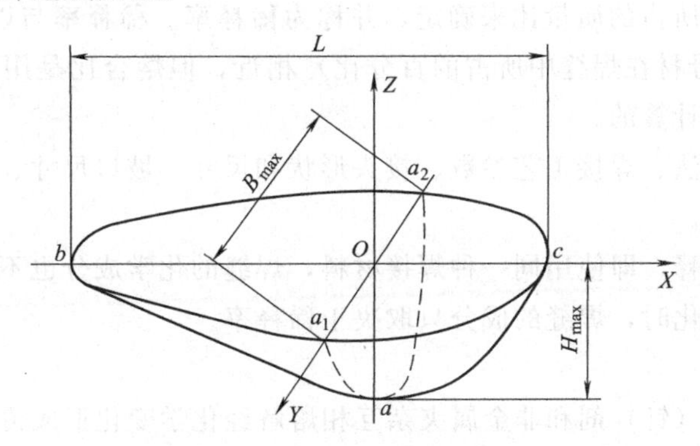

图5-11　焊接熔池形状示意图

2. 熔池的温度

熔池的温度分布是不均匀的，边界温度低，中心温度高。熔池的温度分布如图5-12所示。

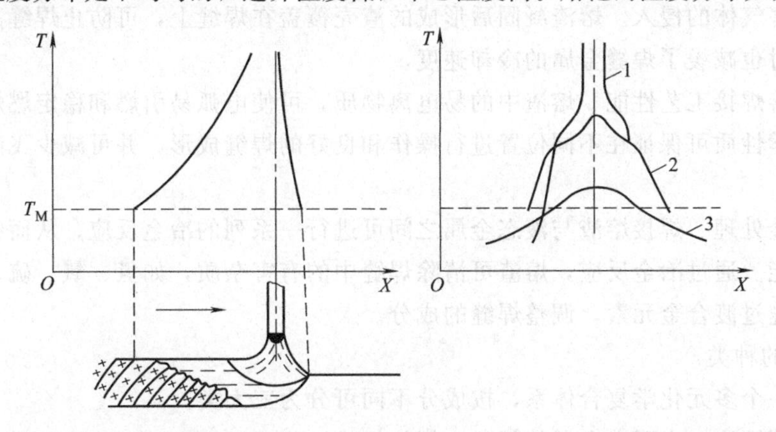

图5-12　熔池的温度分布

1—熔池中部；2—头部；3—尾部

3. 熔池金属的流动

由于熔池金属处于不断的运动状态，其内部金属必然要流动。熔池中液态金属运动如图5-13所示。引起熔池金属运动的力分为两大类。

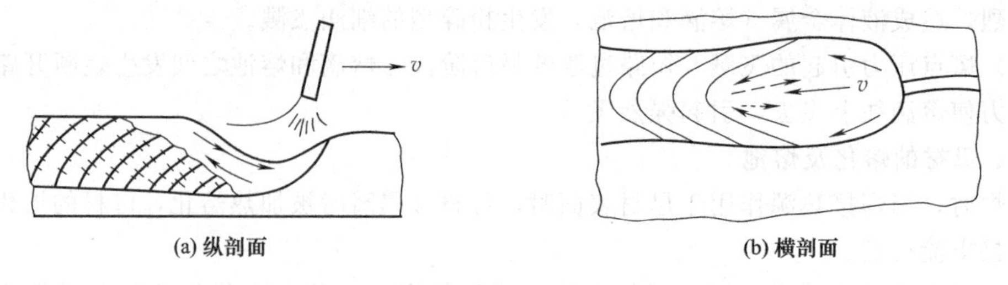

(a) 纵剖面　　(b) 横剖面

图5-13　焊接熔池中液态金属的运动

① 焊接热源产生的电磁力、电弧气体吹力、熔滴撞击力等。

② 由不均匀温度分布引起的表面张力差和金属密度差产生的浮力。

三、母材金属的稀释

除自熔焊接和不加填充材料的焊法外，焊缝均由熔化的母材和填充金属组成。填充金属受母材或先前焊道的熔入而引起化学成分含量的降低称为稀释。通常用母材金属或先前焊道的焊缝金属在焊道中所占的质量比来确定，并称为稀释率。稀释率与以前所指的“熔合比”(熔合比是指熔化的母材在焊缝中所占的百分比）相近，但熔合比是用面积之比计算的，而稀释率是用质量之比计算的。

稀释率与焊接方法、焊接工艺参数、接头形状和尺寸、坡口尺寸、焊道数目、母材金属的热物理性质等有关。

因母材金属的稀释，即使用同一种焊接材料，焊缝的化学成分也不相同。在不考虑冶金反应而造成的成分变化时，焊缝的成分只取决于稀释率。

四、焊接熔渣

焊接过程中，焊（钎）剂和非金属夹杂互相熔解经化学变化形成覆盖于焊（钎）缝表面的非金属物质称为熔渣。

1. 熔渣的作用

(1) 机械保护作用　焊接时，液态熔渣覆盖在熔滴和熔池表面，使之与空气隔开，阻止了空气中有害气体的侵入。熔渣凝固后形成的渣壳覆盖在焊缝上，可防止焊缝高温金属被空气氧化。同时也减缓了焊缝金属的冷却速度。

(2) 改善焊接工艺性能　熔渣中的易电离物质，可使电弧易引燃和稳定燃烧。熔渣适宜的物理、化学性质可保证在不同位置进行操作和良好的焊缝成形，并可减少飞溅，降低焊缝气孔的产生。

(3) 冶金处理　焊接熔渣与液态金属之间可进行一系列的冶金反应，从而影响焊缝金属的成分和性能。通过冶金反应，熔渣可清除焊缝中的有害杂质，如氢、氧、硫、磷等，通过熔渣可向焊缝过渡合金元素，调整焊缝的成分。

2. 熔渣的种类

熔渣是一个多元化学复合体系，按成分不同可分为三大类。

(1) 盐型熔渣　主要由金属的氯盐、氟盐组成，如 CaF_2-NaF、CaF_2-$BaCl_2$-NaF 等。盐型熔渣的氧化性很弱，主要用于焊接铝、钛和其他活性金属及其合金。

（2）盐-氧化物型熔渣　主要由氟化物和碱金属或碱土金属的氧化物组成，如 CaF_2-CaO-Al_2O_3、CaF_2-CaO-SiO_2 等。这类熔渣氧化性也较弱，主要用于焊接各种合金钢。

（3）氧化物型熔渣　主要由各种氧化物组成，如 MnO-SiO_2、FeO-MnO-SiO_2、CaO-TiO_2-SiO_2 等。这类熔渣氧化性较强，主要用于焊接低碳钢和低合金钢。

3. 熔渣的物理性质与碱度

熔渣的物理性质主要是指熔渣的黏度、熔点、相对密度、脱渣性和透气性等。这些性质对焊缝金属的成形、电弧的稳定性、焊接位置的适应性、焊接缺陷的产生等都有较大的影响。

熔渣的碱度是判断熔渣碱性强弱的指标。熔渣的碱度对焊接化学冶金反应，如元素的氧化与还原、脱硫、脱磷及液态金属气体的吸收等都有重要的影响。熔渣的碱度主要有两种表达方式。

（1）分子理论表达式　将熔渣中的氧化物分成三大类。

① 酸性氧化物：SiO_2、TiO_2、P_2O_5 等。

② 碱性氧化物：K_2O、Na_2O、CaO、MgO、BaO、FeO 等。

③ 两性氧化物：Al_2O_3、Fe_2O_3、Cr_2O_3 等。

熔渣的碱度 B 定义为

$$B=\frac{\sum 碱性氧化物\%}{\sum 酸性氧化物\%} \tag{5-11}$$

碱度的倒数为酸度。理论上讲，$B>1$ 为碱性渣，但由于未考虑到各种氧化物酸碱性的强弱及酸碱性氧化物间的复合情况，因而与实际有较大偏差，通过实验修正为

$$B_1=[0.018CaO+0.015MgO+0.006CaF_2+0.014(Na_2O+K_2O)+0.007(MnO+FeO)]/[0.017SiO_2+0.005(Al_2O_3+TiO_2+ZrO)]$$

式中各种成分以质量百分数计，当 $B_1>1$，时为碱性渣；$B_1=1$ 时为中性渣；$B_1<1$ 时为酸性渣。

（2）离子理论表达式　把液态熔渣中自由氧离子浓度定义为碱度，自由氧离子浓度越大，碱度越大，计算公式为

$$B_2=\sum_{i=1}^{n}a_iM_i \tag{5-12}$$

式中　a_i——第 i 种氧化物碱度系数（见表 5-4）；

M_i——第 i 种氧化物的摩尔分数。

一般，$B_2>0$ 为碱性渣，$B_2=0$ 为中性渣，$B_2<0$ 为酸性渣。根据熔渣的酸碱性，将熔渣及对应的焊条（剂）分为酸性和碱性两大类。

表 5-4　氧化物的碱度系数及相对分子质量

氧化物	CaO	MnO	MgO	FeO	Fe_2O_3	Al_2O_3	TiO_2	SiO_2
碱度系数 a_i	+6.05	+4.8	+4.0	+3.4	0	−0.2	−4.97	−6.32
相对分子质量	56	71	40.3	72	160	102	80	60
酸碱性	碱性				两性		酸性	

第四节　有害元素对焊缝金属的作用

焊接区的气体主要来自焊接材料和少量侵入的空气；主要由氮、氢、氧或其化合物

CO、CO_2、H_2O 等组成，其中氢、氮、氧对焊缝质量的影响最大。焊缝中的硫、磷不仅会降低焊缝金属的性能，而且还会引起热裂纹等焊接缺陷。因此，在讨论熔焊冶金时，须讨论 H、N、O、S、P 等有害元素对焊缝金属的作用。

一、氢对焊缝金属的作用

1. 氢的来源

焊接区的氢主要来自焊条药皮或焊剂中的有机物、结晶水或吸附水、焊件和焊丝表面上的污染物、空气中的水分等。

2. 氢与焊缝金属的作用

（1）氢的溶解　氢能溶解于 Fe、Ni、Cu、Cr、Mo 等金属中。氢向金属中的溶解途径因焊法不同而不同。气保焊时，氢通过气相与液态金属的界面以原子或质子的形式溶于金属。电渣焊时，氢通过渣层溶入金属。手弧焊与埋弧焊时，上述两种途径兼而有之。

氢在铁中的溶解是以原子或离子状态溶入的。其溶解度与温度、晶格结构、氢的压力等有关。氢在铁中的溶解度如图 5-14 所示。

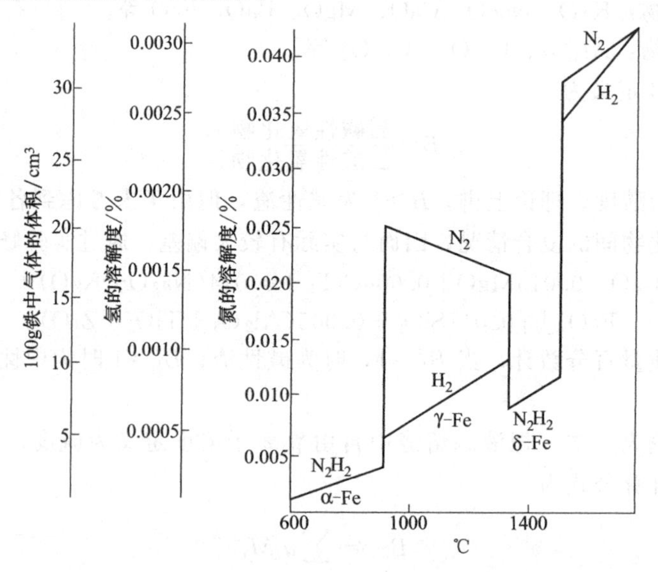

图 5-14　压力为 0.1Pa 时氮和氢在铁中的溶解度

由图 5-14 可知，温度越高，氢的溶解度越大，且在相变时氢的溶解度发生突变。

（2）氢与金属的作用方式　氢与金属的作用方式可分为两种：第一种是与某些金属能形成稳定的氢化物，如 ZrH_2、TiH_2、VH、TaH、NbH_2 等。在氢量不多时，氢与这些金属形成固溶体。当吸收氢量相当多时，则形成氢化物。第二种是与某些金属形成间隙固溶体，如 Fe、Ni、Cu、Cr、Al 等。

（3）氢在焊缝金属中的扩散　在钢焊缝中，氢大部分以氢原子或质子状态存在，与铁形成间隙固溶体。由于氢原子或氢离子的半径很小，扩散能力强，一部分可在金属晶格中自由扩散；另一部分氢扩散到金属的晶格缺陷，显微裂纹和非金属夹杂物边缘的空隙处，结合成氢分子，因其半径大，不能自由扩散。焊缝区中能自由扩散运动的那一部分氢称为扩散氢；焊件中扩散氢充分逸出后仍残存于焊缝区中的氢称为残余氢。

焊缝中总的含氢量是扩散氢和残余氢之和。焊后随焊件放置时间的增加，扩散氢和总含氢量减少，残余氢量增加。熔敷金属中的含氢量见表 5-5。

表 5-5　焊接低碳钢时焊缝的含氢量

焊接方法		扩散氢/(cm^3/100g)	残余氢/(cm^3/100g)	总氢量/(cm^3/100g)	备　注
焊条电弧焊	纤维素型	35.8	6.3	42.1	
	钛型	39.1	7.1	46.2	
	钛铁矿型	30.1	6.7	36.8	
	氧化铁型	32.3	6.5	38.8	
	低氢型	4.2	2.6	6.8	
埋弧焊		4.40	1～1.5	5.9	在 40～50℃停留 48～72h 测定扩散氢；真空加热测定残余氢
CO_2 保护焊		0.04	1～1.5	1.54	
氧-乙炔气焊		5.00	1～1.5	6.5	

3. 氢对焊接质量的影响

氢是焊缝中的有害元素之一，其危害性主要有如下几点。

(1) 形成氢气孔　熔池结晶时氢的溶解度突然下降，使氢在焊缝中处于过饱和状态，并促使原子氢复合成氢分子，分子氢不溶于金属，若来不及逸出，则形成氢气孔。

(2) 产生白点　钢焊缝在含氢量高时，则常常在焊缝金属的拉断面上出现如鱼目状的一种白色圆形斑点，称为白点。白点的直径一般为 0.5～5mm，其周围为塑性断口，中心有小夹杂物或气孔，白点的产生与氢的扩散、聚集有关，白点会使焊缝金属的塑性大大降低。

(3) 导致氢脆　氢在室温附近使钢的塑性严重下降的现象称为氢脆。氢脆是溶解在金属中的氢引起的，焊缝中的剩余氢扩散、聚集在金属的显微缺陷内，结合成分子氢，造成局部高压区，阻碍塑性变形，使焊缝的塑性严重下降。焊缝中剩余氢含量越高，则氢脆性越大。

(4) 形成冷裂纹　焊缝中的氢含量是形成冷裂纹的三大因素之一。

4. 控制氢的措施

(1) 焊条、焊剂使用前应进行烘干处理　一般低氢型焊条的烘干温度为 350～400℃；含有机物的焊条，烘干温度不应超出 250℃，一般为 150～200℃；熔炼焊剂使用前通常经(250～300℃)×2h 烘焙处理；烧结焊剂一般用（300～400℃）×2h 烘焙处理。焊条、焊剂烘干后应立即使用，或暂时存放在 100～150℃的烘箱或保温筒内，随用随取，以免重新吸潮。

(2) 清除焊件及焊丝表面的杂质　焊件坡口和焊丝表面的铁锈、油污、吸附水以及其他含氢物质是增加焊缝含氢量的主要原因之一，故焊前应仔细清理干净。

(3) 冶金处理　在药皮和焊剂中加入萤石 CaF_2 有较强的去氢作用。其反应式为

$$CaF_2 + H_2O = CaO + 2HF \quad (5\text{-}13)$$

$$CaF_2 + H_2 = Ca + 2HF \quad (5\text{-}14)$$

反应生成物 HF 不溶于液态金属而逸出至大气中，从而减少焊缝的含氢量。

适当增加焊接材料的氧化性也有利于去氢，其反应式如下

$$CO_2 + H = CO + OH \quad (5\text{-}15)$$

$$O + H = OH \quad (5\text{-}16)$$

$$O_2 + H_2 = 2OH \quad (5\text{-}17)$$

反应产物 OH 是个稳定结构，不溶于液态金属，从而降低焊接区的氢分压。

(4) 控制焊接工艺参数　电源的性质与极性、焊接电流及电弧电压对焊缝含氢量有一定

影响。直流反接焊缝含氢量较直流正接低。降低焊接电流和电弧电压，可减少焊缝的含氢量。但调整焊接工艺参数减少焊缝的含氢量效果不太明显。

（5）焊后脱氢处理　焊后加热焊件，促使氢扩散外逸，从而减少焊接接头中氢含量的工艺叫脱氢处理。一般把焊件加热到350℃以上，保温1h，可将绝大部分扩散氢去除。

二、氮对焊缝金属的作用

1. 氮的来源

焊接区的氮主要来自于周围的空气。

2. 氮与焊缝金属的作用

在电弧高温的作用下，氮分子将分解为氮原子。氮可以以原子状态或以同氧化合后的NO的形式溶入熔池。氮在铁中的溶解度如图5-14所示，其溶解度随温度的升高而增加，且与铁的晶体结构有关。氮既能溶解于金属，又能与某些金属形成氮化物，如Fe、Ti、Mn、Cr等，但Cu、Ni不与氮作用，故可用氮作保护气体。

3. 氮对焊接质量的影响

氮是钢焊缝中的有害元素，它对焊接质量的影响如下。

（1）形成氮气孔　熔池中若溶入了较多的氮，在焊缝凝固过程中，因溶解度的突降而将会有大量的氮以气泡的形式析出。如果氮气泡来不及逸出，便在焊缝中形成氮气孔。

（2）降低焊缝金属的力学性能　焊缝中的含氮量增加，其强度升高，但塑性和韧性明显下降，尤其对低温韧性的影响更为严重。

（3）时效脆化　氮是引起时效脆化的元素。熔池在凝固过程中因冷却速度大，使氮来不及逸出，从而使氮以过饱和状态存在于固溶体中，这是一种不稳定状态。随着时间的推移，过饱和的氮将以针状的Fe_4N形式析出，导致焊缝金属的塑性和韧性持续下降，即时效脆化。

4. 控制氮的措施

（1）加强焊接区的保护　加强对电弧气氛和液态金属的保护，防止空气侵入，这是控制焊缝含氮量的主要措施。

（2）选用合理的焊接工艺规范　电弧电压增加，使焊缝含氮量增大，故应尽量采用短弧焊。采用直流反极性接法，减少了氮离子向熔滴溶解的机会，因而减少了焊缝的含氮量。增大焊接电流，熔滴过渡频率加快，一般来说有利于减少焊缝中的含氮量。

（3）控制焊接材料的成分　增加焊丝或药皮中的含碳量可降低焊缝的含氮量。这是因为碳可降低氮在铁中的溶解度；碳氧化生成CO、CO_2可降低气相中氮的分压；碳氧化引起熔池的沸腾有利于氮的逸出。焊丝中加入一定数量与氮亲和力大的合金元素，如Ti、Zr、Al或稀土元素等，可形成稳定氮化物进入熔渣，起到脱氮作用。

三、氧对焊缝金属的作用

（一）氧的来源

焊接区的氧主要来自于电弧中的氧化性气体（CO_2、O_2、H_2O等），空气的侵入，药皮中的高价氧化物和焊接材料与焊件表面的铁锈、水分等分解产物。

（二）氧对焊缝金属的作用

金属与氧的作用有两种：一种是不溶解氧，但与氧气发生剧烈的氧化反应、如Al、Mg等；另一种是能有限溶解氧，同时也发生氧化反应，如Fe、Ni、Cu、Ti等。这里主要介绍氧与铁的作用。

1. 氧的溶解

通常氧是以原子氧和氧化亚铁（FeO）两种形式溶于液态铁中的。氧的溶解度随温度升高而增大。在室温下 α-Fe 几乎不溶解氧，所以，焊缝金属中的氧主要以氧化物（FeO、SiO_2、MnO 等）和硅酸盐夹杂物的形式存在。

2. 焊缝金属的氧化

(1) 氧化性气体对焊缝金属的氧化　电弧中的氧化性气体有 O_2、CO_2、H_2O 等，这些气体在电弧高温作用下分解为原子氧，原子氧比分子氧更活泼，能使铁和其他元素氧化。

$$[Fe]+O \longrightarrow FeO \tag{5-18}$$

$$[Mn]+O \longrightarrow (MnO) \tag{5-19}$$

$$[Si]+2O \longrightarrow (SiO_2) \tag{5-20}$$

$$[C]+O \longrightarrow CO\uparrow \tag{5-21}$$

产生的 FeO 能溶于液体金属。熔池中的 FeO 还会使其他元素进一步氧化。

$$[FeO]+[C] \longrightarrow CO\uparrow+[Fe] \tag{5-22}$$

$$[FeO]+[Mn] \longrightarrow (MnO)+[Fe] \tag{5-23}$$

$$2[FeO]+[Si] \longrightarrow (SiO_2)+2[Fe] \tag{5-24}$$

(2) 熔渣对焊缝金属的氧化　熔渣对焊缝金属的氧化有扩散氧化和置换氧化两种基本方式。

① 扩散氧化：FeO 由熔渣向焊缝金属扩散而使焊缝增氧的过程叫做扩散氧化。即

$$(FeO)=[FeO] \tag{5-25}$$

FeO 既可溶于熔渣，又可溶于铁水。在一定温度下平衡时，它在两相中的浓度符合分配定律

$$L=(FeO)/[FeO] \tag{5-26}$$

常数 L 叫做分配常数，它与熔渣的性质和温度有关。当熔渣中的自由 FeO 的浓度增加时，它将向焊缝金属中扩散，使焊缝氧化，图 5-15 所示为熔渣中 FeO 含量与焊缝中含氧量的关系。

试验表明，在熔渣中含 FeO 相同的情况下，碱性渣焊缝中的含氧量比酸性渣大，如图 5-16 所示，这主要与渣中 FeO 的活度有关。

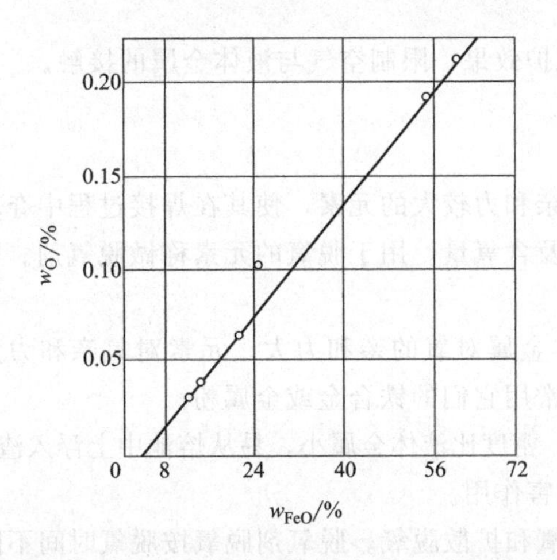

图 5-15　熔渣中 FeO 含量与焊缝中含氧量的关系

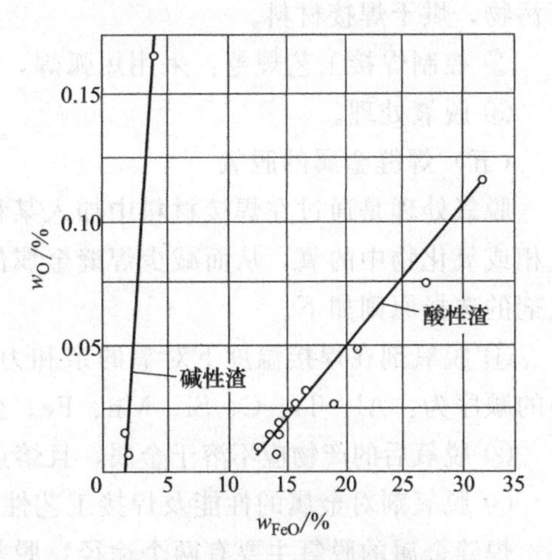

图 5-16　熔渣的性质与焊缝含氧量的关系

② 置换氧化：焊缝金属与熔渣中易分解的氧化物发生置换反应而被氧化的过程称为置换氧化。当熔渣中含有 SiO_2、MnO 等上述氧化物时，则使铁被氧化。反应如下

$$2[Fe]+(SiO_2)=[Si]+2FeO \quad (5\text{-}27)$$

$$[Fe]+(MnO)=[Mn]+FeO \quad (5\text{-}28)$$

反应产物 FeO 按分配定律进入熔渣与熔池，从而使焊缝金属被氧化。

尽管焊缝中的含氧量增加了，但因 Si、Mn 同时增加，使焊缝的性能得到改善。因此，高锰高硅焊剂配合低碳钢焊丝广泛用于焊接低碳钢和低合金钢。

（3）焊件表面氧化物对金属的氧化　焊件表面的铁锈和氧化皮在电弧高温作用下将发生分解，并与铁作用。

$$2Fe(OH)_3=Fe_2O_3+3H_2O \quad (5\text{-}29)$$

$$3Fe_2O_3=2Fe_3O_4+O \quad (5\text{-}30)$$

$$Fe_2O_3+[Fe]=3FeO \quad (5\text{-}31)$$

$$Fe_3O_4+[Fe]=4FeO \quad (5\text{-}32)$$

反应产物 FeO 按分配定律进入熔池，使焊缝金属氧化。

（三）氧对焊接质量的影响

由于气体、熔渣及焊件表面氧化物对焊缝金属的氧化，使焊缝金属的含氧量增加，对焊接质量带来不利的影响，具体危害如下：

① 降低焊缝金属的强度、硬度、塑性，急剧降低冲击韧性；

② 引起焊缝金属的热脆、冷脆及时效硬化，并提高脆性转变温度；

③ 降低焊缝金属的物理和化学性能，如降低导电性、导磁性和抗腐蚀性等；

④ 产生气孔，熔池中的氧与碳反应，生成不溶于金属的 CO，如熔池结晶时 CO 气泡来不及逸出，则在焊缝中形成 CO 气孔；

⑤ 烧损焊接材料中的有益合金元素，使焊缝性能变坏；

⑥ 产生飞溅，影响焊接过程的稳定性。

（四）控制氧的措施

① 严格限制氧的来源：采用不含氧或低氧的焊接材料，如用无氧焊条，无氧焊丝、焊剂等。采用高纯度的惰性保护气体或在真空下焊接。清除焊件、焊丝表面上的铁锈、氧化皮等污物，烘干焊接材料。

② 控制焊接工艺规范：采用短弧焊，加强保护效果，限制空气与液体金属的接触。

③ 脱氧处理。

（五）焊缝金属的脱氧

脱氧处理是通过在焊接材料中加入某种对氧亲和力较大的元素，使其在焊接过程中夺取气相或氧化物中的氧，从而减少焊缝金属的氧化及含氧量。用于脱氧的元素称做脱氧剂。脱氧剂的选择原则如下。

① 脱氧剂在焊接温度下对氧的亲和力比被焊金属对氧的亲和力大。元素对氧亲和力大小的顺序为：Al、Ti、C、Si、Mn、Fe。生产中常用它们的铁合金或金属粉。

② 脱氧后的产物应不溶于金属，且熔点较低，密度比液体金属小，易从熔池中上浮入渣。

③ 脱氧剂对金属的性能及焊接工艺性能无有害作用。

焊缝金属的脱氧主要有两个途径：脱氧剂脱氧和扩散脱氧。脱氧剂脱氧按脱氧时间不同又分为先期脱氧和沉淀脱氧。

1. 先期脱氧

焊条药皮或药芯中的高价氧化物或碳酸盐在焊接高温作用下分解出氧和二氧化碳，而药皮或药芯中的脱氧剂便与其氧化反应，结果使气相的氧化性减弱，这种在药皮或药芯加热阶段发生的脱氧反应，称为先期脱氧。先期脱氧的目的是尽早控制电弧气氛中的氧化性，减少金属的氧化。这种脱氧主要发生在焊条端部反应区，脱氧过程与脱氧产物一般不和熔滴金属发生直接关系。

(1) 酸性焊条的先期脱氧　焊条药皮中的碳酸盐受热分解出 CO_2，其反应如下

$$CaCO_3 = CaO + CO_2 \quad (5\text{-}33)$$

$$MgCO_3 = MgO + CO_2 \quad (5\text{-}34)$$

药皮中主要加入锰铁作先期脱氧剂进行脱氧，脱氧反应如下

$$CO_2 + Mn = MnO + CO \quad (5\text{-}35)$$

因酸性焊条渣中含有较多的 SiO_2 和 TiO_2，它们可与 MnO 复合生成稳定的（$MnO \cdot SiO_2$）和（$MnO \cdot TiO_2$）而进入渣中，减小了 MnO 的浓度，使式（5-35）易向右进行，脱氧效果好。

(2) 碱性焊条的先期脱氧　药皮中含有大量的大理石，在加热时放出 CO_2 气体。

$$CaCO_3 = CaO + CO_2$$

药皮中主要依靠硅铁和钛铁作先期脱氧剂，脱氧反应如下

$$2CO_2 + Si = SiO_2 + 2CO \quad (5\text{-}36)$$

$$2CO_2 + Ti = TiO_2 + 2CO \quad (5\text{-}37)$$

脱氧产物 SiO_2 和 TiO_2 可与碱性渣中的 CaO 等碱性氧化物反应化合成稳定化合物（$CaO \cdot SiO_2$）和（$CaO \cdot TiO_2$），减少了 SiO_2 和 TiO_2 的浓度，有利于式（5-36）、式（5-37）向右进行，脱氧效果较好。

由于药皮加热阶段温度低，反应时间短，故先期脱氧是不完全的，需进一步脱氧。

2. 沉淀脱氧

它是利用溶解在熔滴和熔池中的脱氧剂与［FeO］和［O］直接反应，把铁还原，脱氧产物转入熔渣而清除。沉淀脱氧是置换氧化的逆反应。沉淀脱氧的对象主要是液体金属中的［FeO］。

(1) 酸性焊条的沉淀脱氧　酸性焊条采用锰铁作脱氧剂脱效果较好。其脱氧反应如下

$$[FeO] + [Mn] = [Fe] + [MnO] \quad (5\text{-}38)$$

脱氧产物 MnO 易与渣中酸性氧化物（SiO_2、TiO_2）复合，使式（5-38）向右进行，脱氧效果较好。

(2) 碱性焊条的沉淀脱氧　碱性焊条主要利用硅铁、钛铁对熔池中的［FeO］进行脱氧，其脱氧反应如下

$$[Si] + 2[FeO] = 2[Fe] + (SiO_2) \quad (5\text{-}39)$$

$$[Ti] + 2[FeO] = 2[Fe] + (TiO_2) \quad (5\text{-}40)$$

脱氧产物与渣中 CaO 等碱性氧化物反应复合，使 SiO_2 和 TiO_2 活度减小，有利于脱氧反应的进行。

对于钢来说，当采用锰、硅或钛单独脱氧时，其脱氧产物的熔点都比铁高，容易夹渣。而采用硅锰联合脱氧，其脱氧产物能结合成熔点较低、密度较小的复合物进入熔渣，对消除夹渣很有利。因此，焊接低碳钢时常采用硅锰联合脱氧。硅锰联合脱氧的效果与［Mn/Si］

比值有很大关系，该比值过大或过小，均可能造成锰、硅单独脱氧的条件，使脱氧效果下降。为使反应生成物均能形成熔点较低的复合物，并考虑到锰对氧的亲和力低于硅，因而锰占的比例应比硅大。实践证明，当［Mn/Si］=3～7时，脱氧产物为颗粒大、熔点低的$MnO \cdot SiO_2$，脱氧效果较好。

碳虽然与氧的亲和力很大，但一般不作脱氧剂，因为其脱氧产物CO受热膨胀会发生爆炸，飞溅大，同时易产生CO气孔。

铝虽然与氧会发生强烈的氧化反应，脱氧能力粮强，但产生的Al_2O_3熔点高，不易上浮，易形成夹渣，同时还会产生飞溅、气孔等缺陷，故一般不宜单独作脱氧剂。

3. 扩散脱氧

利用FeO既溶于熔池，又溶于熔渣的特点，使熔池中的FeO扩散到熔渣，从而降低焊缝含氧量的过程称为扩散脱氧。它是扩散氧化的逆过程。即

$$[FeO] = (FeO) \tag{5-41}$$

扩散脱氧的效果与温度和熔渣中FeO的活度有关。温度下降时，FeO分配有利于向熔渣方向进行，熔池中的含氧量减少。熔渣中FeO的活度越低，扩散脱氧效果越好。酸性焊条熔渣中含有大量的SiO_2和TiO_2等酸性氧化物，它们易与渣中的FeO形成复合物（$FeO \cdot SiO_2$）和（$FeO \cdot TiO_2$），降低渣中FeO的活度，使熔池中的FeO向熔渣扩散，扩散脱氧效果较好。碱性焊条熔渣中含有大量的碱性氧化物，而FeO也是碱性氧化物，故渣中FeO活度较大，不利于扩散脱氧，可以说扩散脱氧在碱性焊条中基本上不存在。

扩散脱氧是在熔渣与熔池的界面上进行的，所以熔池的搅拌作用有利于扩散脱氧。由于焊接过程的冶金时间短，而扩散脱氧过程所需时间长，故扩散脱氧效果是有限的。

以上三种脱氧形式一般来说是共存的，只是不同条件下各自的程度不同而已。

脱氧反应的类型及各自的特点归纳于表5-6中。

表5-6 脱氧反应的类型及其特点

脱氧类型	反应原理	发生的主要反应	决定脱氧效果的因素
先期脱氧	药皮中脱氧剂与药皮中高价氧化物或碳酸盐分解出的O_2或CO_2反应，使电弧气氛氧化性下降	$Fe_2O_3 + Mn = MnO + 2FeO$ $FeO + Mn = MnO + Fe$ $2CsCO_3 + Si = 2CaO + SiO_2 + 2CO\uparrow$ $CaCO_3 + Mn = MnO + CaO + CO\uparrow$	脱氧剂对氧的亲和力、粒度，氧化剂与脱氧剂的比例、电流密度等
沉淀脱氧	脱氧剂与FeO直接反应，脱氧产物浮出金属表面	$[Mn] + [FeO] \longrightarrow [Fe] + (MnO)$ $[C] + [FeO] \longrightarrow [Fe] + CO\uparrow$ $[Si] + [FeO] \longrightarrow [Fe] + (SiO_2)$	脱氧剂含量、种类和熔渣的酸碱性
扩散脱氧	分配定律$L = (FeO)/[FeO]$	$[FeO] \rightleftharpoons (FeO)$	熔渣中FeO的活度、温度、熔渣的碱度

四、焊缝中硫、磷的控制

1. 硫、磷的来源

焊缝中的硫、磷主要来自于母材、焊丝、焊条、药皮或焊剂的原材料。硫在钢中主要以FeS的形式存在。磷在钢中主要以多价磷化物（Fe_3P、Fe_2P、FeP）的形式存在。

2. 焊缝中硫、磷的危害

硫、磷是焊缝中的有害杂质。FeS可无限溶解于液态铁中，而固态铁中的溶解度只有0.015%～0.02%，熔池凝固时即析出，并与α-Fe、FeO等形成低熔点共晶，这些低熔点共

晶在晶界聚集，导致产生结晶裂纹，同时降低了焊缝的冲击韧性和抗腐蚀性。

磷与铁、镍可形成低熔点共晶，产生热裂纹。焊缝中含磷较多时，会降低焊缝金属的冲击韧性和低温韧性，并使脆性转变温度升高。

3. 焊缝中硫、磷的控制

（1）限制硫、磷的来源　焊缝中的硫、磷主要来自于母材和焊接材料。母材、焊丝中的硫、磷含量一般较低。药皮、焊剂的原材料，如锰矿，赤铁矿、钛铁矿等含有一定量的硫、磷，对焊缝的含硫、磷量影响较大。因此，限制母材、焊丝，尤其是药皮、焊剂中的硫、磷含量是防止硫、磷危害的主要措施。

（2）冶金方法脱硫、脱磷措施　冶金脱硫、脱磷是利用对硫、磷亲和力比铁大的成分将铁还原，而自身与硫、磷生成不溶于液态金属的硫化物、磷化物进入熔渣而去除硫和磷。

脱硫的方法主要有元素脱硫和熔渣脱硫两种。

① 元素脱硫。常用的脱硫剂是Mn，其脱硫反应为

$$[FeS]+[Mn]=(MnS)+[Fe]+Q \quad (5\text{-}42)$$

反应产物MnS不溶于钢液，大部分进入熔渣。锰的脱硫反应为放热反应，降低温度有利于脱硫的进行。

② 熔渣脱硫。熔渣中的碱性氧化物，如MnO、CaO、MgO等也能脱硫，其脱硫反应为

$$[FeS]+(MnO)=(MnS)+[FeO] \quad (5\text{-}43)$$

$$[FeS]+(CaO)=(CaS)+[FeO] \quad (5\text{-}44)$$

$$[FeS]+(MgO)=(MgS)+[FeO] \quad (5\text{-}45)$$

产物CaS、MgS不溶于钢液而进入熔渣。增加渣中MnO、CaO、MgO的含量，减少FeO的含量有利于脱硫。碱性焊条熔渣的碱性较强，熔渣脱硫能力比酸性焊条强。所以，酸性焊条以元素脱硫为主，碱性焊条同时采用熔渣脱硫和元素脱硫。

由于焊接冶金时间短，无论是元素脱硫，还是熔渣脱硫，反应都不能充分进行，且熔渣的碱度都不很高，所以，脱硫的能力是有限的。

③ 冶金脱磷。冶金脱磷分两步进行：第一步将磷氧化成P_2O_5；第二步P_2O_5与渣中碱性氧化物复合成稳定的磷酸盐而进入熔渣。其反应式为

$$2[Fe_3P]+5(FeO)=P_2O_5+11[Fe] \quad (5\text{-}46)$$

$$2[Fe_2P]+5(FeO)=P_2O_5+9[Fe] \quad (5\text{-}47)$$

$$P_2O_5+3(CaO)=(CaO)_3\cdot P_2O_5 \quad (5\text{-}48)$$

$$P_2O_5+4(CaO)=(CaO)_4\cdot P_2O_5 \quad (5\text{-}49)$$

由上式可知，增加渣中CaO和FeO的含量，可提高脱磷效果。碱性焊条熔渣中含有较多的CaO，有利于脱磷，但碱性渣中FeO含量较低，因而脱磷效果并不理想。酸性焊条熔渣中虽含一定的FeO，但CaO的含量极少，故酸性焊条的脱磷效果比碱性焊条更差。

总之，焊接过程中的脱硫、脱磷都较困难，而脱磷比脱硫更难，要控制焊缝中的硫、磷含量，更为主要的是要严格控制焊接原材料中的硫、磷含量。

五、焊缝金属的合金化

焊缝金属的合金化是指通过焊接材料向焊缝金属过渡一定合金元素的过程，又称合金过渡。

（一）合金化的目的

① 补偿焊接过程中由于蒸发、氧化等原因造成的合金元素的损失。

② 消除焊接工艺缺陷，改善焊缝的组织与性能。例如在焊接低碳钢时，为消除因硫引

起的结晶裂纹，需向焊缝中加入锰。在焊接某些结构钢时，向焊缝中过渡 Ti、Al、B、Mo 等元素，以细化晶粒，提高焊缝金属的塑韧性。

③ 获得具有特殊性能的堆焊金属。为使工件表面获得耐磨、耐热、红硬、耐蚀等特殊要求的性能，生产中常用堆焊的方法过渡 Cr、Mo、W、Mn 等合金元素。

（二）合金化的方式

1. 应用合金焊丝

把所需要的合金元素加入焊丝，配合碱性药皮或低氧、无氧焊剂进行焊接，使合金元素随熔滴过渡到焊缝金属中。这种方法的优点是合金元素的过渡效果好，焊缝成分均匀、稳定，但制造工艺复杂、成本高。

2. 应用合金药皮或陶质焊剂

将所需合金元素以纯金属或铁合金的方式加入到药皮焊剂中，配合普通焊丝使用。此法的优点是制造容易，简单方便，成本低，但合金元素氧化损失大，合金利用率低。

3. 应用药芯焊丝或药芯焊条

药芯焊丝的结构各式各样。药芯中合金成分的配比可以任意调整，可以得到任意成分的堆焊熔敷金属，合金元素损失少，但不易制造，成本较高。

4. 应用合金粉末

将需要过渡的合金元素按比例制成一定粒度的粉末，将合金粉末输到焊接区或撒在焊件表面，在热源作用下与母材熔合成合金化的焊缝金属。此法的优点是合金成分比例调配方便，合金损失少，但焊缝成分的均匀性差。

5. 应用置换反应

在药皮或焊剂中加入金属氧化物，如氧化锰、二氧化硅等。焊接时通过熔渣与液态金属的还原反应，使硅锰合金元素被还原，从而提高焊缝中的硅锰含量。此法合金化效果有限，且易增加焊缝的含氧量。

（三）合金过渡系数及影响因素

焊接过程中，合金元素不能全部过渡到熔敷金属中去。为说明合金元素利用率高低，常用合金过渡系数来表达。合金过渡系数是指焊接材料中的合金元素过渡到焊缝金属中的数量与其原始含量的百分比。

$$\eta=\frac{C_d}{C_e}\times 100\% \tag{5-50}$$

式中 η——合金元素过渡系数；

C_d——某元素在熔敷金属中的浓度；

C_e——某元素的原始浓度。

合金过渡系数大，表示该合金元素的利用率高。影响合金过渡系数的因素有很多，主要有合金元素对氧的亲和力、合金元素的物理性质，焊接区的氧化性及合金元素的粒度等。合金元素与氧的亲和力越大，越易烧损，其过渡系数越小；合金元素的沸点越低，饱和蒸汽压越高，越易蒸发，其过渡系数也越小。介质氧化性越大，合金元素氧化越多，过渡系数越小，故高合金钢要求在弱氧化性介质或惰性气体中进行焊接。增加合金元素的粒度，其表面积减少，氧化损失量减小，过渡系数提高。

这里要说明的是在焊条药皮中的合金剂和脱氧剂两者常无明显的区分。同一种合金元素，有时既起脱氧剂的作用，又起合金剂的作用。如 E4303 焊条药皮中的锰铁，虽然主要作用是作脱氧剂，但也有少部分作为合金剂渗入焊缝，改善焊缝的性能。

第五节　焊缝金属的组织与性能

焊接过程中，当热源移动离开熔池后，熔池金属便开始冷却凝固形成焊缝。焊缝金属由液态转变为固态的凝固过程称为焊缝金属的一次结晶。熔池凝固以后，焊缝金属从高温冷却到室温还会发生固态相变。焊缝金属的固态相变过程称为焊缝金属的二次结晶。焊接过程中的许多缺陷，如气孔、结晶裂纹、夹渣等都产生于焊缝的结晶过程之中。

一、焊缝金属的一次结晶

1. 焊缝金属一次结晶的特点

① 熔池体积小，冷却速度大。单丝埋弧焊时熔池的最大体积约为 $30cm^3$，液态金属质量不超过 100g。由于熔池体积小，周围又被冷金属包围，故熔池的冷却速度很大，平均冷却速度为 4～100℃/s，比铸锭大几百倍到上万倍。

② 熔池中液态金属处于过热状态，合金元素烧损严重，使熔池中作为晶核的质点大为减少，促使焊缝得到柱状晶。

③ 熔池是在运动状态下结晶的。熔池随热源的移动，使熔化和结晶过程同时进行，即熔池的前半部是熔化过程，后半部是结晶过程。同时随着焊条的连续给进，熔池中不断有新的金属补充和搅拌进来。另外，由于熔池内部气体的外逸，焊条摆动，气体的吹力等产生搅拌作用使熔池处于运动状态下结晶。熔池的运动，有利于气体、夹杂物的排除，有利于得到致密而性能良好的焊缝。

2. 焊缝金属的一次结晶过程

焊接熔池的结晶由晶核的产生和晶核的长大两个过程组成。熔池中生成的晶核有两种，自发晶核和非自发晶核。熔池的结晶主要以非自发晶核为主。熔池开始结晶的非自发晶核有两种，一种是合金元素或杂质的悬浮质点，这种晶核一般情况下所起的作用不大；另一种是主要的，就是熔合区附近加热到半熔化状态的基本金属的晶粒表面形成晶核。结晶就从这里开始，以柱状晶的形态向熔池中心生长，形成焊缝金属同母材金属长合一起的“联生结晶”，如图 5-17 所示。

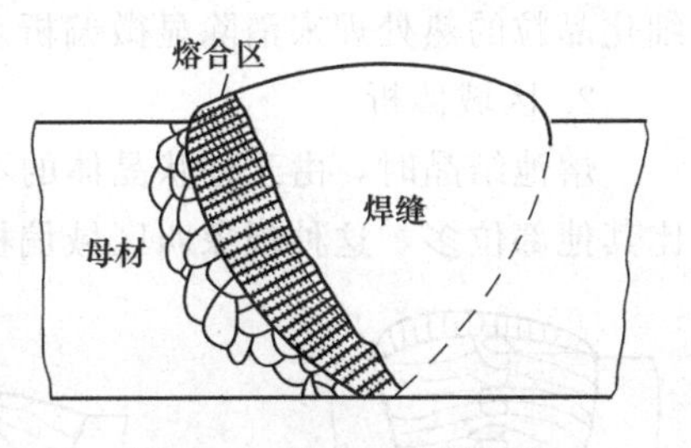

图 5-17　联生结晶示意图

熔池中的晶体总是朝着与散热方向相反的方向长大的。当晶体的长大方向与散热最快的反方向一致时，则此方向的晶体长大最快。由于熔池最快的散热方向是垂直于熔合线的方向指向金属内部的，所以晶体的成长方向总是垂直于熔合线而指向熔池中心，因而形成了柱状结晶。当柱状晶不断地长大至互相接触时，熔池的一次结晶宣告结束，如图 5-18 所示。

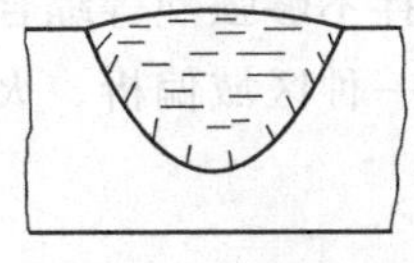

(a) 开始结晶

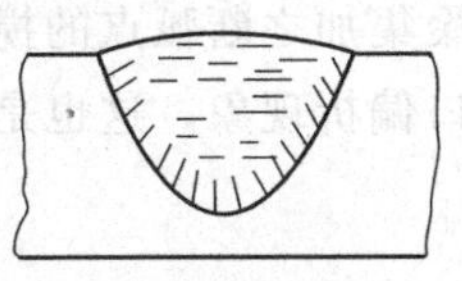

(b) 晶体长大

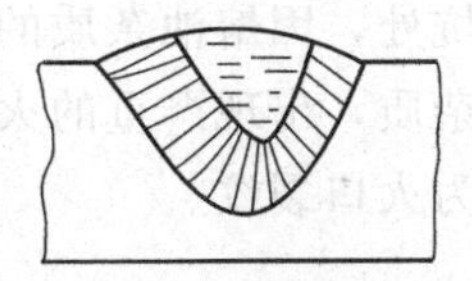

(c) 柱状结晶

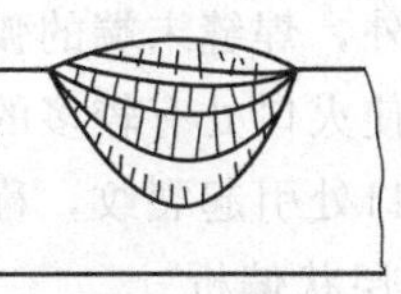

(d) 结晶结束

图 5-18　焊接熔池的结晶过程

总之，焊缝金属的一次结晶从熔合线附近开始形核，以联生结晶的形式呈柱状向熔池中心长大，得到柱状晶组织。

二、焊缝金属的固态相变

一次结晶后，熔池金属转变为固态焊缝。高温的焊缝金属，冷却到室温要经过一系列相变，即二次结晶。二次结晶的组织主要取决于焊缝金属的化学成分和冷却速度。对于低碳钢来说，焊缝金属的常温组织为铁素体和珠光体。由于焊缝冷却速度大，所得珠光体含量比平衡组织中的含量大。冷却速度越大，珠光体含量越多，焊缝的强度和硬度也随之增加，而塑性和韧性则随之降低。

三、焊缝金属的化学不均匀性

在熔池结晶过程中，由于冷却速度很快，已凝固的焊缝金属中化学成分来不及扩散，因此，合金元素的分布是不均匀的，这种现象称为偏析。偏析对焊缝质量影响很大，这不仅因化学成分不均匀而导致性能改变，同时也是产生裂纹、气孔、夹杂物等焊接缺陷的主要原因之一。

根据焊接过程特点，焊缝中的偏析主要有显微偏析、区域偏析和层状偏析三种。

1．显微偏析

在一个晶粒内部和晶粒之间的化学成分不均匀现象，称为显微偏析。熔池结晶时，最先结晶的结晶中心的金属最纯，而后结晶的部分含合金元素和杂质略高，最后结晶的部分，即晶粒的外缘和前端含合金元素和杂质最高。

影响显微偏析的主要因素是金属的化学成分，金属的化学成分不同，其结晶区间大小就不同。一般情况下，合金元素的含量愈高，结晶区间愈大，就越容易产生显微偏析。对于低碳钢而言，其结晶区间不大，显微偏析并不严重，而高碳钢、合金钢焊接时，因其结晶区间大，显微偏析很严重，常会引起热裂纹等缺陷。所以，高碳钢、合金钢等焊后常进行扩散及细化晶粒的热处理来消除显微偏析。

2．区域偏析

熔池结晶时，由于柱状晶体的不断长大和推移把杂质推向熔池中心，使熔池中心的杂质比其他部位多，这种现象叫区域偏析。

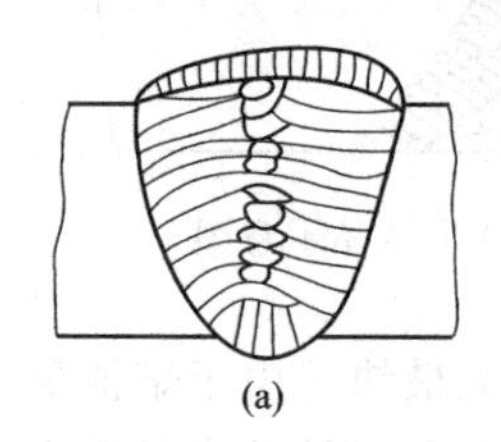
(a)

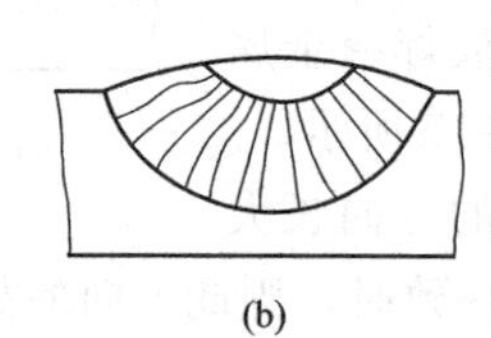
(b)

图 5-19 焊缝断面形状对区域偏析的影响

影响区域偏析的主要因素是焊缝的断面形状。对于窄而深的焊缝，各柱状晶的交界在焊缝中心［见图 5-19（a）］，这时极易形成热裂纹。宽而浅的焊缝，杂质聚集在焊缝的上部［见图 5-19（b）］，这种焊缝具有较强的抗热裂纹能力。因此，可利用这一特点来降低焊缝产生热裂纹的可能性。如同样厚度的钢板，用多层多道焊比一次深熔焊，产生热裂纹的倾向小得多。

另外，焊缝末端的弧坑处，因熔池杂质的聚集加之断弧点的搅拌不够强烈等综合作用的结果，使火口处有较多的杂质，出现严重的火口偏析现象，这也是一种区域偏析。火口偏析易在火口处引起裂纹，称为火口裂纹。

3．层状偏析

焊接熔池始终处于气流和熔滴金属的脉动作用下，所以无论是金属的流动或热量的供应和传递，都具有脉动性。同时，结晶潜热的释出，造成结晶过程周期性的停顿。这些都使晶体的成长速度出现周期性的增加和减少，晶体长大速度的变化可引起结晶前沿液体金属中杂质浓度的变化，从而形成周期性的偏析现象，即层状偏析。层状偏析不仅造成焊缝性能不均匀，而且由于一些有害元素的聚集，易于产生裂纹和层状分布的气孔。图 5-20 所示为层状偏析所造成的气孔。

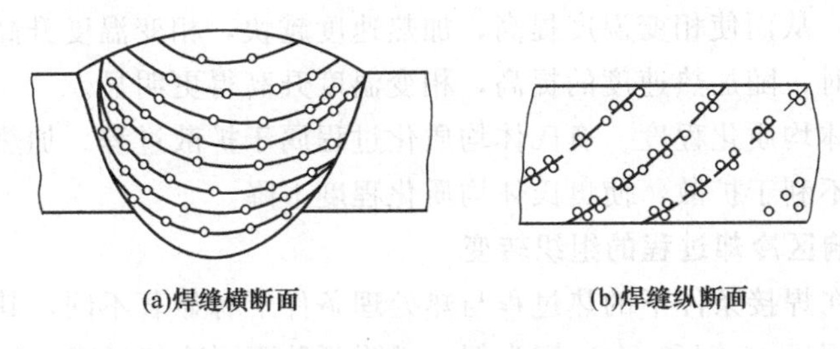

图 5-20　层状偏析分布气孔

第六节　焊接热影响区

熔焊时，不仅焊缝在热源的作用下要发生从熔化到固态相变等一系列的变化，而且焊缝两侧未熔化的母材也要经历一定的热循环而发生组织的转变。焊接过程中，母材因受热的影响（但未熔化）而发生金相组织和机械性能变化的区域，叫焊接热影响区（简写 HAZ）。一般认为，焊接接头由焊缝、熔合区和热影响区三部分组成。实践表明，焊接质量不仅取决于焊缝，同时还取决于熔合区和焊接热影响区。

一、熔合区的组织与性能

熔合区是指焊缝向热影响区的过渡区，即熔合线处微观显示的母材半熔化区。该区范围很窄，甚至在显微镜下有时也很难分辨。

熔合区最高加热温度在固、液相线之间。焊接时部分金属被熔化，通过扩散的方式使液态金属与母材金属结合在一起。因此，该处化学成分一般不同于焊缝，也不同于母材金属。当焊接材料和母材都为成分相近的低碳钢时，该区化学成分无明显变化，但该区靠近母材的一侧为过热组织，晶粒粗大，塑性和韧性较低。当焊缝金属与母材的化学成分、线胀系数和组织状态相差较大时，会导致碳及合金元素的再分配，同时产生较大的热应力和严重的淬硬组织。所以熔合区是产生裂纹，发生局部脆性破坏的危险区，成为焊接接头中的薄弱环节。

二、焊接热影响区加热时的组织转变

对一定的材料来说，焊接热影响区在加热时的组织转变，主要取决于热影响区各点所经历的焊接热循环。

1. 焊接热影响区的加热特点（与热处理相比）

（1）加热温度高　热处理的加热温度一般略高于 A_{c_3}，而焊接热影响区靠近熔合线附近的最高加热温度接近金属的熔点，二者相差很大。

（2）加热速度快　由于焊接热源强烈集中，加热速度比热处理要大几十倍到几百倍。

（3）高温停留时间短　根据焊接热循环的特点，热影响区在 A_{c_3} 以上的停留时间很短。如手弧焊约为 4～20s，埋弧焊约为 30～100s。而热处理可按需要任意控制保温时间。

（4）自然条件下连续冷却　焊接过程中，热影响区一般都在自然条件下连续冷却。

（5）局部加热　焊接加热一般只集中于焊接区，且随热源的移动，被加热区也随之移动。因此，造成焊接热影响区的组织不均匀和应力状态复杂。

2. 焊接加热时的组织转变特点

(1) 使相变温度升高　钢加热温度超过 A_1 时将发生珠光体、铁素体向奥氏体转变，其转变过程是一个扩散重结晶过程，需要一定的时间。在快速加热条件下，相变过程来不及在理论相变温度完成，从而使相变温度提高，加热速度越快，相变温度升高得越多。当钢中含有碳化物形成元素时，随加热速度的提高，相变温度升高得更明显。

(2) 影响奥氏体均质化程度　奥氏体均质化过程属于扩散过程。加热速度快、相变温度以上停留时间短都不利于扩散，使奥氏体均质化程度下降。

三、焊接热影响区冷却过程的组织转变

焊接热影响区在焊接条件下的热过程与热处理条件下有显著不同，其冷却过程的组织转变也有很大差异。现以 45 钢和 40Cr 钢为例，说明两种不同冷却过程的组织转变特点。图 5-21 所示为焊接和热处理时加热及冷却过程的示意图。

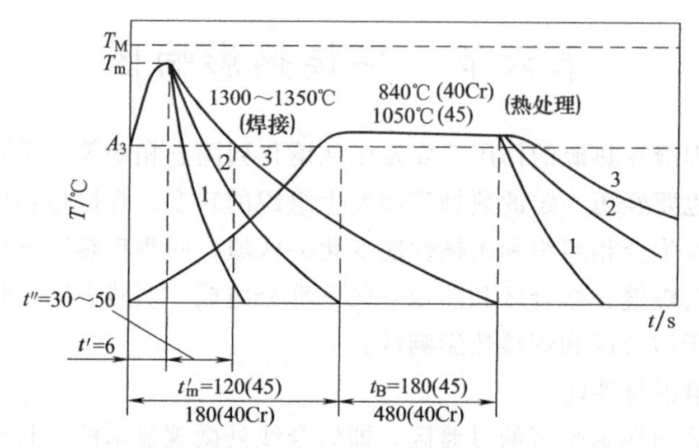

图 5-21　焊接和热处理时加热及冷却过程示意图

T_M—金属熔点；T_m—峰值温度；t'_m—热处理加热时间；t_B—热处理保温时间

图 5-21 中两种情况的冷却曲线 1、2、3 彼此具有各自相同的冷却速度。在同样冷却速度条件下，其组织不同（见表 5-7）。由表 5-7 可知，45 钢在相同冷却速度下，焊接热影响区淬硬倾向比热处理条件下大。这是因为一方面 45 钢不含碳化物合金元素，不存在碳化物的溶解过程，另一方面热影响区组织的粗化，增加了奥氏体的稳定性。相反，40Cr 钢在同样冷却速度下，焊接热影响区淬硬倾向比热处理时小。这是因为焊接加热速度快，高温停留时间短，碳化物合金元素铬不能充分溶解于奥氏体中，削弱了奥氏体在冷却过程中的稳定性，易先析出珠光体和中间组织，从而降低了淬硬倾向。

表 5-7　焊接及热处理条件下的组织百分比

钢种	冷却速度/(℃/s)	组织/%			钢种	冷却速度/(℃/s)	组织/%		
		铁素体	马氏体	珠光体及中间组织			铁素体	马氏体	珠光体及中间组织
45 钢	4	5(10)	0(0)	95(90)	40Cr	4	1(0)	75(95)	24(5)
	18	1(3)	90(27)	9(70)		14	0(0)	90(98)	10(2)
	30	1(1)	92(69)	7(30)		22	0(0)	95(100)	5(0)
	60	0(0)	98(98)	2(2)		36	0(0)	100(100)	0(0)

注：1. 有“(　)”者为热处理的百分比。

2. 中间组织包括贝氏体、索氏体和托氏体。

四、焊接热影响区的组织与性能

母材的成分不同，热影响区各点经受的热循环不同，焊后热影响区发生的组织和性能的变化也不相同。

1. 不易淬火钢热影响区的组织和性能

不易淬火钢有低碳钢和低合金高强钢（Q345、Q390）等，其热影响区可分过热区、正火区、部分相变区和再结晶区四个区域。如图 5-22 所示，现以低碳钢为例进行说明。

(1) 过热区　加热温度范围为 1100～1490℃。在这样的高温下，奥氏体晶粒严重长大，冷却后呈现为晶粒粗大的过热组织。该区塑性很低，尤其是冲击韧性比母材金属低 20%～30%，是热影响区中的薄弱环节。

(2) 正火区　加热温度范围为 900～1100℃。加热时该区的铁素体和珠光体全部转变为奥氏体。由于温度不高，晶粒长大较慢，空冷后得到均匀细小的铁素体和珠光体，相当于热处理中的正火组织。该区也称相变重结晶区或细晶区，其性能既具有较高的强度，又有较好的塑性和韧性。力学性能略高于母材，是热影响区中综合力学性能最好的区域。

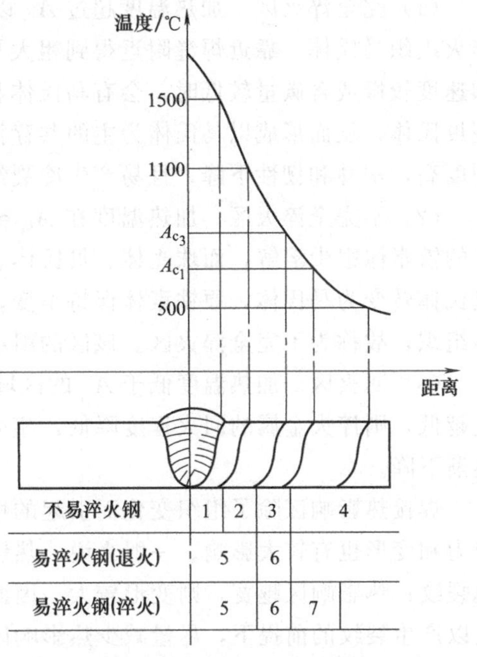

图 5-22　热影响区划分示意图

1—过热区；2—正火区；3—部分相变区；4—再结晶区；5—淬火区；6—部分淬火区；7—回火区

(3) 部分相变区　加热温度在 A_{c_1}～A_{c_3} 之间，对低碳钢为 750～900℃。该区母材中的珠光体和部分铁素体转变为晶粒比较细小的奥氏体，但仍留有部分铁素体。冷却时，奥氏体转变为细小的铁素体和珠光体，而未溶入奥氏体的铁素体不发生转变，晶粒长大粗化，变成粗大铁素体，最后得到晶粒大小极不均匀的组织，其机械性能也不均匀。该区又称为不完全重结晶区。

(4) 再结晶区　加热温度在 450～750℃。若母材事先已经过冷加工变形，在此温度区内就会发生再结晶，晶粒细化，加工硬化现象消除，塑性有所提高；若母材焊前未经过塑性变形，则本区不出现。

低碳钢热影响区各部分的组织特征归纳于表 5-8 中。

表 5-8　低碳钢热影响区各部分的组织特征

热影响区部位	加热的温度范围/℃	组织特征及性能
过热区	1490～1100	晶粒粗大，形成脆性组织，力学性能下降
相变重结晶区（正火区）	1100～900	晶粒变细，力学性能良好
不完全重结晶区（不完全正火区）	900～750	粗大铁素体和细小珠光体、铁素体，力学性能不均匀
再结晶区	750～450	对于经过冷变形加工的材料，其破碎了的晶粒再结晶，晶粒细化，加工硬化现象消除，力学性能提高

2. 易淬火钢热影响区的组织和性能

易淬火钢包括中碳钢、低碳调质高强钢、中碳调质高强钢、耐热钢和低温钢等。其热影响区的组织分布与母材焊前的热处理状态有关。如果母材焊前是退火或正火状态，则焊后热影响区的组织分为完全淬火区和不完全淬火区；如果母材焊前是调质状态，则热影响区的组织还要多一个回火区，如图 5-22 所示。

(1) 完全淬火区　加热温度超过 A_{c_3} 以上的区域。由于钢种的淬硬倾向大，故焊后得到淬火组织马氏体。靠近焊缝附近得到粗大马氏体，离焊缝远些的地方得到细小马氏体。当冷却速度较慢或含碳量较低时，会有马氏体和托氏体同时存在。用较大线能量焊接时，还会出现贝氏体，从而形成以马氏体为主的共存混合组织。该区由于产生马氏体组织，故其强度、硬度高，塑性和韧性下降，且易产生冷裂纹。

(2) 不完全淬火区　加热温度在 $A_{c_1} \sim A_{c_3}$ 之间的区域。由于焊接时的快速加热，母材中的铁素体很少溶解，而珠光体、贝氏体、托氏体等转变为奥氏体，在随后的快速冷却中，奥氏体转变为马氏体，原铁素体保持不变，只是有不同程度的长大，最后形成马氏体和铁素体组织，故称为不完全淬火区。该区的组织和性能不均匀，塑性和韧性下降。

(3) 回火区　加热温度低于 A_{c_1} 的区域。由于回火温度不同，所得组织也不同。回火温度越低，则淬火金属的回火程度降低，相应获得回火托氏体、回火马氏体等组织，其强度也逐渐下降。

焊接热影响区除了组织变化而引起的性能变化外，热影响区的宽度对焊接接头中产生的应力和变形也有较大影响。一般来说，热影响区越窄，则焊接接头中内应力越大，越容易出现裂纹；热影响区越宽，则变形较大。因此，在焊接生产工艺过程中，应在接头中的应力不足以产生裂纹的前提下，尽量减少热影响区的宽度。热影响区的宽度大小与焊接方法、焊接工艺参数、焊件大小与厚度、金属材料热物理性质和接头形式等有关。焊接方法对热影响区宽度的影响见表 5-9。

表 5-9　各种焊接方法的热影响区尺寸

焊接方法	各区平均尺寸/mm			总宽度/mm
	过热区	正火区	不完全重结晶区	
焊条电弧焊	2.2	1.6	2.2	6.0
埋弧自动焊	0.8～1.7	0.8～1.7	0.7	2.5
电渣焊	18.0	5.0	2.0	25.0
气焊	21.0	4.0	2.0	27.0

第七节　焊接接头组织和性能的调整与改善

一、焊接接头的特点

焊接接头是母材金属或母材金属和填充金属在高温热源的作用下，经过加热和冷却过程而形成的不同组织和性能的不均匀体。焊接接头是焊缝、熔合区及热影响区的总称。

因为焊接接头各部位距离焊接热源中心的距离不同，其温度分布也不相同，所以焊接接头各部位在组织和性能上存在着很大差异。焊缝金属基本上是一种铸造组织，化学成分与母材金属不同。近缝区金属受焊接热循环的影响，其组织与性能都发生了不同程度的变化，特别是熔合区更为明显。这说明了焊接接头具有金属组织和力学性能极不均匀的特点。焊接接头还会产生各种焊接缺陷，存在残余应力和应力集中，这些因素对焊接接头的组织与性能也有很大影响。

二、影响焊接接头组织和性能的因素

影响焊接接头组织与性能的主要因素有：焊接材料、焊接方法、焊接规范与线能量、焊接工艺、操作方法及焊后热处理等。

1. 焊接材料

焊接材料对焊缝的化学成分和力学性能起着决定性的作用。因此，焊接材料的选择应以母材金属的化学成分和力学性能要求为前提，结合结构和接头的刚性、母材金属材料的焊接性等来进行。

2. 焊接方法

不同焊接方法有其不同特点，因而对焊接接头的组织与性能的影响也不同。常用的焊接方法有：气焊、焊条电弧焊、埋弧焊、CO_2 气保焊和钨极氩弧焊等。

(1) 气焊　气焊的热源温度较低，加热速度慢，对熔池的保护差，故合金元素烧损较多；焊缝金属易产生过热组织，热影响区较宽，因此，焊接接头性能较差。

(2) 焊条电弧焊　焊条电弧焊采用气渣联合保护，焊接线能量不大，故合金元素烧损较少，热影响区较窄，焊接接头性能较好。

(3) 埋弧自动焊　埋弧自动焊也采用气渣联合保护，焊接线能量较手弧焊大，故合金元素烧损较多，焊缝金属也较粗大，焊接接头性能较好。

(4) CO_2 气体保护焊　CO_2 气体保护焊采用氧化性气体 CO_2 进行保护，对合金元素烧损较多，故需采用含硅、锰较多的焊丝。CO_2 气体对热影响区有冷却作用，故热影响区窄，焊接接头性能好，尤其是接头的抗裂性能好。

(5) 手工钨极氩弧焊　采用氩气保护，合金元素基本无烧损，焊缝结晶组织较细，热影响区窄，接头性能好，尤其是单面焊双面成形好。

在选择焊接方法时，应根据对焊接接头组织和性能的影响及其他要求综合考虑。

3. 焊接规范与线能量

焊接线能量综合体现了焊接规范对接头性能的影响。

当采用小电流、快速焊时，可减少热影响区的宽度，减小晶粒长大倾向，消除过热组织的危害，提高焊缝的塑性和韧性。

当采用大电流、慢速焊时，则熔池大而深，焊缝金属得到粗大柱状晶粒，区域偏析严重，接头过热区宽，晶粒长大严重，接头的塑性和韧性差。但对某些焊接接头，线能量大些有利于焊缝中氢的逸出，减少裂纹倾向。所以，对每种焊接方法都存在一个最佳的焊接规范或线能量。

4. 操作方法

操作方法上区分有单道焊和多层多道焊。

(1) 单道大功率慢速焊　此法焊接线能量大，操作时在坡口两侧的高温停留时间长，热影响区加宽，接头晶粒粗化，塑性和韧性降低。同时易在焊缝中心产生偏析，导致热裂纹。此法在焊接性好的材料焊接时可采用，以提高生产率。

(2) 多层多道、小电流、快速小摆动焊法　此法线能量小，后焊焊道对前一焊道焊缝及热影响区起热处理作用。因此，焊接热影响区窄，晶粒较细，综合力学性能好。此法普遍用在焊接性较差的材料焊接上。

三、焊接接头组织和性能的调整与改善

调整和改善焊接接头组织与性能的主要方法如下。

1. 变质处理

变质处理是指通过焊接材料，向焊缝金属中添加不同的合金元素来改善焊缝的组织与性能，如向熔池中加入细化晶粒的合金元素钛、钒、铌、钼及稀土元素等，可以改变结晶形态，使焊缝金属晶粒细化，提高焊缝的强度和韧性，同时又可改善抗裂性。

2. 振动结晶

振动结晶是指通过不同的途径使熔池产生强烈振动，破坏正在成长的晶粒，从而获得细小的焊缝组织，消除夹杂、气孔和改善焊缝金属的性能。

振动结晶的方式有低频机械振动、高频超声振动和电磁振动等。

3. 多层焊

多层焊一方面由于每层焊缝变小而改善了凝固结晶条件；另一方面更主要的是后一层焊缝的热量对前一层焊缝具有附加热处理（相当于正火或回火）作用，前一层焊缝对后一层焊缝有预热作用，从而改善焊缝的组织与性能。

4. 预热和焊后热处理

预热可降低焊接接头区域的温差，减小焊接热影响区的淬硬倾向。预热也有利于焊缝中氢的逸出，降低焊缝中的含氢量，防止冷裂纹的产生。

焊后热处理是指焊后为改善焊接接头的组织与性能或消除残余应力而进行的热处理。按热处理工艺不同，焊后热处理可分别起到改善组织、性能、消除残余应力或消除扩散氢的作用。焊后热处理的方法主要有高温回火、消除应力退火、正火和调质处理。

5. 锤击焊道表面

锤击焊道表面可使前一层焊缝表面的晶粒破碎，使后层焊缝凝固时晶粒细化，改善焊缝的组织与性能。此外，逐层锤击焊缝表面可减少或消除接头的残余应力。锤击焊缝的方向及顺序，如图 5-23 所示。

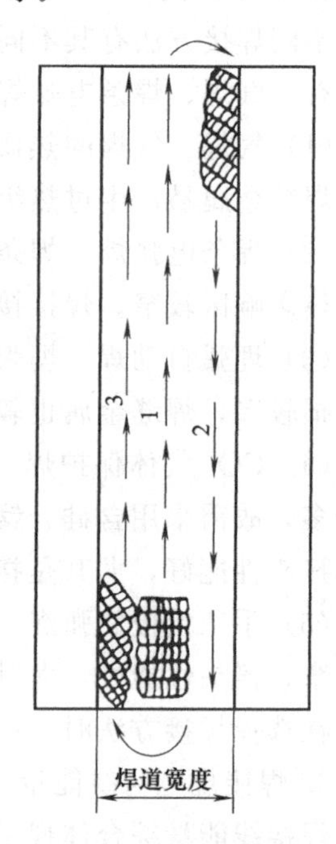

图 5-23 锤击焊缝的方向及顺序

实验四 焊条熔化系数、熔敷系数的测定

一、实验目的

① 理解熔化系数、熔敷系数的物理意义及应用。

② 掌握熔化系数、熔敷系数的测定方法。

③ 了解熔化系数、熔敷系数的影响因素。

二、实验器材

1. 实验材料

① 直径为 3.15～6.3mm 的碳钢焊条，取其中某一直径同一批号焊条 6 根。

② 试板为 $w_C \leq 0.25\%$的碳钢板，尺寸为宽度 75mm，长度 300mm，厚度 12mm。大多

数情况下一块试板已经够长，如不够长，可把长150mm或300mm的第二块试板与第一块试板端头对端头地平放在一起，如图5-24所示。

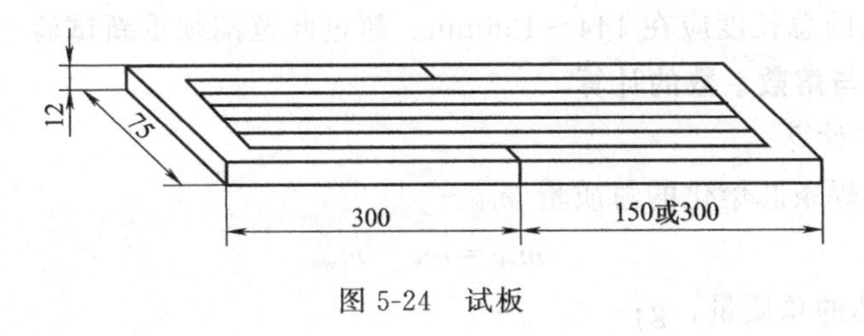

图5-24 试板

2. 实验仪器与工具

直流或交流焊机1台；

二级精度的阻尼电流表1台或磁铁型交流电流表1台；

秒表1个；

精度大于±1g的天平秤1台；

钢卷尺1个；

钢丝刷和砂纸。

三、实验步骤

① 清理试板表面：用钢丝刷或砂纸打磨，去掉试板表面上的氧化皮、铁锈、油漆和油污等。使试板表面清洁。

② 用天平秤测定试板质量 m_0，要求准确度达到±1g。

③ 将电流表串接在焊接回路中，若是交流电焊接，须用磁铁型交流电流表。

④ 取3根焊条在试板上分道烧焊。每根焊条均在平焊位置焊接，且连续焊中间不能中断，一直焊到所余焊条头为50mm长为止（焊前将焊条头要求长度标注在焊条上）。焊接电流取焊条生产厂家在包装上注明的平焊电流最大值的90%左右。电流的种类和极性接法按焊条厂家规定来决定。对于适用于交、直流两用的焊条，则用交流电流做此试验。在这种情况下采用的焊接变压器应符合如下规定：

焊接变压器的空载电压，不能比焊条说明中所指出的最低空载电压高10V以上；

对于焊接采用的一组规范来说，短路状态时变压器所提供的电流波形系数应在 $1.11<F<1.2$ 范围内。

⑤ 在电弧引燃的瞬间开始用秒表测定每根焊条的电弧燃烧时间，准确到±0.2s。3根焊条的总燃烧时间以分钟为单位计算。

⑥ 在烧焊过程中，读取电流表的读数。

⑦ 每焊完一条焊道，要把焊条头保留起来，待冷却后仔细去除焊条头表面的涂药，而后测定总质量 m_{ws}。

⑧ 剩余3根焊条仔细去除涂药，测出其焊芯的总质量 m_w。

⑨ 全部焊完后，待试板冷却到室温，在清除掉粘在试板上的渣和飞溅物以后（若采用水冷须等到所有水干掉以后）测出其质量 m_1，精确度为±1g。

四、注意事项

① 在整个试验过程中，不应该改变焊机规定。交流电的计算电流取交流电流表读数的平均值 I_m。

② 焊完一道后，试板可在水中冷却，但重新开始焊接前试板上的水必须全干掉。在焊接下几个焊道以前要仔细清理掉粘在试板上的渣和飞溅物。层间温度不能超过100℃。

③ 3根焊条头的总长度应在144～156mm。超过此范围须重新试验。

五、熔化系数与熔敷系数的计算

1. 熔化系数的计算

(1) 计算3根焊条芯熔化的总质量m_{cE}

$$m_{cE}=m_w-m_{ws} \tag{5-51}$$

式中 m_w——焊芯的总质量，g；

m_{ws}——焊芯头的总质量，g。

(2) 计算熔化系数α_p

$$\alpha_p=\frac{m_{cE}}{I_m t} \tag{5-52}$$

式中 I_m——焊接电流，A；

t——电弧燃烧时间，min。

2. 熔敷系数的计算

(1) 计算熔敷金属质量m_D

$$m_D=m_1-m_0 \tag{5-53}$$

式中 m_0——试板焊前原始质量，g；

m_1——试板全部焊完后的质量，g。

(2) 计算熔敷系数D

$$D=\frac{m_D}{I_m t} \tag{5-54}$$

式中 I_m——焊接电流，A；

t——电弧燃烧时间，min。

以上计算保留小数点后的两位数字。

实验五 熔敷金属扩散氢测量

一、实验目的

① 理解氢的危害和防止措施。

② 掌握熔敷金属中扩散氢含量的测定方法。

二、氢含量的测定方法

熔敷金属中扩散氢含量的测定方法有甘油置换法、气相色谱法及水银置换法三种。当用甘油置换法测定的氢含量小于2mL/100g时，需使用气相色谱法测定。甘油置换法、气相色谱法适用于焊条电弧焊、埋弧焊和气体保护焊，水银置换法只用于手工电弧焊。

三、试样和材料准备

(一) 试板准备

① 试板、引弧板及引出板的材质为碳钢或低合金钢。

② 试板、引弧板及引出板预先作去氢处理、加热温度为400～650℃。保温约1h。

③ 试板、引弧板及引出板的全部表面应进行加工，保证光滑和清洁。

④ 试板、引弧板及引出板的尺寸按照不同焊法和测定方法从表 5-10 中选择。

表 5-10 试板、引弧板及引出板尺寸 单位：mm

<table>
<tr><th rowspan="2">试板种类</th><th rowspan="2">焊接方法</th><th colspan="3">试板尺寸</th><th colspan="3">引弧板、引出板尺寸</th><th rowspan="2">测定方法</th><th rowspan="2">排列顺序</th></tr>
<tr><th>厚 T</th><th>宽 W</th><th>长 L</th><th>厚 T</th><th>宽 W</th><th>长 L</th></tr>
<tr><td rowspan="3">1号</td><td>焊条电弧焊</td><td rowspan="3">10</td><td>15</td><td>30</td><td rowspan="3">10</td><td>15</td><td>45</td><td rowspan="9">气相色谱法</td><td rowspan="13">甘油法、色谱法:
引弧板 试板 引出板
水银法:
引弧板 试板 引出板</td></tr>
<tr><td>埋弧焊</td><td rowspan="2">30</td><td rowspan="2">15</td><td rowspan="2">30</td><td>150</td></tr>
<tr><td>气体保护焊</td><td>45</td></tr>
<tr><td rowspan="3">2号</td><td>焊条电弧焊</td><td rowspan="3">12</td><td rowspan="3">25</td><td rowspan="3">40</td><td rowspan="3">12</td><td rowspan="3">25</td><td>45</td></tr>
<tr><td>埋弧焊</td><td>150</td></tr>
<tr><td>气体保护焊</td><td>45</td></tr>
<tr><td rowspan="3">3号</td><td>焊条电弧焊</td><td rowspan="3">12</td><td rowspan="3">25</td><td rowspan="3">80</td><td rowspan="3">12</td><td rowspan="3">25</td><td>45</td></tr>
<tr><td>埋弧焊</td><td>150</td></tr>
<tr><td>气体保护焊</td><td>45</td></tr>
<tr><td rowspan="3">4号</td><td>焊条电弧焊</td><td rowspan="3">12</td><td rowspan="3">25</td><td rowspan="3">100</td><td rowspan="3">12</td><td rowspan="3">25</td><td>45</td><td rowspan="3">甘油置换法</td></tr>
<tr><td>埋弧焊</td><td>150</td></tr>
<tr><td>气体保护焊</td><td>45</td></tr>
<tr><td>5号</td><td>焊条电弧焊</td><td>10</td><td>15</td><td>7.5
15</td><td>10</td><td>15</td><td>44</td><td>水银置换法</td></tr>
</table>

（二）焊接材料的准备

(1) 焊条电弧焊：焊条直径为 4mm。焊条效率在 130%以上时选用直径为 3.2mm 的焊条。焊条按制造厂推荐条件烘干，烘后 100～200℃保温。随用随取。

(2) 埋弧焊：焊丝直径为 4mm，焊剂焊前要烘干，用过的焊剂不能重复使用。

(3) 气体保护焊：焊丝直径为 1.6mm 或 1.2mm。保护气体要符合有关要求。

（三）试样的制备（手工电弧焊）

1. 甘油置换法和色谱法试样制备

① 焊前引弧板、试板、引出板按长度方向排列组成。用铜夹具固定，如图 5-25 所示进行焊接，中间各试样须作标记（打钢印）和称重（精确到 0.1g）。

② 在室温下焊接，电流种类和极性按说明书规定选择。交、直流两用焊条须交流施焊。焊接电流应比推荐最大电流低 15A，按熔化 120～130mm 焊条焊成 100mm 焊道的速度进行焊接。

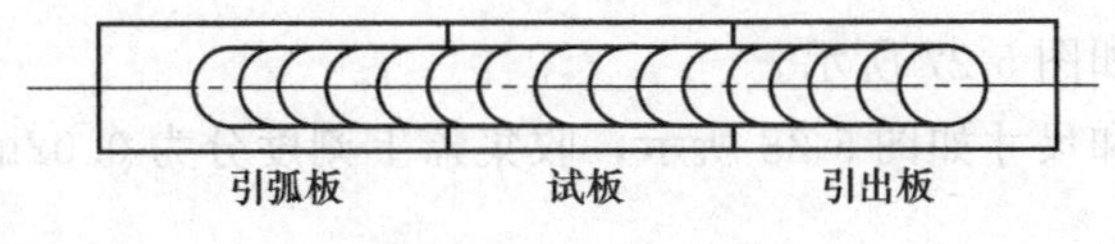

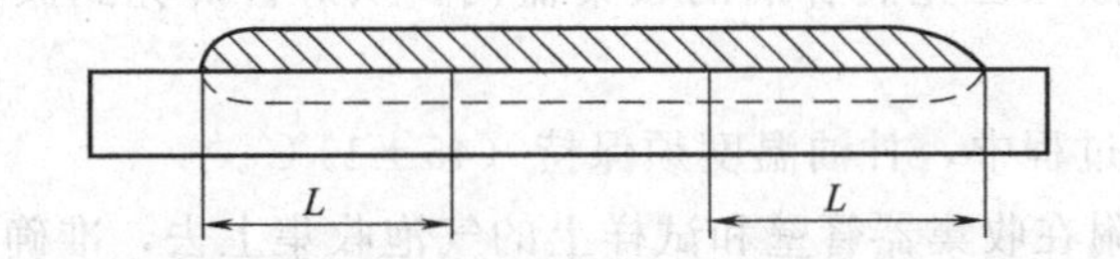

图 5-25 试样组合示意图（L=35mm）

③ 试件焊后 2s 内放入冰水中摆动冷却，冷却 10s 后立即取出，用机械法去除引弧板和引出板。清除飞溅物和熔渣，经丙酮清洗吹干后，按不同测定方法要求分别放入各自收集器。

④ 每组为 4 个试样。

2. 水银法试样制备

① 焊接前引弧板、试板及引出板按长度方向排列组成，用铜夹具固定，如图 5-26 所示进行焊接。

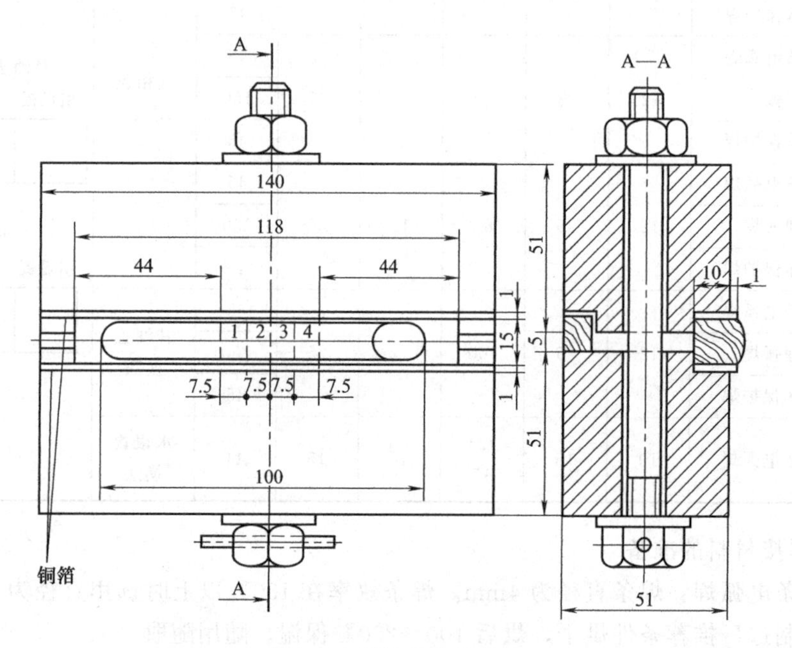

图 5-26 试件组合及尺寸

② 中间试板总长为 30mm。它可以分成每个长 7.5mm 的 4 个试样（见图 5-26）或两块各为 15mm 长的试样，或一块 15mm 长，两块 7.5mm 长的试样。推荐如下三种组合方式：

1 号和 4 号试样（2×7.5mm）共同分析，2 号和 3 号试样（2×7.5mm）共同分析；

1 号和 4 号试样（2×7.5mm）共同分析，中间试样（15mm）单独分析；

两个试样（各 15mm）单独分析，中间各试样须作标记和称重（精确到 0.01g）。

四、甘油置换法氢含量的测定

（一）测试设备

① 测试设备组成如图 5-27 所示。

② 收集器的形状和尺寸如图 5-28 所示，收集器上刻度分为 0.02mL 和 0.05mL 两部分。

（二）测定步骤

① 将制备的试样放入已充满甘油的收集器内，从焊件焊完到放入收集器内，应在 90s 内完成。

② 收集扩散氢的过程中，甘油温度须保持（45±1)℃。

③ 72h 后，将吸附在收集器管壁和试样上的气泡收集上去，准确读取气体量。

④ 取出试样，用水清洗吹干，冷却后称重。

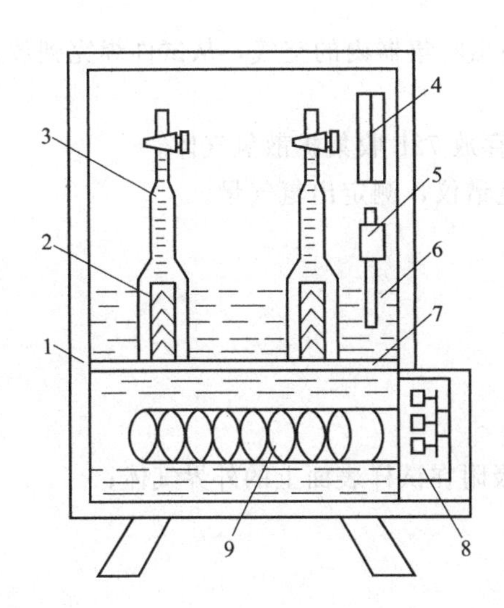

图 5-27　测试设备示意图

1—恒温收集箱；2—试样；3—收集器；4—温度计；5—水银接触温度计；6—恒温甘油溶液；7—收集器支撑板；8—恒温控制箱；9—加热电阻丝

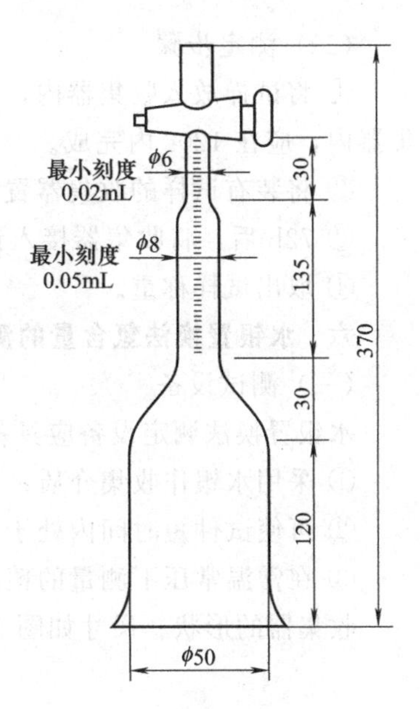

图 5-28　收集器的形状和尺寸（大约）

五、气相色谱法氢含量的测定

（一）测试设备

测试设备有：气相色谱仪、收集器。

收集器必须能保持长时间密封，并能与气相色谱仪可靠地连接，气相色谱仪的测定流程如图 5-29 所示。

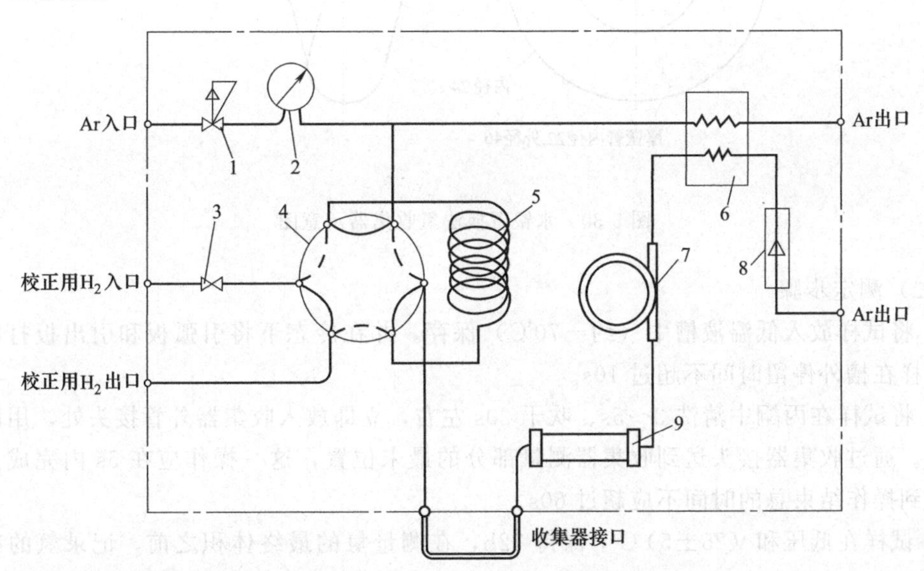

图 5-29　气相色谱仪的测定流程

1—调压阀；2—压力表；3—停止旋塞；4—检压阀；5—H_2 计量管；6—检出器；7—分子筛；8—流量计；9—脱水管

（二）测定步骤

① 将试样放入收集器内，通氩气 30s，以置换出收集器内的空气，从试件焊完到放入收集器内，应在 120s 内完成。

② 将装有试样的收集器置于 45℃恒温箱内，存放 72h 收集扩散氢气体。

③ 72h 后，将收集器接入预先校正过的气相色谱仪，测定出氢气量。

④ 取出试样称重。

六、水银置换法氢含量的测定

（一）测试设备

水银置换法测定设备应具备如下性能：

① 采用水银作收集介质；

② 可使试件短时间内处于真空状态，以去除吸附在试样表面上的外界气体；

③ 在常温常压下测量的精度至少为 0.05mL。

收集器的形状、尺寸如图 5-30 所示。

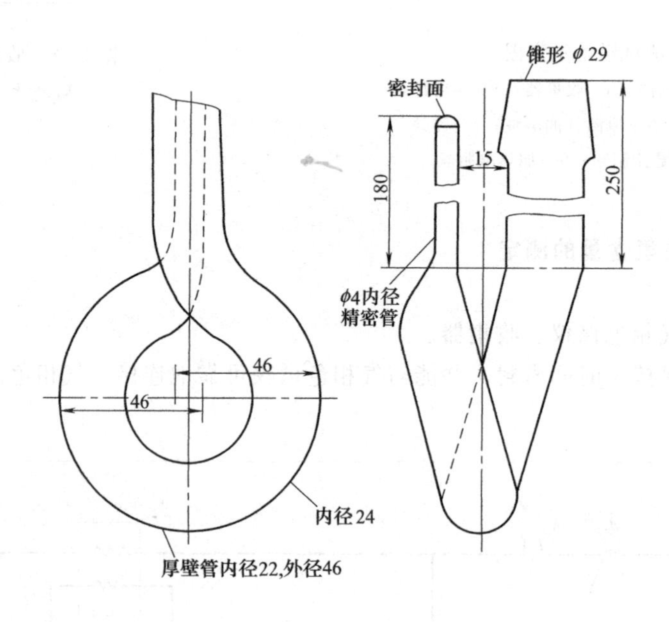

图 5-30　水银置换法氢收集器示意图

（二）测定步骤

① 将试样放入低温液槽中（约－70℃）保存。并在冷态下将引弧板和引出板打断。打断时试样在槽外停留时间不超过 10s。

② 将试样在丙酮中清洗 3～5s、吹干 20s 左右，立即放入收集器外管接头处，用磁铁吸引试样。通过收集器接头送到收集器测量部分的最末位置，这一操作应在 5s 内完成。从试样清洗到操作结束总的时间不应超过 60s。

③ 试样在低压和（25±5)℃下保持 72h，在测量氢的最终体积之前，记录氢的准确温度和压力。

④ 取出试样清洗，吹干及称重（精确到 0.01g），所增加的质量相当于熔敷金属的质量。

⑤ 准确读取气体量（mL）。

七、氢含量的计算

（一）氢含量的表示

氢含量用单位质量熔敷金属含量（mL/100g）来表示。先算出每个试样的测定值。每4个试样为一组，其算术平均值即为该组试样的测定值。

（二）熔敷金属扩散氢含量（H_{DM}）的计算

1. 甘油置换法

$$H_{DM}=(H_{GL}+1.73)/0.79 \quad (H_{GL}>2mL/100g) \tag{5-55}$$

式中 H_{DM}——熔敷金属扩散氢含量，mL/100g；

H_{GL}——甘油置换法测定的熔敷金属扩散氢含量，mL/100g。

$$H_{GL}=V_0=[pVT_0/(p_0WT)]\times 100 \tag{5-56}$$

式中 V_0——收集的气体体积换算成标准状态下每100g熔敷金属中气体的体积数，mL；

V——收集的气体体积数，mL；

W——熔敷金属质量（焊后试样质量—焊前试样质量），g（精确到0.01g）；

T_0——273，K；

T——273+t，K；

t——恒温收集箱中的温度，℃；

p_0——101，kPa；

p——试验室气压，kPa。

2. 气相色谱法

$$H_{DM}=H_{GC}=V_0=(V_{GC}/W)\times 100 \tag{5-57}$$

式中 H_{GC}——气相色谱法测定的单位质量熔敷金属氢含量，mL/100g；

V_{GC}——气相色谱法测定的氢含量换算成标准状况下的体积数，mL。

3. 水银置换法

72h后，将测定的氢气体积换算成标准状况下（0℃，101kPa大气压力下）的体积，用该体积除以熔敷金属质量（焊后与焊前试样的质量之差）的1/100，即为扩散氢含量，单位为mL/100g熔敷金属。

实验六　焊接接头金相组织观察

一、实验目的

① 掌握焊接接头显微试样的制备方法。

② 了解焊接接头的组织特点。

③ 了解低碳钢热影响区的组织分布。

二、实验设备及材料

① 实验设备：金相显微镜、砂轮机、抛光机、普通手工钢锯或砂轮切割机、电吹风。

② 实验材料：低碳钢焊接试板、抛光液、金相砂纸、1%～5%硝酸酒精溶液、酒精、脱脂棉。

三、焊接接头显微试样的制备

1. 试样的截取

焊接接头显微试样应包括焊缝、热影响区和母材三个部分，当试样很大或很长时，热影响区每边留出5～10mm就可以了。截取试样如图5-31所示。试样的截取方法可用普通手工钢锯或砂轮切割机截取。为防止试样因过热而引起的组织变化，截取时要采取冷却措施。用砂轮切割机取样时，需用水冷却，使试样不致过热而改变组织。试样的尺寸一般为10mm×15mm或15mm×20mm，厚度为10～20mm。

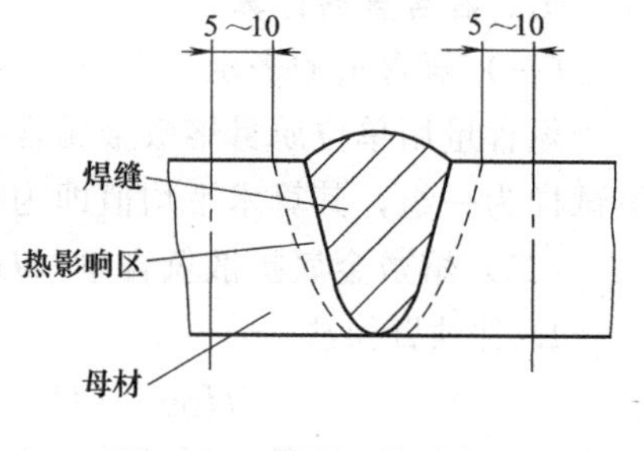

图5-31　截取试样示意图

2. 试样的磨制

试样的磨制分为粗磨、细磨、抛光三步。

(1) 粗磨　是在砂轮上打磨。注意不要用力过大，时间不宜太长，以免试件受热发生组织变化，随时用水冷却。试样的棱角边缘，应倒角倒边。

(2) 细磨　是在一系列不同型号金相砂纸上进行磨光，也可在预磨机上进行。细磨从01号砂纸开始，依次02号，03号，…，06号进行细磨，每换一号砂纸，应把试样的研磨方向旋转90°。

(3) 抛光　其目的是去除细磨后仍留有的极细磨痕。抛光在抛光机上进行，抛光时注意压力不宜过重，速度适中，抛光布的温度也要适当。

3. 试样显微组织的显示

显示焊接接头金相组织的方法有化学试剂显示法、电解浸蚀剂显示法两种。低碳钢试样一般采用化学试剂显示。用1%～5%硝酸酒精溶液对试样表面进行浸蚀、浸蚀时间约为5～40s。浸蚀后用清水冲洗，并用酒精淋洗，最后用电吹风吹干。

四、焊接接头显微组织观察与分析

制好的试样放在金相显微镜下观察，分析低碳钢焊接接头各区域的显微组织类型、形态、尺寸和分布，画出组织示意图，有条件的可对金相显微组织进行拍照，比较焊接接头显微组织与低碳钢金相显微组织的不同点。

思考练习题

1. 焊接热过程有何特点？焊条电弧焊焊接过程中，电弧热源的能量以什么方式传递给焊件？

2. 什么叫焊接温度场？温度场如何表示？影响温度场的主要因素有哪些？

3. 焊接热循环的主要参数有哪些？有何特点？有哪些影响因素？

4. 焊接冶金有何特点？焊条电弧焊有几个焊接化学冶金反应区？

5. 焊条电弧焊各冶金反应区的冶金反应有何不同？

6. 焊条加热与熔化的热量来自于哪些方面？电阻热过大对焊接质量有何影响？

7. 熔滴过渡的作用力有哪些？其对熔滴过渡的影响如何？

8. 什么叫稀释率？影响稀释率的因素有哪些？稀释率对焊缝成分有何影响？

9. 氢对焊接质量有何影响？控制焊接接头含氢量的措施有哪些？

10. 氮以什么方式溶解于焊缝金属？它对焊缝质量有哪些影响？防止措施有哪些？

11. 焊接区的氧来自何处？焊缝金属中氧的存在对焊接质量有何影响？

12. 焊缝金属的脱氧方式有哪些？比较酸、碱性焊条的脱氧有何不同？

13. 什么叫沉淀脱氧？沉淀脱氧的主要对象是什么？焊接低碳钢时为什么常采用硅锰联合脱氧？

14. 焊缝中硫、磷的存在对焊接质量有何危害？脱硫脱磷的方法有哪些？酸、碱性焊条各采用什么方法？

15. 合金元素在焊缝金属合金化过程中有哪些损失？合金化的方式有哪几种？影响合金元素过渡的主要因素有哪些？

16. 已知某焊丝中 Mn 的质量分数为 1.9%，当 Mn 合金元素的过渡系数 η 为 20% 时，求 Mn 合金元素在熔敷金属中的质量分数为多少？

17. 焊缝金属一次结晶有何特点？在焊接条件下熔池中的晶核主要以什么方式产生和长大？

18. 低碳钢焊缝具有什么样的一次组织和二次组织？

19. 焊缝中的偏析有哪几种？焊缝形状对偏析有什么样的影响？

20. 为什么说熔合区是焊接接头的薄弱环节？

21. 为什么相同冷速条件下，40Cr 钢焊接热影响区淬硬倾向比热处理时小？

22. 低碳钢焊接热影响区分哪几个区？各区冷却后得到什么组织？其性能如何？

23. 焊接接头有何特点？影响焊接接头组织与性能的因素有哪些？

24. 改善焊接接头组织与性能的主要措施有哪些？

第六章　焊接缺陷的产生及防止

【本章要点】 焊接缺陷的类型与特征，气孔、夹杂、结晶裂纹、冷裂纹及其他焊接缺陷的产生原因及防止措施。

第一节　焊接缺陷的种类及特征

在焊接生产中，由于焊接缺陷的存在，可能会造成焊件在生产过程中的返修或报废，大部分类型的焊接缺陷都会造成焊接产品力学性能和抗腐蚀性能的降低，缩短焊接产品的使用寿命，严重的焊接缺陷会引发事故的发生。因此，要提高焊接质量，就是要最大限度地减少或杜绝焊接缺陷。

一、焊接缺陷的类型

在焊接接头中因焊接产生的金属不连续、不致密或连接不良的现象称为焊接缺欠，我们把其中超过规定限值的焊接缺欠称为焊接缺陷。焊接缺陷的分类方法较多且不统一，通常可以按以下几种方法划分。

（一）按焊接缺陷的位置分类

常见的缺陷按其在焊缝中位置的不同可分为两类，即外部缺陷和内部缺陷。

（1）外部缺陷　位于焊缝表面，用肉眼或低倍放大镜就可以观察到，如焊缝外形尺寸不符合要求、咬边、焊瘤、下陷、弧坑、表面气孔、表面裂纹及表面夹渣等。

（2）内部缺陷　位于焊缝内部，必须通过无损探伤才能检测到，如焊缝内部的夹渣、未焊透、未熔合、气孔、裂纹等。

（二）按产生的成因分类

按产生焊接缺陷的主要成因，焊接缺陷可分为如图 6-1 所示的几种类型。

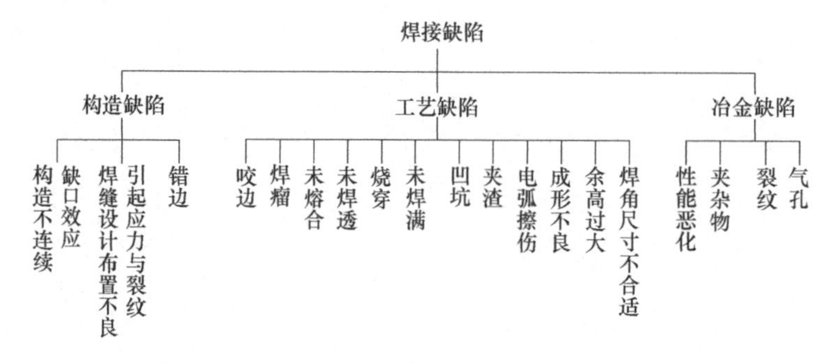

图 6-1　焊接缺陷的分类

（三）按焊接缺陷的分布或影响断裂的机制等分类

在 GB/T 6417.1—2005《金属熔化焊缝缺陷分类及说明》中根据缺陷的分布或影响断裂机制等，将焊接缺陷分为六大类。

第一类为裂纹，包括微观裂纹、纵向裂纹、横向裂纹、放射状裂纹、弧坑裂纹等。

第二类为孔穴，主要指各种类型的气孔，如球形气孔、均布气孔、条形气孔、虫形气孔、表面气孔等。

第三类为固体夹杂，包括夹渣、焊剂或熔剂夹渣、氧化物夹杂、金属夹杂等。

第四类为未熔合和未焊透，包括未熔合与未焊透两类缺陷。

第五类为形状缺陷，包括焊缝超高、下塌、焊瘤、错边、烧穿、未焊满等。

第六类为其他焊接缺陷，不包括在第一类到第五类缺陷中的所有缺陷，如电弧擦伤、飞溅、打磨过量等。

二、常见焊接缺陷的特征及危害

常见及危害性较大的焊接缺陷主要是气孔和焊接裂纹。因此，这里主要介绍气孔和裂纹的特征与危害

（一）气孔

焊接时，熔池中的气体在金属凝固以前未能来得及逸出，而在焊缝金属中残留下来所形成的孔穴，称做气孔。气孔是焊缝中常见的缺陷之一。

气孔按形状可分为球形气孔、虫形气孔、条形气孔、针形气孔等；按其分布分为单个气孔、均布气孔、局部密集气孔、链状气孔；按形成气孔的气体分为氢气孔、CO气孔、氮气孔等。气孔的大小也有很大不同，小的气孔要在显微镜下才能看见，大的气孔直径可达几毫米。气孔的分布特征往往与生成的原因和条件有密切的关系，从气孔的生成部位看，有的在表面（表面气孔），有的在焊缝内部或根部，也有的贯穿整个焊缝。内部气孔不易发现，因而有更大的危害。

气孔的存在首先影响焊缝的紧密性（气密性与水密性），其次将减小焊缝的有效面积。此外，气孔还将造成应力集中，显著降低焊缝的强度和韧性。实践证明，少量小气孔对焊缝的力学性能无明显影响，但随其尺寸及数量的增加，焊缝的强度、塑性和韧性都将明显下降，对结构的动载强度有显著的影响。因此，在焊接中防止气孔是保证焊缝质量的重要内容。

（二）裂纹

焊接裂纹是指在焊接应力及其他致脆因素共同作用下，焊接接头中局部地区的金属原子结合遭到破坏而形成的新界面所产生的缝隙。它具有尖锐的缺口和长宽比大的特征。焊接裂纹是焊接生产中比较常见而且危害十分严重的一种焊接缺陷。

由于母材和焊接结构不同，焊接生产中可能会出现各种各样的裂纹。有的裂纹出现在焊缝表面，肉眼就能看到，有的隐藏在焊缝内部，不通过探伤检查就不能发现，有的产生在焊缝中，有的则产生在热影响区中。不论是在焊缝或热影响区上的裂纹，平行于焊缝的称为纵向裂纹，垂直于焊缝的称为横向裂纹，而产生在收尾弧坑处的裂纹，称为火口裂纹或弧坑裂纹。从产生裂纹的本质来看，焊接裂纹大致可以分为热裂纹、冷裂纹、再热裂纹和层状撕裂。焊缝裂纹分布形态如图6-2所示。

1. 热裂纹

焊接过程中，焊缝和热影响区金属冷却到固相线附近高温区产生的裂纹称为热裂纹。热裂纹可分为结晶裂纹（凝固裂纹）和液化裂纹等。热裂纹的主要特征如下。

（1）产生的时间　热裂纹一般产生在焊缝的结晶过程中，在焊缝金属凝固后的冷却过程中，还可能继续发展。所以，它的发生和发展都处在高温下，从时间上来说，是处于焊接过程中的。

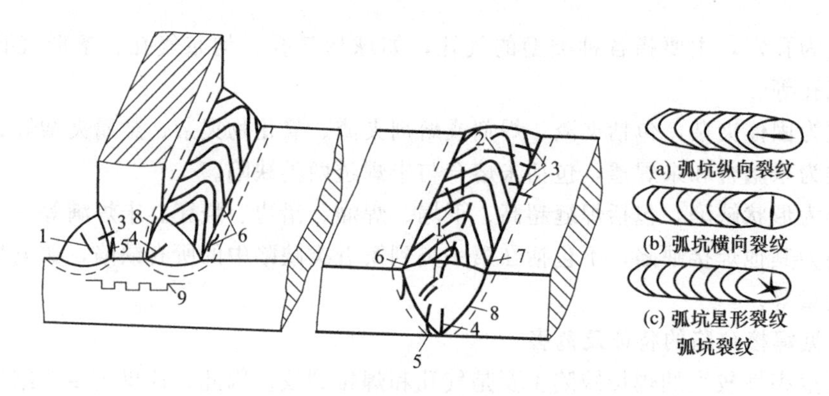

图 6-2 焊缝裂纹分布形态示意图

1—焊缝中的纵向裂纹与弧形裂纹（多为结晶裂纹）；2—焊缝中的横向裂纹（多为延迟裂纹）；3—熔合区附近的横向裂纹（多为延迟裂纹）；4—焊缝根部裂纹（延迟裂纹、热应力裂纹）；5—近缝区根部裂纹（延迟裂纹）；6—焊趾处纵向裂纹（延迟裂纹）；7—焊趾处纵向裂纹（液化裂纹）；8—焊道下裂纹（延迟裂纹、液化裂纹、高温低塑性裂纹）；9—层状撕裂

（2）产生的部位　热裂纹绝大多数产生在焊缝金属中，有的是纵向，有的是横向，发生在弧坑中的热裂纹往往呈星状。有时热裂纹也会发展到母材中去。

（3）外观特征　热裂纹或者处在焊缝中，或者处在焊缝两侧的热影响区，其方向与焊缝的波纹线相垂直，露在焊缝表面的有明显的锯齿形状，也常有不明显的锯齿形状。凡是露出焊缝表面的热裂纹，由于氧在高温下进入裂纹内部，所以裂纹断面上都可以发现明显的氧化色彩。

（4）金相结构上的特征　从焊接裂纹处的金相断面看，热裂纹都发生在晶界上，由于晶界就是交错生长的晶粒的轮廓线，因此，热裂纹的外形一般呈锯齿形。

2. 冷裂纹

冷裂纹是焊接接头冷却到较低温度下（对钢来说是 M_s 温度以下）时产生的裂纹。冷裂纹的主要特征如下。

（1）产生的温度和时间　产生冷裂纹的温度通常在马氏体转变温度范围，约为 200～300℃。它的产生时间，可以在焊后立即出现，也可以在延迟几小时、几周，甚至更长的时间以后产生，所以冷裂纹又称为延迟裂纹。由于这种延迟产生的裂纹在生产中难以检测，其危害更为严重。

（2）产生的部位　冷裂纹大多产生在母材或母材与焊缝交界的熔合线上。最常见的部位即如图 6-2 中所示的焊道下裂纹、焊趾裂纹和焊根裂纹。

（3）外观特征　冷裂纹多数是纵向裂纹，在少数情况下，也可能有横向裂纹。显露在接头金属表面的冷裂纹断面上，没有明显的氧化色彩，所以裂口发亮。

（4）金相结构上的特征　冷裂纹一般为穿晶裂纹，在少数情况下也可能沿晶界发展。

3. 液化裂纹

在热影响区熔合线附近产生的热裂纹称为液化裂纹或热撕裂。多层焊时，前一焊层的一部分即为后一焊层的热影响区，所以液化裂纹也可能在焊缝层间的熔合线附近产生。液化裂纹的产生原因基本与凝固裂纹相似，即在焊接热循环作用下，不完全熔化区晶界处的易熔杂质有一部分发生熔化，形成液态薄膜。在拉应力的作用下，沿液态薄膜形成细小的裂纹。液化裂纹一般长约 0.5mm，很少超过 1mm，这种裂纹可成为冷裂纹的裂源，所以危害性也很大。

4. 再热裂纹

焊件焊后在一定温度范围内再次加热时，由于高温及残余应力的共同作用而产生的晶间裂纹，称做再热裂纹，也叫做消除应力裂纹。

5. 层状撕裂

层状撕裂是指焊接时，在焊接构件中沿钢板轧层形成的呈阶梯状的一种裂纹。

裂纹是最严重的焊接缺陷，是焊接结构发生破坏事故的主要原因。据统计，焊接结构所发生的各种事故中，除少数是由设计不当和产品运行不规范造成的之外，绝大多数是由焊接裂纹引起的断裂。如1930～1940年的10年间，在比利时、南斯拉夫、法国，先后有数座桥梁由于焊接裂纹扩展而断裂或倒塌。比利时的一座长度为74.5m的桥在没有载荷的情况下突然断裂。又如1944年10月美国俄亥俄州煤气公司液化天然气贮罐发生连锁式爆炸，造成大火，死亡达133人，经济损失68万美元。1971年西班牙马德里一台5000m^{3}的煤气罐发生爆炸而死伤15人。

我国也发生过一些焊接结构的断裂事故，如1979年10月吉林液化石油气厂发生的球罐爆炸事故造成很大损失；广州的由16Mn钢制的电视塔，因焊接裂纹造成大量返修而延迟使用。

由此可见，裂纹是最危险的一种焊接缺陷。这不仅是因为裂纹会造成接头强度降低，还因为裂纹两端的缺口效应造成了严重的应力集中，很容易使裂纹扩展而形成宏观开裂或整体断裂。因此，在焊接生产中，裂纹一般是不允许存在的。

第二节　焊缝中的气孔与夹杂物

一、焊缝中的气孔

(一) 形成气孔的气体

在焊接过程中遇到气孔的问题是相当普遍的，几乎稍不留意就有产生气孔的可能。例如：焊条、焊剂的质量不好（有较多的水分和杂质），烘干不足，被焊金属的表面有锈蚀、油、其他杂质，焊接工艺不够稳定（电弧电压偏高、焊速过大和电流过小等），以及焊接区域保护不良等都会不同程度地出现气孔。此外焊接过程中冶金反应时产生的气体，由于熔池冷却速度过快未能及时逸出也会产生气孔。

由此可见焊接过程中能够形成气孔的气体主要来自于两个方面。

(1) 来自于周围介质　这类气体在高温时能大量溶于液体金属，而在凝固过程中，由于温度降低溶解度突然下降，如H_2、N_2。

(2) 化学冶金反应的产物　在熔池进行化学冶金反应中形成的，而又不溶解于液体金属中的气体，如CO、H_2O。

例如，焊接低碳钢和低合金钢时，形成气孔的气体主要是H_2和CO，即通常所说的氢气孔和一氧化碳气孔。前者来源于周围的介质（空气），后者是由冶金反应后成的，两者的来源与化学性质均不同，形成气泡的条件与气孔的分布特征也不一样。

(二) 气孔形成过程

虽然不同的气体所形成的气孔不仅在外观与分布上各有特点，而且产生的冶金反应过程与工艺因素也不尽相同。但任何气体在熔池中形成气泡都是在液相中形成气相的过程，即服从于新相形成的一般规律，由形核与长大两个基本过程所组成。气孔形成的全过程分为四个阶段，即熔池中吸收了较多的气体而达到过饱和状态→气体在一定条件下聚集形核→气泡核长大为具有一定尺寸的气泡→气泡上浮受阻残留在凝固后的焊缝中而形成气孔。

可见，气孔的形成是由气体被液态金属吸收、气泡成核、气泡长大和气泡的浮出四个环节共同作用的结果。

1. 气体的吸收

在焊接过程中，熔池周围充满着成分复杂的各种气体，这些气体主要来自于空气；药皮和焊剂的分解及它们燃烧的产物；焊件上的铁锈、油漆、油脂受热后产生的气体等。这些气体的分子在电弧高温的作用下，很快被分解成原子状态，并被金属熔滴所吸附，不断地向液体熔池内部扩散和溶解，气体基本上以原子状态溶解到熔池金属中去。而且温度越高，金属中溶解气体的量越多（见图 5-14）。

在焊接钢材时，由于熔池温度可达到 1700℃左右，熔滴的温度会更高，因此在电弧空间如有氢和氮存在，便会溶入铁中。这种气体溶入金属中或冶金反应生成不溶于液态金属的气体，是形成气孔的前提条件。

2. 气泡的生核

气泡的生核至少要具备的两个条件是：①液态金属中要有过饱和的气体；②要有生核所需要的能量。

焊接时，在电弧高温的作用下，熔池与熔滴吸收的气体大大超过了其在熔点的溶解度。随着焊接过程中熔池温度的降低，气体在熔池中的溶解度也相应减小，使气体在金属中的溶解度达到过饱和状态。以铁为例，在采用直流正接时，熔池中氢的含量可以达到它在铁的熔点时溶解度的 1.4 倍，而 CO 在液态中是不溶解的。因此，焊接时，熔池中获得了形成气泡所必需的物质条件。同时，熔池中过饱和程度越大，气体从溶解状态析出所需要的能量越小。

在极纯的液体金属中形成气泡核心是很困难的，所需形核功很大。而在焊接熔池中，由于半熔化晶粒及悬浮质点等现成表面的存在，使气泡形核所需能量大大降低。因此，焊接熔池中气泡的形核率较高。

3. 气泡的长大

气泡核形成后要继续长大需要两个条件：①气泡的内压大于其所受的外压；②气泡长大要有足够的速度，以保证在熔池凝固前达到一定的宏观尺寸。

作用于气泡的外压，包括大气压力、液体金属与熔渣的静压力及表面张力所形成的附加压力等，其中影响较大的是附加压力。附加压力的作用使气泡表面积缩小，阻碍气泡长大，它的大小与气泡半径 r 成反比，即气泡半径 r 越小，附加压力就越大。例如，当 $r=10^{-4}$cm 时，附加压力可达大气压力的 20 倍左右。在这样大的外压作用下，气泡长大很困难。但当气泡依附于某些现成表面形核时，呈椭圆形，半径比较大，因而，附加压力大大减小。同时，形核的现成表面对气体有吸附作用，使局部的气体浓度大大提高，缩短了气泡长大所需的时间，为气泡长大提供了条件。

4. 气泡的上浮

熔池中的气泡长大到一定尺寸后，开始脱离吸附表面上浮。此时，焊缝中是否会形成气孔，取决于气泡能否从熔池中浮出，它由气泡上浮速度与熔池在液态停留的时间两个因素决定。

气泡的上浮由两个过程组成，首先气泡必须脱离所依附的现成表面，其难易程度与气泡和表面的接触情况有关。图 6-3（a）、图 6-3（b）所示为气泡与表面两种不同的接触情况，显然图 6-3（a）中的气泡更容易脱离所依附的表面。决定接触情况的因素是气体的性质。形成气体的主要元素如氧、氢、碳都是可以改善接触情况的物质，对气泡脱离表面有利。

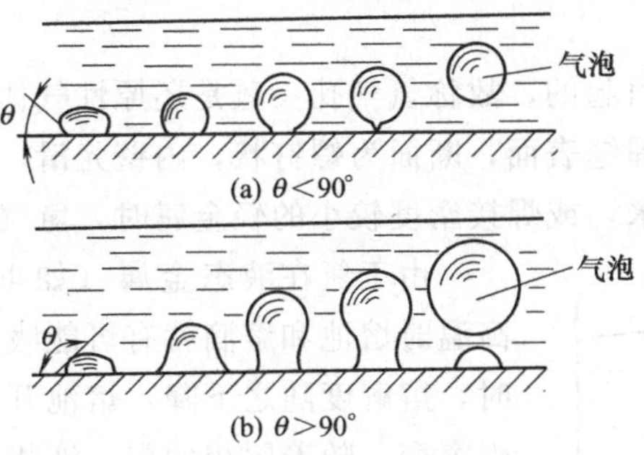

图 6-3　气泡脱离现成表面示意图

气泡脱离现成表面后，上浮速度是决定能否形成气孔的最终条件。气泡浮出速度可按下式估算

$$v_{泡}=\frac{2(\rho_1-\rho_2)}{9\eta}gr^2 \tag{6-1}$$

式中　$v_{泡}$——气泡上浮速度，cm/s；

ρ_1，ρ_2——熔池液体金属与气体的密度，g/cm^3；

g——重力加速度，cm/s^2；

r——气泡半径，cm；

η——液体金属黏度，Pa·s。

由上式可以看出，气泡上浮速度与下列因素有关。

(1) 气泡半径（r）　气泡浮出速度与 r^2 成正比，因此，当 r 增加时，气泡浮出速度迅速提高。

(2) 熔池金属的密度（ρ_1）　一般情况下，气体密度 ρ_2 远小于熔池金属的密度 ρ_1，因此（$\rho_1-\rho_2$）的大小主要取决于 ρ_1 值。ρ_1 越大，气泡上浮的速度越大。所以在焊接轻金属（如 Al、Mg 及其合金）时，产生气孔的倾向比焊接钢时大得多。

(3) 液体金属的黏度（η）　当温度下降时，特别是熔池开始凝固后，η 值急剧上升，这时气泡浮出的速度明显降低。因此，在凝固过程中形成的气泡浮出较困难。

气泡能否浮出还与熔池在液态停留的时间有关。液态停留时间越长，气泡越容易浮出，就越不易形成气孔，反之，则越容易形成气孔。熔池在液态停留时间的长短主要取决于焊接方法与焊接参数等因素。

通过以上分析可知，焊缝中形成气孔的主要原因可以归纳为以下几个方面。

① 熔池中溶入或冶金反应产生大量的气体是形成气孔的先决条件之一。

② 当熔池底部出现气泡核并逐渐长大到一定程度时，若阻碍气泡长大的外界压力大于或等于气泡内压力，气泡便不再长大，而其尺寸大小不足以使气泡脱离结晶表面的吸附，无法上浮，此时便可能形成气孔。

③ 当气泡长大到一定尺寸并开始上浮时，若上浮的速度小于金属熔池的结晶速度，那么气泡就可能残留在凝固的焊缝金属中成为气孔。

④ 如果在熔池金属中出现气体过饱和状态的温度过低，或在焊缝结晶后期才产生气泡，则容易形成气孔。

（三）常见气孔产生的原因

焊缝中常见的气孔有氢气孔、氮气孔和一氧化碳气孔等。

1. 氢气孔

这类气孔主要是由氢引起的，故称氢气孔。氢是还原性气体且扩散能力很强，在低碳钢焊缝中，气孔大都分布于焊缝表面，断面为螺钉状，内壁光滑，上大下小呈喇叭口形。在焊条药皮组成物中含有结晶水，或焊接密度较小的轻金属时，氢气孔也会残留在焊缝内部。

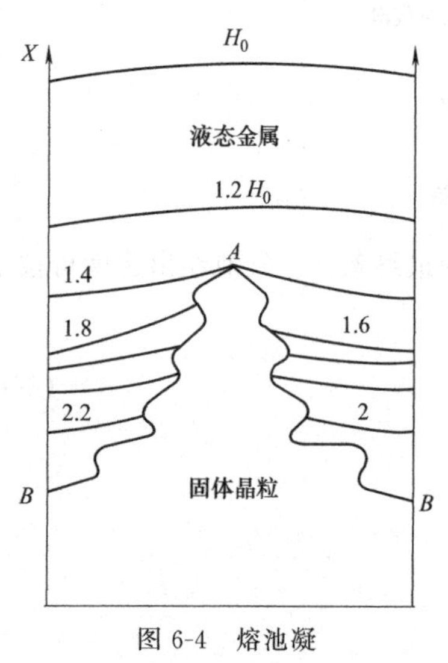

图 6-4 熔池凝固中某瞬时氢的分布

由于氢在液态金属（如 Fe、Al）中溶解度很度，在高温时熔池和熔滴就有可能吸收大量的氢。而当温度下降时，溶解度随之下降，熔池开始凝固后，氢的溶解度要发生突变。随着固相增多，液相中氢的浓度必然增大，并聚集在结晶前沿的液体中。这样，树枝晶前沿，特别是在相邻晶粒间的低谷处的液体金属中，氢的浓度不仅超过了熔池中的平均浓度，而且超过了饱和浓度。氢在枝晶间的浓度分布情况如图 6-4 所示，最大浓度可达到平均浓度的 2.2 倍。随着凝固的继续，氢在液相中的浓度将不断上升。当谷底处氢的浓度高到难以维持过饱和溶解状态时，就会形成气泡。如在谷底部形成的气泡，由于各种阻力的作用未能在熔池完全凝固前浮出，则形成气孔。

综上所述，氢气孔是在结晶过程中形成的，首先在枝晶间谷底部形成气泡。气泡形成后，一方面氢本身的扩散能力促使其浮出，另一方面又受到晶粒的阻碍与液态金属黏度的阻力，二者综合作用的结果，气孔就形成了上大下小的喇叭口形，并往往呈现于焊缝表面。

一般认为，氮气孔形成的过程与氢气孔相似，气孔的类型也多在焊缝表面，但多数情况下是成堆出现的，类似蜂窝状。在正常的焊接生产条件下，由于进入焊接区的氮气很少，不足以形成气孔。氮气孔一般产生于保护不良的情况下。

2. 一氧化碳气孔

这类气孔主要是钢（特别是碳钢）在焊接过程中进行冶金反应产生了大量的 CO 时，在结晶过程中来不及逸出而残留在焊缝内部形成的气孔。

在焊接过程中，CO 主要由下列冶金反应生成

$$[C]+[O]=CO \tag{6-2}$$

$$[FeO]+[C]=CO+[Fe] \tag{6-3}$$

$$[MnO]+[C]=CO+[Mn] \tag{6-4}$$

$$[SiO_2]+2[C]=2CO+[Si] \tag{6-5}$$

上述反应是在高温下进行的，可以发生在熔滴过渡过程中，也可以发生在熔池里熔渣与金属相互作用的过程中。由于 CO 不溶解于液态铁中，在高温形成后很容易形成气泡并快速逸出。这样不仅不会形成 CO 气孔，而且由于气泡析出时使熔池沸腾，还有助于其他气体和杂质排出。

但是，随着焊接热源的离开，熔池温度下降，在熔池开始结晶时，液体金属中的碳和FeO的浓度随固相增多而加大，造成二者在液体金属某一局部富集，碳和FeO浓度的增加促进了式（6-3）反应的进行，从而生成一定数量的CO。这时形成的CO，由于熔池温度下降、液体金属黏度增加及冷却速度快等原因，难以从熔池中逸出，而被围困在晶粒之间，特别是处在树枝状晶粒间的CO更不易逸出。此外，由于反应是一吸热过程，促使结晶速度加快，对气体的逸出更加不利。上述原因造成了冶金反应后期产生的CO气体来不及逸出，从而产生了CO气孔。由于CO气泡浮出的速度小于结晶速度，所以CO气孔多在焊缝内部，沿结晶方向分布，呈条虫状，内壁有氧化颜色。

以上分析是在比较正常的情况下形成的气孔特征。各种气孔的分布特点不是固定不变的，在某些情况下也会有例外情况（例如，二氧化碳气体保护焊时，随着焊丝脱氧能力的降低，CO气孔会由内气孔转为外气孔）。但上述规律可作为判断气孔成因的参考。

另外，气泡中的气体并不一定是单一的，往往是几种气体并存的。可以认为，在一定条件下，某一种气体对气孔的形成起主要作用，而在各种气体共同作用下气泡得以迅速长大。

（四）影响气孔形成的因素及防止措施

焊缝中产生气孔的因素是多方面的，有时是几种因素共同作用的结果。在生产中一般将影响气孔形成的因素归纳为冶金与工艺两方面，而工艺因素往往是通过冶金反应来起作用的，所以解决气孔的问题，冶金因素的作用更为重要。

1. 冶金因素对气孔的影响

冶金因素主要指与焊接冶金过程有关的因素，如被焊金属与填充金属的成分、熔渣的组成与性质、电弧气氛的种类，以及铁锈、吸附水的有无等。对一定的产品来说，则主要是焊接材料的成分、保护方式、保护介质的性质、铁锈及水分等。

（1）熔渣氧化性的影响　熔渣氧化性的大小对焊缝产生气孔有着重要的影响。大量实验表明，当熔渣的氧化性增大时，产生CO气孔的倾向增加；同时，产生氢气孔的倾向减小；相反，当熔渣的还原性增大时，则产生氢气孔的倾向增加，而产生CO气孔的倾向减小。因此，适当调整熔渣的氧化性，可以有效地消除焊缝中任何类型的气孔。不同类型焊条试验的结果如表6-1所列。

表6-1　不同类型焊条的氧化性对产生CO气孔倾向的影响

焊条类型		焊缝中含量		氧化性	气孔倾向
		w_O/%	H_2/(mL/100g)		
酸性焊条	J424-1	0.0046	8.8	↓增加	较多气孔(H_2)
	J424-2	—	6.82		较多气孔(H_2)
	J424-3	0.0271	5.24		无气孔
	J424-4	0.0048	4.53		无气孔
	J424-5	0.0743	3.47		较多气孔(CO)
	J424-6	0.1113	2.70		更多气孔(CO)
碱性焊条	J507-1	0.0035	3.90	↓增加	个别气孔(H_2)
	J507-2	0.0024	3.17		无气孔(H_2)
	J507-3	0.0047	2.80		无气孔
	J507-4	0.0161	2.61		无气孔
	J507-5	0.0390	1.99		更多气孔(CO)
	J507-6	0.1680	0.80		密集大量气孔(CO)

从表 6-1 可以看出，无论是酸性焊条，还是碱性焊条焊缝中产生气孔的倾向都是随氧化性的增加而出现一氧化碳气孔，并随氧化性的减小（或还原性的增加）达到一定程度时，又出现由氢引起的氢气孔。

综合氧化性对产生气孔的影响，可以看出其中的辩证关系。因此，只要对不同类型焊条药皮所形成熔渣的氧化性作合理的调整，就可以有效地降低产生气孔的倾向。

从表 6-1 中还可以看出，酸、碱性熔渣对气孔的敏感性不同。与酸性焊条相比碱性焊条对 CO 气孔与氢气孔都更为敏感。因此，在用碱性焊条焊接时，应更严格地控制气体的来源。

（2）焊条药皮与焊剂组成物的影响　焊条药皮与焊剂的组成都比较复杂，依被焊材料不同而异。现以焊接低碳钢、低合金钢的焊条药皮与焊剂为例，对形成气孔影响较大的组成物加以分析。

CaF_2（氟石）是碱性焊条与焊剂中常用的原材料之一。碱性焊条药皮中加入一定的 CaF_2 在焊接时可与氢、水蒸气反应，产生稳定的化合物气体氟化氢（HF），将游离氢转化为化合氢，氟化氢不溶于液体金属而直接从电弧空间扩散到空气中。从而减少了氢气的来源，有效地防止了氢气孔的产生。

高锰高硅焊剂（如 HJ431）中加入一定的 CaF_2，焊接时 CaF_2 与 SiO_2 作用后，生成 SiF_4 亦可起到脱氢作用。

CaF_2 对防止氢气孔是很有效的，但 CaF_2 的含量增加时会影响电弧稳定性，同时还会产生不利于焊工健康的可溶性氟（NaF，KF 等）。

对不含 CaF_2 的酸性焊条，一般在药皮中加入一定的强氧化性组成物，如 SiO_2、MnO、FeO、MgO 等。氧化物分解后与氢化合，生成稳定性仅次于 HF 的氢氧自由基（OH），也可起到防止氢气孔产生的作用。

在含有 CaF_2 的焊条药皮或焊剂中，为了稳定电弧而需加入 K、Na 等低电离电位物质，如 Na_2CO_3、K_2CO_3、$KHCO_3$、水玻璃等。但这也会使产生氢气孔的倾向加大，应引起注意。

（3）铁锈及水分等的影响　焊接生产中有时会遇到因母材或焊接材料表面不清洁而产生气孔的现象。焊件或焊接材料表面的氧化铁皮、铁锈、水分、油渍以及焊接材料中的水分是导致气孔产生的重要原因，其中以母材表面的铁锈的影响最大。

铁锈是金属腐蚀以后的产物，一般钢铁材料很难避免。铁锈与一般氧化皮不同，氧化皮的主要成分是 Fe_3O_4，有时也含有一定的 Fe_2O_3。而铁锈由于形成条件不同，其成分一般表达为 $mFe_2O_3 \cdot nH_2O$，其中 Fe_2O_3 含量约为 83.3%，并含有一定的结晶水。加热时氧化皮和铁锈中的高价氧化物及结晶水都要分解，即

$$3Fe_2O_3 = 2Fe_3O_4 + O \quad (6\text{-}6)$$

$$2Fe_3O_4 + H_2O = 3Fe_2O_3 + H_2 \quad (6\text{-}7)$$

$$Fe + H_2O = FeO + H_2 \quad (6\text{-}8)$$

高价氧化铁与铁作用还可生成 FeO，即

$$Fe_3O_4 + Fe = 4FeO \quad (6\text{-}9)$$

$$Fe_2O_3 + Fe = 3FeO \quad (6\text{-}10)$$

结晶水分解后可产生 H_2、H、O 及 OH 等。上述反应的结果，既增强了氧化作用，又分解出了氢，因而使 CO 气孔与氢气孔的倾向都有可能增大。焊接材料中残存的水分和金属

表面的油渍在高温下分解后，也要增大生成气孔的倾向。

由此可见，铁锈是一种极其有害的杂质，对于两种气孔均具有敏感性。

对酸性焊条来说，少量的铁锈或氧化皮影响不大，这是因为酸性熔渣中FeO容易形成复合物，活度较低，不易向熔池中过渡。此外，酸性熔渣的氧化性比较强，所以对氢气孔也不很敏感。为此，酸性焊条焊前烘焙温度比较低，一般规定为150～200℃。

碱性焊条对铁锈及氧化皮等比较敏感，这主要是因为碱性熔渣中FeO活度较大，熔渣中FeO稍有增加，焊缝中的FeO就明显增多。因此用碱性焊条焊接时，为了防止产生气孔，要求对工件表面进行较严格的清理。此外，碱性焊条对水分也很敏感，因为这类焊条熔池脱氧比较完全，不具有CO气泡沸腾而排除氢气的能力，熔池中一旦溶解了氢就很难排出。一般称碱性焊条为低氢型焊条，这是因为焊条药皮中含有较多的碳酸盐，而且不含有机物，焊接时弧柱气氛中氢的含量很低，从而保证了焊缝中扩散氢含量也很低；但这并不表示碱性焊条具有较强的脱氢能力。如果由于某种原因使弧柱区氢的含量增加，还是会产生氢气孔。为了防止由水分而引起的气孔，碱性焊条要求在350～400℃下烘干，这样不仅可清除吸附水，还可除去某些药皮组成物中的结晶水。

2. 工艺因素对气孔的影响

工艺因素主要是指焊接工艺规范、电流种类、操作技术等。工艺因素内容很多，对气孔影响较大的因素有以下几个。

(1) 焊接工艺规范的影响　焊接工艺规范主要影响熔池存在时间，熔池存在时间越短，气体越不容易逸出，形成气孔的倾向越大。熔池存在时间与主要焊接工艺参数之间的关系如下

$$t_s = \frac{KUI}{v} \tag{6-11}$$

式中　t_s——熔池存在时间，s；

K——与被焊金属物理性能有关的系数；

U——电弧电压，V；

I——焊接电流，A；

v——焊接速度，cm/s。

由上式可以看出，当电弧的功率（UI）不变，焊接速度（v）增大时，则熔池存在的时间变短，因而增加了产生气孔的倾向，若焊速不变，增加功率时，则可以使熔池的存在时间增长，有利于气体的逸出，可减小产生气孔的倾向。但实际上增大电流之后，有时反而增大了产生气孔的倾向，这是因为电流增大时，熔滴变细使表面积增大，熔滴吸收氢气增多，使熔池的含氢量上升，故反而增加了产生气孔的倾向。

因此，通过调节焊接电流、电压和焊接速度（即浅能量）的方法来防止产生气孔并不是有效的。

实践证明，当提高电弧电压时，由于电弧长度增加，使熔滴过渡的距离加长，并影响气体保护的效果，同样也会吸收较多的氢（或氮），这样不仅增大了形成氢气孔的倾向，还可能导致生成氮气孔。

(2) 电流的种类和极性　电流的种类和极性主要影响对氢气孔的敏感性。在使用未经烘干的焊条焊接时，采用交流电源最容易产生气孔。用直流正接，氢气孔较少；而用直流反接，氢气孔量少。

(3) 点固焊或定位焊　实践表明，点固焊的部位很容易出现气孔，这主要是因保护不

好、冷却速度高所致。有时焊点上的气孔还可能成为正式焊缝上气泡的核心。为此，要求在点固焊时使用与正式焊接完全相同的焊条，并且认真操作。

（4）其他操作上的因素　焊前清理、焊条（焊剂）的烘焙、操作技术的熟练程度等都对气孔倾向有影响。

气孔是焊缝中常见缺陷之一，影响因素来自多个方面，上面介绍了一些主要因素及控制途径，以利于生产中对质量进行全面控制。

实际生产中可从以下两方面采取措施来防止气孔的产生。

在母材方面，应在焊前清除焊件坡口面及两侧的水分、油污及防腐底漆。在焊接材料方面，焊条电弧焊时，如果焊条药皮受潮、变质、剥落、焊芯生锈等，都会产生气孔。焊条焊前烘干，对防止气孔的产生十分关键。通常，酸性焊条抗气孔性好，要求酸性焊条药皮的含水量不得超过4%。对于低氢型碱性焊条，要求药皮的水分含量不得超过0.1%。气体保护焊时，保护气体的纯度必须符合要求。

在焊接工艺方面，焊条电弧焊时，焊接电流不能过大，否则，焊条发红，药皮提前分解，保护作用将会失去。焊接速度不能太快。对于碱性焊条，要采用短弧进行焊接，防止有害气体侵入。当发现焊条有偏心时，要及时转动或倾斜焊条。焊接复杂的工件时，要注意控制磁偏吹，因为磁偏吹会破坏保护，产生气孔。焊前预热可以减慢熔池的冷却速度，有利于气体的浮出。选择正确的焊接规范，运条速度不应过快，焊接过程中不要断弧，保证引弧处、接头处、收弧处的焊接质量，在焊接时避免风吹雨打等均能防止气孔产生。焊接重要焊件时，为减小气孔倾向，可采用直流反接。

生产中在发现气孔后，应根据实际情况，找出引起气孔的具体原因，加以改进。

二、焊缝中的夹杂物

焊缝中的夹杂物，系指由于焊接冶金反应产生的、焊后残留在焊缝金属中的微粒非金属杂质，如氧化物、硫化物等。

焊缝或母材金属中有夹杂物存在时，会使塑性和韧性降低。同时，还会增加热裂纹和层状撕裂的敏感性。因此，在焊接生产中应设法防止焊缝中有夹杂物存在。

（一）焊缝中夹杂物产生的原因

焊缝中存在夹杂物的组成及分布形式多种多样，其产生的原因与被焊母材成分、焊接方法与焊接材料有关。焊缝中常见的夹杂物主要有以下三种类型。

1. 氧化物夹杂

在焊接一般钢铁材料时，焊缝中或多或少地存在一些氧化物夹杂，其主要组成是SiO_2，其次有MnO、TiO_2及Al_2O_3等，一般以硅酸盐的形式存在。这类夹杂物的熔点大都比母材低，在焊缝凝固时最后凝固，因而往往是造成热裂纹的主要原因。

氧化物夹杂主要是由熔池中的FeO与其他元素作用而生成的，只有少数是因工艺不当而从熔渣中直接混入的。因此，熔池脱氧越完全，焊缝中氧化物夹杂就越少。

2. 硫化物夹杂

硫化物主要来自焊条药皮或焊剂原材料，经过冶金反应而过渡到熔池中。当母材或焊丝中含硫量偏高时，也会形成硫化物夹杂。

钢中的硫化物夹杂主要是以MnS和FeS的形式存在，其中FeS的危害更大。硫在铁中的溶解度随温度下降而降低，当熔池中含有较多的硫时，在冷却过程中硫将从固溶体中析出并与Mn、Fe等反应而成为硫化物夹杂。

3. 氮化物夹杂

氮主要来源于空气，只有在保护不良时才会出现较多的氮化物夹杂。

在焊接低碳钢和低合金钢时，氮化物夹杂主要以 Fe_4N 的形式存在。Fe_4N 一般是在时效过程中从过饱和固溶体中析出的，以针状分布在晶内或晶界。当氮化物夹杂较多时，金属的强度、硬度上升，塑性、韧性明显下降。如低碳钢中 $w_N=0.15\%$时，因生成 Fe_4N 使伸长率只有 10%（正常情况应为 20%～24%）。

但钢中有少量氮化物存在时，弥散分布的细小氮化物质点可以起到沉淀强化的作用。例如，在 15MnVN、14MnMoVN 等钢中，人为加入 $w_N=0.015\%$左右的氮，与钢中的 V 元素形成弥散分布的 VN，使钢的强度有较大的提高。

（二）焊缝中夹杂物的防止措施

夹杂物的危害性与其分布状态有关。一般来说，分布均匀的细小显微夹杂物，对塑性和韧性的影响较小，还可使焊缝的强度有所提高。所以，需采取措施加以防止的是宏观的大颗粒夹杂物。

防止夹杂物的主要措施是控制其来源，即应从冶金方面入手，正确选择焊条、焊剂的渣系，以保证熔池能进行较充分的脱氧与脱硫。此外，对母材、焊丝及焊条药皮（或焊剂）原材料中的杂质含量应严加控制，以杜绝夹杂物的来源。

工艺方面的措施主要是为夹杂物从熔池中浮出创造条件，具体措施主要有：

① 选用合适的线能量，保证熔池有必要的存在时间；

② 多层焊时，每一层焊缝（特别是打底焊缝）焊完后，必须彻底清理焊缝表面的焊渣，以防止残留的焊渣在焊接下一层焊缝时进入熔池而形成夹杂物；

③ 焊条电弧焊时，焊条作适当摆动以利于夹杂物的浮出；

④ 施焊时注意保护熔池，包括控制电弧长度，埋弧焊时应保证焊剂有足够的厚度，气体保护焊时要有足够的气体流量等，以防止空气侵入。

此外，还应注意母材和焊接材料中的夹杂分布，特别是硫的含量及偏析程度。

第三节　焊接结晶裂纹

结晶裂纹是焊缝在凝固过程的后期所形成的裂纹，又称凝固裂纹，是最常见的热裂纹。焊缝结晶过程中，当焊缝冷却到固相线附近时，由于凝固金属的收缩，残余液体金属不足，而不能及时填充，在应力作用下发生沿晶界开裂，如图 6-5 所示。

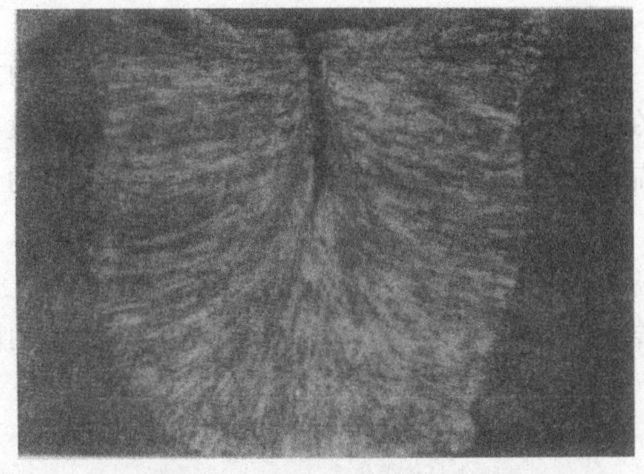

图 6-5　焊缝中的结晶裂纹

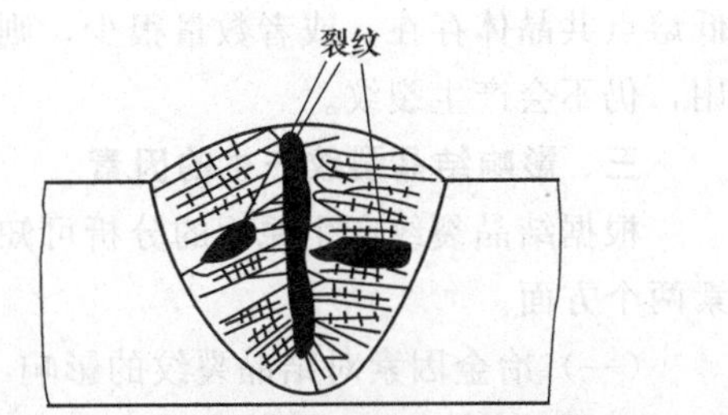

图 6-6　焊缝中结晶裂纹出现的地带

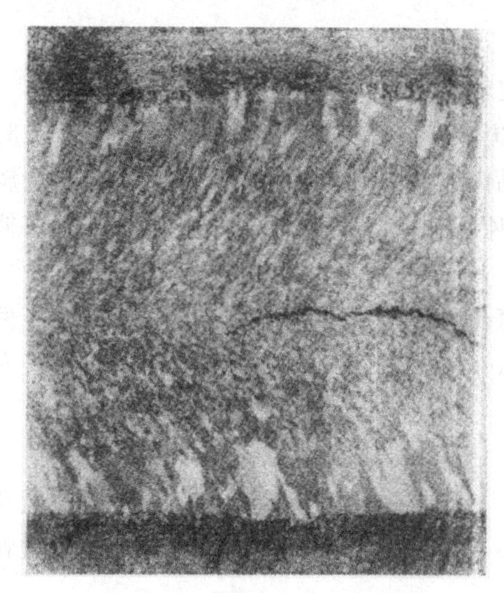
图 6-7 沿焊缝中心的纵向裂纹

一、结晶裂纹的特征

结晶裂纹主要产生在含杂质（S、P、C、Si）偏高的碳钢、低合金钢以及单相奥氏体钢、镍基合金与某些铝合金焊缝中。一般沿焊缝树枝状晶粒的交界处发生和扩展（见图 6-6）。常见于焊缝中心沿焊缝长度扩展的纵向裂纹（见图 6-7），有时也分布在两个树枝状晶粒之间。结晶裂纹表面无金属光泽，带有氧化色彩，焊缝表面的宏观裂纹中往往填满焊渣。结晶裂纹是热裂纹中的一种，它具有热裂纹的各种特征。

二、结晶裂纹产生的原因

裂纹是一种局部的破坏。要造成这种破坏必然有力的作用，且当作用力大于其抵抗能力时破坏才会发生。焊缝在凝固结晶过程中液态的焊缝金属变成固态时，体积要缩小，同时凝固后的焊缝金属在冷却过程中体积也会收缩，而焊缝周围金属阻碍了上述这些收缩，这样焊缝就受到了一定的拉应力的作用。在焊缝刚开始凝固结晶时，这种拉应力就产生了，但这时的拉应力不会引起裂纹，因为此时晶粒刚开始生长，液体金属比较多，流动性较好，可以在晶粒间自由流动，因而由拉应力造成的晶粒间的间隙都能被液体金属填满。我们知道，金属在结晶过程中先结晶的金属比较纯，后结晶的金属含有较多的杂质，这些杂质会被不断生长的柱状晶体推向晶界，并聚集在晶界上。杂质中的 S、P、Si、C 等都能形成熔点较低的低熔点共晶体，如一般碳钢和低合金钢的焊缝在含硫量较高时，会形成硫化铁（FeS），而 FeS 与铁发生作用能够形成熔点只有 988℃的低熔点共晶。当焊缝温度继续下降，大部分液态焊缝已凝固时，这些低熔点共晶由于熔点较低仍未凝固，从而在晶界间形成了一层液体夹层，即所谓的“液态薄膜”（见图 6-8）。由于液体金属本身不具有抗拉能力，这层液体薄膜使得晶粒与晶粒之间的结合力大为削弱。这样，在已增大了的拉应力的作用下，从而使柱状晶体间的缝隙增大。此时仅靠低熔点共晶液体无法填充扩大了的缝隙，就产生了裂纹。

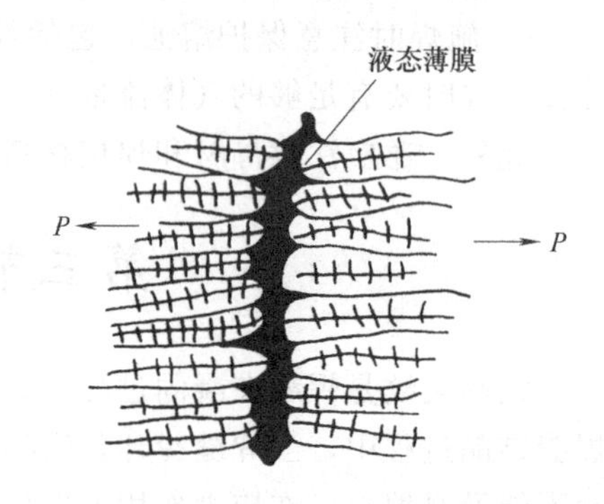

图 6-8 “液态薄膜”示意图

由此可见，拉应力是产生结晶裂纹的外因。晶界上的低熔点共晶是产生结晶裂纹的内因。结晶裂纹是焊缝中存在的拉应力通过作用在晶界上的低熔点共晶体而造成的。如果没有低熔点共晶体存在，或者数量很少，则晶粒与晶粒之间的结合比较牢固，虽然有拉应力的作用，仍不会产生裂纹。

三、影响结晶裂纹产生的因素

根据结晶裂纹产生原因的分析可知，影响结晶裂纹产生的因素主要有冶金因素和力的因素两个方面。

（一）冶金因素对结晶裂纹的影响

1. 合金相图的影响

结晶裂纹的产生与固液相温度差有密切联系。产生结晶裂纹的倾向随结晶温度区间的变化而变化，如图 6-9 所示。由图可以看出，随着合金成分的增加，结晶温度区间随之增大，结晶裂纹的产生倾向也随之增加［见图 6-9（b）］，一直到 S 点，此时结晶温度区间最大，结晶裂纹的产生倾向也最大。当合金元素进一步增加时，结晶温度区间反而变小，所以结晶裂纹的产生倾向也反而降低了，一直到共晶点，整个合金几乎在同一个温度下结晶，故结晶裂纹的产生倾向最小。在实际生产中，不平衡结晶时 S 点向左下方移到 S' 点，因此，实际的裂纹倾向变化规律如图 6-9（b）中虚线所示。

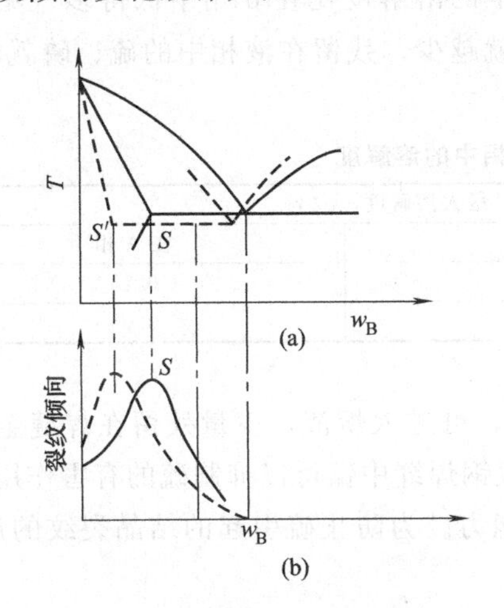

图 6-9　结晶温度区间与裂纹产生倾向的关系

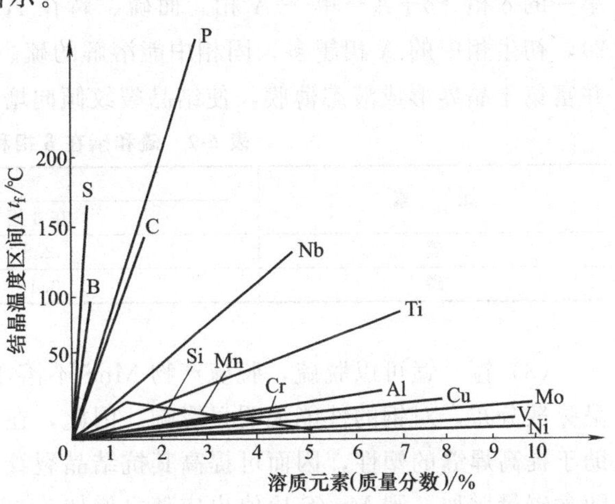

图 6-10　各种合金元素对结晶温度区间（Δt_f）的影响

2. 常用合金元素的影响

合金元素对结晶裂纹敏感性影响的规律很复杂，其中既有元素本身单独的作用，也有各元素相互之间的作用。下面仅讨论低碳钢与低合金钢中常见合金元素的影响。

（1）硫和磷　硫和磷都是提高结晶裂纹敏感性的元素。它们的有害作用来自以下几个方面。首先，当钢中含有微量的硫或磷时，结晶温度区间会明显加宽，如图 6-10 所示，其次，硫和磷能在钢中形成多种低熔点共晶，如硫与铁形成 FeS，FeS 与铁及 FeO 都能形成低熔点共晶体，FeS 与铁形成的低熔共晶体的熔点为 988℃，FeS 同 FeO 形成的低熔共晶体的熔点为 940℃。这些共晶体在焊缝金属凝固后期形成液态薄膜。在焊接含镍的高合金钢和镍基合金时，硫更是有害的元素，硫与镍能形成熔点更低的低熔点共晶，其熔点仅为 664℃。当含硫量超过 0.02%时就有产生裂纹的危险。其次，硫和磷都是偏析度较大的元素，容易在局部富集，更有利于形成低熔点共晶或化合物。液态薄膜或偏聚的低熔点物质，都会使金属在凝固后期的塑性急剧下降。因此，硫和磷都是明显提高结晶裂纹的元素，对焊接质量危害极大。

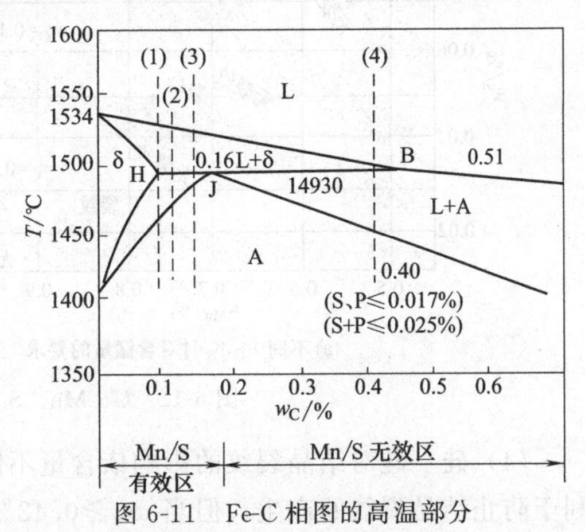

图 6-11　Fe-C 相图的高温部分

（2）碳　碳是钢中必不可少的元素，但在

焊接时也是提高结晶裂纹敏感性的主要元素。它不仅本身会造成不利影响，而且促使硫、磷的有害作用加剧。

由 Fe-C 相图的高温部分（见图 6-11）可知，随着含碳量的增加，从液相中析出的初生相将发生变化。当 w_C<0.10%时为单一δ相，w_C=0.10%～0.16%时，由于在 1493℃发生了包晶反应，初生相为δ+A 相。当 w_C=0.16%～0.51%时，金属在进行了包晶反应后，剩余的液体直接转变为 A 相，全部凝固后为单一的 A 相。可见随着 w_C 的增加，初生相由单一的δ相→δ+A→单一 A 相。而硫、磷在 A 相中的溶解度比在δ相中低得多（见表 6-2），初生相中的 A 相越多，固相中能溶解的硫、磷就越少，残留在液相中的硫、磷就越多，并富集于晶界形成液态薄膜，使结晶裂纹倾向增大。

表 6-2 硫和磷在δ相和 A 相中的溶解度

元素	最大溶解度 w_C/%	
	在δ相	在 A 相
硫	2.8	0.25
磷	0.18	0.05

（3）锰　锰可以脱硫，脱硫产物 MnS 不溶于铁，可进入熔渣，少量残留在焊缝金属中呈弥散分布，对钢的性能无明显影响。因此，在一般钢焊缝中锰可以抑制硫的有害作用，有助于提高焊缝的塑性，因而可提高其抗结晶裂纹的能力。为防止硫引起的结晶裂纹的产生，随含碳量增加，则 Mn/S 比值也应随之增加。

w_C≤0.10%时　　Mn/S≥22

w_C=0.10%～0.125%时　　Mn/S≥30

w_C=0.126%～0.155%时　　Mn/S≥59

图 6-12 所示为 C、Mn、S 共存时对结晶裂纹的影响。w_C 超过 0.16%（包晶成分）时，磷对结晶裂纹的作用超过了硫，继续增加 Mn/S 值对防止结晶裂纹已无意义，这时应严格控制磷的含量。如 w_C=0.40%的中碳钢，要求 w_S 和 w_P 均≤0.017%，其总和 w_{S+P}≤0.025%。

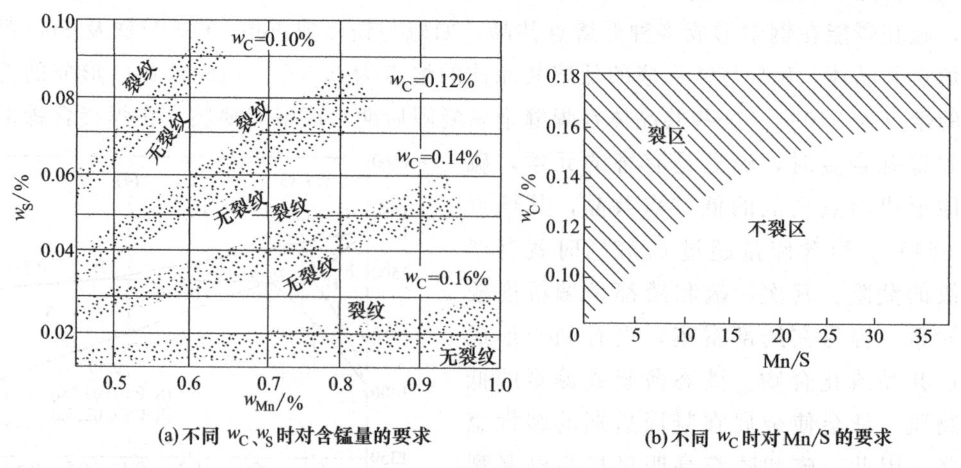

图 6-12 C、Mn、S 共存时对结晶裂纹的影响

（4）硅　硅对结晶裂纹的影响依含量不同而不同。硅是δ相的形成元素，含量较低时有利于防止结晶裂纹的产生。但当 w_{Si}≥0.42%时，由于会形成低熔点的硅酸盐，反而会使裂

纹倾向加大。

此外，一些可形成高熔点硫化物的元素，如 Ti、Zr 和一些稀土金属，都具有很好的脱硫效果，也能提高焊缝金属的抗结晶裂纹能力。一些能细化晶粒的元素，由于晶粒细化后可以扩大晶界面积，打乱柱状晶的方向性，也能起到抗结晶裂纹的作用。但 Ti、Zr 和稀土金属大都与氧的亲和力很强，焊接时通过焊接材料过渡到熔池中比较困难。

按照各元素对低碳钢和低合金钢焊缝结晶裂纹敏感性的影响，可以分为四种类型，如表 6-3 所列。

表 6-3 合金元素对结晶裂纹倾向的影响

增加形成结晶裂纹	小于此值时影响不大 大于此值时促使开裂	降低焊缝的裂纹倾向	尚未取得一致意见
C、S、P、 Cu、Ni(当有 S、P 同时存在)	w_{Si}(0.4%) w_{Mn}(0.8%) w_{Cr}(0.8%)	Ti 稀土 Al 等 w_{Mn}<0.8%	N、O、As

最后要强调的是，同一合金元素在不同的合金系统中的影响不一定相同。以 Mn 为例，在多数情况下 Mn 是防止结晶裂纹产生的有效元素；但与 Cu 共存时，增加 Mn 反而不利，这是由于 Mn 与 Cu 相互作用促使晶间偏析严重发展所致。

3. 易熔相的影响

晶界存在易熔第二相是生成结晶裂纹的重要原因，但也与其分布形式有关。易熔相在凝固后期以液态薄膜的形式存在时裂纹倾向明显增大；而若以球状分布时，则裂纹倾向显著减小。

此外，大量的实验发现，低熔点共晶在焊缝金属中的数量超过一定界限后，较多的低熔点共晶不仅不会引起裂纹，反而具有“愈合”裂纹的作用。这是因为低熔点共晶较多时，它可以流动于晶界的任何部位，哪里有裂口就可以向哪里填充，起到了“愈合作用”，所以结晶裂纹反而减少了。

例如，焊接某些高强铝合金时，为了减少结晶裂纹的倾向，常采用含硅 5%的铝硅合金焊丝，就是利用易熔共晶的“愈合作用”来消除裂纹的。

4. 一次结晶组织的影响

熔池金属一次结晶过程中晶粒的形态、大小和方向对焊缝结晶裂纹有很大的影响。如果初生相为单一的 A 相，裂纹倾向就很大。如果初生相为 δ 相或 δ+A 相，结晶裂纹的倾向就明显减小。一次结晶的晶粒越粗大，柱状晶的方向越明显，则产生结晶裂纹的倾向就越大。上述各冶金因素的影响归纳于表 6-4 中。

表 6-4 影响结晶裂纹的冶金因素

影响因素	增加裂纹倾向	降低裂纹倾向	影响因素		增加裂纹倾向	降低裂纹倾向
结晶温度区间	大	小	一次结晶组织	晶粒度	粗大	细小
碳当量(化学成分)	大	小		初生相	A	δ
残液形态(表面张力)	薄膜状	球状				

(二) 力的因素对产生结晶裂纹的影响

焊接拉应力是产生结晶裂纹的必要条件。焊接拉应力的大小和许多因素有关，其中包括结构的几何形状、尺寸和复杂程度、焊接顺序、装配焊接方案以及冷却速度等。在产品结构一定时，可从工艺方面对力的因素加以控制。

冶金因素与力的因素是影响结晶裂纹形成的两个主要因素，两者之间既有内在联系，又有各自独立的规律。分析这些因素作用的主要目的就是要找到防止结晶裂纹产生的措施。

四、防止结晶裂纹产生的措施

由于结晶裂纹在焊接生产中的危害性很大，故应采取有效的措施加以防止。根据影响结晶裂纹产生因素的分析，防止结晶裂纹主要从冶金和工艺两个方面着手，其中冶金措施更为重要。

（一）防止结晶裂纹产生的冶金措施

1. 控制焊缝中硫、磷、碳等有害元素的含量

硫、磷、碳等元素主要来源于母材与焊接材料，因此首先要控制母材、焊材中的含量。具体的措施是：第一，对焊接结构用钢的化学成分在国家或行业标准中都作了严格的规定，如锅炉及压力容器用钢一般规定 w_S、w_P 均≥0.035%，强度级别较高的调质钢则要求更严；第二，为了保证焊缝中有害元素低于母材，对焊丝用钢、焊条药皮、焊剂原材料中的碳、硫、磷含量也作了更严格的规定，如焊丝中的碳、硫、磷含量均低于同牌号的母材。

2. 提高焊丝的含锰量

锰能与 FeS 作用生成 MnS，MnS 的熔点较高，也不与其他元素形成低熔点共晶，可减少硫的有害作用。一般含锰量低于 2.5%时，Mn 对减少结晶裂纹是有利的。

3. 对熔池进行变质处理

通过变质处理细化晶粒，不仅可以提高焊缝金属的力学性能，还可提高抗结晶裂纹的能力。

4. 形成双相组织

当焊接铬镍奥氏体不锈钢时焊缝形成 A＋F（＜5%）的双相组织，不仅打乱了奥氏体的方向性，使焊缝组织变细，而且也提高了焊缝的抗结晶裂纹的能力。

5. 调整熔渣的碱度

实验证明，焊接熔渣的碱度越高，熔池中脱硫、脱氧越完全，其中杂质越少，从而越不易形成低熔点化合物，可以显著降低焊缝金属结晶裂纹的产生倾向。因此，在焊接较重要的产品时，应选用碱性焊条或焊剂。

（二）防止结晶裂纹产生的工艺措施

采用合适的工艺措施不仅可改善焊缝的形状，而且可有效地减小焊接应力，防止结晶裂纹的产生。

1. 控制焊缝成形系数

熔焊时，在单道焊缝横截面上焊缝宽度（B）与焊缝计算厚度（H）的比值（$\phi=B/H$），称为焊缝成形系数。成形系数 ϕ（B/H）不同时，会影响柱状晶长大的方向和区域偏析的情况，如图6-13所示。一般来说，提高成形系数可以提高焊缝的抗裂能力。

从图 6-14 可以看出，当焊缝中 w_C 提高时，为防止结晶裂纹所需要的成形系数也相应提高，以保证枝晶呈人字形向上生长，避免因晶粒相对生长而在焊缝中心形成杂质聚集的脆弱面，要求 $\phi>1$，但也不宜过大，如当 $\phi>7$ 时，由于焊缝过薄，抗裂能力反而下降。

为了调整成形系数，必须合理选用焊接工艺参数。一般情况下，成形系数随电弧电压升高而增加，随焊接电流的增加而减小。当线能量不变时，则焊速越大，裂纹产生倾向也越大。

2. 调整冷却速度

冷却速度越高，焊接应力越大，结晶裂纹产生的倾向也越大。降低冷却速度可通过调整焊接参数或预热来实现。用增加线能量来降低冷却速度的效果是有限的，采用预热则效果较

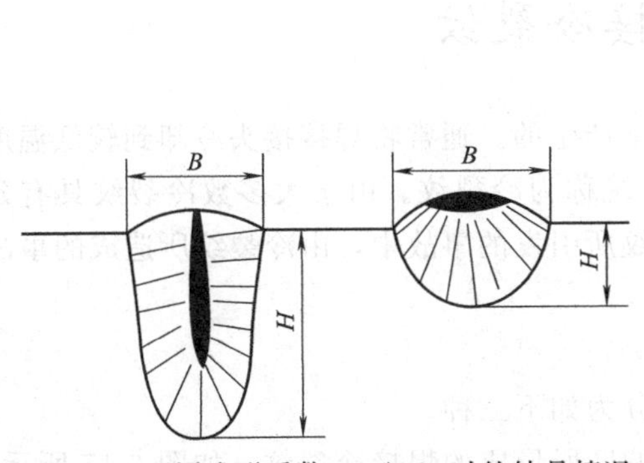

图 6-13　不同成形系数（B/H）时的结晶情况

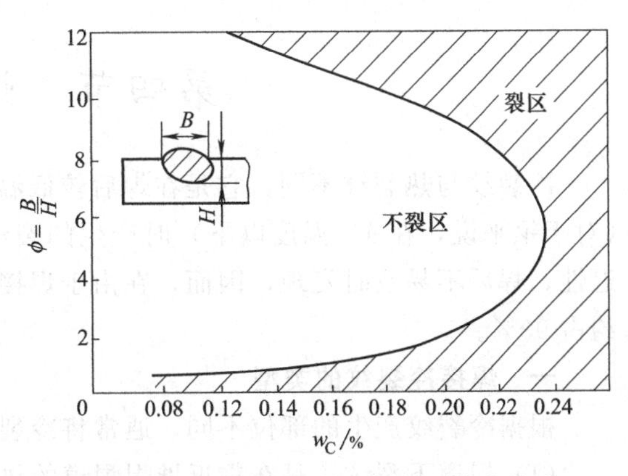

图 6-14　碳钢成形系数与结晶裂纹的关系

明显。但应注意，因结晶裂纹产生于固相线附近的高温，需用较高的预热温度才能降低高温的冷却速度。高温预热将提高成本，恶化劳动条件，有时还会影响接头金属的性能，应用时要全面权衡利弊。实际生产中，只在焊接一些对结晶裂纹非常敏感的材料（如中、碳高钢或某些高合金）时，才用预热来防止结晶裂纹的产生。

3. 调整焊接顺序，降低拘束应力

接头刚性越大，焊缝金属冷却收缩时受到的拘束应力也越大。在产品尺寸一定时，合理安排焊接顺序，对降低接头的刚度、减小焊接应力有明显效果，从而可以有效防止结晶裂纹的产生。图 6-15 所示的钢板拼焊，可选择不同的焊接顺序。方案Ⅰ是先焊焊缝 1，后焊焊缝 2、3；方案Ⅱ为先焊焊缝 2、3，后焊焊缝 1。方案Ⅰ，则各条焊缝在纵向及横向都有收缩余地，内应力较小。方案Ⅱ，则在焊接焊缝 1 时其横向和纵向收缩都受到上、下两焊缝的限制，纵向收缩也较困难，焊接应力大，容易产生纵向裂纹。又如，锅炉管板上管束的焊接，若采用同心圆或平行线的焊接顺序，都会因刚度大而导致开裂，而采用放射交叉式的焊接顺序，就可获得较好的效果，如图 6-16 所示

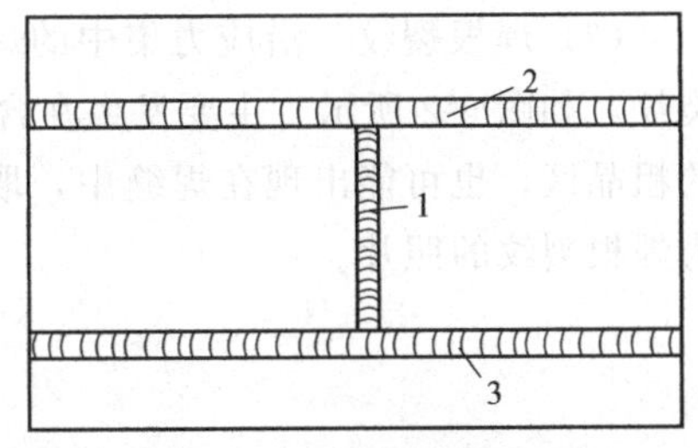

图 6-15　钢板拼焊

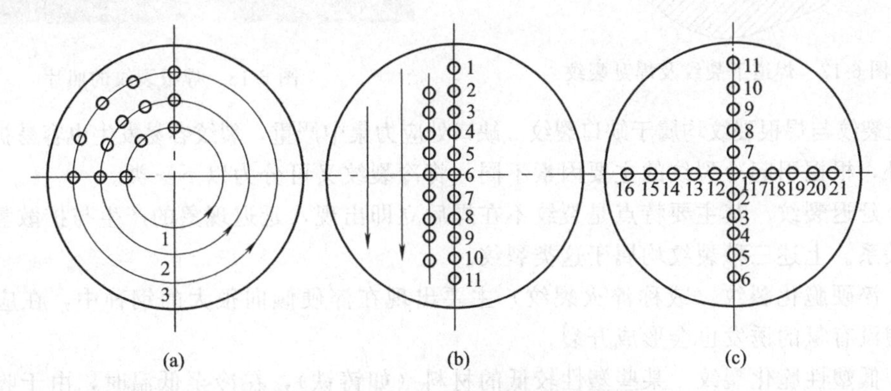

图 6-16　锅炉管板的管束焊接顺序

上面结合影响结晶裂纹的因素介绍了一些主要的防止措施。生产中的实际情况比较复杂，必须根据具体条件（材料、产品结构、技术要求、工艺条件等），抓住主要问题，才能做到有针对性地采取措施。

第四节　焊接冷裂纹

冷裂纹与热裂纹不同，它是在焊后较低温度下产生的。通常将焊接接头冷却到较低温度（对于钢来说，在 M_s 温度以下）时产生的裂纹，统称为冷裂纹。由于大多数冷裂纹具有延迟性，焊后不易及时发现，因而，在由于焊接裂纹所引发的事故中，由冷裂纹所造成的事故约占90%。

一、焊接冷裂纹的类型

根据冷裂纹产生的部位不同，通常将冷裂纹分为如下三种。

（1）焊道下裂纹　是在靠近堆焊焊道的热影响区所形成的焊接冷裂纹，如图6-17所示。走向与熔合线大体平行，但也有时垂直于熔合线。裂纹一般不显露于焊缝表面。裂纹产生的部位没有明显的应力集中，亦无大的收缩应力，但奥氏体化温度最高，晶粒粗化明显。焊道下裂纹多发生在用铁素体焊条焊接，且扩散氢含量比较高的条件下。

（2）焊趾裂纹　焊缝表面与母材的交界处叫做焊趾。如图6-17所示，沿应力集中的焊趾处所形成的焊接冷裂纹，即为焊趾裂纹。裂纹一般向热影响区粗晶区扩展，有时也向焊缝中扩展。

（3）焊根裂纹　沿应力集中的焊缝根部所形成的焊接冷裂纹，称为焊根裂纹，也称根部裂纹，如图6-2所示。主要发生在含氢量较高、预热不足的条件下。它可能出现在热影响区的粗晶区，也可能出现在焊缝中，取决于母材和焊缝的强韧度及根部的状态。图6-18所示为焊根裂纹的照片。

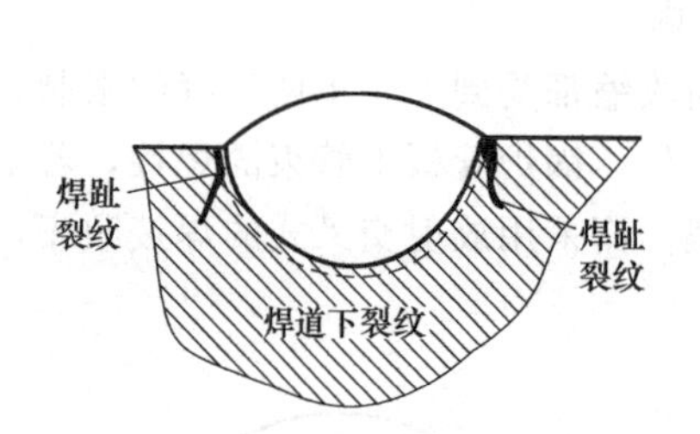

图6-17　焊道下裂纹及焊趾裂纹

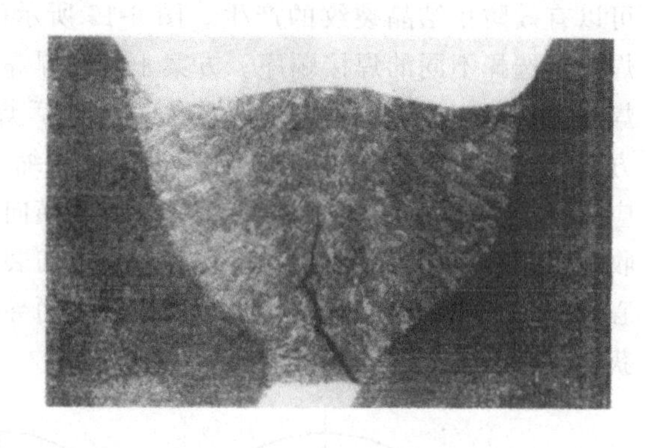

图6-18　焊根裂纹的照片

焊趾裂纹与焊根裂纹均属于缺口裂纹。缺口处应力集中严重，裂纹容易发生也容易扩展。

此外，根据引起冷裂纹的主要因素不同，将冷裂纹又可分为以下三类。

（1）延迟裂纹　其主要特点是裂纹不在焊后立即出现，延迟现象的产生与扩散氢的活动有密切关系。上述三种裂纹均属于这类裂纹。

（2）淬硬脆化裂纹（或称淬火裂纹）主要出现在淬硬倾向很大的钢种中，在应力作用下，即使没有氢的诱发也会形成开裂。

（3）低塑性脆化裂纹　某些塑性较低的材料（如铸铁），在冷至低温时，由于收缩时引起的应变超过其本身的变形能力而产生开裂。

二、焊接冷裂纹产生的原因

（一）形成冷裂纹的三要素

钢种的淬硬倾向、焊接接头中扩散氢的含量及分布、焊接接头所受的拘束应力是引起冷裂纹的三大因素。通常把它们称为形成冷裂纹的三要素。

1. 钢种的淬硬倾向

大量实践证明，焊接接头的淬硬倾向主要取决于钢种的化学成分，其次是焊接工艺、结构板厚及冷却条件等。一般来说，钢的淬硬倾向越大，出现马氏体的可能性也越大，也越容易产生裂纹。当材料一定时，随着冷却速度不同，接头的组织将相应改变，冷却速度越高，马氏体的含量越高。马氏体含量对冷裂纹率（C_R）的影响如图 6-19 所示。由图中可以看出，冷却速度提高使马氏体含量增加，导致裂纹率上升。这个规律对各种钢都是适用的，只是钢种的化学成分不同时，因马氏体的形态不同而产生冷裂纹的临界马氏体含量不同。总之，钢种的淬硬倾向决定了接头中硬脆组织的数量，是促使冷裂纹形成的重要因素之一。

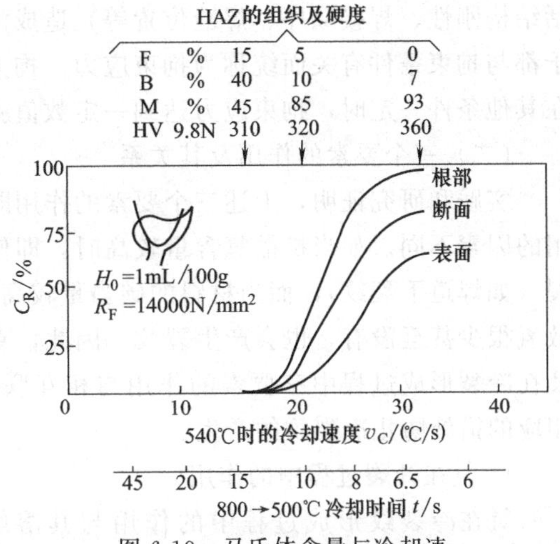

图 6-19　马氏体含量与冷却速度的关系及其对热影响区冷裂纹率的影响

2. 氢的影响

在焊接条件下，焊接材料中的水分、焊件坡口附近的油污、铁锈以及空气中的湿气都是焊缝金属中富氢的主要原因（一般情况下母材和焊丝中的含氢量是极少的，可以忽略不计）。焊条药皮中水分含量越多，空气中的湿气浓度越大，则焊缝中的扩散氢含量越多。

在焊接过程中，由于电弧的高温作用，氢分解成原子或离子（即质子）状态，并大量溶解于焊接熔池中。在随后冷却和凝固的过程中，由于溶解度的急剧下降，氢极力向外逸出。但由于焊接条件下冷却速度较快，多余的氢来不及逸出而残存在焊缝金属的内部，使焊缝中的氢处于过饱和的状态。焊缝中的含氢量与焊条的类型、烘干温度以及焊后的冷却速度等有关。

实践证明，扩散氢是导致焊接接头产生冷裂纹的最重要的因素。有时又把这种由氢引起的延迟裂纹称为“氢致裂纹”。焊缝中随着扩散氢含量的增加，冷裂纹率提高。例如，用含有较多有机物的焊条（如氧化钛纤维素型）进行焊接，出现了大量的焊道下裂纹；而用低氢型焊条焊接时，则未出现或很少出现焊道下裂纹。图 6-20 所示为在电弧气氛中加入不同量的氢试焊的结果，结果表明，焊道下裂纹率随加氢量的增加而上升。

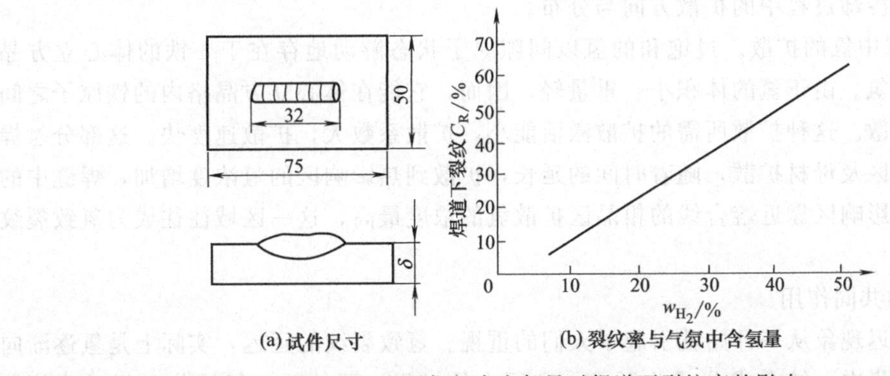

图 6-20　电弧气氛中含氢量对焊道下裂纹率的影响

近年来，一些学者在显微镜下观察弯曲试件的断裂情况时，还观察到在裂纹尖端附近有氢气泡析出。扩散氢含量还影响延迟裂纹延时的长短，扩散氢含量越高，延时越短。

3. 焊接接头的拘束应力

焊接接头的拘束应力主要来自于三个方面，一是焊接过程中不均匀加热和冷却所产生的热应力；二是金属结晶相变时由于体积变化而引起的组织应力；三是结构自身拘束条件（包括结构刚性、焊接顺序、焊缝位置等）造成的内应力。这三方面的应力都是不可避免的，由于都与拘束条件有关而统称为拘束应力。拘束应力的作用也是形成冷裂纹的重要因素之一，在其他条件一定时，拘束应力达到一定数值就会产生开裂。

（二）三个要素的作用及其关系

实践和研究证明，上述三个要素的作用既相互联系，又相互促进，不同条件下起主要作用的因素不同。如当扩散氢含量较高时，即使马氏体的数量或拘束应力比较小，也有可能开裂（如焊道下裂纹），而当材料的碳当量较高而在接头中形成较多的针状马氏体时，即使扩散氢很少甚至没有，也会产生裂纹。因此，有必要进一步了解冷裂纹发生与扩展的规律，以及在冷裂形成过程中三要素的作用与相互联系，以便采取相应的措施防止冷裂纹的产生。

1. 氢在开裂过程中的作用

氢在冷裂纹形成过程中的作用与其溶解和扩散规律有关。

① 氢在金属中的溶解与扩散。溶解在液体金属中的氢原子，在凝固和发生固态相变时，其溶解度将发生突变，如图6-21（a)。在快冷时，就会有多余的氢来不及析出，从而以过饱和形式存在，如图 6-21（a）中 γ 相转变为 α 相时。

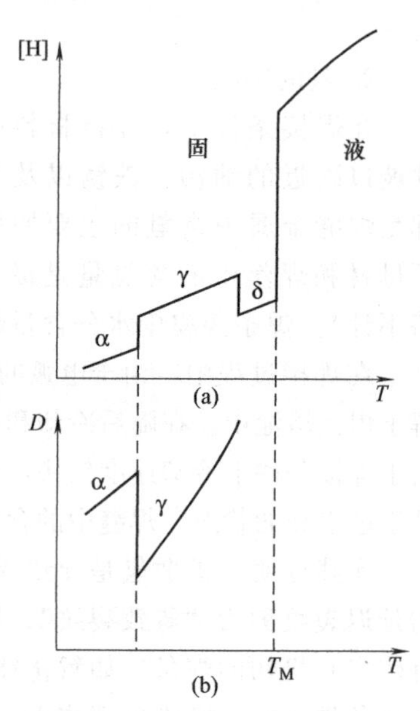

图 6-21 氢的溶解度［H］、扩散系数 D 与晶体结构的关系

由于氢的扩散能力很强，所以过饱和状态的氢是不稳定的，随着时间的延长它将不断扩散，其中一部分扩散到金属表面逸出，另一部分则在金属内部迁移。氢在不同的晶格结构中扩散能力不同，如图 6-21（b）所示。显然，在 α 相中的扩散能力比在 γ 相中高。在发生 γ 相向 α 相转变时，氢的溶解度突降，而扩散能力突升。这两个突变决定了氢在焊接接头冷却过程中的扩散方向与分布。

② 焊缝金属中氢的扩散。过饱和的氢以间隙原子状态游动地存在于 α 铁的体心立方晶格中，成为扩散氢。由于氢的体积小、重量轻，因而，它能在体心立方晶格内的铁原子之间挤进挤出自由扩散。这种扩散所需的扩散激活能小，扩散系数大，扩散速度快。这部分氢焊后逐渐向热影响区及母材扩散，随着时间的延长，扩散到热影响区的氢浓度增加，焊缝中的氢浓度减小，热影响区靠近熔合线的粗晶区扩散氢的浓度最高，这一区域往往成为氢致裂纹的发生地。

2. 氢与力的共同作用

冷裂纹的延迟现象从一开始就引起了人们的重视。氢致裂纹的延迟，实际上是氢逐渐向开裂部位扩散、集中、结合成分子并形成一定压力的过程。开始时，氢的分布相对比较均匀，在热应力和相变应力作用下金属中出现一些微观缺陷，氢开始向缺陷前沿高应力部位迁移。焊缝中氢的平均浓度越高，则迁移的氢数量越多，迁移的速度也越高。当氢聚集到发生裂纹所需要的临界浓度时，便开始产生微裂。由于裂纹尖端的应力集中，促使氢进一步向尖端高应力区扩散，裂纹扩展。氢的扩散、聚集并达到临界浓度都需要时间，这就形成了裂纹的延迟特征。

氢致裂纹潜伏期与裂纹扩散期的长短，取决于氢的扩散速度，而扩散速度又由扩散氢含量与应力大小所决定。而且，氢与应力大小有着互相补充的关系，即扩散氢含量越高，开裂所需的应力（临界应力）越小，潜伏期也就越短；应力越大，则开裂所需的含氢量越低。冷裂纹一般形成于－100～100℃温度范围内，也是由氢的扩散特性所决定的。当温度高于100℃时，氢原子有足够的动能析出到金属外部，残留的扩散氢较少，不足以导致开裂。当温度低于－100℃时，氢在金属内部的扩散受到抑制，难以聚集而形成一定的压力。因此，当温度高于或低于上述范围时，一般都不会产生冷裂纹。

综上所述，延迟裂纹从裂源开始孕育并形成、扩展都需要时间，因而有延迟现象。延迟长短则与应力大小、扩散氢含量和氢的析出条件等因素有关。具体地说，就是与焊接接头的拘束情况、应力集中程度、焊缝金属的扩散氢含量、冷却速度以及接头缺口处（根部或焊趾）金属的韧性等条件有关。

3. 钢材淬硬倾向的作用

马氏体是典型的淬硬组织，这是由于间隙原子碳的过饱和，使铁原子偏离平衡位置，晶格发生明显畸变所致。特别是在焊接条件下，近缝区的加热温度高达1350～1400℃，使奥氏体晶粒严重长大，当快速冷却时，粗大的奥氏体将转变成粗大、淬硬的马氏体组织。硬脆的马氏体在断裂时所需能量较低，因此，焊接接头中有马氏体存在时，裂纹易于形成和扩展。钢材的淬硬倾向越大，热影响区或焊缝冷却后得到的脆性组织马氏体越多，对冷裂纹就越敏感。

值得注意的是，这里的淬硬倾向包括淬透性与淬硬性两个方面。也就是说冷裂纹倾向的大小，既取决于马氏体的数量，更取决于马氏体本身的韧性。不同成分和形态的马氏体组织，对裂纹的敏感性也不同。马氏体的形态和性能与含碳量和合金元素有关。低碳马氏体呈板条状，M_s 点较高，转变后自回火。这种马氏体不仅具有较高的强度，还具有良好的韧性。当钢中含碳量较高且冷却速度较快时，就会出现针状马氏体。这种马氏体硬度和脆性高，对冷裂纹的敏感性大。因此，如果仅以马氏体的数量来比较不同钢种的冷裂纹敏感性，会造成较大的误差。不同组织对冷裂纹的敏感性，大致按下列顺序递增。

铁素体或珠光体→贝氏体→板条状马氏体→马氏体＋贝氏体→针状马氏体。

马氏体对冷裂纹的影响除了其本身的脆性外，还与不平衡结晶所造成的较多晶格缺陷有关。这些缺陷在应力作用下会迁移、集中，而形成裂源。裂源数量增多，扩展所需能量又低，必然使冷裂纹敏感性明显增大。

三、防止焊接冷裂纹的措施

根据冷裂纹产生的条件和影响因素，防止冷裂纹一般采取下列措施。

（一）选用对冷裂纹敏感性低的母材

母材的化学成分不仅决定了其本身的组织与性能，而且决定了所用的焊接材料，因而对接头的冷裂纹敏感性有着决定性作用。在化学成分中，碳对冷裂敏感性影响最大，所以选用低碳多元合金化钢材，可以有效提高焊接接头的抗冷裂性能。

（二）严格控制氢的来源

① 选用优质焊接材料或低氢的焊接方法。目前，对不同强度级别的钢种，都有配套的焊条、焊丝和焊剂，基本上满足了生产的要求。对于重要结构，则应选用超低氢、高强高韧性的焊接材料。CO_2 气体保护电弧焊因保护气体具有氧化性，可以获得低氢焊缝（[H] 仅为 0.04～1.0mL/100g）。

② 严格按规定对焊接材料进行烘焙（使用时携带保温筒，随用随取，防止焊条再次吸潮）及进行焊前清理工作。

（三）提高焊缝金属的塑性和韧性

① 通过焊接材料向焊缝过渡 Ti、Nb、Mo、V、B、Te 或稀土元素来韧化焊缝，利用焊缝的塑性贮备减轻热影响区的负担，从而降低整个接头的冷裂纹敏感性。

② 采用奥氏体焊条焊接某些淬硬倾向较大的中、低合金高强度钢，也可较好地防止冷裂纹。如用 E310（A407）焊条补焊 20CrMoV 钢汽缸体；用 E316（A202）焊条焊接 30CrNiMo 钢都取得了较好的效果。但奥氏体焊缝本身强度低，对于承受主应力的焊缝需经过计算，在强度条件允许的情况下才可使用。

（四）焊前预热

焊前预热可以有效降低冷却速度，从而改善接头组织，降低拘束应力，并有利于氢的析出，可有效地防止冷裂纹，是生产中常用的方法。但焊前预热使劳动条件恶化，增加了结构制造的难度与工作量；预热温度选择不当，还会对产品质量带来不良影响。选择最佳预热温度是保证产品质量的关键。影响预热温度的因素有以下几方面。

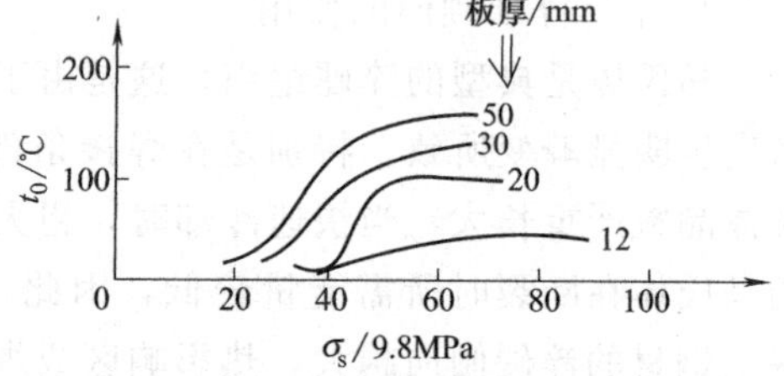

图 6-22 钢种强度与预热温度的关系

1. 钢种的强度等级

在焊缝与母材等强的情况下，钢材的强度 σ_s 越高，预热温度 t_0 也应越高，如图 6-22 所示。

2. 焊条类型

不同类型焊条的焊缝金属扩散氢含量不同，预热温度亦应不同，焊缝金属中扩散氢含量越低，预热温度也越低。用奥氏体钢焊条焊接时，扩散氢含量低，可以不预热。因此，用低氢（或超低氢）焊条焊接高强度钢，可以降低预热温度。用奥氏体钢焊条焊接时，除了扩散氢低外，焊缝金属具有优良的塑性，也是影响预热温度的一个重要因素。

3. 坡口形式

一般来说，坡口根部所造成的应力集中越严重，要求的预热温度越高。

4. 环境温度

环境温度过低会使冷却速度上升，预热温度应相应提高，但一般提高的幅度不超过 50℃，如图 6-23 所示。

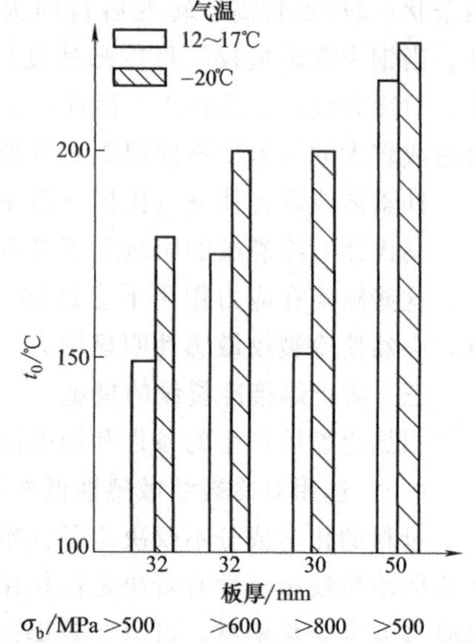

图 6-23 气温对最低预热温度的影响

（五）控制焊接线能量

线能量增加可以降低冷却速度，从而降低冷裂纹倾向。但线能量过大，则可能造成焊缝及过热区的晶粒粗化，而粗大的奥氏体一旦转变为粗大的马氏体，裂纹倾向反而增高。因此，通过调整线能量来降低冷裂倾向的效果是有限的。

（六）焊后热处理

焊后进行不同的热处理，可分别起到消除扩散氢、降低和消除残余应力、改善接头组织和性能等作用。焊后常用的热处理工艺有消氢处理、消除应力退火、正火和淬火（或淬火+回火）。具体选用则视产品的要求而定。

第五节　其他焊接缺陷

一、咬边

由于焊接参数选择不当，或操作工艺不正确，沿焊趾的母材部位产生的沟槽或凹陷即为咬边，如图 6-24 所示。咬边使母材金属的有效截面积减小，减弱了焊接接头的强度，同时，在咬边处容易引起应力集中，承载后有可能在咬边处产生裂纹，甚至引起结构的破坏。产生咬边的原因是操作工艺不当、工艺规范选择不正确，如焊接电流过大、电弧过长、焊条角度不当等。

防止咬边的措施是：正确选择焊接电流、电弧电压和焊接速度，掌握正确的运条角度和电弧长度等。

二、焊瘤

焊接过程中，熔化金属流淌到焊缝之外未熔化的母材上所形成的金属瘤即为焊瘤，如图 6-25 所示。

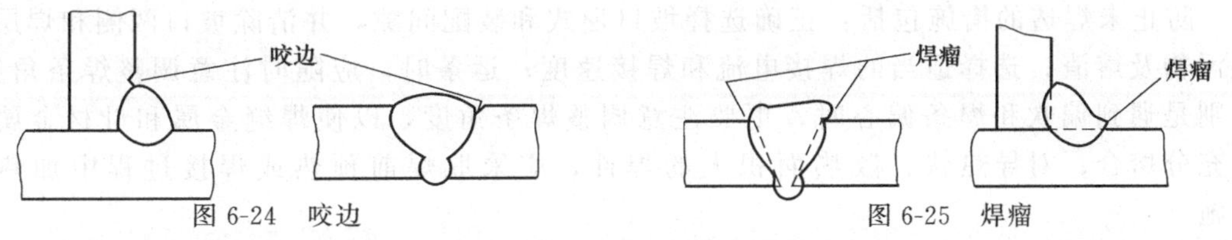

图 6-24　咬边　　图 6-25　焊瘤

焊瘤不仅影响焊缝外表的美观，而且焊瘤下面常有未焊透缺陷，易造成应力集中。对于管接头来说，管道内部的焊瘤还会使管内的有效面积减小，严重时使管内产生堵塞。焊缝间隙过大、焊条位置和运条方法不正确、焊接电流过大或焊接速度太慢等均可引起焊瘤的产生。焊瘤常在立焊和仰焊时发生，在立焊中的焊瘤部位，往往还存在夹渣和未焊透等。

防止焊瘤的措施是：正确地选择焊接工艺参数，灵活地调节焊条角度，掌握正确的运条方法和运条角度，选择合适的焊接设备，尽量选择平焊位置。最重要的是要提高焊工的操作技术水平。

三、凹坑与弧坑

凹坑是指在焊缝表面或焊缝背面形成的低于母材表面的低洼部分，如图 6-26 所示。

弧坑指焊道末端的凹陷，且在后续焊道焊接之前或在后续焊道焊接过程中未被消除，如图 6-27 所示。常见的弧坑是发生在焊缝收尾处的下陷。

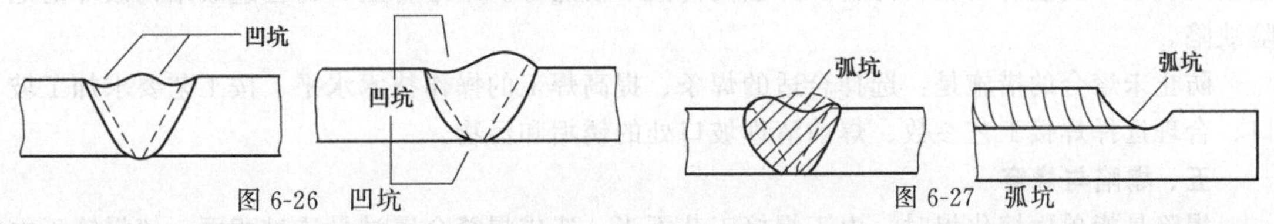

图 6-26　凹坑　　图 6-27　弧坑

由于填充金属不足，削减了焊缝的有效截面面积，容易造成应力集中并使焊缝的强度严重减弱。弧坑处于冷却过程中时还容易产生弧坑裂纹（也称火口裂纹）。

防止凹坑或弧坑的方法是：要选择正确的焊接工艺参数，如焊接电流、焊接速度等，提高焊工的操作水平，掌握正确的焊接工艺方法。为防止弧坑的产生，焊条电弧焊时焊条必须在收尾处作短时间的停留或作几次环形运条，以使有足够的焊条金属填满熔池。埋弧自动焊时，收弧时应先停止送丝再切断电源。

四、未焊透与未熔合

焊接时接头根部未完全熔透的现象称为未焊透，如图 6-28 所示。

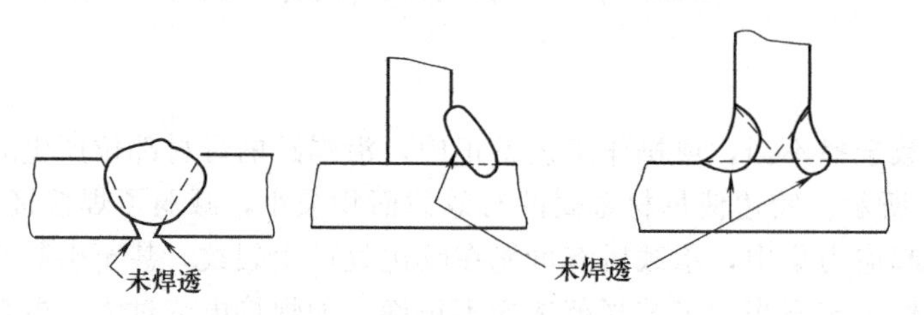

图 6-28　未焊透

未焊透常出现在单面焊的根部和双面焊的中部。它不仅使焊接接头的力学性能降低，而且在未焊透处的缺口和端部形成应力集中点，承载后会引起裂纹。

未焊透产生的原因是焊接电流太小；运条速度太快；焊条角度不当或电弧发生偏吹；坡口角度或根部间隙太小；焊件散热太快；氧化物和熔渣等阻碍了金属间充分的熔合等。凡是造成焊条金属和母材金属不能充分熔合的因素都会引起未焊透的产生。

防止未焊透的措施包括：正确选择坡口形式和装配间隙，并清除坡口两侧和焊层间的污物及熔渣；选择适当的焊接电流和焊接速度；运条时，应随时注意调整焊条角度，特别是遇到偏吹和焊条偏心时，更要注意调整焊条角度，以使焊缝金属和母材金属重到充分熔合；对导热快、散热面积大的焊件，应采取焊前预热或焊接过程中加热的措施。

未熔合是指焊接时，焊道与母材之间或焊道与焊道之间未完全熔化结合的部分；或指点焊时母材与母材之间未完全熔化结合的部分，如图 6-29 所示。

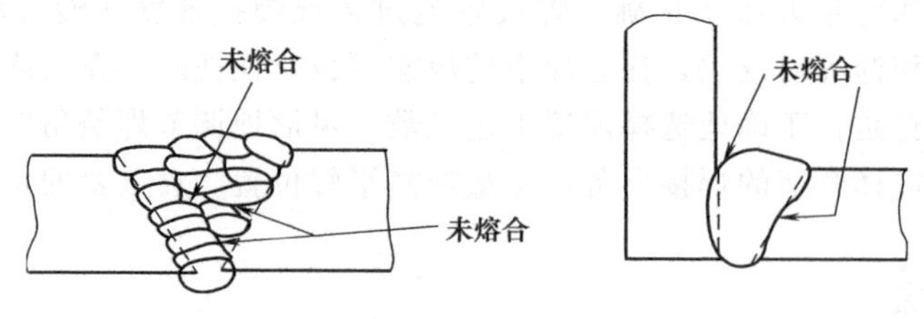

图 6-29　未熔合

未熔合产生的危害与未焊透大致相同。产生未熔合的原因有：焊接线能量太低、电弧发生偏吹、坡口侧壁有锈垢和污物、焊层间清渣不彻底等。未熔合是一种会造成结构破坏的危险缺陷。

防止未熔合的措施是：选择合适的焊条、提高焊工的操作技术水平、按工艺要求加工坡口、合理选择焊接工艺参数、焊前清理坡口处的锈垢和污物。

五、塌陷与烧穿

塌陷是指单面熔化焊时，由于焊接工艺不当，造成焊缝金属过量透过背面，使焊缝正面塌陷，背面凸起的现象，如图 6-30 所示。

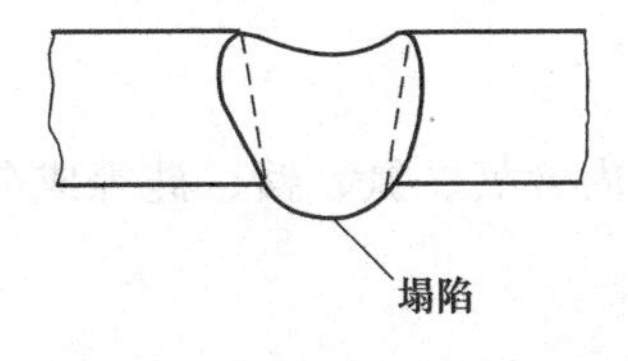

图 6-30　塌陷

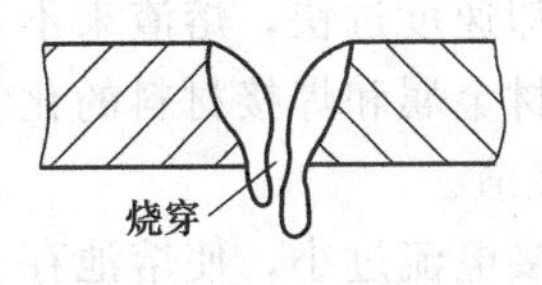

图 6-31　烧穿

产生塌陷的原因主要是焊接电流过大而焊接速度偏小，坡口钝边偏小而根部间隙过大，焊工技术水平低也是造成塌陷的原因。塌陷易在立焊和仰焊时产生，特别是管道的焊接，往往由于熔化金属下坠会出现这种缺陷。

塌陷削减了焊缝的有效截面面积，容易造成应力集中并使焊缝的强度减弱，同时，在塌陷处由于金属组织过烧，对有淬火倾向的钢易产生淬火裂纹，承受动载荷时容易产生应力集中。

为防止产生塌陷，应合理选择焊接工艺参数，提高焊工水平，合理选择焊接设备。

焊接过程中，熔化金属自坡口背面流出，形成穿孔的缺陷称为烧穿，如图 6-31 所示。

烧穿在焊条电弧焊中，尤其是在焊接薄板时，是一种常见的缺陷。烧穿是一种不允许存在的焊接缺陷。产生烧穿的主要原因是焊接电流过大，焊接速度太低，当装配间隙过大或钝边太薄时，也会发生烧穿现象。

为了防止烧穿现象的发生，要正确设计焊接坡口尺寸，确保装配质量，选用适当的焊接工艺参数。单面焊可采用加铜垫板或焊剂垫等办法防止熔化金属下塌及烧穿。焊条电弧焊焊接薄板时，可采用跳弧焊接法或断续灭弧焊接法。

六、夹渣

焊后残留在焊缝中的焊渣称为夹渣。图 6-32 所示为夹渣的例子。

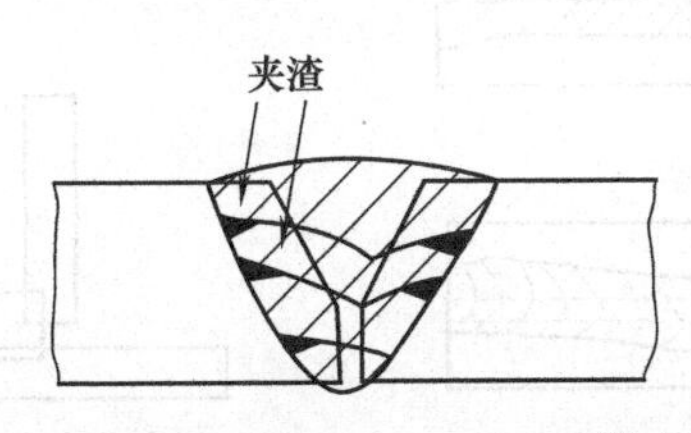

图 6-32　夹渣

夹渣与夹杂物不同，如前所述，夹杂物是由焊接冶金反应产生的，焊后残留在焊缝金属中的非金属杂质，其尺寸很小，且呈分散分布。夹渣尺寸一般较大（常在一至几毫米长），夹渣在金相试样磨片上可以直接观察到，用射线探伤也可以检查出来。

夹渣外形很不规则，大小相差也很悬殊，对接头的影响比较严重。夹渣会降低焊接接头的塑性和韧性；夹渣的尖角处，造成应力集中；特别是对于淬火倾向较大的焊缝金属，容易在夹渣尖角处产生很大的内应力而形成焊接裂纹。

（一）夹渣产生的原因

熔渣未能上浮到熔池表面就会形成夹渣。夹渣产生的原因如下。

① 在坡口边缘有污物存在。定位焊和多层焊时，每层焊后没将熔渣除净，尤其是碱性焊条脱渣性较差，如果下层熔渣未清理干净，就会出现夹渣。

② 坡口太小，焊条直径太粗，焊接电流过小，因而熔化金属和熔渣由于热量不足使其流动性差，会使熔渣浮不下来造成夹渣。

③ 焊接时，焊条的角度和运条方法不恰当，对熔渣和铁水辨认不清，把熔化金属和熔渣混杂在一起。

④ 冷却速度过快，熔渣来不及上浮。

⑤ 母材金属和焊接材料的化学成分不当，如当熔渣内含氧、氮、锰、硅等成分较多时，容易出现夹渣。

⑥ 焊接电流过小，使熔池存在时间太短。

⑦ 焊条药皮成块脱落而未熔化，焊条偏心，电弧无吹力、磁偏吹等。

（二）防止夹渣产生的措施

① 认真将坡口及焊层间的熔渣清理干净，并将凹凸处铲平，然后施焊。

② 适当地增加焊接电流，避免熔化金属冷却过快，必要时把电弧缩短，并增加电弧停留时间，使熔化金属和熔渣分离良好。

③ 根据熔化情况，随时调整焊条角度和运条方法。焊条横向摆动幅度不宜过大，在焊接过程中应始终保持轮廓清晰的焊接熔池，使熔渣上浮到铁水表面，防止熔渣混杂在熔化金属中或流到熔池前面而引起夹渣。

④ 正确选择母材和焊接材料；调整焊条药皮或焊剂的化学成分，降低熔渣的熔点和黏度，能有效地防止夹渣。

七、焊缝尺寸与形状不符合要求

焊缝尺寸与形状不符合要求主要指焊缝的外表高低不平，波形粗劣，宽窄不一，余高过高和不足等。这些缺陷除了造成焊缝成形不美观外，还将影响焊缝与基本金属的结合强度。焊缝尺寸过小会降低焊接接头的承载能力；焊缝尺寸过大会增加焊接工作量，使焊接残余应力和焊接变形增加，并会造成应力集中。焊接坡口角度不当或装配间隙不均匀、焊接电流过大或过小、运条方式或速度及焊角角度不当等均会造成焊缝尺寸及形状不符合要求。图 6-33 所示为焊缝尺寸与形状不符合要求的几个例子。

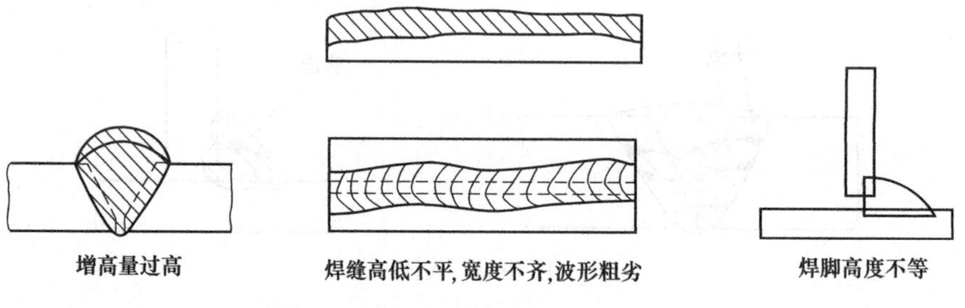

图 6-33　焊缝尺寸与形状不符合要求

为防止此类缺陷发生，焊接时应注意选择正确的焊件坡口角度及装配间隙；正确选择焊接电流；提高焊工操作水平；焊接角焊缝时，尤其要注意保持正确的焊条角度，运条速度及手法应根据焊角尺寸而定。

思考练习题

1. 什么是焊接缺陷？判断焊接缺陷的依据是什么？
2. 常见的危害较大的焊接缺陷有哪些？
3. 在焊缝中产生气孔的气体有哪些？试分析其来源。
4. 试述 CO 气孔的形成过程及特征。
5. 为什么碱性焊条焊接时对气孔更敏感？

6. 焊接时如何防止气孔的产生？
7. 焊缝中的夹杂物有哪些类型？其危害是什么？
8. 产生结晶裂纹的原因是什么？为什么结晶裂纹都产生在焊缝中？
9. 防止结晶裂纹出现的措施有哪些？
10. 为什么碳会增加硫、磷的有害作用？
11. 为什么说冷裂纹具有更大的危害性？
12. 比较结晶裂纹和冷裂纹的特征，产生原因有何不同点和相同点。
13. 氢致裂纹为什么具有延迟性？
14. 焊接时如何防止冷裂纹的产生？
15. 造成咬边、焊瘤、凹坑、未熔合与未焊透的原因是什么？如何防止？
16. 简述产生夹渣的原因及防止措施。
17. 焊缝尺寸与形状不符合要求的危害是什么？

参考文献

[1] 徐天祥，樊新民主编．热处理工实用技术手册．南京：江苏科学技术出版社，2001.
[2] 王运炎主编．金属材料及热处理实验．北京：机械工业出版社，1988.
[3] 英若采主编．熔焊原理及金属材料焊接．第2版．北京：机械工业出版社，2000.
[4] 劳动部培训司组织编．焊工工艺学．北京：劳动人事出版社，1998.
[5] 凌爱林主编．金属工艺学．北京：机械工业出版社，2001.
[6] 单小君主编．金属材料与热处理．第4版．北京：中国劳动社会保障出版社，2001.
[7] 张汉谦编．钢熔焊接头金属学．北京：机械工业出版社，1995.
[8] 张文钺主编．焊接冶金学．北京：机械工业出版社，1995.
[9] 王文翰主编．焊接技术手册．郑州：河南科技出版社，2001.
[10] 天津机电工业总公司主编．电焊工必读．天津：天津科技出版社，2001
[11] 陈伯蠡编著．焊接工程缺欠分析与对策．北京：机械工业出版社，1998.
[12] 杨炳彦编著．火电建设焊接技术．北京：中国电力出版社，1999.
[13] 张至丰主编．金属工艺学（机械工程材料）．北京：机械工业出版社，1999.
[14] 葛春霖，盖雨聆．机械工程材料及材料成型技术基础实验指导书．北京：冶金工业出版社，2001.
[15] 金伯连主编．工程材料及机械制造基础．郑州：河南科学技术出版社，1994.
[16] 王纪安主编．金属工艺学实验．北京：机械工业出版社，1998.
[17] 中国机械工程学会编．焊接手册：第一卷．焊接方法及设备．第2版．北京：机械工业出版社，2001.
[18] 张子荣，李昇鹤编著．电焊条．北京：机械工业出版社，1998.
[19] 方洪渊主编．简明钎焊工手册．北京：机械工业出版社，2001.
[20] 叶琦主编．焊接技术．北京：化学工业出版社，2005.
[21] 朱征主编．机械工程材料．北京：国防工业出版社，2007.